KONRAD DORFNER

Ionenaustausch — Chromatographie

IONENAUSTAUSCHER IN EINZELDARSTELLUNGEN

HERAUSGEGEBEN VON

PROF. DR. ROBERT GRIESSBACH, WOLFEN

BAND 2

AKADEMIE-VERLAG · BERLIN

1963

IONENAUSTAUSCH-CHROMATOGRAPHIE

von

DR. KONRAD DORFNER

Ludwigshafen

Mit 149 Abbildungen und 14 Tabellen

AKADEMIE-VERLAG · BERLIN

1963

„Ionenaustauscher in Einzeldarstellungen"
bilden den speziellen Teil des Werkes
„Austauschadsorption in Theorie und Praxis"
von Prof. Dr. Robert Grießbach, Wolfen,
erschienen im Akademie-Verlag Berlin 1957

Erschienen im Akademie-Verlag GmbH, Berlin W 8, Leipziger Straße 3—4

Lizenznummer: 202 · 100/486/62
Gesamtherstellung: Druckhaus „Maxim Gorki", Altenburg
Bestellnummmer: 2120/2 · ES 18 C 3 / 20 M 1

GELEITWORT

Am Schluß des Vorwortes zu meinem Buch „Austauschadsorption in Theorie und Praxis, Allgemeiner Teil", war als Fortsetzung ein „Spezieller Teil" angekündigt, der die Anwendung der Ionenaustauscher in Wissenschaft und Technik zum Gegenstand haben sollte. Eine erste Niederschrift dieses Inhaltes lag bereits vor. Sie stützte sich im wesentlichen auf die in der Kriegszeit und in den ersten Nachkriegsjahren in Deutschland und in einigen Nachbarländern unter Führung des Wolfener Laboratoriums durchgeführten und in Zusammenarbeit mit zahlreichen anwendungstechnisch interessierten Stellen entwickelten Verfahren. Als bald darauf die umfangreichen Veröffentlichungen des Auslandes, in erster Linie amerikanischer Forscher, bekannt wurden, nötigten sie zu einer Umarbeitung, die einer völligen Neuschrift dieses Teiles gleichkam. Nach Fertigstellung dieser Zweitschrift verhinderten gewisse äußere Umstände eine sofortige Drucklegung. Dazu kam, daß das Herausbringen des ersten „Theoretischen Teiles" meines Buches eine weitere Verzögerung bedingte. Inzwischen war die Literatur auf diesem Sektor lawinenartig angeschwollen. Die vielseitigen Anwendungsgebiete wissenschaftlicher wie technischer Art hatten sich weit ausgestaltet, eine ganze Reihe neuer Anwendungen auf verschiedensten Gebieten waren hinzugekommen; insbesondere galt dies für den analytischen, den biologisch-medizinischen und den landwirtschaftlichen Sektor und in technischer Hinsicht für das metallurgische und das biochemische Fachgebiet. Eine Beherrschung all dieser verschiedenartigen Disziplinen und ein kritisches Verfolgen der gesamten Fachliteratur war für den einzelnen nicht mehr möglich. Damit mußte auch der ursprüngliche Plan des Verfassers, selbst eine umfassende und zugleich ins einzelne gehende Darstellung des Ionenaustauscher-Gebietes geben zu wollen, aufgegeben werden.

Diese Tatsache bildete den Ausgangspunkt dafür, unter Zustimmung und verständnisvoller Mitwirkung des Akademie-Verlages Berlin anstelle des Anwendungsteiles meines Buches eine Sammlung von Monographien zu schaffen unter dem Titel „Ionenaustauscher in Einzeldarstellungen".

Dieses Werk will einesteils dem Interessenten Gelegenheit geben, sich in einer Sammlung von Originalberichten der Spezialisten über den neuesten Stand auf dem Gebiete der Ionenaustauscher zu unterrichten. Andererseits soll diese Buchreihe in zwangloser Folge aus der Feder namhafter Fachleute des In- und Auslandes umfassende Darstellungen einzelner Anwendungsgebiete der Ionenaustauscher bringen.

In dem jetzt als 2. Band der Sammlung vorgelegten Werk „Ionenaustausch-Chromatographie" folgt aus der Feder von K. Dorfner, Ludwigshafen, eine umfassende Darstellung dieses Spezialgebietes, das bekanntlich in den letzten Jahren eine außerordentlich vielseitige Ausgestaltung in theoretischer wie in praktischer Hinsicht erfahren hat. Möge das Werk dem Praktiker, der auf diesem Gebiete bereits experimentell arbeitet, weitere Anregungen bringen, möge es ferner dazu beitragen, dieser wichtigen und vielseitigen Forschungsmethode neue Freunde, insbesondere aus den Kreisen der jungen Generation, zu gewinnen.

Dem Akademie-Verlag gebührt besonderer Dank dafür, in so verständnisvoller Weise den Erfordernissen der Zeit und den veränderten Umständen Rechnung tragend, dem Wissenschaftler wie dem Techniker diesen hohen und wichtigen Dienst zu leisten.

R. Grießbach

VORWORT

Seit der Entwicklung der Ionenaustauscher, insbesondere jener Typen auf Kunstharzbasis, haben diese Festsäuren und Festbasen ständig wachsende Anwendungsgebiete gefunden. Abgesehen von den technischen Anwendungsmöglichkeiten der Wasseraufbereitung, der Metallrückgewinnung oder der Aufbereitung technischer Lösungen, wie etwa Zuckersäften, fanden sie in steigendem Maße Eingang in die Laboratoriumspraxis. Ionenaustauschvorgänge sind in der präparativen anorganischen und organischen Chemie ebenso wichtig geworden wie Destillation, Extraktion oder Kristallisation. In der analytischen Chemie werden Ionenaustauscher immer mehr verwendet, und innerhalb der chromatographischen Verfahren haben Ionenaustauscher gerade dort zu großen Fortschritten geführt, wo früher nur mit zeitraubenden und aufwendigen Verfahren im wesentlichen unbefriedigendere Ergebnisse erzielt wurden.

Dieser Tatbestand führte in den letzten Jahren zu einer Anzahl von Monographien auf diesem Gebiet. Das vorliegende Buch wurde auf Veranlassung von Prof. Dr. R. Griessbach geschrieben und stellt einen Band des Werkes *Ionenaustauscher in Einzeldarstellungen* dar. Innerhalb dieses Gesamtwerkes gibt das vorliegende Buch eine Einführung und einen Überblick über die Methode und die Anwendungsmöglichkeiten der Ionenaustausch-Chromatographie. Als selbständige Monographie soll es dem Praktiker alle notwendigen Kenntnisse vermitteln, um ein Problem, zu dessen Bearbeitung die Ionenaustausch-Chromatographie in Betracht gezogen werden kann, zu lösen. Der Natur des behandelten Gegenstandes entsprechend, gliedert sich das Buch in zwei Teile, und zwar einen allgemeinen Teil und einen Anwendungsteil. Im allgemeinen Teil wurde versucht, den Leser entsprechend der historischen Entwicklung und dem heutigen Stand auf diesem Wissensgebiet von den allgemeinen Grundlagen und Auffassungen der Chromatographie zu den besonderen Gegebenheiten der Ionenaustausch-Chromatographie zu führen. Die Behandlung der theoretischen Grundlagen soll dazu dienen, aus einem tieferen Verständnis heraus ein gegebenes Problem zu überblicken und danach abzuschätzen, ob es durch Ionenaustausch-Chromatographie gelöst werden kann. Man kann sicher auf empirischem Wege gute Ergebnisse erzielen, doch führt andererseits nur das Verständnis der inneren Zusammenhänge zur richtigen Beurteilung eines ionenaustauschchromatographischen Verfahrens und daraus resultierend zur Erreichung der optimalen Arbeitsbedingungen. Der Wunsch wäre, aus der Kenntnis der physikalischen und chemischen Eigenschaften der zu trennenden Komponenten und der Eigenschaften der zur Anwendung kommenden Austauscher, die Arbeitsbedingungen für jedes bestimmte System theoretisch festzulegen und experimentell dann nur noch die Überprüfung des Verfahrens vorzunehmen. Inwieweit das heute schon möglich ist, läßt sich noch nicht endgültig sagen, da das Gebiet noch sehr im Fluß ist. Doch zeigen die Bestrebungen, Austauscher immer mehr zu standardisieren, daß man auf dem besten Wege zu diesem Ziel ist. Der zweite Teil des Buches soll einen Überblick über die von zahlreichen Forschern erzielten Ergebnisse in der anorganischen und organischen Chemie geben.

Ohne Anspruch auf Vollständigkeit zu erheben, wurde versucht, auf möglichst viele einzelne ionenaustauschchromatographische Arbeiten einzugehen. Die Zukunft wird es erweisen, welche der zahlreichen Arbeiten sich als jene mit bleibendem Wert herausschälen werden und welche dadurch zu Standardmethoden aufrücken werden. Die Kapitel über die Ionenaustauschertypen und die Apparaturen dienen als unerläßliche Abrundung, um das Buch zu einem eigenständigen Ganzen auszubauen. Sie sind in den allgemeinen Teil aufgenommen worden, da sie in gewissem Sinne als Grundlagen zur Ionenaustausch-Chromatographie angesehen werden müssen.

Herrn Prof. Dr. R. Griessbach gebührt der Dank, in stets gleich freundlicher Weise dem Gelingen dieses Buches seine Aufmerksamkeit geschenkt zu haben. Der Verfasser dankt außerdem Herrn Prof. Dr. R. Klement, München, und Herrn Dr. D. Jentzsch, Überlingen, sowie Herrn Prof. A. I. M. Keulemans, Eindhoven, für die Diskussion zu diesem Thema.

Gedankt sei ferner den Autoren und Firmen, die durch Überlassung von Sonderdrucken oder Firmenschriften die Arbeit an einem so weitreichenden Gebiet erleichterten.

K. Dorfner

INHALT

I. METHODE DER IONENAUSTAUSCH-CHROMATOGRAPHIE

1. Kapitel

Die Chromatographie im allgemeinen

Geschichtliche Entwicklung

Die Entwicklung der Chromatographie wird häufig auf die Beobachtung von M. Tswett [871] zurückgeführt, daß sich die Adsorption von Stoffen an Adsorbentien, die in Säulen gefüllt sind, zu deren Trennung verwenden läßt. Tswett berichtete 1903 über die Adsorptionserscheinungen, die auftraten, als ein Blattextrakt durch eine mit Innulin gefüllte Säule filtriert wurde. Die Flüssigkeit, die am unteren Ende des Filtrierrohres austrat, war zuerst farblos und dann gelb, während sich am oberen Ende der Innulinsäule ein grüner Ring gebildet hatte, unterhalb dessen bald wieder ein gelber Ring erschien. Durch die Säule wurde reines Ligroin filtriert. Die beiden gefärbten Banden verbreiterten sich dabei immer mehr, wanderten entlang der Säule zum unteren Ende und traten getrennt aus. Da es sich bei den durchgeführten Versuchen um Farbstoffe handelte, wurde dem Verfahren der Name Chromatographie gegeben, der heute noch beibehalten wird, wenn er auch seinen wörtlichen Sinn längst verloren hat. Von Tswett wurde noch in weiteren Arbeiten über die Chromatographie berichtet, doch dauerte es lange, bis die Bedeutung der chromatographischen Methode voll erkannt wurde und den anderen Trennoperationen wie Extraktion, Destillation oder Kristallisation als allgemeines Laboratoriumsverfahren an die Seite gestellt wurde.

Über die Geschichte der Chromatographie sind zahlreiche Arbeiten veröffentlicht worden. Besonders die Stellung von F. F. Runge verdient darin einer besonderen Beachtung, da von ihm schon um das Jahr 1850 über eine Arbeitsmethode berichtet wurde, die, wie Weil und Williams [903] ausführen, als die Erfindung der Papierchromatographie angesehen werden muß. Dieser Arbeit können auch nähere Angaben entnommen werden, inwieweit Tswett frühere Arbeiten zur chromatographischen Analyse bekannt gewesen sein dürften. Die Methode von Tswett wurde 25 Jahre später durch Kuhn,

Abb. 1. Chromatographische Zerlegung des Dotterfarbstoffes in seine Komponenten durch Kuhn, Winterstein und Lederer [491]. Die Ausgangssubstanz hat sich in einzelne Banden aufgetrennt.

WINTERSTEIN und LEDERER [491] in einer Arbeit über Xanthophylle wieder aufgegriffen (Abbildung 1). Das Problem der Zerlegung des Dotterxanthophylls in seine Komponenten gelang dadurch, daß aus Schwefelkohlenstoff in einer Säule von Calciumcarbonat das Lutein in der obersten Schicht zurückgehalten wurde und das Zeaxanthin in einer tieferen Schicht einen zweiten Farbring bildete. Durch wiederholtes Nachgießen von Schwefelkohlenstoff ließen sich die beiden Ringe immer weiter auseinander bringen und konnten nach dem Herausheben aus dem Rohr getrennt eluiert werden.

Weitere Arbeiten mit der chromatographischen Methode folgten dann von BROCKMANN, KARRER, WINTERSTEIN, ZECHMEISTER [940] und anderen. Es ging dabei vor allem darum, den Weg von den gefärbten zu den ungefärbten Substanzen zu finden [896, 875, 876, 915, 231, 118, 119, 552, 866, 825].

Von REICHSTEIN [694] wurde dann 1938 das flüssige oder fließende Chromatogramm eingeführt. Dies verfolgte ebenfalls den Zweck, farblose Substanzen nach der chromatographischen Methode zu bearbeiten. Man verstand zunächst darunter die Technik, das Eluat in Portionen aufzufangen und so die Bestandteile zu isolieren und zu identifizieren. Früher war man bei den Farbstoffen den Weg gegangen, die Säulen aufzuschneiden und die einzelnen Farbringe zu isolieren. Bei der Bearbeitung der Bestandteile der Nebennierenrinde wurde eine Fraktion dadurch gereinigt, daß sie aus dem Gemisch Benzol/Pentan über eine Säule aus Aluminiumoxyd filtriert wurde. Zur Entfernung der Verunreinigungen wurde zuerst mit Pentan und dann mit wechselnden Gemischen von Benzol und Pentan nachgewaschen, schließlich mit absolutem Benzol, Äther und Aceton. Weitaus die Hauptmenge des gesuchten Stoffes konnte so mit einem einheitlichen Schmelzpunkt gewonnen werden.

Große Verdienste um die Entwicklung der Chromatographie erwarben sich in den Jahren 1940—43 TISELIUS [857] und CLAESSEN [129]. Von ihnen wurde im Prinzip die Methode des flüssigen Chromatogrammes weiter beibehalten, aber der Vorgang durch kontinuierliche Messung der Gesamtkonzentration der Lösung beim Ausfließen kontrolliert. Dazu wurden kontinuierliche Brechungsindexmessungen benutzt. Von TISELIUS wurden auch drei verschiedene Techniken der Chromatographie angegeben und als Frontanalyse, Elutionsentwicklung und Verdrängungsentwicklung bezeichnet.

G. HESSE und Mitarbeiter [318] überwanden die Schwierigkeiten, die sich bei der Chromatographie niedrig molekularer Substanzen ergaben dadurch, daß sie anstelle der flüssigen Phase eine gasförmige verwendeten. Es war die Erscheinung beobachtet worden, daß das Lösungsmittel mit den zu chromatographierenden Substanzen in seiner Affinität zum Absorbens in Konkurrenz trat und deshalb nur teilweise Trennungen erzielt wurden. Somit wurde das zu trennende Gemisch verdampft und mit einem Trägergas, das das Lösungsmittel vertrat, durch ein mit dem Absorbens gefülltes Rohr geleitet, worin es sich dann chromatographisch auftrennen ließ. Das Absorptionsrohr wurde geheizt, damit keine Kondensation eintreten konnte. Der übergehende Dampf wurde in einem Kühler verflüssigt und in Ausfriertaschen vollständig ausgeschieden. Die Fraktionen mußten dann zur Beurteilung der erfolgten Trennung einer quantitativen Bestimmung unterzogen werden. Auf diese Weise konnte z. B. das Gemisch Benzol/Cyclohexan mit den Siedepunkten 79,5 °C für Benzol und 80,0 °C für Cyclohexan an Silicagel getrennt werden.

Weitere Arbeiten über die chromatographische Trennung von Gasen folgten von TURNER [879], CLAESSON [129], DAMKÖHLER und THEILE [162] sowie CREMER und Mitarbeiter [157]. Unter diesen ist besonders den Arbeiten von DAMKÖHLER und THEILE Beachtung zu schenken. Sie verwendeten u. a. als Trennungsmaterial getemperten und mit Glycerin beladenen Ton und konnten mit Wasserstoff oder Stickstoff als Trägergas Paraffine und Olefine trennen.

Über eine „neue Art der Chromatographie unter Verwendung zweier flüssiger Phasen" berichteten 1941 A. J. P. MARTIN und R. L. M. SYNGE [552]. Diese Chromatographie unterschied sich wesentlich von den früheren Arten, indem jetzt an die Stelle der Adsorption als Kriterium die Verteilung der zu trennenden Stoffe zwischen den zwei Flüssigkeiten trat. Die eine Flüssigkeit war das Wasser, das von Silicagel als Trägermasse gebunden war, die andere ein mit Wasser nicht mischbares Lösungsmittel. Es konnte gezeigt werden, daß Aminosäuren auf diese Weise einfach getrennt wurden. Man denkt bei der Betrachtung dieser neu beschriebenen Art von Chromatographie unwillkürlich an den Versuch von DAMKÖHLER und THEILE, auf Ton Glycerin aufzutragen und darüber ein Gasgemisch zu leiten. In der gleichen Arbeit wurde von MARTIN und SYNGE auch ausdrücklich darauf hingewiesen, daß die bewegliche Phase nicht eine Flüssigkeit zu sein braucht, sondern auch ebensogut ein Gas sein kann.

CONSDEN, GORDON und MARTIN [147] entdeckten schließlich von neuem die Papierchromatographie. Diese Forscher hatten versucht, Aminosäuren an Silicagel durch die vorher entwickelte Verteilungschromatographie zu trennen. Da aber verschiedene Aminosäuren adsorbiert worden waren, verwendeten sie schließlich Cellulose in Form von Filtrierpapierstreifen und erreichten gute Trennungen. Sie entwickelten dann die Papierchromatographie als Mikrotechnik und charakterisierten sie unter Hinweis auf die Kapillaranalyse von SCHÖNBEIN und GOPPELSROEDER als eine Verteilungschromatographie, wobei die Trennung auf den Unterschieden in den Verteilungskoeffizienten zwischen der beweglichen Phase und der wassergesättigten Cellulose beruht. Die Möglichkeit einer Adsorption an der Cellulose wurde ausgeschlossen und der Schluß gezogen, daß die Cellulose die Rolle eines inerten Trägermaterials spielt. Als bewegliche Phasen wurden Phenol, Collidin und n-Butanol/Benzylalkohol-Gemische verwendet. Durch Anwendung der zweidimensionalen Technik, d. h. daß ein Lösungsmittel zuerst in der einen Richtung und nach Trocknung des Papiers ein zweites rechtwinklig dazu in der anderen Richtung verwendet wird, konnten 22 Aminosäuren auf einmal nachgewiesen werden. Zum Sichtbarmachen der Aminosäuren auf dem Papier wurde deren Reaktion mit Ninhydrin verwendet.

Ionenaustauscher in den Bereich analytischer und chromatographischer Methoden einzubeziehen, geht ebenfalls auf frühe Arbeiten zurück. Schon FOLIN und Mitarbeiter [225, 226] haben einen synthetischen Zeolithen zur Trennung von

Ammoniak bzw. Kreatinin von Harnstoff in Urin herangezogen. WHITEHORN [912] hat auf Permutit als Reagens für Amine hingewiesen und die Möglichkeit ihrer Trennung auf Grund ihrer unterschiedlichen Dissoziationskonstanten gezeigt. Bezüglich der Ionenaustausch-Chromatographie mit Kunstharzaustauschern hat GRIESSBACH [275] bereits 1938 eine wertvolle Anregung gegeben, die von FREUDENBERG und Mitarbeiter [231] zur Trennung von Aminozuckern mit Wofatit M, von WIELAND [915] zur Trennung von Hexonbasen mit Wofatit C und von BLOCK [69] zur Trennung von Aminosäuren an einem Amberlite-Austauscher angewendet wurde.

Einen großen Aufschwung nahm die Ionenaustausch-Chromatographie durch Arbeiten, die seit dem Jahre 1942 durchgeführt und 1947 veröffentlicht wurden. Sie fußten auf der Beobachtung, daß Spaltprodukte des Urans durch die synthetischen Kunstharz-Ionenaustauscher Amberlite IR-1 und Amberlite IR-4 adsorbiert wurden, und daß diese unter bestimmten Bedingungen nacheinander wieder eluiert wurden. G. E. BOYD und eine Reihe Mitarbeiter bearbeiteten dieses Problem. Im Anschluß daran wurde von TOMPKINS und Mitarbeitern [862, 863] die Frage, verschiedene Spaltprodukte möglichst rein zu isolieren und unter ihnen Zr, Cm, Ce und andere Seltene Erden sowie Ba, Sr, Te und I zu isolieren, ebenfalls mit Amberlite-Ionenaustauschern bearbeitet. Sie fanden, daß die meisten dieser Ionen selektiv aus dem Harz durch Anwendung von Komplexbildnern wie Ammoniumtartrat und Ammoniumcitrat unter kontrollierten pH-Bedingungen eluiert werden konnten. Weitere Arbeiten von SPEDDING und Mitarbeitern [766—779] über die chromatographische Trennung von Seltenen Erden mit Hilfe von Ionenaustauschern und Ammoniumcitrat als Elutionsmittel führten schließlich dazu, einige Seltene Erden im Kilogrammaßstab und mit einer Reinheit von 99,9% und andere in Mengen von 20 bis 100 g mit sehr hoher Reinheit zu trennen. Damit war der Beweis für die Brauchbarkeit dieser Methode erbracht. Die Ionenaustausch-Chromatographie nahm daraufhin ebenso wie die anderen Arten der Chromatographie eine stürmische Entwicklung.

Die Arten der Chromatographie

Um einen Überblick über die zunächst verwirrende Fülle chromatographischer Arten zu bekommen, ist es notwendig zu definieren, was unter Chromatographie zu verstehen ist. Chromatographie als solches heißt nichts anderes als *Farbschreibung* und hat seine wörtliche Bedeutung längst verloren. Der Begriff Chromatographie hat sich aber für die *chromatographischen* Trennverfahren so eingebürgert, daß er nicht mehr durch eine andere Nomenklatur zu ersetzen ist. Vorschläge wie Fraktometrie haben sich nicht durchgesetzt.

Beim Versuch der Definition des Begriffes Chromatographie ist als erstes festzuhalten, daß die Chromatographie ein Trennverfahren ist. Als zweites Kriterium folgt, daß die chromatographische Trennung durch Verteilung zwischen zwei Phasen erfolgt. Zusammengefaßt ergibt sich also folgende Definition:

Unter Chromatographie versteht man ein physikalisches Trennverfahren, bei dem die zu trennenden Komponenten zwischen zwei Phasen, und zwar einer stationären Phase und einer mobilen Phase verteilt werden.

Bei dieser Verteilung wird von den verschiedenen Gleichgewichten Gebrauch gemacht, die zwischen den beiden Phasen bestehen, und von den Verteilungsgleichgewichten, in denen sich die zu trennenden Komponenten unterscheiden. Das chromatographische Verfahren selbst besteht dann meist darin, daß das Gemisch durch eine Säule geschickt wird, wobei die mobile Phase die stationäre Phase durchströmt.

Die mobile Phase kann ein Gas sein oder eine Flüssigkeit, die stationäre Phase eine Flüssigkeit oder ein fester Stoff. Durch Kombination dieser Möglichkeiten ergeben sich vier verschiedene Arten der Chromatographie: gasförmig-flüssig, gasförmig-fest, flüssig-flüssig und flüssig-fest.

Es würde genügen, die chromatographischen Arten nach dieser Einteilung zu unterscheiden, doch haben sich im Laufe ihrer Entwicklung für die einzelnen Arten charakteristische Namen herausgebildet, an denen festgehalten werden soll. Im Zweifelsfalle kann man sich immer die Frage nach der mobilen und der stationären Phase vorlegen und auf diese Weise die zur Diskussion stehende Art richtig einordnen.

Im Falle der Gasförmig-flüssig- und der Gasförmig-fest-Chromatographie handelt es sich um die Gas-Chromatographie in ihren beiden Arten der Gas-Liquidus-Chromatographie (GLC) oder Verteilungs-Gas-Chromatographie und der Gas-Solidus-Chromatographie (GSC) oder Adsorptions-Gas-Chromatographie. Bei der Verteilungs-Gas-Chromatographie ist die stationäre Phase eine Flüssigkeit, die als dünner Film über eine große feste Oberfläche (z. B. Kieselgur oder Ziegelgrieß) verteilt ist. Dabei wirkt letztere nur als Trägersubstanz und sollte möglichst überhaupt keine aktiven Eigenschaften haben. Die in der mobilen Phase enthaltenen Komponenten verteilen sich zwischen der gasförmigen und der flüssigen Phase. Der Unterschied im Verteilungskoeffizienten für jede Komponente bildet die Grundlage der Trennung. Bei der Adsorptions-Gas-Chromatographie ist die Trennsäule nur mit einem festen Adsorbens (Aktivkohle, Aluminiumoxyd, Kieselgel u. ä.) gefüllt. Die Oberfläche des Materials bedingt verschiedene Adsorptions- und Desorptionsgleichgewichte für die Komponenten der mobilen Phase, was in diesem Fall der entscheidende Faktor der Trennung ist. Die mobile Phase ist in beiden Fällen das sogenannte Trägergas (Wasserstoff, Helium, Stickstoff u. a.), das in einem gleichmäßigen Strom durch die Säule bewegt wird.

Die Kombination flüssig-flüssig führt zur Verteilungschromatographie oder Säulenchromatographie, wenn die flüssige, stationäre Phase auf einen Träger aufgetragen ist und sich in einem Trennrohr befindet, und zur Papierchromatographie, wenn man als Träger für die flüssige stationäre Phase einen Bogen Filterpapier verwendet. Als weitere Bezeichnung wird für diese Arten auch der Name Liquid-Liquid-Chromatographie (LLC) verwendet. Die Trennung der in die mobile flüssige Phase gegebenen Komponentengemische wird durch die Verteilung zwischen den beiden flüssigen Phasen bewirkt. Als Grenzfall ergäbe sich die Gegenstromverteilung nach CRAIG, die aber nicht in den Bereich der chromatographischen Arten einbezogen wird.

Im Falle der Verteilung von Komponenten zwischen einer flüssigen und einer festen Phase, der Flüssig-fest-Chromatographie, haben wir als eine Art das, was konventionell als Tswettsche Chromatographie, Adsorptionschromatographie oder Liquid-Solid-Chromatographie (LSC) bezeichnet wird. Diese Art der Chromatographie beruht auf der durch Allgemein-Adsorption bedingten Verteilung der Komponenten zwischen der flüssigen Phase und der festen Phase, wobei die flüssige mobile Phase gegen die in einer Säule aufgeschichtete feste stationäre Phase bewegt wird. Die Ionenaustausch-Chromatographie, die der Gegenstand dieser Darstellung ist, ist die andere Art dieser Chromatographie, wobei an die Stelle der Allgemein-Adsorption die Austausch-Adsorption (Ionenaustausch) tritt. In Tabelle 1 sind nochmals übersichtlich die Arten der Chromatographie und die dafür verwendeten Namen zusammengestellt.

Tab. 1 Überblick über die Arten der Chromatographie

Phasen	Verwendete Namen
gasförmig-flüssig	Gas-Liquidus-Chromatographie (GLC), Verteilungs-Gas-Chromatographie
gasförmig-fest	Gas-Solidus-Chromatographie (GSC), Adsorptions-Gas-Chromatographie
flüssig-flüssig	Verteilungschromatographie, Säulenchromatographie, Liquid-Liquid-Chromatographie, Papierchromatographie
flüssig-fest	Tswettsche-Chromatographie, Adsorptionschromatographie, Liquid-Solidus-Chromatographie, Ionenaustausch-Chromatographie

Das chromatographische Trennverfahren

Als erstes Kriterium der Chromatographie haben wir festgehalten, daß es ein Trennverfahren ist. Durch Trennverfahren sollen Gemische in ihre Bestandteile zerlegt werden, sei es, um diese einzelnen Bestandteile zu identifizieren oder um sie zu gewinnen. Im ersten Fall ist die Aufgabe analytischer, im zweiten präparativer Art. Es ist nicht Aufgabe dieses Buches und würde auch zu weit führen, die einzelnen zur Verfügung stehenden Trennverfahren aufzuführen und zu behandeln, doch sollen kurz die Merkmale des chromatographischen Trennverfahrens herausgestellt werden.

Um die Natur von Trennverfahren zu beschreiben, hat man früher die Phasenumwandlung herangezogen, während man heute bemüht ist, alle Trennverfahren auf die verschiedenen Arten von Verteilungsprozessen zurückzuführen. Wir sind dieser Auffassung mit der vorher gegebenen Definition der Chromatographie gefolgt. Die chromatographischen Trennverfahren sind also jene, in denen mit Säulenanordnungen gearbeitet wird, wobei die Papierchromatographie als Spezialfall mit einbezogen werden kann. In allen chromatographischen Verfahren ist jeweils eine Phase mobil und die andere stationär. Unmittelbar im Zusammenhang damit steht die Diskontinuität chromatographischer Verfahren. Alle Versuche, chromatographische Verfahren vor allem unter technischen Gesichtspunkten kontinuierlich zu machen, laufen darauf hinaus, auch die stationäre Phase in eine mobile überzuführen.

Ein chromatographisches Verfahren setzt sich in seiner Gesamtheit aus drei Abschnitten zusammen, und zwar

1. der Trennung,
2. der Lokalisierung oder Identifizierung und
3. der quantitativen Bestimmung.

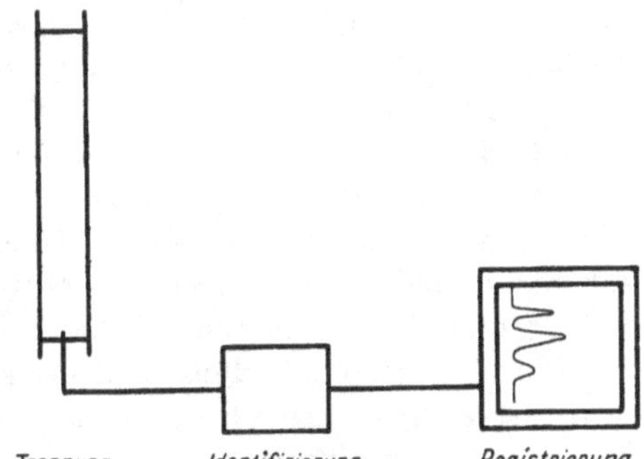

Abb. 2. Schematischer Aufbau einer chromatographischen Apparatur.

Daraus ist zu ersehen, daß mit der eigentlichen Trennung von Komponenten noch nicht alles gewonnen ist, sondern daß noch die Lage der Komponenten innerhalb der Säule festgestellt werden muß und daß, wenn die Chromatographie in der quantitativen Analyse verwendet werden soll, eine solche quantitative Bestimmung ermöglicht werden muß. Abbildung 2 zeigt schematisch den Aufbau einer chromatographischen Apparatur, bestehend aus der Trennsäule, der Identifizierungs- und der Registriervorrichtung. Inwieweit eine solche Apparatur durchzubilden ist, hängt von den Ansprüchen ab, die an sie gstellt werden, und von dem Aufwand, der getrieben werden soll. In jedem Fall soll aber aus der chromatographischen Trennung ein Diagramm, das in diesem Fall als Chromatogramm bezeichnet wird, gewonnen werden können, um daraus die Lage der getrennten Komponenten zu erkennen und ihre Identifizierung vorzunehmen.

Grundsätzlich kann das Chromatogramm als in der Säule schon vorliegend angesehen werden, wenn z. B. die Komponenten verschieden gefärbt sind, wenn sie durch ein Reagens angefärbt werden können oder wenn sie fluoreszierende oder radioaktive Eigenschaften besitzen. Wenn das von vornherein nicht der Fall ist, so wird das Chromatogramm durch Registrierung jeder einzelnen aus der Säule austretenden Komponente gewonnen. Die Lokalisierung findet also erst statt, nachdem der chromatographische Vorgang vollkommen beendet ist, und die Identifizierung muß aus der Lage der erhaltenen Registriermerkmale zueinander vorgenommen werden.

Zur Registrierung kann jede physikalische und chemische Eigenschaft herangezogen werden, die als Meßgröße erfaßt werden kann. Geeignet hierfür sind DK- und pH-Messungen, Bestimmungen des Brechungsindex oder optischer Eigenschaften, Messungen der radioaktiven Strahlung, der Ionisation u. a. m.

Zur quantitativen Bestimmung müssen die Meßgrößen der Identifizierung mit der Konzentration der aufgetrennten Komponente in Zusammenhang gebracht werden. Die Schwierigkeiten, die sich hierbei ergeben, sind verschieden und können nur im Einzelfall betrachtet werden.

Anwendungsbereich chromatographischer Verfahren

Die chromatographischen Verfahren sind zunächst für die Trennung kleiner Mengen angewendet worden. Der apparative Aufwand ist dabei meist gering. Die Verfahren sind zeitsparend. Hand in Hand damit sind dann meist sofort Anstrengungen gemacht worden, das entsprechende chromatographische Verfahren analytisch zu verwenden. Erst nachdem die apparativen Schwierigkeiten überwunden waren, wurden Versuche zur präparativen Verwendung unternommen. Die physikalisch-chemischen Gesetzmäßigkeiten, die den chromatographischen Verfahren zugrunde liegen, lassen sich aber auch umgekehrt zur Bestimmung physikalischer Größen heranziehen. Es hat zuletzt auch nicht an Bestrebungen gefehlt, der Chromatographie technische Anwendungsgebiete zu erschließen.

In der analytischen Chemie können die chromatographischen Verfahren zur qualitativen und quantitativen Analyse und zur Strukturanalyse verwendet werden. Zunächst liefert eine chromatographische Trennung ein qualitatives Ergebnis, indem die aufgetrennten Komponenten nach irgendeinem Verfahren identifiziert werden. Der Schritt zur quantitativen Bestimmung ist meist mit einem apparativen Aufwand verbunden und läuft in der Regel darauf hinaus, eine physikalische oder chemische Eigenschaft eines Stoffes zu dessen quantitativer Bestimmung heranzuziehen. Eine Strukturanalyse ist chromatographisch dann möglich, wenn es gelingt, das chromatographische Verhalten einer Substanz in Beziehung zu seiner Struktur zu setzen.

Die präparativen Möglichkeiten der Chromatographie liegen in der Isolierung bestimmter Bestandteile eines Gemisches, die durch eine andere Methode nur unvollständig oder gar nicht bewerkstelligt werden kann. So ist z. B. die fraktionierte Kristallisation der Seltenen Erden mit großem Erfolg durch die Ionenaustausch-Chromatographie ersetzt worden; säulenchromatographisch sind viele biochemisch wichtige und interessante Substanzen gereinigt oder von Begleitstoffen getrennt worden, gaschromatographisch lassen sich etwa Isomere, die durch fraktionierte Destillation nicht mehr zu isolieren sind, präparativ trennen.

Als Methode zur Bestimmung physikalischer Größen hat sich die Chromatographie ebenfalls als brauchbar erwiesen. So können etwa der Aktivitätskoeffizient, der Verteilungskoeffizient, Molekulargewichte, Lösungswärmen und Adsorptionsisothermen auf gaschromatographischem Wege bestimmt werden.

2. Kapitel

Die Ionenaustausch-Chromatographie

Die Ionenaustausch-Chromatographie ist eine Flüssig-fest-Chromatographie, bei der die Fixierung an der festen Phase durch den stöchiometrischen Austausch von Ionen erfolgt. Im Vergleich zu den Arten der Adsorptionschromatographie tritt als weiteres wesentliches Merkmal hinzu, daß bei der Ionenaustausch-Chromatographie als Eluens ein Elektrolyt verwendet werden muß, da das Gesetz der Elektroneutralität des Ionenaustauschers den Ersatz des einen Gegenions durch ein anderes verlangt. Die Ionenaustausch-Chromatographie hat sich als ausgezeichnete Methode zur Trennung von Ionen mit sehr ähnlichen Eigenschaften erwiesen, die auf anderem Wege nur schwer oder überhaupt nicht getrennt werden können. Ihr Anwendungsbereich liegt sowohl in der anorganischen als auch in der organischen Chemie. Besonders durch die Entwicklung der Ionenaustauscher auf Kunstharzbasis hat die Ionenaustausch-Chromatographie zusammen mit der stetig fortschreitenden Entwicklung der chromatographischen Verfahren überhaupt eine weite Verbreitung und Anwendung gefunden und kann heute auch für Routinebestimmungen eingesetzt werden.

Die Trennung von Ionen durch Ionenaustausch-Chromatographie beruht auf der Eigenschaft der Ionenaustauscher, bestimmte Ionensorten bevorzugt aufzunehmen. Diese Eigenschaft wird als Selektivität bzw. Spezifität bezeichnet und beruht auf Unterschieden des Austauschpotentiales von Kationen an Kationenaustauschern und Anionen an Anionenaustauschern. So wie die Ionen auswählend aufgenommen werden, so verdrängen sich andererseits bestimmte Ionen gegenseitig in gesetzmäßiger Weise, so daß sich Reihen steigender Selektivität aufstellen lassen, die für einen bestimmten Austauscher für die Alkalien und Erdalkalien etwa wie folgt aussehen [274]:

$$Li^+ < Na^+ < K^+ < Rb^+ < Cs^+$$

$$Mg^{2+} < Ca^{2+} < Sr^{2+} < Ba^{2+}.$$

Die beschriebenen Ionen haben also an ein- und demselben Ionenaustauscher eine verschiedene Haftfestigkeit, die von der Lage des herrschenden Gleichgewichtes zwischen dem festen Ionenaustauscher und den am Gesamtsystem beteiligten Ionen, ihren Konzentrationen und in geringerem Ausmaße auch von der Temperatur abhängt. Durch die Unterscheidung zwischen Selektivität und Spezifität soll angedeutet werden, daß die erstere wesentlich auf physikalisch-chemisch übersehbare Faktoren zurückgeführt werden kann, während die letztere auf feinere chemische Affinitätsunterschiede zurückgeführt werden muß, die zur Zeit thermodynamisch kaum erfaßt werden können. Auf die Theorie der Selektivität kann in diesem Zusammenhang nicht weiter eingegangen werden, da die genaue Erörterung zu weit führen würde. Es muß auf die einschlägige Literatur über den Ionenaustausch verwiesen werden [276].

Sollen Komponenten durch Ionenaustausch-Chromatographie getrennt werden, die nicht vollständig als Ionen vorliegen oder deren Ionisationsgrad durch die Bedingungen der Ionenaustausch-Chromatographie selbst verschoben worden ist, so werden die Verhältnisse der chromatographischen Trennung komplizierter. Dies ist dann der Fall, wenn beim Ionenaustauscher neben den ionenaustauschenden Ankergruppen gleichzeitig auch seine Befähigung zur Allgemeinadsorption zur Auswirkung kommt oder wenn bei Anwesenheit von Komplexbildnern die Gesetzmäßigkeiten primärer Selektivität aufgehoben oder umgekehrt werden. Oft ist der Unterschied in der Selektivität zu klein, um effektvolle Trennungen zu erreichen. In diesem Fall lassen sich Unterschiede in der Dissoziation der zu trennenden Substanzen oder in der Stabilität ihrer Komplexionen besser als die selektive Aufnahme eines einfachen Ions durch den Ionenaustauscher für eine Trennung verwenden. Für schwache Elektrolyte wurden von PARTRIDGE und WESTALL [647] und von DAVIES [167] Trennungen durch Ionenaustauscher untersucht und ausführlich diskutiert.

Die Art und Weise, in der die Trennung der an einen Ionenaustauscher gebundenen Ionen erfolgt, kann verschieden sein. Es ist demnach innerhalb der Ionenaustausch-Chromatographie, und ebenso für die anderen Arten der Chromatographie, noch zwischen verschiedenen Verfahren oder Techniken zu unterscheiden, die als

1. Frontal-Chromatographie
2. Verdrängungs-Chromatographie
3. Elutions-Chromatographie
4. Ionenaustausch-Chromatographie mit Komplexbildnern
5. Ionenaustausch-Chromatographie mit organischen Lösungsmitteln

bezeichnet werden.

Die Begriffe der Frontal-, Verdrängungs- und Elutionschromatographie wurden, wie erwähnt, von TISELIUS [857] und CLAESSON [129] für die Adsorptionschromatographie entwickelt und später auf die Ionenaustausch-Chromatographie übertragen. Die Verwendung von Komplexbildnern und organischen Lösungsmitteln in der Ionenaustausch-Chromatographie stellen neuere Verfahren dar und sollen wie oben angeführt bezeichnet werden.

Das chromatographische Verfahren stellt also jenen Vorgang dar, der verschiedentlich auch als die *Entwicklung des Chromatogrammes* bezeichnet wird. Es ist dabei zu beachten, daß dieser Ausdruck in zweifacher Weise verwendet wird. Erstens versteht man darunter ein chromatographisches Verfahren und zweitens den Vorgang, chromatographisch getrennte Komponenten durch nachfolgende Reaktion mit einem geeigneten Reagens sichtbar zu machen, wie das besonders in der Papierchromatographie notwendig ist. Durch dieses Entwickeln, hauptsächlich durch Erzeugen von Färbungen, entsteht sozusagen ein chromatographisches Bild.

Die übrigen in der Ionenaustausch-Chromatographie verwendeten Termini verstehen sich leicht aus ihrer Verwendung. Die Lösung der zu chromatographierenden Substanz wird als Ausgangslösung bezeichnet. Während des Ablaufes des chromatographischen Vorganges bilden sich Banden oder Zonen der zu trennenden Substanzen, die jeweils eine Vorderfront und eine Rückfront aufweisen, die scharf oder diffus sein kann. Wird die Rückfront einer Bande nachgezogen, so bildet sich ein *Schwanz* (tailing). Die Flüssigkeit, die die Säule verläßt, heißt Filtrat oder Durchlauf. Als Eluat bezeichnet man das Filtrat von dem Augenblick an, wo darin chromatographische Komponenten der Ausgangslösung enthalten sind.

Frontal-Chromatographie

Die Frontal-Chromatographie ist das einfachste chromatographische Verfahren und besteht darin, daß die Lösung mit den zu trennenden Komponenten fort-

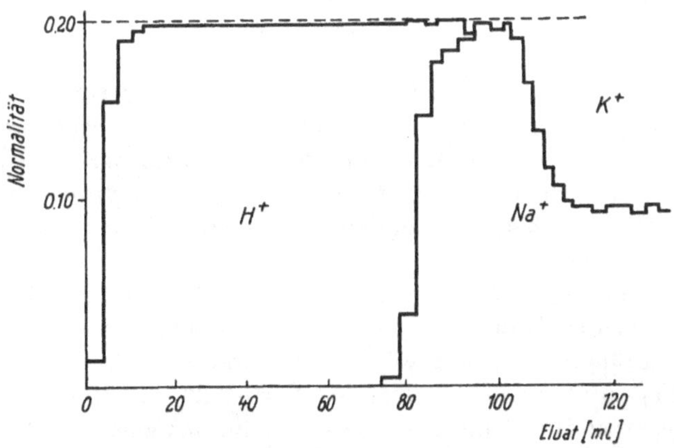

Abb. 3. Trennung von Natrium und Kalium durch Frontal-Chromatographie an einem Ionenaustauscher in der H-Form [693].

laufend am oberen Ende der Trennsäule aufgegeben wird, wobei sich die einzelnen Bestandteile während des Durchwanderns der Säule nach steigender Selektivität chromatographisch auftrennen. Das Auftreten der einzelnen Zonen im Eluat wird nach irgendeinem geeigneten analytischen Verfahren verfolgt.

Die Trennung von Natrium und Kalium durch Frontal-Chromatographie an einem Kationenaustauscher in der H-Form ist nach Reichenberg [693] in Abbildung 3 wiedergegeben. Während die Lösung von Natrium und Kalium ständig auf den Austauscher gegeben wird, werden entsprechend der steigenden Selektivität von H^+ über Na^+ nach K^+ die H^+-Ionen vom Austauscher verdrängt, zunächst gegen Na-Ionen und K-Ionen ausgetauscht und in einer scharfen Front vorn weggeschoben. Vom Natrium und Kalium wird das Na^+ weniger vom Austauscher aufgenommen, wandert deshalb am Anfang schneller und folgt in einer angereicherten Zone unmittelbar auf das H^+. Na-Ionen treten dann so lange rein aus der Säule aus, bis sich die oberen Teile der Säule mit K-Ionen ins Gleichgewicht gesetzt haben. Da ständig Lösung mit Na- und K-Ionen nachgegeben wird, sind in den oberen Schichten der Trennsäule bereits so viele K-Ionen aus der Lösung herausgenommen worden, daß ein weiterer Austausch nicht mehr möglich ist und die Lösung schließlich ohne Änderung ihrer Zusammensetzung die Austauschsäule durchläuft.

Wie dieses Beispiel zeigt, liefert die Frontal-Chromatographie nur eine reine Fraktion, und zwar derjenigen Komponente der Ausgangslösung, die am wenigsten festgehalten wird (Na). Die zweite Komponente (K) kann am Auftreten ihrer Front ebenfalls erkannt werden, ist aber immer mit der ersten Komponente verunreinigt. Der Grad der Abtrennung der ersten Komponente kann durch Verlängerung der Säule gesteigert werden, im weiteren Sinne aber ist dieses Verfahren für quantitative und präparative Trennungen unbrauchbar. Die Frontal-Chromatographie kann aber für qualitative Analysen verwendet werden.

Verdrängungs-Chromatographie

Bei der Verdrängungs-Chromatographie werden die zu trennenden Ionen auf die Säule gegeben und gegen das Gegenion des Ionenaustauschers am oberen Ende der Säule ausgetauscht. Zur Durchführung der chromatographischen Trennung wird daraufhin mit einer Elektrolytlösung nachgewaschen, die ein Ion enthält, das vom Ionenaustauscher bevorzugt aufgenommen wird und deshalb alle anderen Ionen verdrängt.

Als Beispiel sei angenommen, daß der Ionenaustauscher sich in der H^+-Form befand, Natrium und Kalium getrennt werden sollten und eine Calciumchloridlösung als Verdrängungsmittel gewählt wurde, wie es in Abbildung 4 nach Untersuchungen von Coursier und Hure [154] dargestellt ist. Die Selektivität der vorliegenden Ionen ist $H^+ < Na^+ < K^+ < Ca^{2+}$, d. h., das zuerst vorhandene Gegenion wird am schwächsten und das zur Verdrängung dienende am stärksten vom Austauscher gebunden. Dieses Chromatogramm ist also dadurch entstanden, daß die Calciumionen alle anderen Gegenionen aus den oberen Schichten der Trennsäule verdrängten und diese im Verlauf der Entwicklung des Chromatogramms vor sich in einer scharfen Front herschoben. Je nach der Reihenfolge ihrer Selektivität bleiben die H-, Na- und K-Ionen mehr oder weniger stark am Austauscher hängen, verdrängen sich gegenseitig und ordnen sich auf diese Weise zu den mit selbstschärfenden Fronten ausgebildeten Zonen. Die zu trennenden Ionen Na^+ und K^+ erscheinen im Durchlauf in der Reihenfolge zunehmender Selektivität. Eine gewisse Überschneidung der Banden ist nicht zu vermeiden.

Man erhält also nach diesem Verfahren reine und gemischte Fraktionen, wobei die gemischten jeweils die zwei in ihrer Selektivität benachbarten Ionen enthalten. Die gemischten Fraktionen können gegebenenfalls durch eine Wiederholung des gesamten Trennungsvorganges weiter gereinigt werden. Dieses Verfahren ist demnach vorwiegend für präparative Trennungen geeignet.

Der Mangel, den die Verdrängungs-Chromatographie wegen der gemischten Fraktionen zeigt, sollte sich nach einem Vorschlag von TISELIUS und HAGDAHL [858] dadurch beseitigen lassen, daß man den zu trennenden Ionen andere zusetzt, die sich im Chromatogramm zwischen die ersten lagern und so diese sicher trennen.

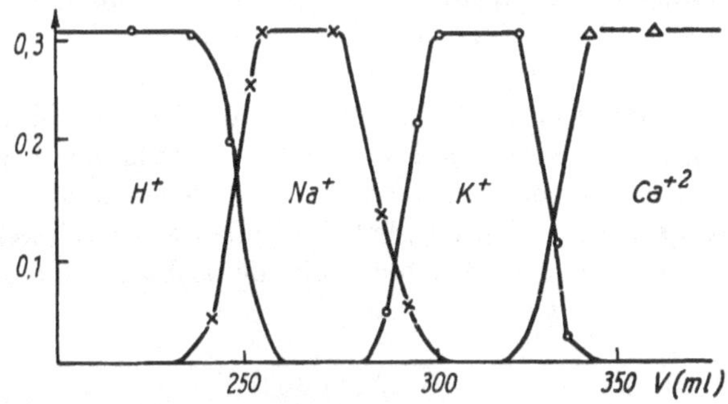

Abb. 4. Trennung von Natrium und Kalium durch Verdrängungs-Chromatographie mit Calciumchloridlösung an einem Kationenaustauscher in der H-Form [154].

Schematisch würde ein derartiges Chromatogramm wie in Abbildung 5 wiedergegeben aussehen: x und y sind die zu trennenden Substanzen und m und n die zugefügten. Dieses als Träger-Veränderungs-Chromatographie (carrier displacement) bezeichnete Verfahren erfüllte aber die gestellten Hoffnungen nicht, da m und n

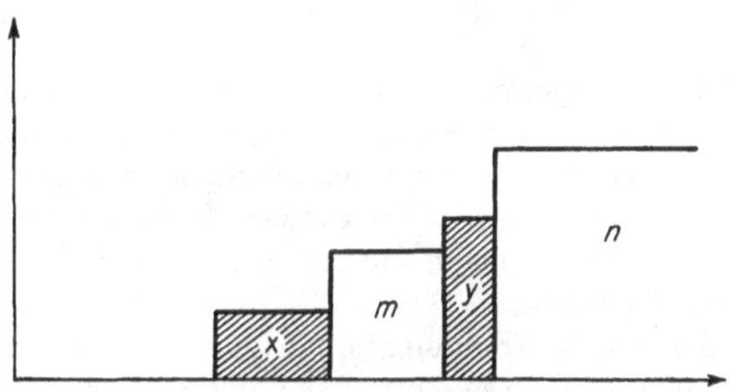

Abb. 5. Schematische Darstellung der Träger-Verdrängungs-Chromatographie zweier Komponenten x und y und zweier Träger m und n.

wiederum chemisch so beschaffen sein müssen, daß sie von x und y nach der Entwicklung des Chromatogramms leicht getrennt werden können. Diese Bedingung ist aber deswegen fast unmöglich zu erfüllen, da eine Verdrängung von chemisch sehr verschiedenen Substanzen untereinander nicht stattfindet. In der Ionenaustausch-Chromatographie ist ein Beispiel der Träger-Verdrängungs-Chromatographie nicht bekannt geworden.

Elutions-Chromatographie

Bei der Elutions-Chromatographie werden wie bei der Verdrängungs-Chromatographie die zu trennenden Ionen auf die Säule gegeben und gegen das Gegenion des Ionenaustauschers am oberen Ende der Säule ausgetauscht. Zur Durchführung der chromatographischen Trennung wird daraufhin mit einem Elutionsmittel nachgewaschen, das dasselbe Ion in meist höherer oder ansteigender Konzentration enthält, das ursprünglich das Gegenion des gesamten Austauschers bildete. Während das Elutionsmittel mit seinem Gegenion die gebundenen Ionen, deren Affinität zum Austauschen größer ist, überholt, tritt im Verlaufe der weiteren Elution dennoch ein Ablösen der zu trennenden Ionen ein, deren Plätze durch das Gegenion

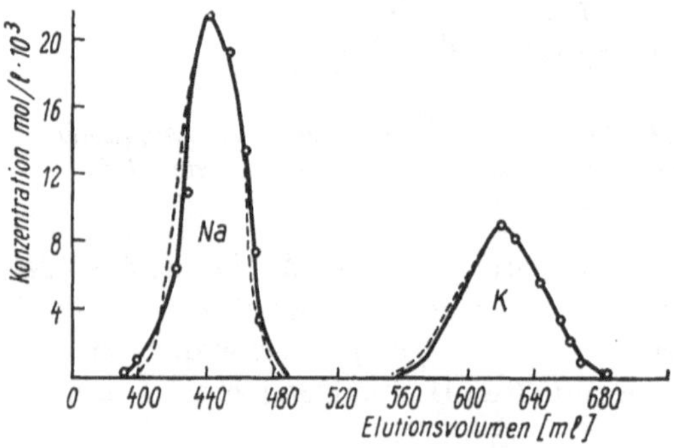

Abb. 6. Trennung von Natrium und Kalium durch Elutions-Chromatographie an einem Kationenaustauscher in der H-Form und Salzsäure als Elutionsmittel [55].

des Elutionsmittels und damit das Gegenion des ursprünglichen Beladungszustandes des Austauschers eingenommen werden. Die zu trennenden Ionen spalten sich im Verlauf ihrer Wanderung durch die Säule in Zonen auf, je nachdem, wie fest sie vom Austauscher gebunden wurden. Die Zonen verbreitern sich im Laufe ihrer Wanderung immer mehr und treten zusammen mit dem Ion des Elutionsmittels aus der Säule aus.

Als Beispiel wollen wir die Trennung von Natrium und Kalium an einem Kationenaustauscher in der H-Form betrachten unter Verwendung von HCl als Elutionsmittel. Zu Anfang, d. h. bei Aufgabe der Na-K-Lösung, werden die H^+-Ionen durch die Alkaliionen verdrängt, und sodann tritt (HCl als Elutionsmittel) umgekehrt die Verdrängung der Alkaliionen ein.

Die Abbildung 6 zeigt das Ergebnis einer Natrium- und Kalium-Trennung nach Beukenkamp und Rieman [55]. Die beiden Ionen erscheinen als scharfe symmetrische Banden im Eluat, jeweils zusammen mit dem Elutionsmittel HCl. Bei dieser Trennung wurden die ersten 370 m*l* Elutionsmittel verworfen, dann 160 m*l* in Fraktionen aufgefangen, die das Natrium enthielten, und schließlich weitere 190 m*l*, die das Kalium enthielten. Am Schluß einer solchen Trennung tritt wieder reines Elutionsmittel aus der Säule aus. Der Ionenaustauscher selbst verändert während der ganzen Trennung seinen Beladungszustand nur vorübergehend und kann deshalb ohne besonders durchzuführende Regeneration sofort wieder verwendet werden. Die Trennung erfolgt in der Reihenfolge der Selektivität $Na^+ < K^+$. Die Bedingungen, daß keine Überschneidung der Banden erfolgt, müssen empirisch oder theoretisch festgelegt werden.

Die Elutions-Chromatographie liefert also unter geeigneten Bedingungen reine Fraktionen der zu trennenden Komponenten, die jeweils mit dem Elutionsmittel zusammen auftreten. Inwieweit sich dieser Umstand als störend erweist, kann natürlich nur bei jedem einzelnen Beispiel entschieden werden. Das Hauptanwendungsgebiet dieses Verfahrens liegt bei analytischen Trennungen.

Eine Variante der Elutions-Chromatographie ist die Gradienten-Elutions-Chromatographie, die darin besteht, ein kontinuierlich wechselndes Elutionsmittel zu verwenden, das außerhalb der Säule in einer besonderen Vorrichtung erzeugt wird.

Durch die Gradientenelutions-Technik wird besonders die als Schwanzbildung bezeichnete Verbreiterung der chromatographischen Zonen unterdrückt und damit die Trennung verbessert. Alm, Williams und Tiselius [10] haben die allgemeinen Grundlagen dieser Methode ausführlich behandelt. Von zahlreichen anderen Autoren wurde sie später in die Ionenaustausch-Chromatographie übernommen und in steigendem Maße vor allem dann angewendet, wenn es notwendig war, die Säurestärke des Elutionsmittels zu steigern, um stärker gebundene Komponenten zu eluieren. Praktisch verfährt man dabei so, daß die Elutionsmittel nacheinander in ein Mischgefäß gebracht werden, das magnetisch gerührt wird. Wenn das Mischgefäß zuerst eine Lösung einer Konzentration enthält und fortlaufend eine Lösung höherer Konzentration zugeführt wird, dann wird die Konzentration zuerst stark ansteigen und sich schließlich der der zugefügten Lösung langsam annähern. Die Zusammensetzung des Elutionsmittels kann durch geeignete Einstellung der Lösungsmengen, die dem Mischgefäß zu- und entfließen, auf verschiedene Weise verändert werden.

Ionenaustausch-Chromatographie mit Komplexbildnern

Dem Wesen der Ionenaustausch-Chromatographie entsprechend werden die Komponenten eines Gemisches dann getrennt, wenn ihr selektives Verhalten dem Austauscher gegenüber genügend verschieden ist. Es hat sich aber gezeigt, daß zahlreiche Ionen, deren chromatographische Trennung von Interesse ist, sehr ähnliche Selektivitätswerte aufweisen. Um dann zu ausreichenden Trennungseffekten zu kommen, ist ein erheblicher Aufwand an Zeit notwendig. Im Verhältnis zu den zur Trennung vorliegenden Stoffmengen müssen lange Trennsäulen und große Mengen Elutionsmittel verwendet werden. In diesen Fällen hat das Verfahren der Ionenaustausch-Chromatographie mit Komplexbildnern große Erfolge gebracht. Die Ionen des Gemisches bilden hierbei verschieden feste und verschieden stark adsorptionsfähige Komplexe, die dann die notwendigen Unterschiede in der Selektivität aufweisen. Ehe diese Methode auf Ionenaustauscher auf Kunstharzbasis angewendet wurde, haben bereits SCHWAB und JOCKERS [833] auf den Einfluß der Komplexbildung auf das Adsorptions- und Desorptionsverhalten an Aluminiumoxyd hingewiesen.

An Hand der Trennung Natrium und Kalium, wie sie von BUSER [107] mitgeteilt wurde, soll diese Methode näher erläutert werden. Für Natrium und Kalium ist in der Uramildiessigsäure von SCHWARZENBACH [834] eine Substanz beschrieben worden, die mit Lithium und Natrium, nicht aber mit den anderen Alkaliionen stabile Komplexe bildet. Das Komplexbildungsverhalten dieser beiden Ionen in Uramildiessigsäure in Abhängigkeit vom pH ergibt eine ausreichende Komplexbildung bei einem pH-Wert > 9. Durch dieses Verhalten werden aber andererseits gewisse Arbeitsbedingungen in der Säule schon vorbestimmt, da wegen der pH-Abhängigkeit der Komplexbildung die Austauscher nicht in der Säureform verwendet werden können. Die Austauscher müssen also in eine passende Salzform

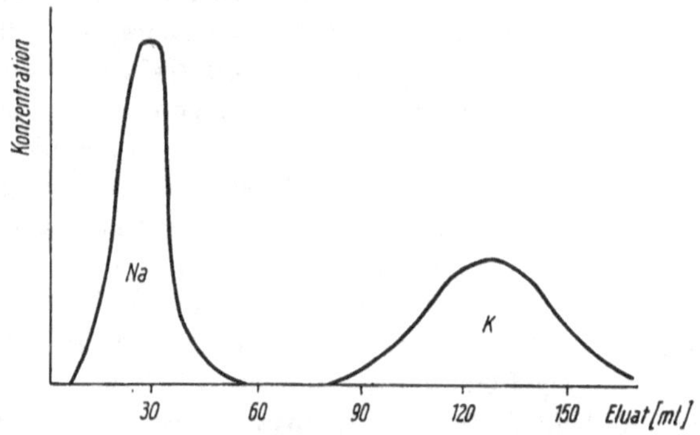

Abb. 7. Elution von Natrium und Kalium mit Dimethylammoniumuramildiacetat [107]; 0,1 mval Na^+ und 0,2 mval K^+.

überführt werden, wobei die Affinität des Gegenions zum Austauscher kleiner sein muß als die Affinität der auf der Säule zu bindenden Alkaliionen. So kann z. B. das NH_4^+-Ion nicht verwendet werden, da seine Affinität zum Austauscher größer ist als die des Li^+ und Na^+, während Dimethylamin und Tetramethylammoniumhydroxyd den gestellten Anforderungen genügen. Abbildung 7 zeigt das Ergebnis einer Na/K-Trennung an einem Sulfonsäureaustauscher (Amberlite IR—120) mit Dimethylammoniumuramildiacetat. Zu beachten sind vor allem die im Vergleich zu den anderen Methoden benötigten geringen Mengen an Elutionsmittel, wodurch die Trennung stark beschleunigt wird.

Der Verwendung geeigneter Komplexbildner ist an sich keine Grenze gesetzt, sie hängt im Einzelfall vom Stand der Forschung auf dem Gebiet der Komplexchemie ab. Bisher wurden von organischen Komplexbildnern hauptsächlich angewendet: Zitronensäure, Milchsäure, Äthylendiamintetraessigäsure, Nitrilotriessigsäure, α-Oxybuttersäure, Thenoyltrifluoraceton u. a., von anorganischen die Halogen- und Pseudohalogenkomplexe sowie die Komplexe der Salpetersäure, Phosphorsäure, Schwefelsäure und Perchlorsäure.

Praktisch wird so verfahren, daß entweder die Ionen in der Komplexbildungslösung auf den Austauscher gegeben werden und mit der Komplexbildungslösung nachgewaschen wird, oder daß die am Austauscher gebundenen Ionen mit der Komplexbildungslösung chromatographiert werden. Aber auch die reinen Lösungsmittel selbst können als Komplexbildner wirken, wie etwa im Falle der Salzsäure. Je nach den Verhältnissen nun, in Abhängigkeit von der Konzentration des Komplexbildners und des pH-Wertes der Lösung, resultiert schließlich eine Verdrängungs- oder Elutions-Chromatographie.

Ionenaustausch-Chromatographie mit organischen Lösungsmitteln

Die Ionenaustausch-Chromatographie mit organischen Lösungsmitteln ist diejenige ionenaustauschchromatographische Technik, die sich am meisten einer

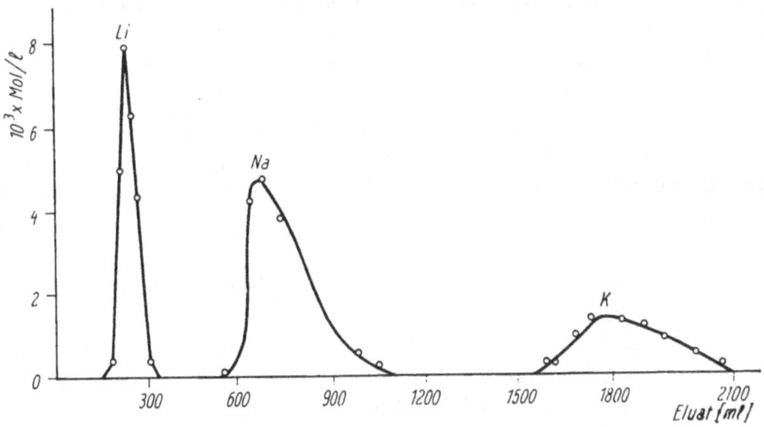

Abb. 8. Trennung von Lithium, Natrium und Kalium durch Ionenaustausch-Chromatographie in nichtwässerigem Lösungsmittel [168].

Verteilungs-Chromatographie nähert. Aus Gleichgewichtsversuchen über die Verteilung gemischt wäßriger Lösungsmittel an Ionenaustauschern ist bekannt, daß die Verteilung in der Weise erfolgt, daß bei einem gemischten Lösungsmittel die Harzphase vorwiegend wäßrig und die umgebende Lösung vorwiegend organisch ist. Dadurch sind die Bedingungen für eine Verteilungs-Chromatographie zwischen zwei Phasen gegeben.

Wie schon bei den vorher beschriebenen ionenaustauschchromatographischen Techniken wollen wir auch hier die Trennung der Alkalimetalle als Beispiel näher betrachten. Abbildung 8 zeigt das Ergebnis einer Trennung von Lithium, Natrium und Kalium [168]. Der eingesetzte Ionenaustauscher wurde mit einem Gemisch Aceton/Wasser (4:1) vorbehandelt und dann die Chloride der genannten Alkalien auf den Austauscher gegeben. Zur Entwicklung des Chromatogramms wurde mit 0,7n HCl in demselben Aceton/Wasser-Gemisch nachgewaschen. Entsprechend der steigenden Neigung zu Ionenpaarbildung und der geringen Dissoziation der Lithiumsalze in Aceton erscheint das Lithium sofort, ohne am Austauschvorgang teilgenommen zu haben. Die beiden anderen Elemente erscheinen in der Reihenfolge Natrium und Kalium in Übereinstimmung mit der steigenden Selektivität, wobei aber eine wesentlich größere Menge Elutionsmittel benötigt wird, da der Ionenaustausch durch eine Verteilung zwischen Wasser und Aceton gehemmt ist. Dieses an sich negative Ergebnis, da eine chromatographische Trennung in möglichst kurzer Zeit durchgeführt werden soll, zeigt den Einfluß des organischen Lösungsmittels auf den Trennungsvorgang.

Mit Vorteil wird die Ionenaustausch-Chromatographie mit organischen Lösungsmitteln bei jenen Substanzen angewendet, bei denen durch Überlagerung von Verteilung und Ionenaustausch eine bessere Trennung zu erreichen ist. So kann auf Grund unterschiedlichen Molekülbaues (z. B. organischer Säuren) oder durch Überlagerung hydrophiler und hydrophober Eigenschaften oder durch Änderung des Molekülzustandes (Doppelmolekül, Einzelmolekül, Ionisation usw.) der Verteilungskoeffizient zwischen einer wässerigen und einer organischen Phase eine entscheidende Rolle spielen. Auch wenn zwei Metalle denselben Komplex bilden, kann durch zusätzliche Verwendung eines organischen Lösungsmittels und die damit geänderten Verteilungszustände oft eine bessere Trennung bei der Ionenaustausch-Chromatographie erzielt werden; dies gilt auch für jene Fälle, wo Substanzen (Säuren und Basen) nur eine begrenzte Löslichkeit in Wasser besitzen.

Weitere ionenaustauschchromatographische Verfahren

Es hat nicht an Versuchen gefehlt, über die vorher beschriebenen Verfahren hinaus, weitere Effekte des Ionenaustausches zu ionenaustauschchromatographischen Trennungen heranzuziehen. Insbesondere auf dem Gebiet der organischen Verbindungen, bei denen Ionisationen nicht die Rolle spielen wie bei den anorganischen, lassen sich die Verhältnisse und Bedingungen oft abändern. Den Ionenaustausch begleitende Adsorptionseffekte können herangezogen werden. Weitere Verfahren, die sich im Lauf der Zeit herausgebildet haben, sind das Ionenausschluß- und das Ionenverzögerungsverfahren (ion exclussion und ion retardation), die Aussalzchromatographie und das Verfahren der Chromatographie an spezifischen Ionenaustauschern.

Das Allgemeinadsorptionsvermögen von Ionenaustauschern gegenüber nichtionisierten Verbindungen wurde u. a. von Gregor [273], Pepper et al. [657] und Wheaton und Baumann [908] untersucht und kann bisweilen zu chromatographischen Trennungen herangezogen werden. Besonders aromatische Verbindungen besitzen eine große Adsorptionsaffinität. Deren Steigerung erfolgt mit steigendem Molekulargewicht. Man kommt auf diese Weise zur Adsorptions-Chromatographie an Ionenaustauschern, die indessen in der Hauptsache nicht mehr Gegenstand dieses Buches ist. Für sie gelten die Gesetzmäßigkeiten der Allgemeinadsorption. Zu bemerken ist hierzu, daß bei Übergangserscheinungen, wo sich schwacher Ionenaustausch und starke Adsorption überschneiden, der letztere Effekt zur Umkehrung einer Trennung führen kann, da Molekular-adsorption und -desorption gegenüber einem Ionenaustausch sehr langsam verlaufen. Eine Bande, die durch Allgemein-Adsorption festgehalten wird, erscheint später im Eluat als eine durch Austausch-Adsorption gebundene. Die Einstellung des Adsorptions-Desorptions-Gleichgewichtes kann durch Erhöhung der Arbeitstemperatur beschleunigt werden.

Das *Ionenausschluß-Verfahren*, auch Elektrolytvorlauf-Verfahren genannt, dient zur Trennung von ionisierten Substanzen von nichtionisierten oder nur leicht ionisierten Substanzen, wenn beide in wässeriger Lösung vorhanden sind. Zur Verwendung kommen dabei übliche Ionenaustauscherharze, sowohl Kationen- als auch Anionenaustauscher, wobei hochionisierte Austauscher im allgemeinen zu besseren Ergebnissen führen als niederionisierte. Wesentlich ist dabei die Blokkierung des Austauschers, damit die ionisierte Komponente nicht mit dem Austauschermaterial reagiert. Weiterhin sind an die Austauscher drei Forderungen zu stellen, und zwar: 1. daß die Fest-Ionenkonzentration im Inneren der Harzteilchen einschließlich der Gegenionen groß ist, 2. daß der Wassergehalt des Austauschers genügend groß ist, um zu einer ausreichenden Kapazität zu führen und 3. daß das Gleichgewicht rasch erreicht wird, d.h., daß die Diffusion so groß wie möglich ist.

Für das Verständnis der Vorgänge beim Ionenausschluß-Verfahren ist die unterschiedliche Art der Wasserbindung in einem Ionenaustauscher von wesentlicher Wichtigkeit. Wir haben dabei zu unterscheiden zwischen der Quellflüssigkeit innerhalb der Körner, der Flüssigkeit, die die Körner umgibt (Zwischenkornvolumen) und dem Hydratwasser der Ankerionen. Die Trennmöglichkeit nach dem Ionenausschlußverfahren beruht nun darauf, daß der Ionenaustauscher mit dem betreffenden Gegenion bereits gesättigt ist und daß die organischen nichtionisierten Komponenten dahin tendieren, sich einer Freundlich-Isotherme entsprechend zwischen Quellflüssigkeit und Zwischenkornvolumen zu verteilen, während die ionisierten Komponenten sich wegen der bereits vorhandenen Absättigung der Austauscher mit derselben Ionenart im Zwischenkornvolumen und zufolge des DONNAN-Membraneffektes nur in einer geringen Konzentration in der Quellflüssigkeit verteilen. So wird also von einem Gemisch, das ionisierte und nicht ionisierte Komponenten enthält und das am oberen Ende auf eine Ionenaustauschersäule gegeben und alsdann die Säule mit Wasser durchgewaschen wird, der ionisierte Anteil zuerst das untere Ende der Säule erreichen, da er im wesentlichen im Zwischenkornvolumen der Säule enthalten war. Der nichtionisierte Anteil dagegen muß aus der Quellflüssigkeit zurückgeführt werden, weshalb er erst dann im Eluat erscheint, wenn der ionisierte Anteil bereits die Säule verlassen hat. Somit ist auf diese Weise eine echte chromatographische Trennung erzielt worden, die theoretisch durch die Bödentheorie erfaßt werden kann.

Als Beispiel soll nach WHEATON und BAUMAN [907] die Trennung des Gemisches Salzsäure/Essigsäure ausgeführt werden (Abbildung 9). In diesem System ist die Essigsäure durchweg, vor allem wegen der Anwesenheit des hier verwendeten stark sauren Austauschers Dowex 50 in der H^+-Form, nichtionisiert. Die Quellflüssigkeit betrug 42% und das Zwischenkornvolumen 30% des gesamten Pakkungsvolumens. Aufgegeben auf die Säulen wurden 15 m*l* eines Gemisches aus 1,17 n HCl und 0,66 n CH_3COOH und dann mit Wasser nachgewaschen. Wie aus der Abbildung zu ersehen ist, ist die Trennung vollständig.

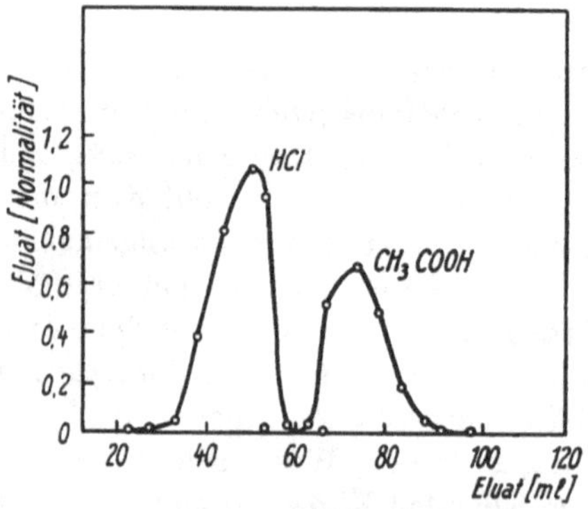

Abb. 9. Ionenausschluß-Verfahren. Vollständige Trennung Salzsäure/Essigsäure an Dowex 50, 8% quervernetzt, 50 bis 100 mesh; 15 m*l* einer 1,17 n HCI und 0,66 n CH_3COOH [907].

Das Ionenausschluß-Verfahren erweist sich somit als ein Weg zur chromatographischen Entionisierung oder Entfernung des wenigstens größten Anteils ionisierter Bestandteile aus organischen Produkten mittels Ionenaustauscher. Typische Trennungen dafür sind die von Säuren und Salzen von Glycerin, Alkohol und Aminosäuren, Trennungen von stark und schwach dissoziierten Substanzen (z. B. Salzsäure und Borsäure), von Mono-, Di- und Trichloressigsäure u. a. m. Das Austauscherharz sollte dabei von vornherein in derselben Ionenform eingesetzt werden wie der ionisierte Anteil der zu trennenden Komponenten. Die Arbeitsbedingungen, die die Trennung beeinflussen, sind die Fließgeschwindigkeit, die einsetzbare Menge, die Ionenkonzentration, die Konzentration der nichtionisierten Komponenten, die Temperatur und die Größe unpolarer Moleküle. Allgemeine Angaben lassen sich nur insofern machen, als die Fließgeschwindigkeit sehr groß gewählt werden kann im Vergleich zu den anderen ionenaustauschchromatographischen Verfahren. Das Volumen der eingesetzten Menge muß kleiner sein als das dem Lösungsvermögen der Quellflüssigkeit entsprechende Volumen, wobei einerseits der Grad der Trennung mit geringerer Ionenkonzentration zunimmt, andererseits aber die Konzentration der nichtionisierten Komponente weniger bedeutend ist und daher größer gewählt werden kann. Der Einfluß der Temperatur ist nicht groß. Doch können große Moleküle wegen ihrer Größe und relativen Unbeweglichkeit im allgemeinen nicht getrennt werden. Von Fall zu Fall müssen die Arbeitsbedingungen für ein vorliegendes Problem erarbeitet werden.

Das *Ionenverzögerungs-Verfahren* ist ein Verfahren zur Trennung wasserlöslicher Substanzen, bei dem amphotere Ionenaustauscher im Säulenbetrieb eingesetzt werden [304].

Die hierzu verwendeten Austauscher adsorbieren Kationen und Anionen. Da aber die Ankergruppen so eng beieinander liegen, neutralisieren sie sich teilweise gegenseitig, wodurch die adsorbierten Ionen nur schwach festgehalten werden und von Wasser wieder verdrängt werden können. Nichtelektrolyte werden in noch wesentlich geringerem Ausmaß aufgenommen.

Sollen demnach nach diesem Verfahren Ionen getrennt werden, so wird von dem unterschiedlichen Zurückhalten der Ionen am Austauscher Gebrauch gemacht, wodurch z. B. Eisensulfat von Zinksulfat, Natriumhydroxyd von Natriumchlorid oder Ammoniumchlorid von Zinkchlorid getrennt werden kann. Soll ein Elektrolyt von einem Nichtelektrolyten getrennt werden, so verfährt man im Prinzip wie beim Ionenausschluß-Verfahren, wobei aber jetzt beim Waschen mit Wasser der Nichtelektrolyt zuerst im Eluat erscheint.

Die *Aussalz-Chromatographie*, ein Verfahren, das von SARGENT und RIEMAN [728 bis 730] in die Ionenaustausch-Chromatographie eingeführt wurde, führt zur chromatographischen Trennung wasserlöslicher Nichtelektrolyte an Ionenaustauscherharzen als stationärer Phase und wässeriger Salzlösung als mobiler Phase. Der Mechanismus dieses Verfahrens ist eine wechselweise Solvatation der Ankergruppen des Austauschers und der zu trennenden Komponenten. SARGENT und RIEMAN [729] haben nach diesem Verfahren, das als Beispiel dienen soll, die Trennung von Alkoholen an Harzaustauschern durchgeführt (Abbildung 10). Als Salzlösungen wurden Lösungen von Ammoniumsulfat abnehmender Konzentration

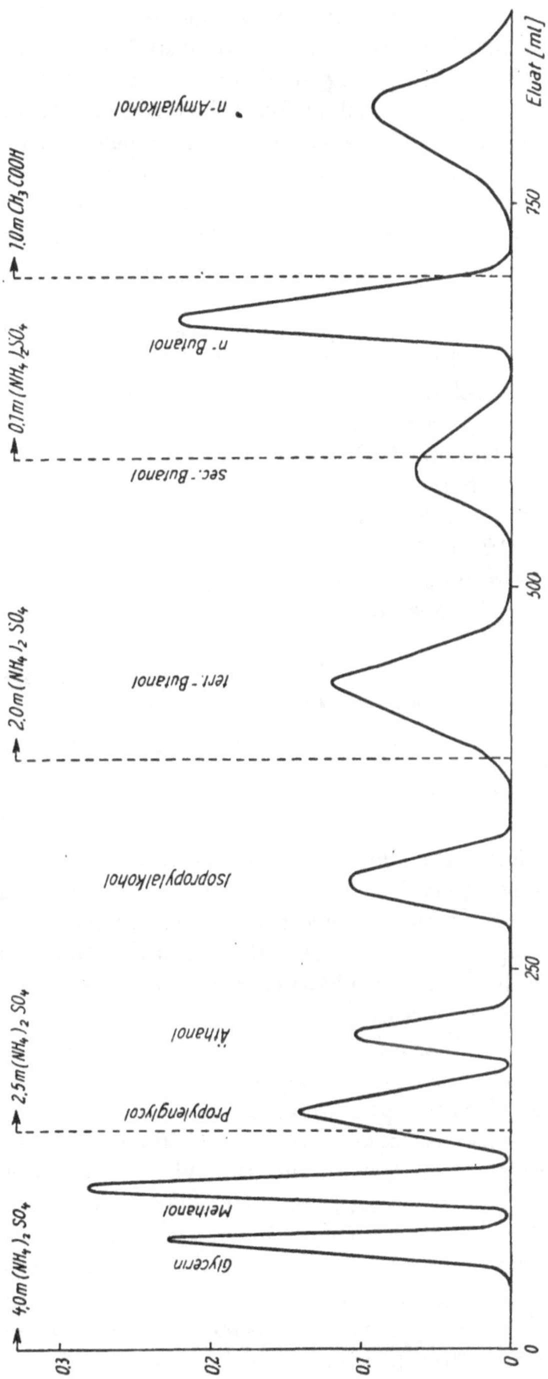

Abb. 10. Aussalz-Chromatographie von Alkoholen [729].

verwendet, die zur Elution der am Kopf der Säule im Gemisch aufgegebenen Alkohole dienten. Der in wässerigem Milieu befindliche Ionenaustauscher hat solvatisierte Ankergruppen. Wenn nun ein Salz, wie etwa Ammoniumsulfat, zugefügt wird, das unlöslich in Alkohol ist, so schrumpft das Harz, da ihm Wasser, das zur Solvatisierung der Salzionen gebraucht wird, entzogen wird. Durch das Salz sind also Solvatationstellen an den Ankergruppen des Austauschers freigemacht worden, die dann von den Hydroxylgruppen der Alkohole eingenommen werden können. Der Unterschied in den Solvatationseigenschaften der Alkohole führt zu verschiedenen Verteilungen über die feste Austauscherphase und damit zur Trennung.

Die *Chromatographie an spezifischen Ionenaustauschern* hat in manchen speziellen Fällen Erfolge gebracht. Durch geeignete Abwandlungen der aktiven Gruppen wird bei diesem Verfahren der Austauscher mehr oder weniger spezifisch oder auch selektiv gemacht. Allgemein lassen sich diese Verfahren nicht charakterisieren. Ihr Grundgedanke stammt von SAMUELSON [242]. An dieser Stelle soll am Beispiel der Trennung von Aldehyden an Sulfitionenaustauschern nach RUFF [710] das Prinzip erläutert werden.

Carbonylverbindungen werden von Ionenaustauscherharzen in der Bisulfitform durch Bildung der entsprechenden α-hydroxylsulfonsauren Salze [241] reversibel adsorbiert

$$\begin{array}{l} R \\ R \end{array}\!\!>C = O + \text{Harz}^+\text{—}HSO_3^- \rightleftarrows \text{Harz}^+\text{—}SO_3^-\text{—}\overset{\displaystyle R}{\overset{|}{\underset{\underset{\displaystyle R}{|}}{C}}}\text{—}OH$$

Führt man diesen Vorgang in einer Säule durch, indem man auf den in der Bisulfitform vorliegenden Austauscher die Lösung mit den zu trennenden Komponenten gibt und eluiert daraufhin mit Bisulfitlösungen, so kann man chromatographische Trennungen erhalten, wie es an einem Beispiel die Abbildung 11 zeigt. Mehrere Arbeiten haben auf sehr verschiedenen Gebieten die Brauchbarkeit dieser Methode erwiesen.

Wenn man Redoxaustauscher [190] ebenfalls als spezifische Austauscher betrachten will, so kann man auch an ihnen eine sogenannte *Redox-Chromatographie* durchführen. Abbildung 12 zeigt ein Beispiel, wie sich Kationen chromatographisch an einer Redoxaustauschersäule entsprechend ihrem elektrochemischen Potential abscheiden [189]. Wenn man hierbei in Chromatographiesäulen aus Cellophan arbeitet, kann man durch einfaches Zerschneiden der Säule die einzeln abgeschiedenen Metalle wiedergewinnen. Daß diesem Gebiet ein gewisses Interesse zukommt, zeigen auch Versuche von GORSKI und KLOCZKO [268] über eine *Reduktionschromatographie* von Kationen.

Trennungen durch Siebwirkung. Ionenaustauschermaterialien sind auf Grund ihrer Porenstruktur zur Siebwirkung befähigt. Die Siebwirkung beruht darauf,

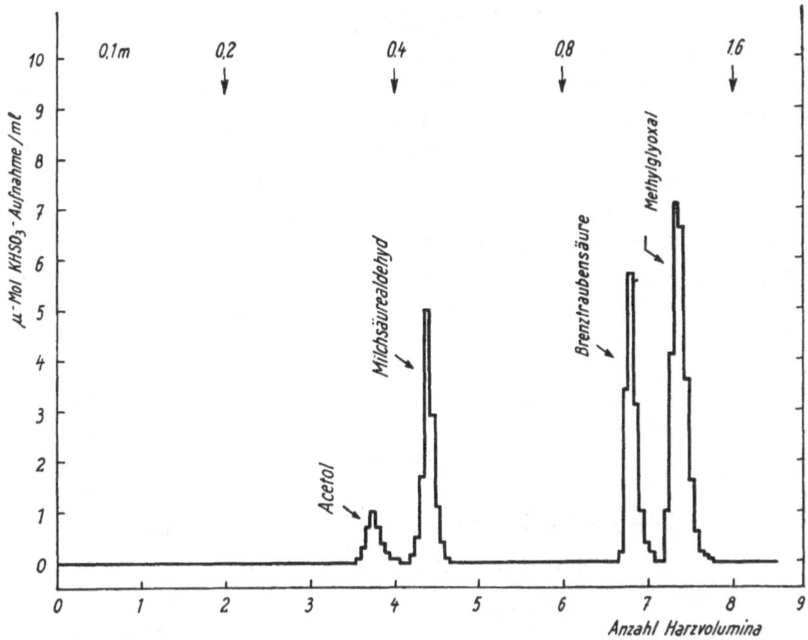

Abb. 11. Ionenaustauschchromatographische Trennung einiger Carbonylverbindungen an einem spezifischen Bisulfit-Austauscher [710]. Elution mit 0,1, 0,2 · · · 1,6 m Kaliumbisulfitlösung.

daß im Netzwerk der Austauscher Poren verschiedener Größe vorhanden sind, was sich dadurch nachweisen läßt, daß die Kapazität eines Austauschers bei steigender Molekülgröße des zu adsorbierenden Moleküls abnimmt. So wurde schon von CERNESCU [121] die Beobachtung gemacht, daß methylierte Ammoniumionen je nach dem Grad der Methylierung bis zum $[N(CH_3)_4]^+$ an Chabasit abnehmend eingetauscht werden.

Über die Molekülsiebwirkung von Zeolithen liegen ausführliche Untersuchungen von BARRER [29] vor. Danach kann zwischen einer totalen und einer partiellen Siebwirkung unterschieden werden, wobei bei ersterer der Eintritt oder Durchtritt einer Komponente vollkommen unmöglich ist, während bei letzterer beide Komponenten mit verschiedener Geschwindigkeit in oder durch das Molekularsieb diffundieren. Die Trennung von Äthan und Propan erfolgt z. B. dadurch, daß Äthan von Chabasit rascher aufgenommen wird als Propan [30].

Über die Anwendungsmöglichkeit von Harztauschern als Ionensiebe führten BLASIUS et al. [68] interessante Untersuchungen durch, worin gezeigt wird, daß durch die Kapillareigenschaften (Poren-

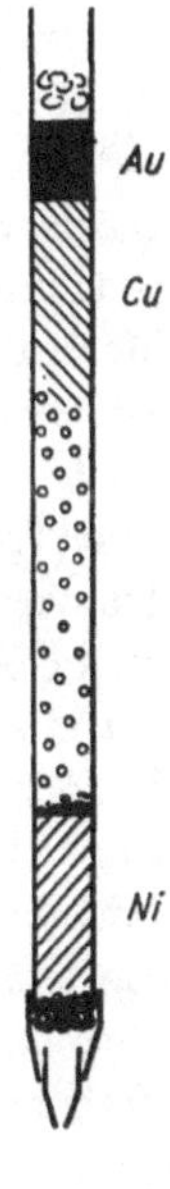

Abb. 12. Redox-Chromatographie von Au (III), Cu (II) und Ni (II) an einem Dithionit-Redox-Ionenaustauscher.

struktur) kleine Mengen Molybdän und Wolfram getrennt werden können. Dazu wird das Wolfram in das große komplexe Borwolframation überführt. Da Molybdän keine analoge Verbindung bildet, kann es an einem kleinporigen Permutit ES (Anionenaustauscher) von Wolfram getrennt werden.

Die Molekularsiebwirkung von Harzaustauschern zeigt das Beispiel der Trennung von Baumwollfarbstoffen durch RICHARDSON [698]. Die großen Farbstoffmoleküle mit einem durchschnittlichen Durchmesser von 30 Å können nicht in das Innere des Harzes eindringen und werden auf diese Weise von den gelösten Salzen getrennt. Große polymere Anionen können von ihren Monomeren nach den Arbeiten von DEUEL et al. [176] auf ähnliche Weise getrennt werden.

3. Kapitel

Theorie der Ionenaustausch-Chromatographie und ihre praktische Bedeutung

In den Anfängen der Ionenaustausch-Chromatographie wurden die Bedingungen, unter denen eine Auftrennung zweier oder mehrerer Komponenten möglich sein sollte, empirisch ermittelt. Es war mehr eine Kunst als eine Wissenschaft, gute Ergebnisse zu erhalten. Bekannt war, daß die erreichbare Trennleistung einer Säule von verschiedenen Faktoren, wie Konzentration der zu trennenden Ionen, pH, Ionenstärke des Elutionsmittels, Harztyp, Korngröße des Harzes, Fließgeschwindigkeit, Säulendurchmesser und Säulenlänge abhing, doch war es nicht möglich, diese Variationsmöglichkeiten über einen weiten Bereich zu studieren, da ein Säulenversuch sehr viel Zeit in Anspruch nahm. Es wurde demnach praktischerweise eine Arbeitsbedingung fest eingestellt und die anderen Faktoren variiert, um auf diese Weise zu den optimalen Arbeitsbedingungen zu kommen. Diese Methodik zeigte bald die Notwendigkeit, zu einem tieferen Verständnis der Ionenaustausch-Chromatographie zu kommen, um die Säulenvorgänge durch theoretische Ansätze einerseits zu beschreiben und andererseits daraus Vorhersagen über Trennungsmöglichkeiten ableiten zu können. Dieses um so mehr, da man auch oft vor die Aufgabe gestellt ist, irgendwelche Substanzen zu trennen, für die wenig oder überhaupt keine Unterlagen oder Arbeitsbedingungen zu erhalten sind. Dann sollte es die Theorie ermöglichen, durch theoretische Überlegungen die zur Verfügung stehenden Möglichkeiten abzuschätzen und richtig einzusetzen. Im folgenden soll deshalb die Theorie der Ionenaustausch-Chromatographie und ihre praktische Bedeutung erläutert werden. Dabei ist noch darauf hinzuweisen, daß die empirische Ermittlung der Arbeitsbedingungen für eine ionenaustauschchromatographische Trennung auch zu einer *Übertrennung* führen kann, d. h., daß die zu trennenden Komponenten viel weiter auseinander liegen, als für eine vollständige Trennung notwendig ist. Das bedeutet einen Mehraufwand an Zeit. Die Theorie und ihre Anwendung soll den mit der Ionenaustausch-Chromatographie Arbeitenden in die Lage versetzen, die Wahl der Arbeitsbedingungen für die Trennung irgendwelcher Komponenten in einem gewünschten Reinheitsgrad von vornherein festzulegen.

Wie im vorhergehenden Kapitel dargelegt wurde, ist die Chromatographie ein physikalisches Trennverfahren, das auf der Verteilung zwischen zwei Phasen beruht. Hierbei kann bei zwei der sich ergebenden Arten ein festes Adsorbens die Rolle der einen stationären Phase übernehmen oder bei den anderen zwei Arten eine Flüssigkeit durch Auftragen auf einen festen Träger zur stationären Phase gemacht werden. Die mobile Phase ist entweder ein Gas oder eine Flüssigkeit. Die Ionenaustausch-Chromatographie ist, wie eingangs bereits ausgeführt, eine Flüssig-fest-Chromatographie, bei der die stationäre Phase ein Ionenaustauscher und die mobile Phase eine Flüssigkeit ist.

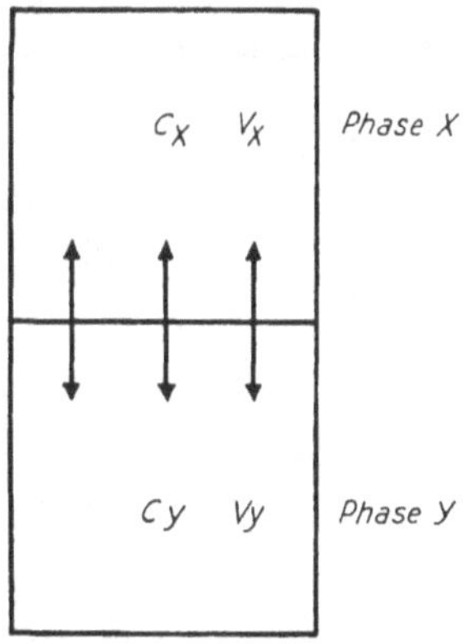

Abb. 13. Schematische Darstellung der Verteilung einer Substanz A zwischen zwei Phasen X und Y.

Physikalisch-chemisch gesehen ist der Verteilungskoeffizient, also der Quotient aus der Konzentration einer Substanz in der einen Phase und der Konzentration derselben Substanz in der anderen Phase, die wichtigste Größe, um den Verlauf eines chromatographischen Vorganges zu beschreiben. Abbildung 13 zeigt schematisch ein Gefäß mit zwei Phasen X und Y, zwischen die sich eine Substanz A im Gleichgewicht verteilt hat. Wenn die Konzentrationen von A in den zwei Phasen C_x und C_y sind und diese auf die Volumeneinheit bezogen werden, so ergibt sich als Definition des Verteilungskoeffizienten k der Substanz A

$$k = \frac{\text{Menge von } A \text{ pro Volumeneinheit der Phase } Y}{\text{Menge von } A \text{ pro Volumeneinheit der Phase } X} = \frac{C_y}{C_x}.$$

Der Verteilungskoeffizient ist nach dieser Definition eine dimensionslose Größe. Die Pfeile in der Abbildung zeigen an, daß es sich um ein dynamisches Gleichgewicht handelt.

In der Ionenaustausch-Chromatographie ist der Austauscher als feste Phase nicht homogen, weshalb man hier die Konzentration auf die Gewichtseinheit bezieht. Ansonsten aber ist in Analogie zu der obigen Definition zu schreiben, wenn sich eine Substanz B zwischen einem Austauscher und einer Flüssigkeit verteilt,

$$k = \frac{\text{Menge von } B \text{ pro Gewichtseinheit des Austauschers}}{\text{Menge von } B \text{ pro Volumeneinheit der Flüssigkeit}} = \frac{\overline{C}}{C}.$$

Mit $\overline{C}$ als der Konzentration von B in der Austauscherphase und C als der Konzentration von B in der Flüssigkeit. Die Menge des Harzes und der Flüssigkeit können in irgendwelchen Einheiten ausgedrückt werden; die Dimension von k ergibt sich daraus. Im allgemeinen wird die Menge Austauscher in Gramm des trockenen Produktes ausgedrückt und die Menge Flüssigkeit in Milliliter.

Die Darstellung des Verteilungskoeffizienten im Koordinatensystem mit der Konzentration in der stationären Phase als Ordinate und der Konzentration in der mobilen Phase als Abszisse führt für eine bestimmte Temperatur zu drei Möglichkeiten von Isothermen, einer linearen und zwei nichtlinearen. Dies ergibt sich unmittelbar aus der Tatsache, daß der Verteilungskoeffizient von der Konzentration unabhängig sein kann oder nicht. In Abbildung 14 sind die drei Möglich-

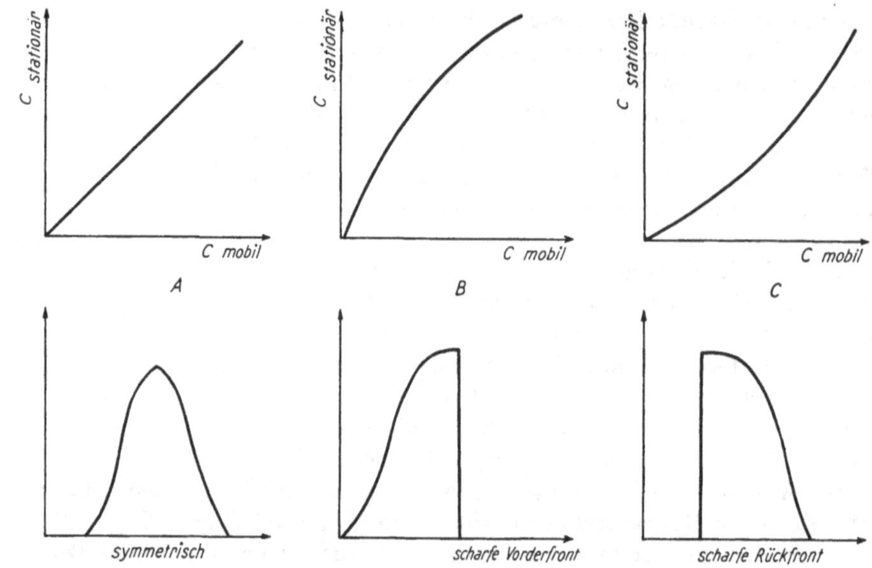

Abb. 14. Form von Elutionsbanden im Zusammenhang mit den verschiedenen Verteilungsisothermen.

keiten wiedergegeben. Im Fall A ist die Isotherme eine Gerade, da k unabhängig ist von der Konzentration. Im Falle B ist die Isotherme nach oben gekrümmt, der Verteilungskoeffizient steigt demnach mit steigender Konzentration an. Im Falle C ist die Isotherme nach unten gekrümmt, k nimmt entsprechend mit steigender Konzentration ab.

Da eine Substanz, die in einer Säule einen chromatographischen Prozeß durchgemacht hat, in einer *Bande* aus der Säule austritt, muß das Aussehen einer solchen chromatographischen Bande von der ihr zugrunde liegenden Isothermen abhängen. In Abbildung 14 sind den drei möglichen Isothermen die entsprechenden Bandenformen gegenübergestellt. Der Isotherme A entspricht eine symmetrische Bande. Im Falle B ist die Isotherme konvex, und die zugehörige Bande besitzt eine scharfe Vorderfront, im Fall C ist die Isotherme konkav, und die zugehörige Bande hat eine scharfe Rückfront.

Die Begründung für diesen Sachverhalt folgt unmittelbar aus der Konzentrationsabhängigkeit von k. Zur besseren Vorstellung denke man sich dazu eine chromatographische Bande in einzelne Zonen aufgeteilt. Wenn k linear und damit unabhängig von der Konzentration ist, behält eine Bande, die in der Säule wandert, ihre Gestalt während des Transportes bei. Die Bande, die ursprünglich scharfe Fronten hatte, tritt auch mit scharfen Fronten aus der Säule aus. Wenn k mit steigender Konzentration ansteigt, so müssen zwangsweise diejenigen Zonen der Bande mit hoher Konzentration schneller wandern als jene mit niedriger Konzentration. Das Ergebnis ist eine Bande mit einer scharfen Vorderfront und einem diffusen Ende. Wenn aber k mit steigender Konzentration abnimmt, so wandern in diesem Falle die Zonen der Bande mit hoher Konzentration langsamer als jene mit niedriger. Als Ergebnis folgt daraus eine Bande mit scharfer Rückfront.

Der Verteilungskoeffizient an Ionenaustauschern ist nach den Untersuchungen über das Verhalten von Ionen zwischen einem Austauscher und der sie umgebenden Flüssigkeit für geringe Außenkonzentration und niedrige Kapazität linear. Dies zeigt im einzelnen die Lage der Austauschisotherme: einfacher Zusammenhang des Verhältnisses von Ordinatenwerten zu Abszissenwerten. Eingehende Betrachtungen über Austauschisothermen und ihre Bedeutung für die Selektivität eines Austauschers gehen über den Rahmen dieser Darstellung hinaus. Bei der Elutions-Ionenaustausch-Chromatographie macht ein zu trennendes Ion nur weniger als 3% der Harzkapazität aus, d. h., daß man sich unter den in Frage kommenden Bedingungen stets in einem Bereich der Isotherme befindet, in dem die Linearität annähernd gewahrt ist. Nichtlineare Isothermen bedeuten die Anwesenheit selektiver Gruppen an Ionenaustauschern oder zusätzliche Komplexaddition, die ein Gegenion spezifisch binden.

Die dargelegten Zusammenhänge zwischen der Linearität der Isothermen und der bei der Chromatographie erhaltenen Bandenform können nun, je nachdem, ob der chromatographische Vorgang unter idealen oder nichtidealen Bedingungen abläuft, in vier Formen klassifiziert werden, die mehr oder weniger theoretisch erfaßt und behandelt werden können. Es handelt sich dabei um die Wiedergabe allgemein üblicher Darstellungsformen zweier Stoffe A und B, die in Abhängigkeit von der Form ihrer Adsorptionsisothermen nach gleichmäßigem Durchlauf durch eine Säule wiedergegeben werden.

Die *lineare ideale Chromatographie* ist der einfachste Fall. In Abbildung 15 sind links die beiden streng linearen Isothermen dargestellt und rechts die erhaltenen scharf ausgebildeten Banden. Die beiden Stoffe werden vom Adsorbens verschieden lange zurückgehalten, wodurch die Trennung zustande kommt. Ihre Bandenform bleibt aber streng erhalten, da das Verhältnis der Konzentrationen in beiden Phasen zu jeder Zeit konstant ist. Die Einstellung des Gleichgewichtes erfolgt sofort, wobei innerhalb der flüssigen Phase kein Einfluß der Diffusion angenommen wird. Dieser Fall wurde von Wilson [918] theoretisch behandelt.

Die *lineare nichtideale Chromatographie* ergibt sich als zweiter Fall infolge der Nichteinstellung des Gleichgewichtes und der Diffusion in der Lösung. Wie die Abbildung 16 zeigt, sind die Banden A und B fast symmetrisch, verbreitern sich

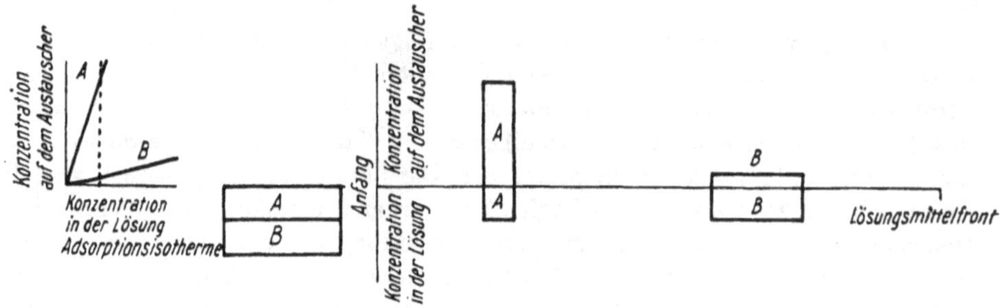

Abb. 15. Lineare ideale Chromatographie.

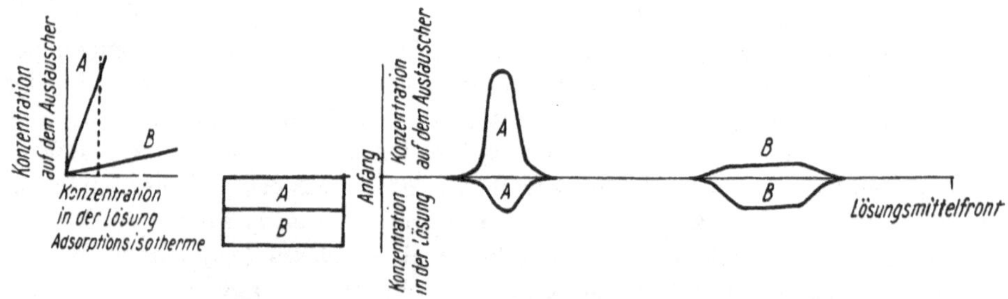

Abb. 16. Lineare nichtideale Chromatographie.

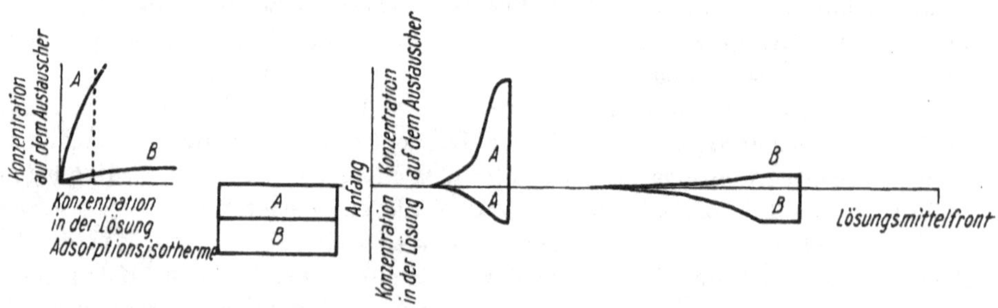

Abb. 17. Nichtlineare ideale Chromatographie.

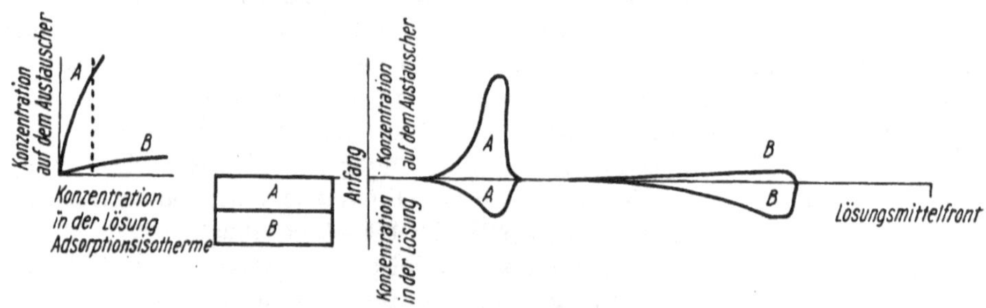

Abb. 18. Nichtlineare nichtideale Chromatographie.

aber während des Durchtritts durch die Säule. Die Elutionsbanden nehmen näherungsweise die Form einer Gaussschen Kurve an. Dieser Fall ist vor allem für die Ionenaustausch-Chromatographie von Wichtigkeit. Zu seiner Behandlung hat es sich, wie später noch ausgeführt werden wird, als nützlich erwiesen, in Analogie zu einer Destillationskolonne die chromatographische Säule als ein diskontinuierliches Medium zu behandeln. Das Ergebnis ist die sogenannte Böden-Theorie, wie sie von MARTIN und SYNGE [552], MAYER und TOMPKINS [564] sowie von GLUECKAUF [261] entwickelt wurde.

Die *nichtlineare ideale Chromatographie*, wie sie die Abbildung 17 darstellt, trägt der Nichtlinearität der Isothermen Rechnung. Die Elutionsbanden sind in diesem Fall durch eine scharfe Vorderfront und eine lange Schwanzbildung ausgezeichnet.

Die *nichtlineare nichtideale Chromatographie* führt, wie es in der Praxis häufig der Fall ist, durch langsame Einstellung des Gleichgewichtes und durch Diffusionseffekte zu diffusen und asymmetrischen Elutionsbanden, die weder eine scharfe Rückfront noch eine scharfe Vorderfront haben (Abbildung 18). Die theoretische Behandlung dieses Falles ist sehr kompliziert. Innerhalb der Ionenaustausch-Chromatographie kann dieser Fall vorwiegend dann auftreten, wenn als Elutionsmittel ein Puffer verwendet wird, was in manchen Fällen als *Auswaschanalyse* bezeichnet wird.

Nach diesen grundlegenden Überlegungen wollen wir dazu übergehen, die Trennung zweier Ionen in einer chromatographischen Säule durch Elutions-Chromatographie zu betrachten.

Die Verhältnisse werden jedoch übersichtlicher, wenn wir uns zunächst der Elution eines einzigen Ions aus einer Säule zuwenden. Um ein einziges Ion aus einer Säule zu eluieren, ist ein Volumen an Elutionsmittel notwendig, dessen Größe davon abhängt, wie schnell die Ionenbande in der Säule herunterwandert. Andererseits hängt dieses Volumen natürlich von der Verteilung des Ions zwischen dem Austauscher und dem Elutionsmittel und damit wiederum vom Verteilungskoeffizienten ab. Die Bande wird also durch ein gewisses Rückhalte- oder Retentionsvolumen $\overline{V}_i$ gekennzeichnet sein, das unter festgelegten Bedingungen für einen bestimmten Austauscher eine charakteristische Größe darstellt. Das Retentionsvolumen ist die wichtigste Größe innerhalb der Ionenaustausch-Chromatographie. Es kann in einfacher und bekannter Weise zum qualitativen Erkennen einer Komponente eines Gemisches herangezogen werden. Sein Wert ist gegeben durch die Beziehung

$$\overline{V}_i = k \cdot m. \qquad (m = \text{Masse des Harzes in der Säule.})$$

Seine Bedeutung ist der Abbildung 19 zu entnehmen. Daraus folgt, daß das Retentionsvolumen $\overline{V}_i$ einer Komponente i gegeben ist durch die Menge Elutionsmittel, die notwendig ist, um das Bandenmaximum zu eluieren, vermindert um das Volumen V, das sogenannte Zwischenkornvolumen (englisch: interstitial, void oder free volume) der Austauschersäule. Das Zwischenkornvolumen V ist das Flüssigkeitsvolumen außerhalb der Austauscherteilchen in der Säule, das bereits vor Beginn einer Elution in der Säule vorhanden ist und deshalb in Abzug gebracht werden muß.[1]

Bei der chromatographischen Trennung zweier Ionen, deren jeder ein bestimmtes Retentionsvolumen $\overline{V}_1$ und $\overline{V}_2$ zukommt, ist, wie wiederum aus Abbildung 19 zu ersehen ist, die Lage der zwei Bandenmaxima zueinander ein Maß für die Trennung. Je größer also das Verhältnis $\overline{V}_2$ zu $\overline{V}_1$ ist, um so besser ist die Trennwirkung.

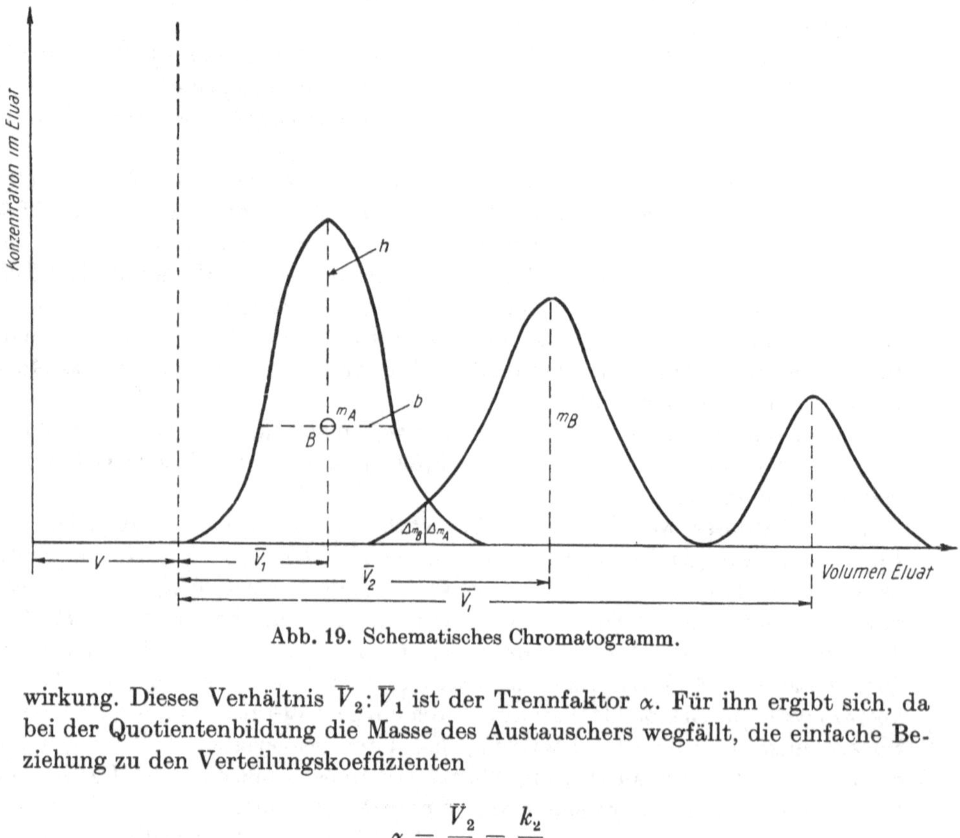

Abb. 19. Schematisches Chromatogramm.

Dieses Verhältnis $\overline{V}_2 : \overline{V}_1$ ist der Trennfaktor α. Für ihn ergibt sich, da bei der Quotientenbildung die Masse des Austauschers wegfällt, die einfache Beziehung zu den Verteilungskoeffizienten

$$\alpha = \frac{\overline{V}_2}{\overline{V}_1} = \frac{k_2}{k_1}.$$

[1] Da V ein wichtiger Parameter in der Elutions-Chromatographie ist, ist seine genaue Kenntnis notwendig. Zu seiner Bestimmung kann für praktische Zwecke eine Methode verwendet werden, die zwar nicht allen das Zwischenkornvolumen beeinflussenden Faktoren Rechnung trägt, aber doch brauchbare Werte liefert. Für einen Kationenaustauscher verfährt man dabei so, daß der Austauscher in der H-Form in Wasser aufgeschlämmt und dann in die zur Verwendung kommenden Säule gegeben wird, dessen innerer Querschnitt bekannt ist. Nach fünf Minuten wird die überstehende Flüssigkeit am oberen Ende der Säule abgelassen. Daraufhin wird 1 Liter 0,1 n HCl durch die Säule gegeben, wieder bis zum oberen Rand des Austauschers abgelassen und die Höhe der Säule gemessen. Der Stopfen am unteren Ende der Säule wird zur Entfernung der Salzsäure herausgenommen und gespült. Die Säure wird

α erweist sich als wichtigstes Kriterium für die Trennung zweier Komponenten eines Gemisches. Um überhaupt eine Trennung zu bekommen, muß α verschieden sein von 1. Welchen Wert α für eine quantitative Trennung haben muß, hängt, um die Überlappung zweier benachbarter Banden auszuschließen, von der Bandenbreite ab.

Welchen Einfluß haben nun die beiden Phasen auf den Trennfaktor α? Die Elutionsflüssigkeit als die eine Phase beeinflußt sehr stark den Wert von α, und zwar ergeben sich von den zu trennenden Ionen aus gesehen drei Möglichkeiten.

1. Wenn die Elutionsflüssigkeit nicht mit den zu trennenden Ionen eine Wechselwirkung eingeht (wie bei Alkaliionen oder einfachen Anionen), so ist der Trennfaktor in der Hauptsache unabhängig von der verwendeten Elutionsflüssigkeit. In solchen Fällen kann die Lösung einer einfachen Säure oder Base sowie eines einfachen Salzes als Elutionsmittel verwendet werden.
2. Wenn das eine oder beide zu trennende Ionen leichtlösliche Komplexe bilden, so kann ihr Trennfaktor von Elutionsflüssigkeit zu Elutionsflüssigkeit verschieden sein. So ändert sich etwa die Lage von dreiwertigem Eisen und Aluminium im Elutionschromatogramm je nach den in der Elutionsflüssigkeit vorhandenen Anionen.
3. Wenn die zu trennenden Ionen chemisch sehr ähnlich sind, so ist es notwendig, ein spezielles Komplexbildungsmittel zu finden, das dafür sorgt, daß der Trennfaktor möglichst stark von 1 verschieden wird. Dies trifft z. B. für die Lanthaniden und Actiniden zu, weshalb viele Untersuchungen notwendig waren, um Komplexbildner für diese Trennungen zu finden.

Das verwendete Harz als zweite Phase hat ebenfalls einen Einfluß auf eine ionenaustauschchromatographische Trennung. Beim Eintausch ungleichvalenter Ionen ist schon theoretisch immer mit einer Abhängigkeit des Trennfaktors vom Beladungszustand der betreffenden Schicht zu rechnen. Ein weiterer Einfluß ergibt sich aus den speziellen Eigenschaften des Austauschers. Dieser Einfluß läuft in der Hauptsache darauf hinaus, daß die einzelnen Austauscher verschieden selektiv wirksam sein können. Die Selektivität hängt ja unmittelbar mit dem Ionenaustauschgleichgewicht, damit mit der Austauschisotherme und somit letztlich wiederum mit dem Verteilungskoeffizienten zusammen. Aus der allgemeinen Behandlung von Ionenaustauschervorgängen ist ferner bekannt, daß der selektive Austausch mit der Quervernetzung zunimmt. Daraus lassen sich zwei Regeln für die Auswahl von Ionenaustauscherharzen ableiten. Wenn die Trennung allein von der Affinität zum Harz abhängt, so verwende man Austauscher mit hoher Quervernetzung (10—16%). Ist verschiedene Komplexbildung in der Lösung für

---

aus dem Austauscher mit einer ausreichenden Menge Wasser gewaschen und das Eluat in einem geeigneten Standzylinder aufgefangen. Durch Titration mit NaOH werden die Milliäquivalente Säure im Eluat ermittelt und daraus das Zwischenkornvolumen berechnet. Für einen Anionenaustauscher, der in der OH-Form eingesetzt wird, kann man analog verfahren, 0,1 n Lauge einsetzen und mit einer eingestellten Säure titrieren.

die Trennung ausschlaggebend, so verwende man schwachvernetzte Austauscher (4—8%), da hierbei die Diffusion größer ist. Weiter von Bedeutung ist das Quellungsverhalten eines Austauschers. Von Harzaustauschern ist bekannt, daß sich die Selektivität einzelner Ionenreihen mit steigender Quellung umkehren kann, was den erheblichen Einfluß der Konstitution des Austauschers auf eine Trennung beweist. Dazu muß auch noch darauf hingewiesen werden, daß die Selektivität innerhalb der verschiedenen Ankergruppen, die in einem Austauscher auftreten können, ausgesprochen verschieden ist. Auch durch den pH der Außenlösung und den damit gegebenen Einfluß auf die Stabilität zahlreicher Komplexe kann man die Selektivität eines Austauschers für eine bestimmte Ionenart abwandeln.

Zusammenfassend ergibt sich somit als Hauptproblem einer ionenaustauschchromatographischen Trennung, daß die Bedingungen gefunden werden, unter denen α einen brauchbaren Wert hat oder, falls das nicht unter einfachen Bedingungen von vornherein der Fall ist, Mittel zu finden, um α in einer für die Trennung günstigen Richtung zu beeinflussen.

Da α der Quotient aus den Verteilungskoeffizienten ist, bestimmt man letztere unter den in Aussicht genommenen Elutionsbedingungen an dem ausgewählten Harz. Experimentell geht man dazu so vor, daß man eine bekannte Menge Austauscher in einer kleinen Flasche mit einem bekannten Volumen des Elutionsmittels übergießt, eine kleine Menge des Ions (weniger als 0,1 mäqu/g Harz) zugibt und durch Schütteln die Gleichgewichtsverteilung ausführt, tunlichst bei wenigstens zwei Konzentrationen, um den Grad der Abhängigkeit vom Beladungszustand des Austauschers nach Richtung und Größe sicherzustellen. Es genügt in der Regel, 24 Stunden zu schütteln. Der Wert für α errechnet sich dann aus den analytisch bestimmten Werten von k. Ist es für ein bestimmtes vorliegendes Problem notwendig gewesen, mehrere Elutionsmittel auszuprobieren, so wählt man schließlich jenes aus, das einen guten Trennfaktor liefert und Verteilungskoeffizienten im Bereich von 2 bis 30 ergibt.

In anderen Fällen ist es auch möglich, die Werte des Verteilungskoeffizienten und damit den Wert von α der Literatur zu entnehmen.

Wir haben durch die vorhergegangenen Ausführungen gesehen, welche Faktoren eine ionenaustauschchromatographische Trennung bedingen und welche Bedingungen erfüllt sein müssen, um eine gewünschte Trennung zu erzielen. Die weiteren Fragen, mit denen sich die Theorie der Ionenaustausch-Chromatographie auseinanderzusetzen hat, sind die nach dem Aussehen der chromatographischen Bande. Die Banden sollen auf jeden Fall symmetrisch sein, da diffuse Vorder- und Rückfronten die Überlappung benachbarter Banden begünstigen. Symmetrische Gauss-Kurven werden aber nur dann erhalten, wenn der Verteilungskoeffizient des zu trennenden Ions unabhängig ist von der Konzentration. Dies wird häufig erreicht, wenn sich die Säulenbeladung im Bereich von 50 mval pro cm^2 oder weniger bewegt. Der Durchmesser einer Säule, der für Trennungen mit kontinuierlicher Elution mit nur einem Elutionsmittel benötigt wird, kann aus dieser Beladungsgrenze bestimmt werden. Wenn die Säule in diesem Sinne überladen ist, bildet sich eine unsymmetrische Elutionsbande aus. Die Möglickeit, die sich zur Vermeidung der *Schwanzbildung* dann noch ergibt, ist die der Gradientenelution, wodurch das *tailing* vermindert oder aufgehoben wird.

Es ist üblich geworden, die Wirksamkeit einer chromatographischen Säule in der Zahl ihrer theoretischen Böden oder Trennstufen auszudrücken. Diese Auffassung stammt von MARTIN und SYNGE [552], die zuerst den Gedanken zum Ausdruck brachten, daß eine chromatographische Säule einer Kolonne zur fraktionierten Destillation zu vergleichen sei. Sie betrachteten die Säule als aus einer Anzahl theoretischer Böden (Schichtenfolge) bestehend. Innerhalb eines jeden dieser theoretischen Böden sollte ein Gleichgewicht zwischen den beiden Phasen bestehen. Sie fanden, daß unter den einschränkenden Bedingungen, unter denen der Verteilungskoeffizient konzentrationsunabhängig war, die Breite einer experimentell erhaltenen Bande gleich der theoretisch vorhergesagten war.

Diese Auffassung war sehr fruchtbar für das Verständnis der Trennung von Substanzen, deren Verteilung einer linearen Adsorptions- oder Austauschisotherme folgte. Ihre Theorie wurde von MAYER und TOMPKINS [654] weiter ausgebaut, um vorherzusagen, welche Anzahl theoretischer Böden notwendig sei, um die gewünschte Reinheit getrennter Komponenten zu erhalten. Den Übergang zu den heute geltenden Anschauungen schuf schließlich GLUECKAUF [261] im Anschluß an die Arbeiten von MAYER und TOMPKINS.

Nach dem Modell von GLUECKAUF ist eine Trennsäule ein diskontinuierliches Medium, das in Einheiten unterteilt ist, von denen jedes einen effektiven theoretischen Boden darstellt. Ein *effektiver theoretischer Boden* ist hierbei als eine Längeneinheit definiert, innerhalb derer die Konzentration der verteilten Komponenten einheitlich ist, und zwar sowohl im Adsorbens als auch in der Flüssigkeitsphase, und wobei die zwei Konzentrationen als im Gleichgewicht stehend betrachtet werden. Solch ein Modell ist exakt nur bei sehr kleinen Fließgeschwindigkeiten anwendbar, wo das Gleichgewicht zwischen der flüssigen Phase und dem Adsorbens während der Wanderung der zurückgehaltenen Komponenten annähernd erreicht ist.

Zur mathematischen Behandlung werden die Stoffbilanzen für die einzelnen Ionen in einer dünnen Schicht der Dicke Δl senkrecht zur Längsachse der Säule betrachtet. Wenn die Säule einen Querschnitt von A cm² hat, so ist ihr Volumen $\Delta x = A \Delta l$. Die Menge, die pro Volumeneinheit der Säule adsorbiert wird, ist q. Der Abstand vom oberen Ende der Säule wird entweder in cm (l) oder in Säulenvolumen (x) gemessen oder durch die Anzahl theoretischer Böden $n = \frac{x}{\Delta x} = \frac{l}{\Delta l}$ einschließlich des zur Betrachtung stehenden theoretischen Bodens.

Die Ableitungen, die in ihren Einzelheiten der angeführten Originalliteratur von GLUECKAUF entnommen werden mögen, führen schließlich zu der wichtigen Beziehung zwischen der Breite einer eluierten Bande und der Anzahl theoretischer Böden, die gegeben ist durch

$$n = 8 \frac{(V + \bar{V}_i)^2}{b^2}.$$

Darin bedeuten V das schon besprochene Zwischenkornvolumen der Säule, $\bar{V}_i$ das Retentionsvolumen der betrachteten Bande i und b die Breite der Bande beim Punkt 0,368 der Bandenhöhe. Mit dieser Formel ist es also möglich, die Zahl der theoretischen Böden einer Trennsäule aus dem erhaltenen Chromatogramm zu berechnen.

Teilt man nun die Länge L der Säule durch n, so erhält man eine Größe H, die gewöhnlich als die *HETP* (height equivalant to a theoretical plate) bezeichnet wird:

$$H = \frac{L}{n}.$$

Aus dieser Beziehung geht in Verbindung mit der obigen Gleichung für n unmittelbar hervor, daß eine kleinere Bodenhöhe zu einer besseren chromatographischen Trennung führt, indem jede Bande schmäler wird und weniger zu Überlappungen führt. Umgekehrt gesehen, muß also eine Trennsäule um so wirksamer sein, je mehr theoretische Böden sie besitzt.

Die Höhe H ist aber eine Funktion der Säulenvariablen. Wie ebenfalls von Glueckauf [262] aus einer Stoffbilanz abgeleitet wurde, gilt für H die Gleichung

$$H = 4\,r + \left[\frac{k_b}{(k_b + f)^2} \cdot \frac{0{,}142\, r^2 F}{\bar{D}}\right] + \left[\frac{k_b{}^2}{(k_b + f)^2} \cdot \frac{0{,}266\, r^2 F}{D\,(1 + 70\, r F)}\right].$$

Darin bedeuten r den Teilchenradius, k_b den Verteilungskoeffizienten in der Austauscherpackung (annähernd 0,3 k), f den Bruchteil des Lösungsvolumens in der Packung (etwa 0,4), F die lineare Fließgeschwindigkeit in ml pro Querschnittseinheit und Zeiteinheit, $\bar{D}$ den Diffusionskoeffizienten in der Austauscherphase (in der Größenordnung 10^{-6} cm²/sec) und D den Diffusionskoeffizienten in der flüssigen Phase (in der Größenordnung 10^{-5} cm²/sec).

Die Diskussion dieser Gleichung ergibt, daß für die Größe H drei Terme zu berücksichtigen sind. Der erste Term berücksichtigt die Teilchengröße, den ungleichmäßigen Fluß und die Packung der Säule, der zweite die durch Diffusion bedingte begrenzte Gleichgewichtseinstellung in der Austauscherphase und der dritte die begrenzte Gleichgewichtseinstellung über den Flüssigkeitsfilm, der ein Austauscherteilchen umgibt. (Ein vierter Term über die Longitudinaldiffusion ist hier weggelassen, da er nur bei extrem niederen Fließgeschwindigkeiten einen bedeutsamen Wert annimmt, ansonsten aber vernachlässigbar klein ist.)

Aus dieser Gleichung für die Höhe eines theoretischen Bodens kann auch der Einfluß der Temperatur auf eine ionenaustauschchromatographische Trennung abgelesen werden. Da die Höhe H einer Trennstufe möglichst klein sein soll, werden die im Nenner des zweiten und dritten Terms stehenden Diffusionskoeffizienten die Trennung beeinflussen. Die Diffusionskoeffizienten steigen mit steigender Temperatur. Je größer ihre Werte, um so kleiner wird die Höhe H, um so mehr theoretische Böden besitzt die Säule und um so besser ist damit die Trennung.

Soll eine ionenaustauschchromatographische Trennung unter optimalen Arbeitsbedingungen durchgeführt werden, so muß noch die mögliche Überlappung zweier benachbarter Banden bestimmt werden. Eine vollständige Trennung ist zwar aus theoretischen Überlegungen überhaupt nicht möglich, doch kann man von einer vollständigen Trennung sprechen, wenn die gegenseitige Verunreinigung unterhalb der analytischen Nachweisgrenze liegt. Von GLUECKAUF wurde dieses Problem ebenfalls eingehend behandelt, zu dessen Erläuterung wir auf die Abbildung 19 zurückgreifen wollen. Die Bandenflächen entsprechen m_A und m_B Molen der beiden Komponenten A und B. Die gegenseitige Verunreinigung ist gegeben durch die Flächenstücke Δm_A, das den Betrag der Verunreinigung von A in B angibt und das Flächenstück Δm_B, das den Betrag der Verunreinigung von B in A bestimmt. Die gegenseitige Verunreinigung ist dann gegeben durch die Beziehung

$$\eta_A = \frac{\Delta m_B}{m_A - \Delta m_B} = \eta_B = \frac{\Delta m_A}{m_B - \Delta m_B}.$$

Unter optimalen Bedingungen ist nun $\Delta m_A \ll m_A$ und $\Delta m_B \ll m_B$, so daß wir schreiben können

$$\eta_A = \eta_B \approx \frac{\Delta m_B}{m_A} = \frac{\Delta m_A}{m_B}.$$

Die Lösung dieser Gleichung führt unter der Annahme $m_A \neq m_B$ und unter Verwendung der experimentellen Parameter $\bar{V}$, X, n usw. zu

$$\frac{\Delta m_B}{m_A} = \frac{\Delta m_A}{m_B} = \frac{m_B}{m_A}\left(0{,}5 - A_\varepsilon\left\{\sqrt{n}\,\frac{(\bar{V}_2 - V)}{\sqrt{\bar{V}_2 \cdot V}}\right)\right. = \frac{m_A}{m_B}\left(0{,}5 - A_\varepsilon\left\{\sqrt{n}\,\frac{(V - \bar{V}_1)}{\sqrt{\bar{V}_1 \cdot V}}\right)\right..$$

Daraus ergibt sich die Lösung für V,

$$V = \sqrt{\bar{V}_1 \cdot \bar{V}_2} + \frac{2\,\bar{V}_1 \cdot \bar{V}_2}{n\,(\bar{V}_2 - \bar{V}_1)}\,\frac{(m_A^2 - m_B^2)}{(m_A^2 + m_B^2)},$$

und weiterhin für η,

$$\eta = \frac{\Delta m_A}{m_B} = \frac{\Delta m_B}{m_A} = \frac{2 m_A\, m_B}{m_A^2 + m_B^2}\left(0{,}5 - A_\varepsilon\left\{\frac{\sqrt{n}\,(\sqrt{\bar{V}_2} - \sqrt{\bar{V}_1})}{4\sqrt{\bar{V}_1\,\bar{V}_2}}\right\}\right),$$

wenn A_ε die Fehlerfunktion t

$$A_\varepsilon(t) = (2\pi)^{-1/2}\int_0^t \exp\left(-\frac{t^2}{2}\right) dt$$

ist.

Dadurch ist die Beziehung gewonnen zwischen der Verunreinigung einer Bande η und der Zahl n theoretischer Böden.

Als erste Aussage der Gleichung für η ergibt sich, daß Banden, die nicht gleichen Mengen der beiden Komponenten entsprechen, mit größerer Reinheit getrennt werden können, da der Faktor $2 m_A m_B / m_A^2 + m_B^2$ für $m_A/m_B = 1$ ein Maximum hat. Zur weiteren Auswertung bedient man sich am besten einer graphischen Darstellung, wie sie von GLUECKAUF angegeben wurde. Abbildung 20 zeigt das Diagramm, in dem die Reinheit getrennter Komponenten als Funktion des Trennfaktors $\frac{k_2}{k_1}$, der Anzahl n theoretischer Böden und des Massenverhältnisses m_A/m_B dargestellt ist.

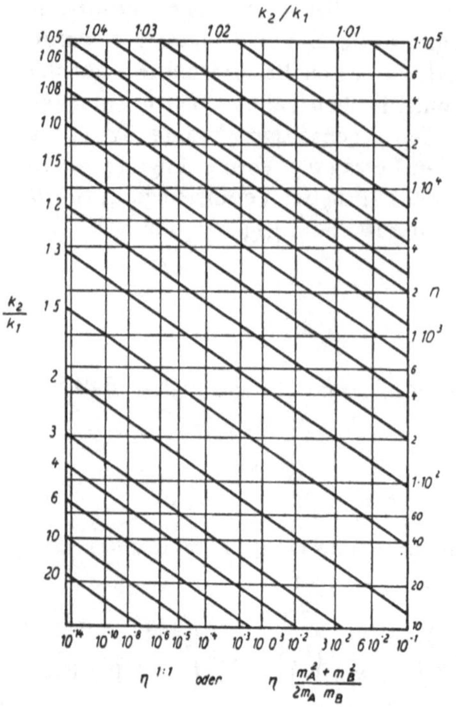

Abb. 20. Die Reinheit chromatographisch getrennter Komponenten als Funktion des Trennfaktors $\frac{k_2}{k_1}$, der Trennstufenzahl n und des Massenverhältnisses $\frac{m_A}{m_B}$.

Es ist daraus abzulesen, daß man durch Ionenaustausch-Chromatographie verhältnismäßig leicht höchste Reinheitsgrade erreichen kann, wenn die Trennfaktoren größer als 1,2 sind. Anderenfalls bedarf es sehr langer, in der Praxis schwer zu handhabender Säulen, um Substanzen mit sehr niedrigen Trennfaktoren wie etwa Isotopen zu trennen.

Als zusammenfassende Schlußfolgerung ergibt sich, daß mit Hilfe dieser theoretischen Erfassung des ionenaustauschchromatographischen Vorganges, aus der Kenntnis der Verteilungskoeffizienten und der Äquivalente der zu trennenden Komponenten die Anzahl der theoretischen Böden, die für den gewünschten Reinheitsgrad notwendig ist, gefunden werden kann.

Anhang. Die quantitative Beschreibung des Elutionsvorganges durch die Elutionskonstante

Gegenüber den vorstehenden Ausführungen über die theoretische Erfassung der Arbeitsbedingungen haben KRAUS und MOORE [475] zur quantitativen Beschreibung des Elutionsvorganges eine Elutionskonstante E eingeführt, die durch die Beziehung

$$E = \frac{l \cdot A}{V}$$

bestimmt ist.

Darin bedeutet l den Abstand in Zentimeter, den eine Bande nach Aufgabe von $V\ ml$ Elutionsmittel zurückgelegt hat. A ist der Säulenquerschnitt in cm².

Weiter gilt für die Elutionskonstante die Beziehung

$$E = \frac{l}{(i + D)},$$

worin i den Bruchteil des Lösungsvolumens in der Packung und D den Verteilungskoeffizienten in der Austauscherpackung bedeutet. i ist somit gleich k_b und D gleich f der Gleichung von GLUECKAUF. Für D wurde schon der Wert annähernd 0,3 k angegeben. Für ihn gilt die Beziehung

$$D = \frac{\text{Menge pro m}l\text{ Austauscherpackung}}{\text{Menge pro m}l\text{ Lösung}}.$$

In Abbildung 21 sind die Elutionskonstanten einiger Übergangselemente in Salzsäure wiedergegeben. Daraus ist zu entnehmen, daß für alle diese Elemente für niedrige HCl-Konzentrationen $E \approx 2{,}5$. Mit Ausnahme von Nickel nimmt E mit steigender HCl-Konzentration ab und erreicht oder nähert sich einem Minimum. Eine Abnahme von E bedeutet aber eine Zunahme von D oder anders ausgedrückt eine gesteigerte Adsorption. Ist $D = 0$, so erreicht E ein Maximum mit dem Wert $\frac{l}{i}$. Für diesen ergibt sich bei $E = 1{,}5$ der Wert $i = 0{,}4$.

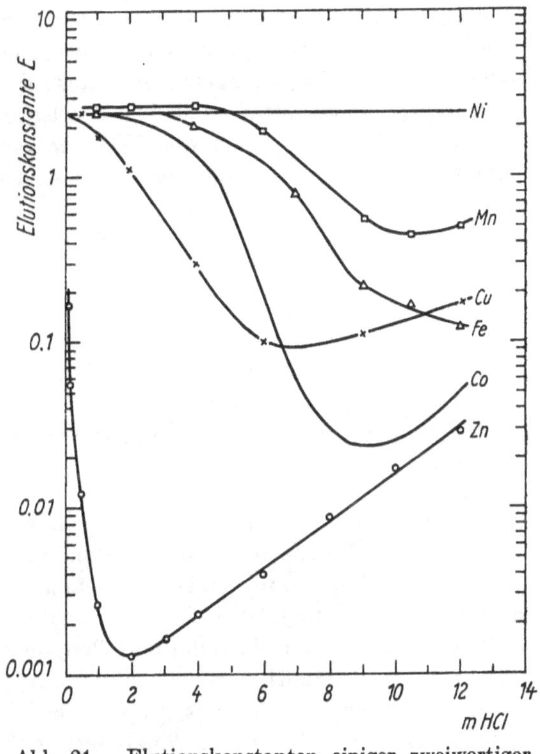

Abb. 21. Elutionskonstanten einiger zweiwertiger Übergangselemente in Abhängigkeit von der Salzsäurekonzentration [483].

Nach den Ausführungen von JENTZSCH [389] kann man unter Einführung der sogenannten Elutionskonstante der ersten Spuren E_e und der sogenannten Elutionskonstante der letzten Spuren E_l unter der Voraussetzung, daß als l die Säulenlänge in Zentimetern und als Volumen V_e bzw. V_l die Volumina an Elutionsmittel in Milliliter gemessen werden, um die ersten bzw. letzten Spuren eines

Ions aus der Säule zu eluieren, die beiden Beziehungen erhalten:

$$E_e = \frac{l \cdot A}{V_e}$$

und

$$E_l = \frac{l \cdot A}{V_l}.$$

Aus diesen lassen sich die Trenneffekte für Gemische im voraus berechnen. Die Trennung zweier Ionen 1 und 2 ist nämlich dann quantitativ, wenn bei irgendeiner Säurekonzentration die Bedingung erfüllt ist

$$E_l^1 - E_e^2 > 0,$$

worin E_l^1 die Elutionskonstante der letzten Spuren des Elementes 1 und E_e^2 die der ersten Spuren des Elementes 2 bezeichnet.

Die Elutionskonstante E ist eine Säulenvariable, die noch von anderen Größen abhängt, und zwar: 1. dem Austauschertyp, 2. dem Alter des Austauschers, bezogen auf die Benutzungszeit, 3. der Korngröße des Austauschers, 4. den Säulendimensionen, 5. der Fließgeschwindigkeit, 6. der Temperatur, 7. der Element- bzw. Komplexkonzentration und 8. der Konzentration an anderen Komplexen (Jentzsch). Die richtige Auswahl dieser Größen führt schließlich zu den optimalen Arbeitsbedingungen (Ausführungen darüber gibt ebenfalls Jentzsch).

4. Kapitel

Ionenaustauschertypen

Von den zur Verfügung stehenden Ionenaustauschertypen können grundsätzlich alle in der Ionenaustausch-Chromatographie verwendet werden. Wie aber auch bei der Anwendung anderer Ionenaustauschvorgänge haben in der Ionenaustausch-Chromatographie die Kunstharz-Ionenaustauscher die größte Bedeutung erlangt. Weiterhin sind vor allem die Cellulose-Ionenaustauscher hervorzuheben. Neben diesen haben noch die anorganischen Ionenaustauscher und Kohle-Ionenaustauscher zu chromatographischen Trennungen Anwendung gefunden. Eine gewisse Sonderstellung nehmen darüber hinaus Aluminiumoxyd und andere Adsorbentien ein, deren chromatographische Wirkung auch teilweise auf Ionenaustauschvorgänge zurückgeführt werden kann.

Kunstharz-Ionenaustauscher

Bei den Kunstharz-Ionenaustauschern sind nach ihrer Herstellung zwei Gruppen zu unterscheiden: Polymerisationsharze und Polykondensationsharze. Beide Gruppen umfassen Kationenaustauscher und Anionenaustauscher. Chemisch gesehen stellen sie unlösliche und begrenzt quellfähige Polyelektrolyte dar, deren Matrix ein dreidimensionales Netzwerk aus Kohlenwasserstoffketten bildet. Für ihre Erscheinungsformen und Eigenschaften sind letztlich drei Gesichtspunkte wichtig, nämlich der Grundkörper, der zum Aufbau der Matrix oder des Gerüstes verwendet wurde, Brückenbildner zur Quervernetzung und damit zum Unlöslichmachen und Art und Zahl der Ankergruppen.

Die Polymerisationsharze haben heute die Polykondensationsharze ziemlich verdrängt. Sie besitzen größere chemische und thermische Beständigkeit. Als Grundkörper dient bei den wichtigsten Austauschern dieses Typus Styrol, das mit Divinylbenzol vernetzt wurde, wobei die auf diese Weise geschaffene Matrix die Ankergruppen trägt. Die Polykondensationsharze sind im wesentlichen aus Phenolen bzw. aromatischen Aminen und Formaldehyd aufgebaut, wobei die Eigenschaften der Austauscher von der Art der Phenole und Amine, der Menge der verwendeten Ausgangsstoffe und ihrer Nebengruppen und der Natur der Ankergruppen abhängt.

Wie sehr auch die Matrix die Eigenschaften eines Ionenaustauschers beeinflußt, so ist doch das wesentliche Moment die Ankergruppe. Als solche wurden bisher eingebaut in Kationenaustauscher

$$-SO_3^-, \; -COO^-, \; -O^-, \; -PO_3^{2-}, \; -PO_3H^-, \; -AsO_3^{2-}, \; SeO_3^-$$

und in Anionenaustauscher

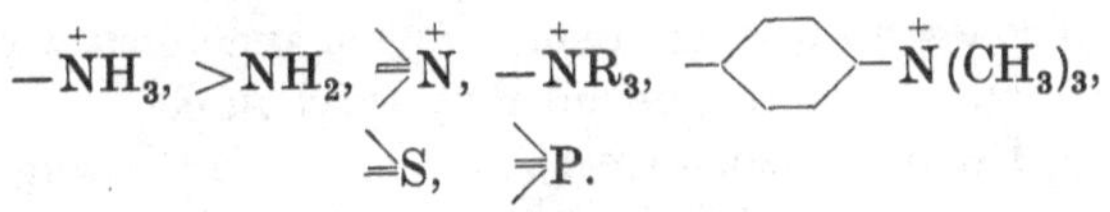

Die Ankergruppen formen aus der Matrix den Kationenaustauscher oder Anionenaustauscher. Je nach der Acidität oder Basicität der Ankergruppen unterscheidet man zwischen stark und schwach sauren und zwischen stark und schwach basischen Ionenaustauschern. Darüber hinaus gibt es noch Ionenaustauscher, die nebeneinander saure und basische Ankergruppen besitzen, sogenannte amphotere Ionenaustauscher. Schon Kondensationsprodukte aus Aminen und Phenolen besitzen die sehr schwach sauren phenolischen OH-Gruppen neben den basischen Aminogruppen. Auch andere Kombinationsmöglichkeiten zwischen stark und schwach sauren und stark und schwach basischen Gruppen sind bekannt geworden.

Eine besondere Stellung nehmen die Chelatharze ein, d. h. Ionenaustauscher mit chelatbildenden Gruppen, die der ganz allgemeinen Klasse der spezifischen Ionenaustauscher zuzuordnen sind. Weiterhin sind die Snake-Cage-Austauscher zu erwähnen, bei denen es sich um gewöhnliche Kationenaustauscher oder Anionenaustauscher handelt, in die lineare Polyanionen oder Polykationen eingebaut sind.

Die heute zur Auswahl stehenden Ionenaustauscher sind Handelsprodukte verschiedener Herstellerfirmen. In Deutschland kommen in den Handel die *Lewatite* der Farbenfabriken Bayer, Leverkusen, die *Wofatite* der VEB-Farbenfabrik Wolfen, Wolfen Kr. Bitterfeld, die *Permutite* der Permutit AG, Berlin-Schmargendorf, die *Ionenaustauscher I, II und III* der E. Merck AG, Darmstadt, in England die *Zerolite* der United Water Softeners, Ltd, London, in den USA die *Dowex* der Dow Chemical Company, Midland, Michigan, die *Amberlite* der Rohm and Haas Company, Philadelphia, die *Duolite* der Chemical Process Company, Redwood City, California (in Deutschland vertreten durch Fa. Benckiser, Chemische Fabrik, Ludwigshafen/Rhein) u. a. m.

Die Ionenaustauscher sowjetischer, polnischer und anderer Herkunft werden in der Literatur meistens als *Kationite* und *Anionite* bezeichnet.

Im folgenden wird tabellarisch eine Auswahl wichtiger handelsüblicher Ionenaustauscher gegeben. Die Anzahl der zur Verfügung stehenden Typen ist so groß, daß sie fast nicht mehr übersehen werden kann. Die Angaben über die Kennzahlen sind den Prospekten der Herstellerfirmen entnommen, aus denen man sich am leichtesten über die Anwendbarkeit eines zur Wahl stehenden Kunstharz-Ionenaustauschers informiert. Im Anschluß daran ist eine Tabelle über sowjetische Austauscher des wissenschaftlichen Institutes für Kunststoffe wiedergegeben, die einer Arbeit von PASCHKOW und TITOW [652] entnommen wurde. Andere sowjetische Ionenaustauscher entstammen Arbeiten des Moskauer Chemisch-Technologischen Instituts *D. M. Medelejew* (Bezeichnungen: *SBS, MSF, SDW-3, DW, PF, FW, FS, AR, KMD, KM, KMZ, NSF*), des Staatlichen Instituts für Angewandte Chemie (Bezeichnungen: *EDE, 10-P, PEK*) und des Instituts für hochmolekulare Verbindungen ANSSSR (Bezeichnungen: *KFU, SN, SNF*).

Zu den Kennzahlen sollen noch einige Bemerkungen angeführt werden.

Bei Kunstharz-Ionenaustauschern, die auf Polystyrol aufgebaut sind, wird der Vernetzungsgrad in % Divinylbenzol angegeben, die zur Vernetzung in das Polystyrolgerüst einpolymerisiert sind. Die Acidität oder Basizität folgt aus der austauschwirksamen Ankergruppe und ist damit unmittelbar verständlich. Über das Aussehen entscheidet die Herstellung: Polymerisationsharze werden im allgemeinen als Kugeln geliefert, Polykondensate als vermahlene Granula. Die Farbe der einzelnen Typen liegt zwischen weiß und dunkelbraun. Die angegebenen Korngrößen sind technisch übliche Größen. Auf Wunsch werden von Herstellerfirmen oder Zwischenhändlern auch besondere Korngrößen geliefert, soweit man nicht auf die für Laborzwecke gedachten Qualitäten verschiedener Korngrößen und verschiedener Reinheitsgrade zurückgreifen kann. Im angelsächsischen Sprachraum wird die Korngröße im allgemeinen nicht in mm, sondern in mesh-Zahlen angegeben. Für die Umrechnung der mesh-Zahlen nach US-Siebnormung in mm

Tab. 2 Auswahl handelsüblicher Kationenaustauscher
st. s. = stark sauer sw. s. = schwach sauer

Name	Aufbau	Acidität	Aussehen	Korngr. (mm)	Kapazität (mval/g)	Litergewicht (g/l)	Maxim. Arbeitstemp. (°C)
Lewatit S 100	Polystyrol, $-SO_3H$	st. s.	Kugeln	0,3–1	4,75	800–900	110
Lewatit PN	$-SO_3H$	st. s.	Granula	0,3–2	2,25	650–760	95
Lewatit KSN	$-SO_3H$	st. s.	Granula	0,3–1,5	4,0	700–800	30
Lewatit CNS	$-SO_3H$, $-COOH$	st. s. u. sw. s.	Granula	0,3–2	5,0	750–850	40
Lewatit CNO	$-COOH$	sw. s.	Granula	0,3–2	4,0	750–850	40
Wofatit KPS 200	Polystyrol, $-SO_3H$	st. s.	Kugeln	0,3–1	4,5	750–800	115
Wofatit F	Phenol, $-SO_3H$	st. s.	Granula	0,3–1,5	2,9	700–750	50
Wofatit P	Phenol, $-SO_3H$	st. s.	Granula	0,3–1,5	1,9	650–750	97
Wofatit CP 300	$-COOH$	sw. s.	Kugeln	0,3–1,0	10,0	750–800	30
Wofatit CN	Phenol, $-COOH$	sw. s.	Granula	0,3–1,5	2,0	800–850	30
Permutit RS	Polystyrol, $-SO_3H$	st. s.	Kugeln	0,3–1,2		800	115
Ionenaustauscher I	Polystyrol, $-SO_3H$	st. s.	Kugeln	0,4–0,6	4,5	670	110
Ionenaustauscher IV	Polyacrylat, $-COOH$	sw. s.	Kugeln	0,3–0,5	10	490	110
Dowex 50	Polystyrol, 8% Divinylbenzol, $-SO_3H$	st. s.	Kugeln	0,04–0,8	5,0	800	150
Dowex 50 W	Polystyrol, 8% Divinylbenzol, $-SO_3H$	st. s.	Kugeln (weiß)	0,04–0,8	5,0	800	150
Amberlite IR-120	Polystyrol, $-SO_3H$	st. s.	Kugeln	0,45–0,6	4,25	850	120
Amberlite IRC-50	$-COOH$	sw. s.	Kugeln	0,33–0,5	10,0	680	120
Duolite C-3	Phenol, Methyl $-SO_3H$	st. s.	Granula	0,2–1,6	2,9		60
Duolite C-10	Phenol, Methyl $-SO_3H$	st. s.	Granula	0,2–1,6	2,9		40
Duolite C-20	Polystyrol, $-SO_3H$	st. s.	Kugeln	0,2–1,0	4,9		160
Duolite C-25	Polystyrol, $-SO_3H$	st. s.	Kugeln	0,2–1,0	4,9		100
Duolite C-62	Phosphonic acid	mittel sauer	Kugeln	0,2–1,0	6,0		
Duolite C-63	Phosphonic acid	m. s.	Kugeln	0,2–1,0	6,0		
Duolite C-65	$-PO_3$	m. s.	Granula				
Duolite CS-161	Acrylrest, $-COOH$	sw. s.	Kugeln	0,2–1,0	10,2		100
Zerolit 225	Polystyrol, $-SO_3H$	st. s.	Kugeln	0,2–1,2	5	750	100
Zerolit 215	Phenol, Formaldehyd $-SO_3H$	st. s.	Granula	0,29–1,2	2,6	700	95
Zerolit 216	$-OH$, COOH	sw. s.	Granula	0,29–1,2			300
Zerolit 226	Methacrylsäure, DVB, $-COOH$	sw. s.	Kugeln	0,29–1,2	0,8–9,0	710	100

Tab. 3 Auswahl handelsüblicher Anionenaustauscher

st. b. = stark basisch sw. b. = schwach basisch m. b. = mittel basisch

Name	Aufbau	Basizität	Aussehen	Korngr. (mm)	Kapazität (mval/g)	Litergewicht (g/l)	Maxim. Arbeitstemp. (°C)
Lewatit MN		st. b.	Granula	0,3–2	2,3	700	30
Lewatit MIH		m. b.	Granula	0,3–2	6,0	700	30
Wofatit L150	Polyalkyleniminharz	st. b.	Granula	0,3–1,5	10,0	600–700	50
Wofatit L165	Polyalkyleniminharz	st. b.	Granula	0,3–1,5	8,0	600–700	50
Wofatit MD	Arom. Aminharz	m. b.	Granula	0,3–1,5	5,7	700–750	30
Wofatit N	Arom. Aminharz	sw. b.	Granula	0,3–1,5	4,3	600–700	30
Wofatit SBW	Quat. Polystyrolalkylammoniumharz	st. b.	Kugeln	0,3–1,2	3,5		60
Permutit ES	Arom. Ammoniumharz	st. b.	Kugeln		5	700–800	50
Permutit E3	Arom. Amin-Ammoniumharz	st. b.	Kugeln		5	700–800	40
Permutit E	Aminharz	m. b.				700–800	40
Ionenaustauscher III	Polystyrol, quat. Amin	st. b.	Kugeln	0,35–0,6	3	450	40
Ionenaustauscher II	Polystyrol, aliphat. NH_2	sw. b.	Kugeln	0,4–0,5	5	480	100
Dowex 1	Styrol (8%) Divinylbenzol, Trimethylbenzylamin	st. b.	Kugeln	0,04–0,8	3,5	700	50
Dowex 21 K	Styrol (8%) Divinylbenzol, Trimethylbenzylamin	st. b.	Kugeln	0,15–0,85	4,5	690	50
Dowex 2	Styrol, Divinylbenzol, Dimethylbenzyläthanolamin	st. b.	Kugeln	0,04–0,8	3,5	700	30
Dowex 3	Styrol, Divinylbenzol, Dimethylbenzyläthanolamin	sw. b.	Kugeln	0,15–0,85	5,5	720	65
Amberlite IRA-400	Polystyrol, $(NR_4)^+$	st. b.	Kugeln	0,35–0,45	2,5	670	140 °F
Amberlite IRA-401	Polystyrol, $(NR_4)^+$	st. b.	Kugeln	0,40–0,55	3,0	670	140 °F
Amberlite IRA-410	Polystyrol, $(NR_4)^+$	st. b.	Kugeln	0,35–0,45	3,0	700	105 °F
Amberlite IRA-411	Polystyrol, $(NR_4)^+$	st. b.	Kugeln	0,35–0,50	3,0	670	105 °F
Amberlite IR-4B	Formaldehyd, Polyamin	sw. b.	Granula	0,4–0,55	5,23	560	105 °F
Amberlite IR-45	Polystyrol, Amin		Kugeln	0,35–0,50	5,0	670	212 °F
Duolite A-102	KW-Matrix, $(NR_4)^+$	st. b.	Kugeln	0,2–1,0	3,5		ROH40, RCl 100
Duolite A-101	KW-Matrix, $(NR_4)^+$	st. b.	Kugeln	0,2–1,0	3,5		ROH60, RCl 100

Tab. 3 (Fortsetzung)

Name	Aufbau	Basizität	Aussehen	Korngr. (mm)	Kapazität (mval/g)	Litergewicht (g/l)	Maxim. Arbeitstemp. (°C)
Duolite A-42	KW-Matrix, $(NR_4)^+$	st. b.	Kugeln	0,2–1,0	3,5		ROH60, RCl 100
Duolite A-40	KW-Matrix; $(NR_4)^+$	st. b.	Kugeln	0,2–1,0	3,5		ROH40, RCl 100
Duolite A-43	Polyalkylamin	m. b.	Granula Kugeln				
Duolite A-41	(NR_3), $(NR_4)^+$	m. b.	Kugeln				
Duolite A-30	Polyalkylamin	m. b.	Kugeln	0,2–1,6	8,7		60
Duolite A-119	Sek., tert. Amin	sw. b.	Kugeln	0,2–1,0	6,2		80
Duolite A-14	Sek., tert. Amin	sw. b.	Kugeln				
Duolite A-7	Prim., sek., tert. Amin	sw. b.	Granula	0,2–1,6	9,1		40
Duolite A-6	Tertiäres Amin	sw. b.	Granula	0,2–1,6	7,6		60
Duolite A-2	Prim., sek., tert. Amin	sw. b.	Granula	0,2–1,6	8,4		40
Zerolit FF	Polystyrol, quat. Amin	st. b.	Kugeln	0,2–1,2	3,5	670	100
Zerolit E		m. b.	Granula	0,2–1,2	1,7	650	30
Zerolit G	Diäthylamingr., Polystyrol	sw. b.	Kugeln		3,5		100
Zerolit H	Polystyrol, Dimethylamingruppen	sw. b.	Kugeln				

Tab. 4 Sowjetische Kationite und Anionite [643]

Typ	Basische akt. Gruppen	Rohstoffe	Größe in mm	Statische Austauschkap. mg-äqu/g	
				maximale	bei Ionen neutraler Salze
		Stark saure Kationite (Klasse KU)			
MSF (MSF-3)	SO_3H, OH	Phenol, Phenolsulfonsäure	0,3–2,0	4,5	1,8
SDB-3	SO_3H	Styrol	0,3–1,5	4,5	4,2
DB	SO_3H		0,3–0,2	3,5	3,0
NSF	SO_3H	Naphthalin	0,3–2,0	3,0	2,4
RF (FB, FS)	PO_3H_2		0,3–2,0	7,0	4,0
AR	AsO_3H_2		0,3–2,0	5,0	3,2
KU-3	SO_3H	Vinylnaphthalin	0,3–1,5	5,7	5,3
KU-4	SO_3H	Azenaphthylen	0,3–1,5	5,7	5,3
KU-5	SO_3H	Naphthalin	0,3–2,0	4,5	2,5
KU-6	SO_3H COOH	Azenaphten	0,3–2,0	5,0	3,0
KU-6F	SO_3H COOH, OH	Azenaphten Phenol	0,3–1,6	6,2	3,5

Tab. 4 (Fortsetzung)

Typ	Basische akt. Gruppen	Rohstoffe	Größe in mm	Statische Austausch-kap. mg-äqu/g	
				maximale	bei Ionen neutraler Salze
		Stark saure Kationite (Klasse KU)			
KU-6, KU-8 KU-9	SO_3H OH	Phenol, Resorcin, Sulfonsäuren, Aldehyde u. Ketone	0,3–2,0	5,0	3,0
KBU-1 (KUB-2)	SO_3H, COOH	Styrol, Mehacrylsäure	0,3–1,5	7,0	1,5
KF-1, KF-2, KF-3, KF-4	PO_3H_2	Styrol, Vinylnaphthylen, Azenaphthylen	0,3–2,0	6,0	3,5
SN. SNF	SO_3H, OH	Phenolische Novolacke	0,3–2,0	5,2	3,0
		Schwach saure Kationite (Klasse KB)			
KB-1, KB-2, KB-3	COOH	Mehacrylsäure, Mehacrylat, Nitrilacrylsäure	0,3–1,5	11,0	–
KC-1	COOH	Maleinanhydrid, Mehacrylsäure	0,3–2,0	6,5	–
KMD, KMG, KM	COOH		0,3–2,0	10,0	–
		Schwach basische Anionite (Klasse AN)			
AN-4k AN-7k	N, NH_2, NH	Polychlorvinyl	0,3–2,0	6,0	–
AN-9	NH, N	Phenol	0,3–2,0	5,0	–
AN-10	NH, N	Allylamine	0,3–2,0	12,0	–
AN-15	NH_2	Styrol	0,3–2,0	6,0	–
AN-17	NH	Styrol, Monomethylamin	0,3–2,0	5,0	–
AN-18	N	Dimethylamin	0,3–2,0	4,5	–
		Schwach basische Anionite (Klasse AN)			
AN-19	NH, N	Styrol, Polyäthylenpolyamine	0,3–2,0	4,0	–
AN-20	NH_2, NH	Styrol, Ammoniak	0,3–2,0	7,0	–
AN-21	NH, NH_2	Styrol, Hexamethylendiamin	0,3–2,0	7,0	–
AN-22	NH, NH_2	Styrol, Äthlyendiamin	0,3–2,0	7,0	–
AN-23	N	Vinylpyridin	0,3–2,0	5,0	–
		Stark basische Anionite (Klasse AW)			
AW-15	$N(R)_3$	Styrol	0,3–2,0	2,0	1,5
AW-17	$N(R)_3$	Styrol, Trimethylamin	0,3–2,0	3,8	3,5
AW-18	$N(R)_3$	Styrol, Pyridin	0,3–2,0	3,0	1,5
AW-19	$N(R)_3$	Vinylnaphthalin, Trimethylamin	0,3–2,0	3,0	2,5
AW-20	$N(R)_3$	Vinylpyridin, Epichlorhydrin	0,3–2,0	2,0	1,5
PEK	$N(R)_3$	Äthylendiamin	0,3–2,0	6,0	1,8

gilt näherungsweise die einfache Formel

$$\frac{16}{\text{mesh}} = \text{Korndurchmesser in mm.}$$

Tabelle 5 gibt dazu eine Übersicht.

Tab. 5 Mesh-Zahlen und mm Durchmesser

US-mesh	mm Durch-messer
16	1,2
20	0,85
50	0,29
100	0,15
200	0,08
400	0,04

Die angegebene Kapazität ist die Gewichtskapazität bezogen auf das Gramm lufttrockenen Harzes. Die Arbeitskapazität liegt, da sie von der Quellung des Harzkornes und dem Schüttgewicht abhängt, im allgemeinen wesentlich niedriger.

Die maximalen Arbeitstemperaturen hängen in manchen Fällen auch vom Beladungszustand des Ionenaustauschers ab. In der Tabelle sind die maximalen Arbeitstemperaturen der jeweils üblichen Handelsformen angegeben.

Für die Ionenaustausch-Chromatographie sind die Polymerisationsharze (Polystyrol- und Polyacrylsäureharze) fast ausschließlich zu verwenden, da sie monofunktionell und einheitlich im Aufbau sind, wodurch besser reproduzierbare Ergebnisse erzielt werden können. Diese Anforderung ist nicht gegeben bei Polykondensationsharzen. Der Vernetzungsgrad und die Teilchengröße beeinflussen ebenfalls die chromatographische Trennung. Kleinere Korngrößen führen zu besseren Trennungen, wie auch zur Erzielung scharfer chromatographischer Bande ein besonders enger Bereich der Korngrößenverteilung angewendet werden soll. Ein Korngrößenbereich von 200 bis 400 mesh stellt im allgemeinen die unterste anwendbare Grenze dar, wenn auch noch Korngrößenfraktionen von 400 bis 600 mesh für chromatographische Zwecke im Handel angeboten werden, da bei diesem Material die erreichbaren Durchflußgeschwindigkeiten schon langsam sind. Deshalb verwendet man, obwohl die kleinsten Korngrößen für Mikroarbeiten die besten sind, für Trennungen im größeren Maßstab Korngrößen von 100 bis 200 mesh, um die dadurch gegebenen größeren Durchflußgeschwindigkeiten auszunutzen. Für präparative ionenaustauschchromatographische Arbeiten ist es angebracht, mit Korngrößen von 50 bis 100 mesh zu arbeiten, während bei technischen noch größere, etwa 15 bis 50 mesh, zu wählen sind.

Die Überlegungen über die Korngröße beziehen sich in gleicher Weise auf die Kationen- und Anionenaustauscher, während im Falle der Vernetzung ein grundlegender Unterschied zwischen beiden besteht. Der Grad der Vernetzung eines Polystyrolsulfonsäureharzes ist in der Hauptsache durch die Konzentration des Brückenbildners im Monomeren gegeben. Obgleich theoretisch weitere Quervernetzungen während der Sulfonierung durch Bildung von Schwefelbrücken stattfinden können, ist dieser Effekt doch praktisch unbedeutend. Im Falle der Anionenaustauscher aber werden durch die Chlormethylierung, nach der diese im allgemeinen hergestellt werden, weitere Quervernetzungen in Form von Methylenbrücken zwischen den Benzolringen paralleler Kohlenwasserstoffketten eingeführt. Diese Neubildung von Quervernetzung erfolgt nach Friedel-Crafts etwa so:

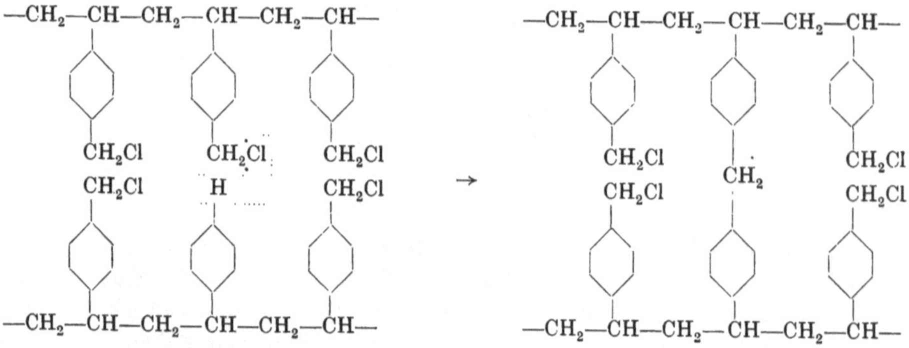

Diese zusätzliche Quervernetzung kann einen bedeutenden Anteil der gesamten Quervernetzung des Austauschers ausmachen und ist nicht nur als zusätzlicher Anteil zu betrachten. Infolgedessen hat die Angabe der Quervernetzung in Prozenten des eingesetzten Brückenbildners bei Anionenaustauschern keine reale Bedeutung, obwohl sie in der Literatur Anwendung findet.

Die Kriterien, die den Kunstharz-Ionenaustauschern zu ihrer jetzigen Bedeutung verholfen haben, sind ihre große mechanische und chemische Widerstandsfähigkeit, die hohe Austauschgeschwindigkeit, die hohe Kapazität und die auf Grund von Synthesen gegebenen Möglichkeiten der Variierung der Eigenschaften. Als ein Nachteil erscheint lediglich die maximal zulässige Arbeitstemperatur, die aber für chromatographische Anwendungen in den meisten Fällen ausreichend ist.

Cellulose-Ionenaustauscher

Natürliche Cellulose hat auf Grund geringer Mengen von Carboxylgruppen Ionenaustauscher-Eigenschaften. Durch Oxydation von Cellulose können zahlreiche Reaktionsprodukte erhalten werden, unter denen sich Oxycellulosen befinden mit 15% COOH-Gruppen [927], die in Pulverform vom theoretischen Standpunkt aus als Ionenaustauscher zu betrachten sind, während sie in der Praxis wegen ihrer Wasserlöslichkeit wenig angewendet werden können. Pulverförmige Cellulose-Ionenaustauscher, wie sie jetzt in Säulenverfahren verwendet werden, haben als erste McIntire und Schenk [566] hergestellt und ihre Bedeutung erkannt.

Peterson und Sober [659] haben durch ihre Arbeiten über die Trennung von Proteinen diesem Gebiet die Bedeutung gegeben, die es heute hat. Weiter haben Porath [672], Jakubovic [376] und Drysch, Ströle und Wattendorf [195] dieses Gebiet bereichert.

Die Cellulose-Ionenaustauscher besitzen ionenaustauschende Eigenschaften wie die Kunstharz-Ionenaustauscher, unterscheiden sich aber von diesen in einigen wichtigen Punkten. So ist die Cellulosematrix hydrophil im Gegensatz zur hydrophoben Kunstharzmatrix. Die Fasereigenschaften des Cellulose-Austauschers führen dazu, daß die Mehrzahl der austauschaktiven Gruppen nahe der Oberfläche liegt, wodurch sie für den Austausch großer Moleküle wirksam werden können, die normalerweise in die Poren eines Kunstharzaustauschers nicht eindringen können. Dies führt zu einem raschen Austausch und dazu, daß Cellulose-Ionenaustauscher trotz einer zahlenmäßig kleineren Austauschkapazität eine größere Kapazität für große Moleküle haben als Kunstharz-Ionenaustauscher.

Das Cellulosemolekül besitzt seiner Struktur nach an den Kohlenstoffatomen 2, 3 und 6 Hydroxylgruppen, an die die austauschaktiven Gruppen gebunden werden. Über deren Lage kann nichts ausgesagt werden, doch folgt aus den jüngsten Forschungsergebnissen der Cellulosechemie, daß die C-Atome 6 und 2 die reaktionsfähigsten sind. Wegen der heterogenen Natur der Reaktion muß man sich natürlich vor Augen halten, daß auch unumgesetzte Cellulosemoleküle in den Austauschern vorhanden sind, während andere mono-, di- oder trisubstituiert sind.

Die hauptsächlich angewendeten und im Handel zur Verfügung stehenden Cellulose-Ionenaustauscher sind in Tabelle 6 zusammengestellt.

Die Cellulose-Ionenaustauscher unterscheiden sich visuell nicht von den Ausgangsmaterialien. Ihre Partikelgröße hängt, bei Durchmessern von 15 bis 20 μ, von der unregelmäßigen Gestalt der Cellulose ab und ist schwierig zu handhaben, aber für das Verhalten nicht voll ausschlaggebend. Bei wiederholter Verwendung erleiden die Cellulose-Ionenaustauscher keine Wertminderung und können monatelang in wäßriger Lösung von 0,5 m NaH_2PO_4 bis 1 n NaOH aufbewahrt werden. Eine Berührung mit Lösungen saurer als pH 4 sollte möglichst vermieden werden, wenn auch eine kurze Einwirkung von 1 n HCl keinerlei zerstörende Wirkung zeigt. Die Regenerierung erfolgt mit 1 n NaOH, sauren Puffern oder verdünnter HCl. Die Kapazität der bisher beschriebenen Cellulose-Ionenaustauscher liegt zwischen 0,25 und 1,0 mval/g Trockengewicht. Diese Werte der Säure-Basen-Kapazität sind, wie schon angedeutet, nicht zu gering zu bewerten, da die Austauschkapazität für große Moleküle wie Proteine, Nucleinsäuren, Fermente und dgl. genügend hoch liegt, worin eben der größte Vorteil dieser Austauscher liegt. Die geringe Pufferwirkung und die geringe Kapazität für den Austausch kleinerer Elektrolyte ist für die Trennung von Proteinen ein zusätzlicher Vorteil. Der gegenseitige Abstand der ionischen Gruppen liegt bei etwa 5 Å.

Für das Arbeiten mit Cellulose-Ionenaustauschern verwendet man Säulen bis 40 cm Länge (Verhältnis 1 : 10). Das Austauscherpulver wird in einem gesonderten Meßzylinder vorbereitet, indem man 10 g in 500 ml des zu verwendenden Puffers oder Lösungsmittels anrührt und nach etwa einer Stunde die überstehende, durch

Tab. 6 Cellulose-Ionenaustauscher

Name	Ionen-austauschende Gruppe	Eigen-schaften	Herstellung	Bezugs-quelle	Bemerkg.
CM-Cellulose	$-OCH_2COOH$	KA, schwach sauer	Alkalicellulose + Monochloressigsäure	Schleicher & Schüll, Serva, Kodak Ltd.	
P-Cellulose	$-OPO_3H_2$	KA, mittel sauer	siehe Peterson u. Sober	Serva	
SE-Cellulose	$-OC_2H_4SO_3H$	KA, stark sauer	siehe Porath	Serva	
DEAE-Cellulose	$-OC_2H_4N(C_2H_5)_2$	AA, stark basisch	Alkalicellulose + β-Chloräthyldiäthylamin	Schleicher & Schüll, Serva, Kodak Ltd.	
TEAE-Cellulose	$-OC_2H_4N(C_2H_5)_3Br$	AA, mittel basisch		Serva	
PAB-Cellulose	$-OCH_2C_6H_4NH_2$	AA, schwach basisch		Serva	Die NH_2-Gruppe kann diazotiert werden
ECTEOLA-Cellulose	unbekannt	AA, schwach basisch	Alkalicellulose + Epichlorhydrin + Triäthanolamin	Schleicher & Schüll, Serva, Kodak Ltd.	

feinen Austauscherstaub getrübte Lösung verwirft und den verbleibenden Brei in einem Guß in die Säule einschlämmt. Die sich zunächst durch Absetzen bildende Packung wird durch Anlegen eines geringen Saugdruckes fester gepackt. Derartige Säulen halten selbsttätig die Flüssigkeitsoberfläche. Zur Erzielung einer genügenden Durchflußgeschwindigkeit, die im allgemeinen zwischen 5 und 25 m*l* pro Stunde liegen soll, genügt der angelegte hydrostatische Druck.

Bei der Herstellung der Cellulose-Ionenaustauscher (Arbeitsvorschriften siehe Originalliteratur) eignen sich als Ausgangscellulose Holzzellstoffe besser als Linterszellstoffe. Empfohlen seien das Zellstoffpulver Nr. 123 und das Linterspulver Nr. 124 der Firma Schleicher & Schüll. Der Gang der Reaktion ist immer die Umsetzung einer Alkalicellulose mit einer Chlorverbindung. Wesentlich ist dabei, daß Reaktionsbedingungen vermieden werden, die das Material lösen oder dispergieren, denn wenn auch eine Wiederfällung möglich ist, so erhält man dabei gelatinöse Produkte, die einen zu hohen Widerstand gegen den Durchfluß wäßriger Lösungen zeigen.

Das Hauptanwendungsgebiet der Cellulose-Ionenaustauscher liegt bei der Reinigung wertvoller Naturprodukte, die vielleicht sogar im großen Maßstab möglich sein wird.

Anorganische Ionenaustauscher, Aluminiumoxyd, Silicagel

Die mineralischen Ionenaustauscher wie die Zeolithe, Grünsande oder Montmorillonit als Kationenaustauscher und Apatit und Hydroxylapatit als Anionenaustauscher sowie die synthetischen anorganischen Ionenaustauscher, wie die Schmelzzeolithe und Gelpermutite, haben heute geringeres Interesse und werden chromatographisch kaum angewendet.

Von Interesse sind jedoch Übergangserscheinungen zwischen Ionenaustausch und Adsorption an Oxyden und ähnlichen Stoffen, vor allem an *Aluminiumoxyd*. Wie UMLAND [880] zeigen konnte, lassen sich diese Vorgänge durch eine formale Austauschtheorie erfassen, so daß man die Adsorption dissoziierter Salze als gleichzeitig verlaufende Austauschreaktion von Wasserstoff gegen Metallkationen und Hydroxylgruppen gegen Säurerestionen auffassen darf. Das Vorhandensein von Wasserstoff- und Hydroxyl-Ionen im Al_2O_3 kann aus verschiedenen Beobachtungen gefolgert werden. Über die Einzelheiten dieser interessanten und lange diskutierten Phänomene sei auf die Originalliteratur verwiesen. HAYEK gibt eine Übersicht über dieses Gebiet [307], wobei auf die terminologischen Schwierigkeiten hingewiesen wird, die sich für den Begriff *Adsorption* ergeben. Deshalb wird mit Adsorption jede Fixierung einer gelösten Substanz an einer Oberfläche bezeichnet. Der Ionenaustausch stellt sich somit als eine Anlagerung von Ionen an entgegengesetzt geladene Stellen des Adsorbens dar.

Von CUMMINGS und Mitarbeitern [159] liegen Untersuchungen über den Mechanismus der Adsorption organischer Substanzen an Aluminiumoxyd vor mit dem Ergebnis, daß diese hauptsächlich durch Wasserstoffbrückenbildung festgehalten werden.

Beim *Silicagel*, das wie Aluminiumoxyd häufig in der Chromatographie verwendet wird, lassen sich ebenfalls Vorgänge nachweisen, die als Ionenaustauschvorgänge beschrieben werden können. Dieses Adsorbens besteht wie Ionenaustauscher aus einer Gerüstsubstanz mit einem entsprechenden Hohlraumsystem, wobei die Oberfläche der Gerüstsubstanz über das Hohlraumsystem zugänglich ist. Die Eigenschaften und die daraus sich ergebenden praktischen Anwendungen beruhen im wesentlichen auf den SiOH-Gruppen der Oberfläche und deren Funktionen. Diese von KOHLSCHÜTTER [454] gemachten Feststellungen werden besonders deutlich bei der Untersuchung von Adsorptionseffekten von Kationen aus sauren Lösungen.

So haben KAUTSKY und WESLAU [415] beim Durchlaufen gepufferter Thoriumnitratlösungen von pH 3 durch eine Silicagelsäule festgestellt, daß die Thoriumionen am Silicagel adsorbiert und mit Säure von pH >3 wieder eluiert werden können. Dafür läßt sich eine einem Ionenaustausch entsprechende Gleichung formulieren: $SiOH + Th^{4+} \leftrightharpoons SiOTh^{3+} + H^+$.

Kohle-Ionenaustauscher

Behandelt man Holz, Torf, Braunkohle, Steinkohle oder Anthrazit mit oxydierenden Reagentien bzw. konzentrierter Schwefelsäure, so gelingt es, neben den vorhandenen austauschfähigen OH- und COOH-Gruppen zusätzlich austauschfähige SO_3H-Gruppen einzuführen. Auch durch trockenes Erhitzen mit Ätznatron können Kohlen mit Ionenaustauschereigenschaften erhalten werden. Eine andere Gruppe, die sogenannten Ammonkohlen, sind Anionenaustauscher auf Kohlebasis. Die im Handel befindlichen Kohle-Ionenaustauscher beschränken sich auf wenige Sorten. Permutit S und Permutit H sind zwei von der Permutit-AG, Berlin, als Kationenaustauscher zur Wasserreinigung angebotene Produkte. Die United-Water-Softeners Ltd., London, stellt den Zerolit Na, ein sulfoniertes Kohleprodukt, her.

Die Kohle-Ionenaustauscher werden gelegentlich in der Ionenaustausch-Chromatographie zu Trennungen verwendet.

5. Kapitel

Apparaturen zur Ionenaustausch-Chromatographie

Die Apparaturen zur Durchführung ionenaustauschchromatographischer Trennungen zeichnen sich durch ihre Einfachheit aus. Das Hauptgerät ist immer eine Trennsäule, deren Konstruktion dem jeweiligen Problem angepaßt ist. Besondere Vorrichtungen zur Probenaufgabe werden im allgemeinen nicht verwendet, jedoch dienen häufig die unter der Bezeichnung Fraktionssammler oder Fraktionsteiler bekannten Geräte zum Auffangen der Eluate. Weitere Einrichtungen können an einer chromatographischen Apparatur angebracht werden, um den chromatographischen Vorgang automatisch ablaufen zu lassen oder um die erzielte Trennung im Eluat laufend zu kontrollieren. Diese Zusatzvorrichtungen, die der Identifizierung und Registrierung der getrennten Komponenten dienen, sind wünschenswert und werden wohl mehr und mehr ausgebaut werden, stellen aber einen gewissen Aufwand dar, der prinzipiell nicht notwendig ist. Nur bei der Gradientenelutions-Technik sind größere apparative Aufwendungen zur fortlaufenden Herstellung des Elutionsgradienten nötig.

In diesem Kapitel sollen an Hand einer Auswahl die zur Verfügung stehenden Möglichkeiten dargestellt werden. Damit soll dem ionenaustauschchromatographisch Arbeitenden eine Anleitung gegeben werden, da es unmöglich sein dürfte, alle erprobten und beschriebenen Apparaturen auch nur zu streifen. Die Anpassung an das eigene Problem muß von Fall zu Fall vorgenommen werden.

Trennsäulen

Zur Durchführung ionenaustauschchromatographischer Trennungen wird der Ionenaustauscher in einer Säule aufgeschichtet, und in der dadurch geschaffenen Packung werden alle notwendigen Operationen durchgeführt. Grundsätzlich können dabei zwei Techniken unterschieden werden, und zwar die mit absteigender und aufsteigender Flüssigkeitsschicht. Im ersten Falle durchströmt eine Flüssigkeit die Ionenaustauscherpackung von oben nach unten und im zweiten Falle von unten nach oben. Die Abmessungen der Säulen sollen von Höhe zu Durchmesser wie 10 bis 20 zu 1 betragen. Die Säulen müssen auf jeden Fall so gebaut sein, daß die Flüssigkeiten ungehindert durchfließen können, damit unerwünschte Störungen der Bandengrenzen vermieden werden.

Besondere Beachtung ist beim Arbeiten mit Ionenaustauschern der Tatsache zu schenken, daß die Ionenaustauscherpackung immer mit Flüssigkeit bedeckt ist. Ist eine Säule einmal leer gelaufen, so ist es meist unmöglich, die eingedrungene Luft wieder zu entfernen. Man kann sich bei Säulen mit größerem Durchmesser oft durch Zugabe weiterer Flüssigkeit in das Vorratsgefäß und Aufrühren der Ionenaustauscherpackung behelfen, wenn dabei auch die gleichmäßige Füllung sehr in Frage gestellt ist. Bei Säulen mit kleinerem Durchmesser muß in diesem Fall die Säule entleert und der Ionenaustauscher von neuem eingeschlämmt werden.

Eine einfache Ionenaustauschersäule kann man sich aus den gewöhnlichen in jedem Labor vorhandenen Hilfsmitteln selbst bauen. Wie Abbildung 22 zeigt, besteht sie aus einem einfachen Glasrohr, das an beiden Enden einen durchbohrten Stopfen trägt. Der untere ist mit einem Glasrohr versehen, an das über eine Schlauchverbindung eine Glasspitze als Tropfansatz angesetzt ist. Der Quetschhahn erlaubt, die Tropfgeschwindigkeit zu regulieren. Am oberen Ende trägt diese Säule einen gewöhnlichen Tropftrichter als Vorratsgefäß. An den beiden Enden der Ionenaustauscherpackung eingesetzte Wattebäusche (man verwendet Cellulosewatte, Kunstfaserwatte, Quarz- oder Glaswolle) verhindern einerseits die Verstopfung des Auslaufrohres und andererseits das Aufwirbeln der Ionenaustauscherpackung. Ebenso einfach läßt sich von einem Glasbläser eine mit Schliffen versehene Säule anfertigen (Abbildung 23), auf die Vorsatzgefäße verschiedener Größe aufgesetzt werden können. Durch eine unter dem Auslaufhahn angebrachte Schlauchverbindung kann ein Überlaufrohr angesetzt werden (Abbildung 24), wodurch das Leerlaufen der Säule verhindert wird.

Manche Vorteile bietet eine sogenannte Gegenstromsäule (Abbildung 25), die in einfacher Weise mit absteigender Flüssigkeitsschicht benutzt werden kann, zum anderen aber auch gestattet, mit aufsteigender Flüssigkeitsschicht zu arbeiten. Dies erreicht man durch entsprechende Stellung des Dreiwegehahnes und durch Umsetzen des Vorratsgefäßes von der Säule auf das angesetzte und mit dem gleichen Schliff versehene Steigrohr. Eine solche Säule gestattet auch mit Rückspülung zu arbeiten. Die Stoffe, die am oberen Ende der Säule ausgetauscht worden sind, müssen nicht erst den Weg durch die ganze Säulenpackung zurücklegen und können auf diese Weise leichter eluiert werden. Dasselbe erreicht man auch sehr einfach mit der Umkehrsäule nach WICKBOLD (Abbildung 26).

Bei Reihenuntersuchungen mit Ionenaustauschern hat sich auch ein Säulenaggregat bewährt, wie es die Abbildung 27 zeigt [188]. Hierbei sind fünf Säulen, die mit aufsteigender Flüssigkeitsschicht arbeiten (Abbildung 27a), über eine Verteileranlage zu einem Aggregat zusammengeschaltet (Abbildung 27b). Die

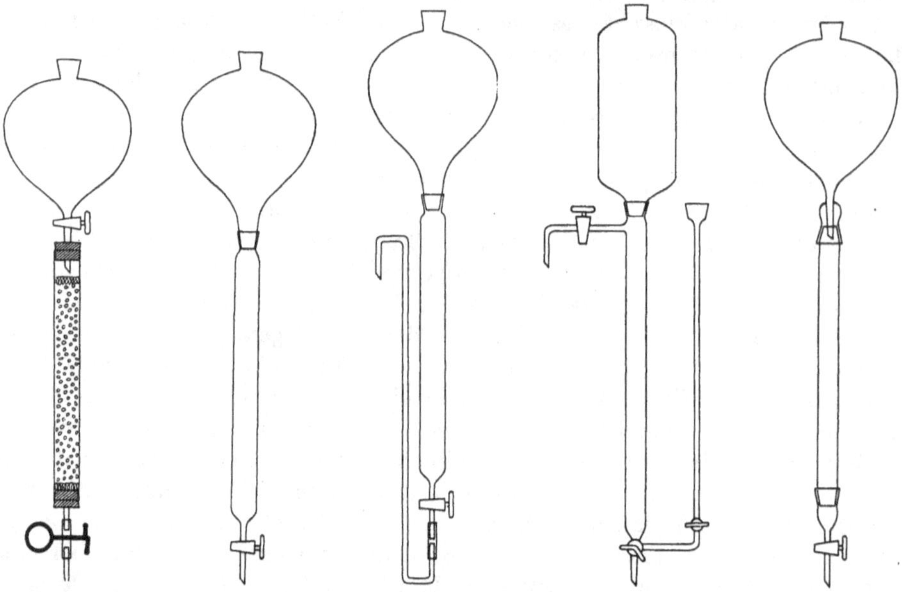

Abb. 22. Abb. 23. Abb. 24. Abb. 25. Abb. 26.

Abb. 22. Einfache selbstgebaute Säule für ionenaustauschchromatographische Trennungen.
Abb. 23. Einfache Säule mit Schliff. Abb. 24. Einfache Trennsäule mit Überlaufrohr.
Abb. 25. Gegenstromsäule. Abb. 26. Umkehrsäule nach WICKBOLD [914].

Verteileranlage ist ein gewöhnlicher Rundkolben, der am unteren Ende das Verteilerrohr trägt, dessen fünf Ansätze mit Hähnen versehen sind. Über mit Gummistücken angesetzten Schliffansätzen wird die Verteileranlage mit den Säulen verbunden. Die eingesetzte einfache Gasdurchleitungsvorrichtung ermöglicht das Arbeiten unter Inertgas. Getrennt davon können die Säulen mit Vorratsbechern versehen und somit nach der gemeinsam vorhergegangenen Behandlung einzeln weiter bearbeitet werden. (Abbildung 27c; die übrigen Teile sind der Übersichtlichkeit wegen weggelassen worden.)

Bei der Ionenaustausch-Chromatographie ist es manchmal notwendig, bei erhöhter Temperatur zu arbeiten, um die erforderliche Gleichgewichtseinstellung zu erreichen. Für die Heizung der Säule sind dabei drei verschiedene Methoden verwendet worden: 1. Die Säule wird mit einem Wärmemantel umgeben, in dem

Wasser aus einem Thermostaten zirkuliert, 2. Dampf einer geeigneten Flüssigkeit wird im Rückfluß um die Säule geführt, 3. Die Säule wird mit einer Widerstandsheizung umgeben. Die Abbildungen 28 und 29 zeigen Beispiele für beheizte

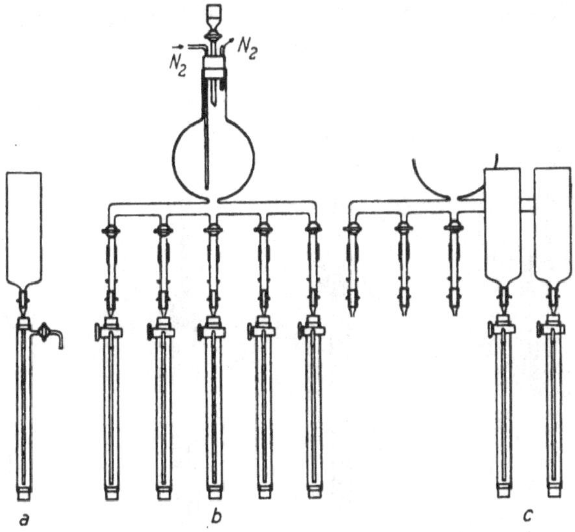

Abb. 27. Säulenaggregat für Reihenuntersuchungen [188].

Säulen. Eine Schwierigkeit, die dabei auftreten kann, ist, daß sich in der Austauscherpackung Luftblasen bilden. Deshalb ist es gewöhnlich notwendig, die Luft aus dem Wasser zu entfernen, wozu man es zweckmäßigerweise durch eine beheizte Spirale leitet. Andere Anordnungen für beheizte Säulen finden sich bei Moore und Stein [596], Williams [917] und Burner et al. [102].

Chromatographisch abgetrennte Komponenten können außer durch vollständige Elution und Auffangen des Eluats auch dadurch gewonnen werden, daß man die einzelnen Banden aus dem Austauschermaterial eluiert. Dazu wird die Ionenaustauscherpackung aus

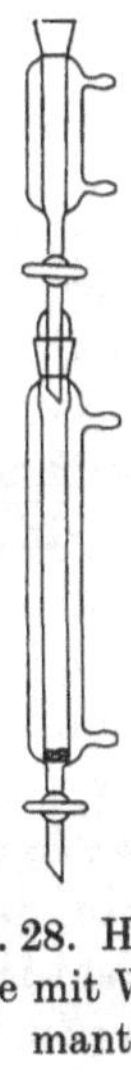

Abb. 28. Heizbare Säule mit Wärmemantel.

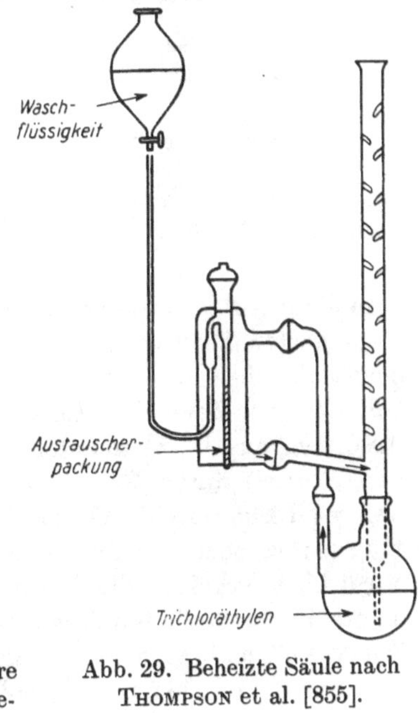

Abb. 29. Beheizte Säule nach Thompson et al. [855].

der Trennsäule ausgestoßen oder, was speziell in der Ionenaustausch-Chromatographie noch besser ist, in einer in der Längsrichtung aufklappbaren Säule werden die den Banden zugehörigen Ionenaustauschersegmente zur Elution entnommen. Abbildung 30 zeigt eine derartige Säulenkonstruktion nach SCHLÖGEL und SIEGEL [814]. Diese Säule läßt sich in einer Längsrichtung öffnen. Sie ist aus zwei rinnenförmigen Hälften zusammengesetzt, die gegeneinandergepreßt werden.

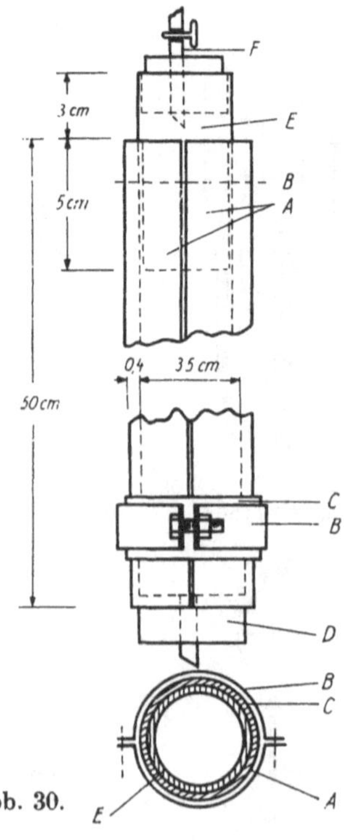

Abb. 30.

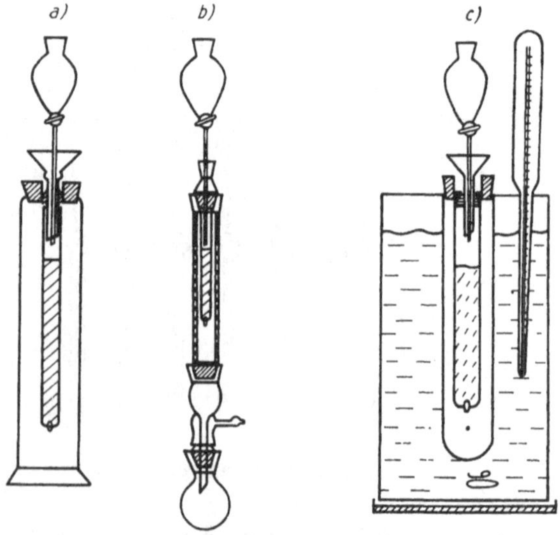

Abb. 31.

Abb. 30. In der Längsrichtung aufklappbare Säule [814]; *A* — die beiden Säulenhälften, *B* — Metallschellen, *C* — Gummistreifen, *D* — Gummistopfen, *E* — Glasrohr, *F* — Tropftrichter.

Abb. 31. Verschiedene Anordnungen zur Säulenchromatographie in Cellophanschläuchen [717].

In einigen Fällen können an Stelle der sonst üblichen Glassäulen auch Säulen aus Kunststoff verwendet werden. Abbildung 31 zeigt Anordnungen von Cellophanschläuchen als Trennsäulen nach SABEL und KERN [717]. In diesen Säulen läßt sich jede Zone eines Chromatogramms isolieren, indem die Säule, ohne das Adsorbens aus der Ummantelung auszustoßen, einschließlich Säulenmantel ganz nach Wunsch durch Zerschneiden zerlegt wird. Da das Mantelmaterial für kurzwelliges Licht durchlässig ist, besteht die Möglichkeit, farblose Banden durch Fluoreszenz oder Fluoreszenzlöschung sichtbar zu machen. Außerdem ist die Möglichkeit gegeben, durch Diffusion geeigneter Reagentien durch den Säulenmantel hindurch die Randschichten einzelner farbloser Zonen sichtbar zu machen. Wie die Abbildungen zeigen, kann mit diesen Säulenanordnungen sowohl bei mäßigem Unter- als auch Überdruck sowie bei erhöhter Temperatur gearbeitet werden. Säulen aus Polystyrol wurden von HAGUE et al. beschrieben [284].

Trennsäulen zum Arbeiten unter Druck werden dann notwendig, wenn kleinste Korngrößen verwendet werden sollen, da sonst zu geringe oder überhaupt keine Durchflußgeschwindigkeiten erzielt werden. Eine Anordnung für Drucke von 1 Atmosphäre zeigt Abbildung 32 nach VALENTIN und FRANCK [883]. Weitere Anordnungen finden sich bei SANNIE [725], BULEN et al. [100] und TITOV [860]. Von MOWERY [606] wurde eine Trennsäule beschrieben (Abbildung 33), die auch bei höheren Drucken betrieben werden kann. Diese Trennsäule besitzt auch einen Wassermantel zum Arbeiten bei höheren Temperaturen.

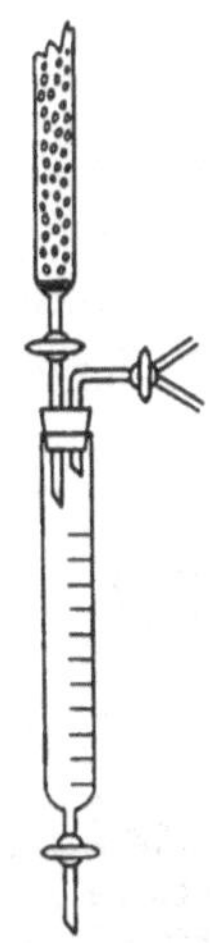

Abb. 32. Trennsäule zum Arbeiten unter Druck [883].

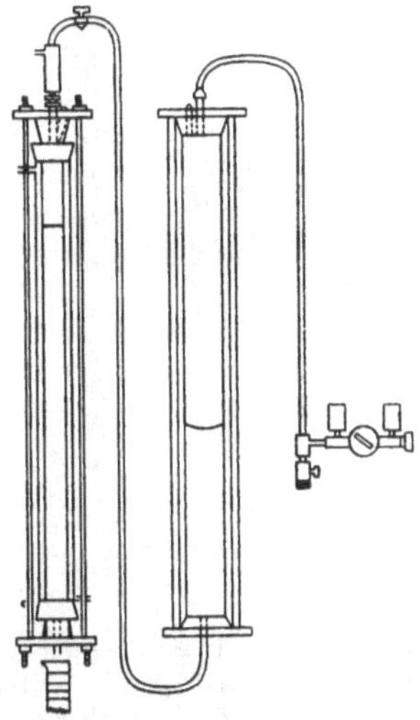

Abb. 33. Trennsäule zum Arbeiten unter Druck nach MOWERY [606].

Wenn bei ionenaustauschchromatographischen Arbeiten unter Luftausschluß gearbeitet werden soll, so kann die in Abbildung 34 gezeigte Apparatur verwendet werden [727, 188]. Sie ermöglicht das Arbeiten unter Luftausschluß in der Säule und im Durchlauf durch Inertgaszufuhr über eine gemeinsame Zuleitung zum Vorratsgefäß und Durchlaufgefäß. Gleichzeitig besteht die Möglichkeit der Titration unter Inertgas und mit magnetischer Rührung. Die Entfernung des Sauerstoffs in der Waschflüssigkeit erfolgt durch Durchleiten von Stickstoff bei Siedetemperatur und die der letzten Reste Sauerstoff in der Waschsäule mittels eines reduzierten Redoxaustauschers, ebenfalls unter Luftausschluß. Die Verwendung der Methode der aufsteigenden Flüssigkeitsschicht verhindert Leerlaufen und ermöglicht Arbeiten bei konstanter Temperatur durch Eintauchen in einen Thermostaten und leichteren Austritt eventuell gebildeter Gasblasen.

Diese Apparaturen können aus einzelnen Stücken zusammengebaut werden, die nicht schwierig anzufertigen sind. Die Größe der einzelnen Teile kann den Anforderungen entsprechend beliebig variiert werden. Zum Beispiel haben sich Säulen in der Größe 110 × 7, 118 × 7 und 210 × 18 mm als günstig erwiesen (Säulenrohr-Maße ohne Hahn und oberen Schliff). Sie werden im Betrieb über den an der oberen Glaskappe sitzenden Becher gefüllt. Die einzelnen Teile der in Abbildung 34 dargestellten Säulen können gegenseitig ausgetauscht werden. Bei einiger Übung ist das Arbeiten mit diesen Säulen einfach und wegen der kontinuierlichen Arbeitsweise bequem. Sie können ohne Aufsicht stundenlang betrieben werden.

Eine Besonderheit unter den chromatographischen Säulen und Säulenanordnungen stellen die Chromatoküvetten nach HUISMAN und PRINS [353, 354, 680, 681] dar. Sie werden, wie Abbildung 35 zeigt, im Säulensatz verwendet, der aus acht einzelnen Küvetten besteht. Ihre Maße sind 10 × 3 mm Grundfläche mit einer Höhe von 200 mm. Sie bestehen aus durchsichtigem Plexiglas. Der Boden der

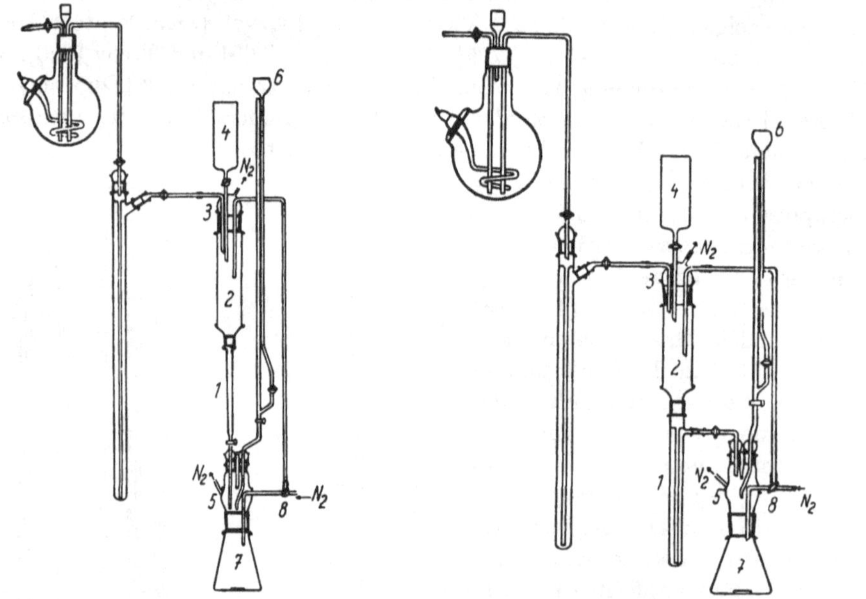

Abb. 34. Säuleapparaturen mit vollständigem Luftausschluß. Links mit absteigender, rechts mit aufsteigender Flüssigkeitsschicht. *1* — eigentliche Trennsäule, *2* — Vorratsbehälter, *3* — obere Verschlußkappe, *4* — Tropftrichter, *5* — untere Verschlußkappe, *6* — Mikrobürette, *7* — Erlenmeyerkolben, *8* — Dreiweghahn; dazu eine Waschwassersäule mit Tauchsiederanlage.

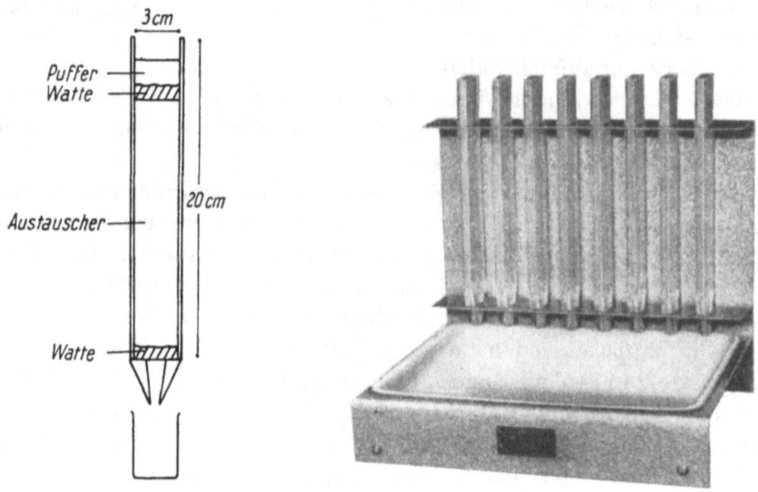

Abb. 35. Chromatoküvetten nach Huisman und Prins in der Ausführung der Fa. ETS Gerard Pleuger, S. A., Wijnegem, Belgien.

Küvetten läuft konisch zu und endigt in einem engen Schlitz. Zum Arbeiten wird der Boden mit einem Wattepfropfen verschlossen und der Austauscher wie üblich eingeschlämmt und weiter bearbeitet.

Die bisher beschriebenen Säulen verfügen über ein kleineres oder größeres Vorratsgefäß, aus dem die zur Entwicklung des Chromatogramms notwendige Flüssigkeit entnommen wird. Wie aber schon gezeigt worden ist, wird in vielen Fällen eine Flüssigkeit verschiedener Charakteristik (pH, Konz. usw.) verwendet, sei es daß dies stufenweise oder kontinuierlich, wie im Falle der Gradientenelution, erfolgt.

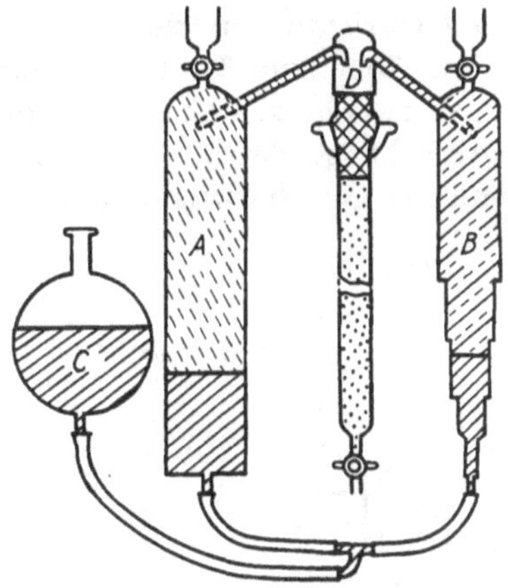

Abb. 36. Apparatur zum stufenweisen Wechsel des Elutionsmittels [9].

Da es aber bei chromatographischen Verfahren stets erwünscht ist, die Apparaturen zu automatisieren, wurden auch Vorschläge zur automatischen Herstellung von Elutionsflüssigkeiten gemacht.

Eine Säulenanordnung zum automatischen stufenweisen Wechsel des Elutionsmittels geben ALLEN und EGGENBERGER [9] an. Die in Abbildung 36 wiedergegebene Apparatur besteht aus zwei Glasbehältern *A* und *B*, die am Boden über Gummischläuche mit einem Quecksilbergefäß *C* verbunden sind. Der eine der Behälter (*B*) ist abgestuft, wodurch im Mischgefäß *D* fortschreitend verschieden zusammengesetzte Waschflüssigkeiten durch Anheben des Quecksilbergefäßes *C* erzeugt werden. Die Dimensionen der beiden Glasbehälter müssen den jeweiligen Problemen entsprechend berechnet werden. Ein freies Volumen oberhalb der stationären Phase ist notwendig, um eine ausreichende Durchmischung der beiden Flüssigkeiten aus *A* und *B* zu erzielen.

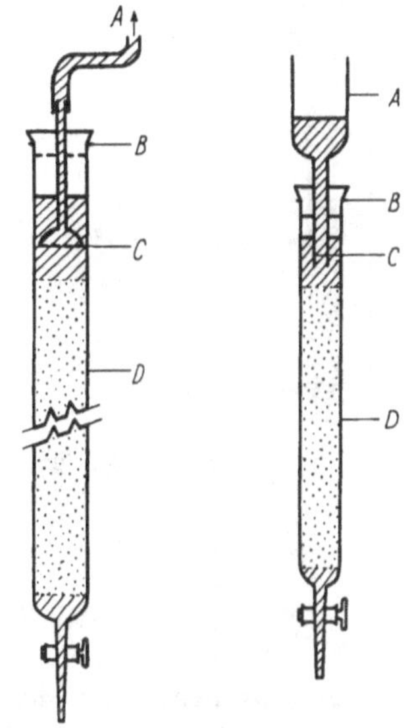

Abb. 37. Sicherheitsvorrichtungen zum Verhindern des Leerlaufens von Trennsäulen [321]; *A* — Vorratsgefäß, *B* — Gummistopfen, *C* — Fritte, *D* — Austauscherpackung.

Weitere Zusatzgeräte für Ionenaustausch-Chromatographie-Säulen sollen dazu dienen, den Säulenbetrieb störungsfrei und selbsttätig ablaufen zu lassen oder die Durchflußgeschwindigkeit bei der Entwicklung eines Chromatogramms zu regulieren. Da das Leerlaufen einer chromatographischen Säule in den meisten Fällen die weitere Durchführung einer Trennung, wegen der in die Austauscherpackung eingedrungenen Luft und die daraus folgende Kanalbildung, unmöglich macht, wurden Sicherheitsvorrichtungen zum Verhindern des Leerlaufens konstruiert. Eine solche zeigt Abbildung 37, wie sie von HEWITT [321] angegeben wurde. Die Vorrichtung besteht aus einem mit einer Fritte ausgestatteten Eintauchrohr, die so angebracht ist, daß die Fritte in der Flüssigkeit am oberen Ende der Säule eintaucht. Das Eintauchrohr sitzt auf einem dichten Gummistopfen, der die Säule dicht abschließt. Der Flüssigkeitsstrom aus dem Vorratsgefäß auf die Säule hört auf, wenn der Flüssigkeitsspiegel die Fritte erreicht hat, da dann ein teilweises Vakuum oberhalb der Flüssigkeit in der Säule erzeugt wird. Eine Fritte mittlerer Porosität vermag eine Wassersäule von etwa 250 cm, eine mit feiner Porosität von etwa 450 cm zu halten. Die Verwendung einer solchen Vorrichtung ermöglicht die gleichzeitige Handhabung mehrerer Säulen und das Durchlaufenlassen über Nacht. Andere Zusatzgeräte sind zur Regelung der Durchflußgeschwindigkeit gebaut worden, da sowohl Glas- als auch Teflonstopfen eine gleichmäßige Fließgeschwindigkeit nicht garantieren. In Abbildung 38 ist eine Konstruktion von GEVANTMAN und Mitarbeitern [253] wiedergegeben. Das 6 cm lange und im Durchmesser 3 mm weite Rohr ist mit Glaspulver gefüllt. Es wird über Schliffverbindungen an die Trennsäule angesetzt. Eine gewünschte Fließgeschwindigkeit wird durch geeignete Länge und Durchmesser des Glasrohres und Korngröße des Glaspulvers leichter erreicht als durch die Verwendung von Kapillaren.

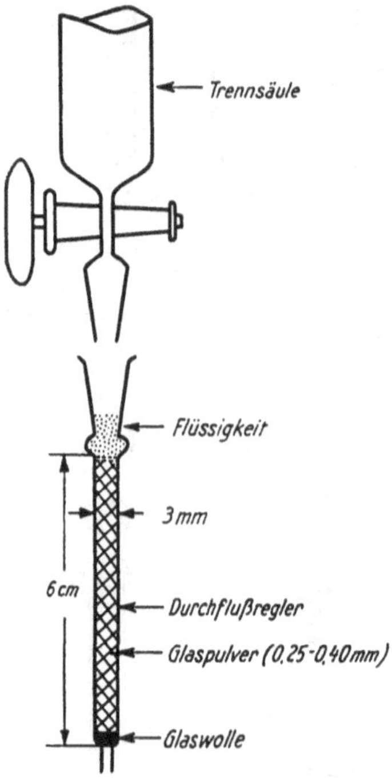

Abb. 38. Durchflußregler für Trennsäulen.

Fraktionssammler und Tropfenzähler

Die Durchführung chromatographischer Trennungen stellt den Chemiker vor die Aufgabe, die aus einer Trennsäule austretenden Flüssigkeiten in möglichst genaue Fraktionen aufzuteilen, um durch Untersuchung dieser Fraktionen rückwirkend die erzielte Trennung feststellen zu können. Geräte, die diese Aufgabe in mehr oder weniger selbsttätiger Weise übernehmen, sind als Fraktionssammler bekannt geworden.

Ein Fraktionssammler hat zwei Aufgaben: das Eluat in Fraktionen zu unterteilen und die Fraktionen genau und verlustlos zu sammeln.

Die Fraktionierung kann nach den Variablen der Zeit, des Volumens oder des Gewichtes vorgenommen werden. Das Sammeln der Fraktionen erfolgt in den meisten Fällen durch Gefäße, die in einem runden Drehtisch angeordnet sind und die nach irgendeinem Schaltprinzip, das seinerseits mit der Fraktionierung gekoppelt ist, vorwärts bewegt werden.

Seit der ersten Beschreibung eines Fraktionssammlers durch MOORE und STEIN [595] sind in der Literatur an die hundert Veröffentlichungen über den Bau und die Arbeitsweise von Fraktionssammlern bekanntgeworden, so daß es unmöglich geworden ist, an dieser Stelle auf die einzelnen Besonderheiten einzugehen. Wer sich selbst ein solches Gerät bauen will, findet einen Überblick über die konstruktiven Grundlagen und die Methodik des Fraktionssammelns in dem Übersichts-

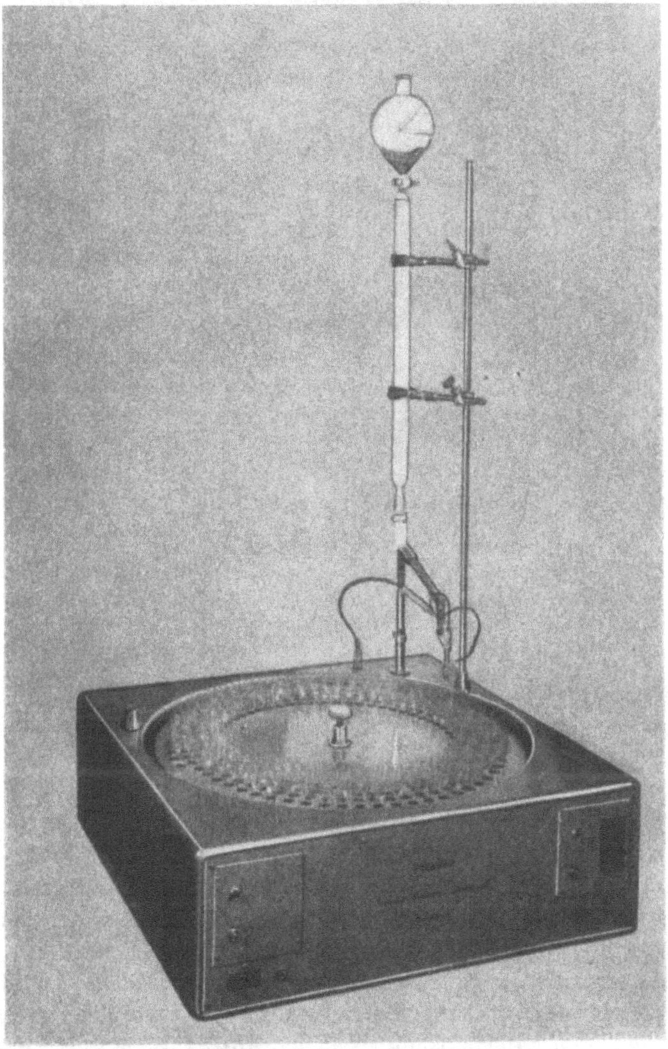

Abb. 39. Pleuger-Universal-Fraktionssammler.

referat von GRUBHOFER und LWOWSKI [278], dem aus jüngerer Zeit noch einige Literaturzitate beigefügt seien [30, 80, 205, 603, 669, 621, 763, 919, 844, 703, 877, 256, 287, 375, 444, 656, 902, 925].

In den meisten Laboratorien sind heute kommerzielle Geräte vorhanden, wie sie von verschiedenen Apparatebaufirmen in den Handel gebracht werden. Zur

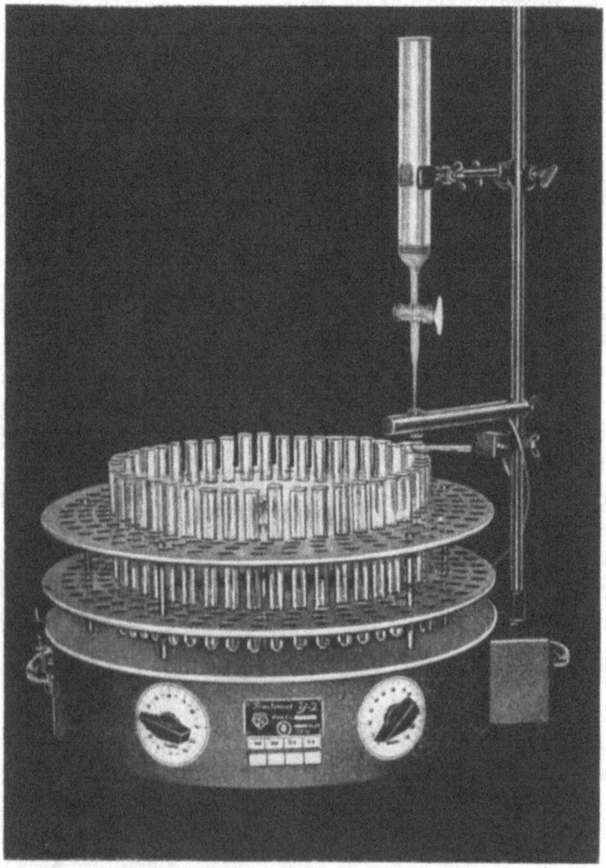

Abb. 40. Fraktomat Y-2 (Fa. Kas. Haiss, K. G.).

Veranschaulichung ist in Abbildung 39 der Pleuger-Universal-Fraktionssammler (Ets. Gerard Pleuger S. A., Wijnegem, Antwerpen, Belgien) gezeigt, der Fraktionen identischer Volumina liefert, wobei jede Fraktion in je einem Reagensglas aufgefangen wird. Abbildung 40 zeigt den Fraktomat Y-2 der Fa. Kas. Haiss KG., Jungingen (Hohenzollern), der eine Fraktionierung nach Zahl der Tropfen, nach konstanten Volumina und nach konstanten Zeitabständen ermöglicht.

Der Wunsch, den Säulenausfluß nach der Anzahl der ausgetretenen Tropfen zu messen, führte zur Konstruktion von Tropfenzählern, die auf dem Prinzip einer Wägung oder der Schließung eines Kontaktes beruhen können. Andere Tropfenzähler arbeiten mit photoelektrischer Tropfenmessung, was eine besondere Zusatzelektronik erfordert [290, 126, 152, 248].

Zur Veranschaulichung ist in Abbildung 41 der RadiRac-Tropfenzähler (Fa. LKB-Produkter Fabriksaktiebolag, Stockholm), ein Zusatzgerät zu dem vielseitigen Fraktionssammler der gleichen Firma gezeigt.

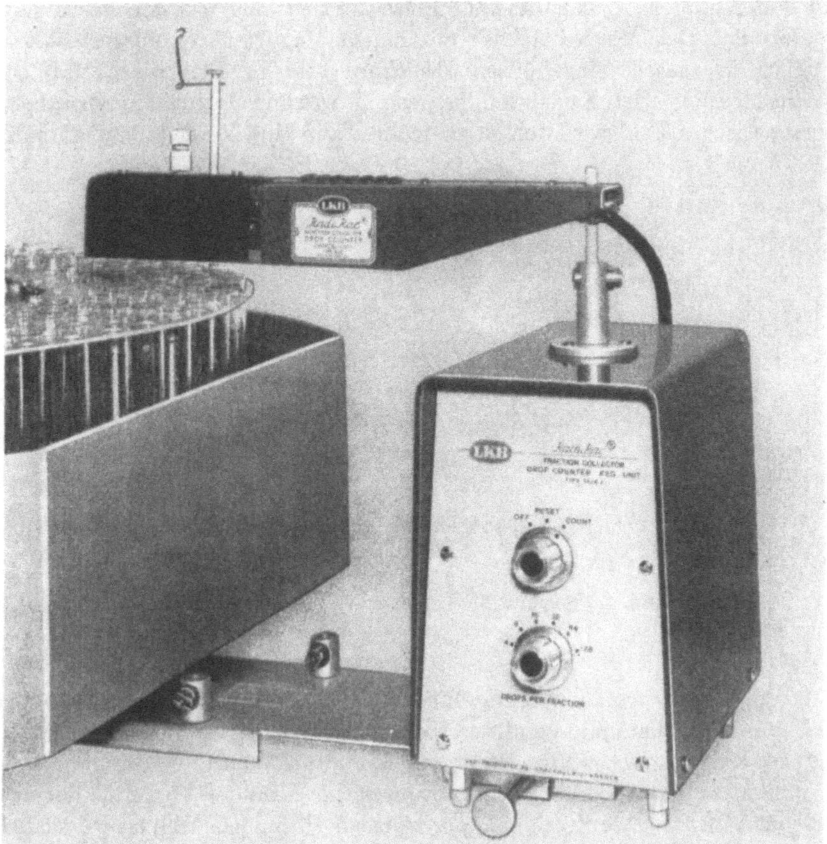

Abb. 41. RadiRac-Tropfenzähler.

Apparaturen zur Gradientenelution

Bei der früher beschriebenen Gradientenelutions-Technik werden die Vorteile ausgenützt, die die Elution der in der Säule adsorbierten Stoffe durch ein Elutionsmittel mit stetig steigender Konzentration hervorbringt. Da die Anforderungen, die an den Verlauf des Konzentrationsgradienten gestellt werden, sehr vielgestaltig sein können, haben verschiedene Autoren Apparaturen angegeben, die den gestellten Aufgaben gerecht werden sollen. Die meisten Anordnungen bestehen aus Vorratsgefäßen, von denen aus die Lösungen in Mischgefäße fließen, die ihrerseits wieder mit einer Anfangslösung beschickt worden waren.

Die Anordnungen von ALM, WILLIAMS und TISELIUS [10], wie sie von diesen Autoren in ihrer grundlegenden Arbeit über die Methode der Gradientenelution angegeben wurden, zeigt schematisch Abbildung 42. Sie besteht aus dem Gefäß A, das die zur Elution in Betracht gezogene Flüssigkeit enthält und dem Mischgefäß B mit dem Volumen V, das diejenige Flüssigkeit enthält, mit der die Säule vorbehandelt ist. Das Mischgefäß ist mit einem Magnetrührer ausgestattet, der aus einem in Plastik eingehüllten Eisenkern besteht. Das Mischgefäß selbst kann aus Messing oder Kunststoff hergestellt werden. Durch ein unterbrochenes magnetisches Feld wird der Magnetrührer auf- und abwärts bewegt und die

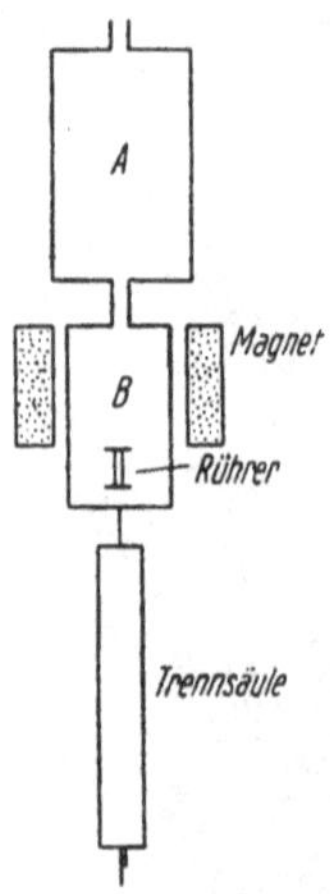

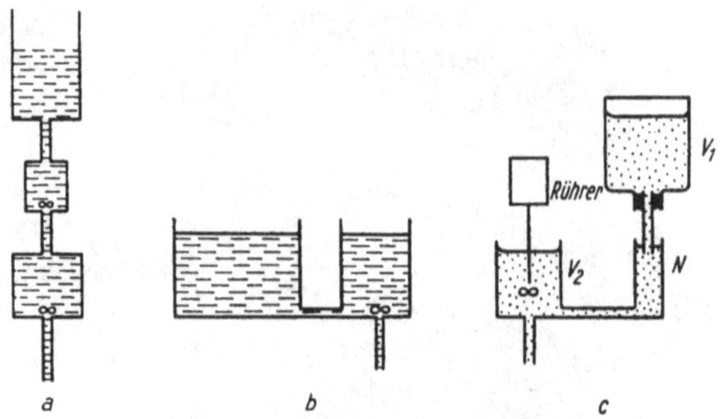

Abb. 43. Anordnungen zur Gradientenelution; c nach ZAHN und STAHL [937].

Abb. 42. Schematische Anordnung der Apparatur zur Gradientenelution nach ALM et al. [10].

Flüssigkeit im Mischgefäß durchmischt. Das Gefäß B muß bei der Durchführung einer Trennung vollständig gefüllt sein, an A wird ein entsprechender Druck angelegt, wodurch zunächst Flüssigkeit aus B in die Trennsäule gelangt und dann die Gradientenelution in Gang kommt. Durch die Wahl der Volumina der beiden Gefäße und der Konzentrationen der Ausgangslösungen können verschiedene Gradienten erzeugt werden.

Weitere Anordnungen sind in Abbildung 43a, b und c schematisch wiedergegeben. Die Anordnung a ist eine zweistufige Apparatur mit geschlossenen Mischgefäßen, die aus einem Zulauf mit konstanter Konzentration und zwei hintereinandergeschalteten Mischgefäßen mit beliebigen, jedoch konstanten Mischvolumen besteht, wobei im Zulauf im zweiten Mischgefäß die Konzentration verändert wird. Die Anordnung b ist eine offene Apparatur mit offenem Mischgefäß und abnehmendem Mischgefäßvolumen. Die Anordnung c [937] verfügt in N über einen Niveaukonstanthalter, während die Flasche V_1 die eine Ausgangslösung enthält.

Von Cherkin, Martinez und Dunn (125) wurde ebenfalls eine einfache Anordnung beschrieben. Die Apparatur, wie sie von Donaldson et al. [187] empfohlen wird, ist in Abbildung 44 wiedergegeben.

Von Drake [192], Hurlbert und Mitarbeiter [359], Busch und Mitarbeiter [104], Tung und Taylor [873], Lakshamanan und Liebermann [495] stammen weitere Apparaturen, die aber in Einzelheiten an dieser Stelle nicht alle ausführlich dargestellt werden können. Boman [73] wandelte das Zulaufgefäß zu einer Kegelform ab und erreichte so, daß der Querschnitt des Zulaufgefäßes stetig zunimmt.

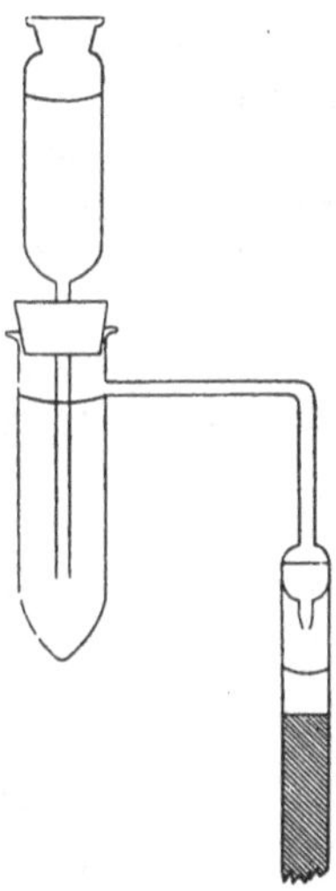

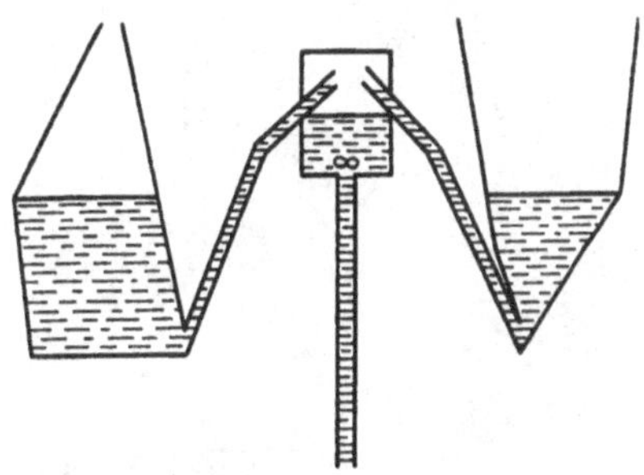

Abb. 45. Mischapparatur zur Gradientenelution mit zwei Zulaufgefäßen und einem geschlossenen Mischgefäß nach Geiss [250].

Abb. 44. Apparatur zur Gradientenelution nach Donaldson [187].

Einige sehr einfache und leicht zu bauende Anordnungen mit reproduzierbaren Endkonzentrationen in Abhängigkeit von den Volumenverhältnissen beschrieben Bock und Ling [72]. Eine Apparatur, die mit selbsttätigen Regelvorrichtungen arbeitet, wurde von Zahn und Stahl [938] entwickelt.

Eine Apparatur für sehr verschiedenartige Zwecke stammt von Geiss [250]. Ihren schematischen Aufbau zeigt Abbildung 45. Sie besteht aus einem Mischgefäß konstanten Inhalts und zwei Vorratsgefäßen mit veränderlichem Querschnitt. Die Zuläufe endigen im Mischgefäß über einem konstanten und nach außen abgeschlossenen Luftvolumen. Die Gestalt der Zulaufgefäße und das Mischgefäßvolumen können in weiten Grenzen variiert werden. Eine praktische Ausführung davon ist in Abbildung 46 wiedergegeben. Dabei sind die beiden Zulaufgefäße durch diagonale Unterteilung eines Quaders hergestellt worden. Das Gesamtvolumen der Zulaufgefäße ist 660 m*l*, das höchste Füllvolumen des Mischgefäßes beträgt 130 m*l*.

Für die Abhängigkeit der Konzentration c im Mischgefäß gilt, wenn bei Versuchsbeginn beide Gefäße mit dem Gesamtvolumen V_0 voll sind und wenn die Anfangskonzentration im Mischgefäß c_0 ist, in Abhängigkeit vom ausgeflossenen

Volumen V die Gleichung

$$c V_0 = c_0 V_0 + (c_2 - c_1) V + \{(c_2 - c_1) V_m - (c_1 - c_0) V_0\} \cdot \left(\frac{V}{e V_m} - 1\right).$$

V_m bedeutet das konstante Flüssigkeitsvolumen im Mischgefäß. Abbildung 47 zeigt den Verlauf einer danach berechneten und einer gemessenen Konzentrationskurve.

Hinzuweisen ist danach noch auf eine Arbeit von MUTO et al. [611], in der eine Anordnung zum Wechsel der Elutionslösung für die Trennung verschiedener Kationen an Ionenaustauschersäulen mitgeteilt wird, deren Leistungsfähigkeit an einigen praktischen Beispielen gezeigt wird.

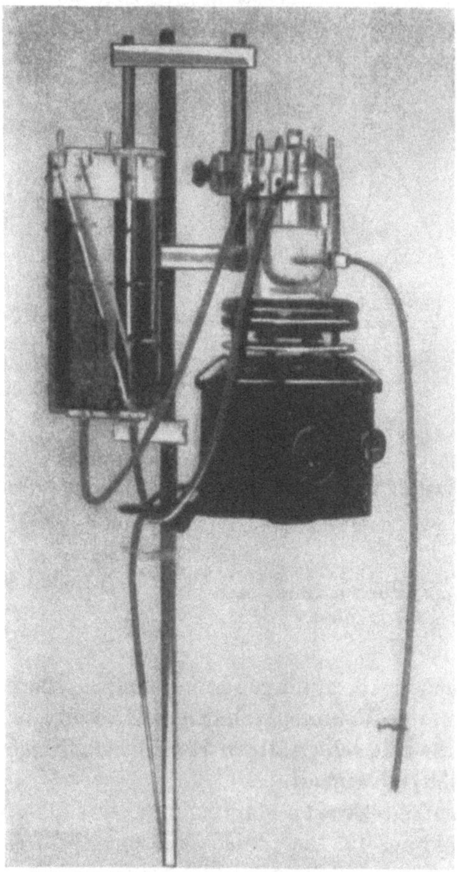

Abb. 46. Praktische Ausführung der Mischapparatur nach GEISS [250].

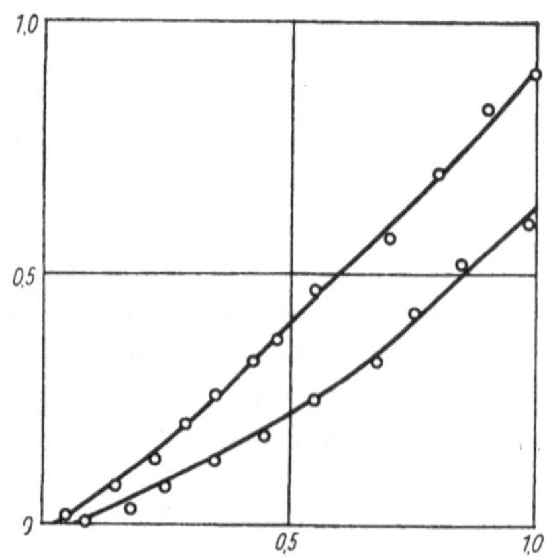

Abb. 47. Theoretischer und gemessener Konzentrationsverlauf eines Konzentrationsgradienten [250].

Eine Gradientenelutionsapparatur für die gleichzeitige Gradientenelution mehrerer Säulen wurde von VESTERGAARD [888] beschrieben. Die Anordnung kann aber auch für eine einzige Trennsäule verwendet werden. Der Apparat besteht aus einer von einem Motor betriebenen Dosierspritze, deren Reproduzierbarkeit als ausreichend für die Herstellung des Elutionsgradienten gefunden wurde, und einem Mischgefäß mit Magnetrührer. Mit dieser Anordnung kann besonders leicht der Gradient während einer Elution geändert werden.

Geräte zur Eluatkontrolle (Detektoren)

In den Anfängen der chromatographischen Technik wurde das chromatographische Ergebnis vorwiegend mit Hilfe von Fraktionssammlern erzielt. Beim Arbeiten mit einem Fraktionssammler sind aber vier Arbeitsgänge notwendig: 1. Das Sammeln der Fraktionen, 2. die Messung jeder Fraktion, 3. die Aufzeichnung der Meßergebnisse in einem Diagramm und 4. die Berechnung der Ergebnisse. Diese Arbeitsweise kann sehr zeitraubend sein und wird insbesondere unter dem Gesichtspunkt der Verwendung chromatographischer Analysenverfahren im Routinebetrieb problematisch.

Aus diesem Grunde ist es wünschenswert, den chromatographischen Ablauf fortlaufend zu verfolgen und die erzielbaren Meßwerte in eine registrierbare Form zu bringen. Die dafür brauchbaren apparativen Anordnungen können als Detektoren bezeichnet werden, wie es in der Gas-Chromatographie allgemein üblich geworden ist.

Als Detektoren wären demnach Apparate zu verstehen, die eine physikalische oder physikalisch-chemische Eigenschaft der im Eluat enthaltenen Komponente laufend messen. Ist diese Meßgröße der Konzentration im Eluat direkt proportional, so wird unmittelbar ein quantitatives Ergebnis erzielt. Im anderen Fall läßt der Detektor die Komponente qualitativ erkennen.

Wenn sich die vom Detektor gelieferte Meßgröße in eine elektrische Größe umwandeln läßt, so kann diese auf einen Schreiber gegeben werden, der dann die Registrierung des chromatographischen Ablaufs vornimmt. Es wird so das als Chromatogramm bezeichnete endgültige Ergebnis erhalten, das aus einer Aufeinanderfolge einzelner chromatographischer Banden (engl. peaks) besteht. Aus der Lage der Banden zueinander (Retentionsvolumina) ergibt sich das qualitative und aus der von den Banden umschlossenen Fläche das quantitative Ergebnis.

In der Ionenaustausch-Chromatographie sind verschiedene Stoffeigenschaften zur Eluatkontrolle, das heißt also zum Bau eines Detektorsystems herangezogen worden, ohne daß eine davon eine besondere Vorrangstelle einnehmen würde. Es werden in den folgenden Abschnitten die bekanntgewordenen Möglichkeiten dargestellt und an Hand der in der Literatur beschriebenen Beispiele erläutert. Die Ausführungen können wohl nur als Anregungen dienen, da keine kommerziellen Apparate als Detektoren für die Ionenaustausch-Chromatographie zur Verfügung stehen, weshalb man immer auf den Selbstbau angewiesen ist. Die Wahl der zur Eluatkontrolle in Frage kommenden Methode hängt vom jeweils vorliegenden Problem ab und muß danach getroffen werden.

Die direkte Aufzeichnung eines Chromatogramms mit Hilfe eines Detektorsystems bietet einige Vorteile. Es spart Zeit und Arbeit und umgeht alle einem Fraktionssammler anhaftenden Fehlermöglichkeiten. Darüber hinaus wird die Substanz bei der physikalischen Messung nicht zerstört und kann zu weiteren Untersuchungen verwendet werden.

pH-Messungen. In der Ionenaustausch-Chromatographie wird in der Hauptsache Wasser als Lösungsmittel für die mobile Phase verwendet. Änderungen des pH-Wertes des aus der Säule austretenden Eluats können deshalb zur Eluatkontrolle verwendet werden.

Von JEFFRY [379] wurde dafür eine Meßzelle beschrieben. Sie kann aus einem 50-m*l*-Destillierkölbchen angefertigt werden. Der Kolbenhals wird 2 cm unterhalb und 1 cm oberhalb des Seitenarms abgeschnitten, der Seitenarm selbst auf 5 cm verkürzt. Der Boden dieses Stückes wird so umgeformt, daß er die Elektroden aufnehmen kann, die in üblicher Weise am pH-Meter eines BECKMANN-pH-Meters Modell *G* oder eines ähnlichen Gerätes hängen. Über ein U-Rohr wird das Auslaufende der Chromatographiesäule an die Zelle angeschlossen. Das Meßvolumen der Zelle beträgt bei eingesetzten Elektroden 1,3 m*l*.

In gleicher Weise können Durchflußmeßketten, wie sie von verschiedenen Firmen angeboten werden, zur Anwendung kommen.

Messung der Leitfähigkeit. Bei vielen chromatographischen Trennungen tritt beim Austritt der Banden aus der Trennsäule ein Wechsel der Leitfähigkeit ein. Dies führte zur Anwendung von Leitfähigkeitsmeßzellen beim Bau von Detektoranordnungen.

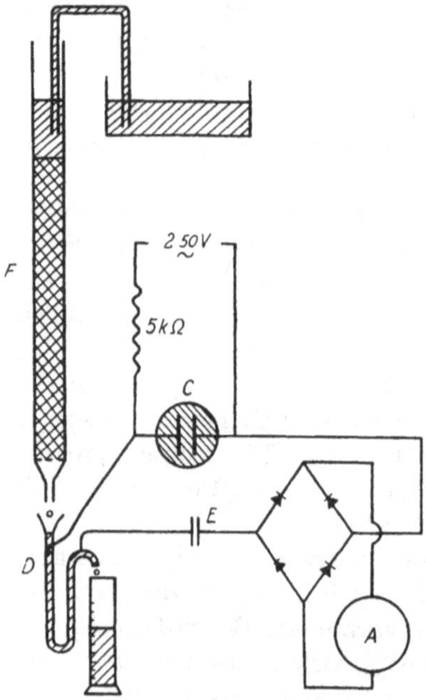

Abb. 48. Anordnung zur automatischen Eluatkontrolle aus der Leitfähigkeit; *A* — Mikroampermeter (0 bis 100 μA), *B* — Vollweggleichrichter, *C* — Spannungskonstanthalter, *D* — Kapillare mit Pt-Elektroden, *E* — Kondensator (2 μF), *F* — Trennsäule [263].

Abbildung 48 zeigt den Gesamtaufbau einer Apparatur zur automatischen Registrierung der Konzentrationen im Eluat durch Messung der Leitfähigkeit nach GLUECKAUF [263].

Durchflußzellen für Leitfähigkeitsmessungen sind auch im Handel erhältlich.

Im Vergleich zu den Niederfrequenzmethoden bieten Hochfrequenztechniken einige Vorteile, da die Elektroden hierbei nicht mit den zu analysierenden Substanzen in Berührung kommen und dadurch Zerstörungen und Adsorptionen an den Elektroden vermieden werden. Von BAUMANN und BLAEDEL [33] wurde eine Methode entwickelt, um die Leitfähigkeit der stationären Phase durch Haftelektroden an der Säule zu messen. Hier soll weiterhin noch die Methode von JOHANSSON, KARRMAN und NORMAN [392] angeführt werden, bei der die Leitfähigkeit des Elutionsmittels beim Durchgang durch eine äußere Zelle gemessen wird. Die Zelle bildet einen Teil eines Hochfrequenzkreises [465]. Der Betrag an Elektrolyt in der Meßzelle wird automatisch über einen Schreiber mit 10 mV Gesamtausschlag registriert.

Die Meßzelle selbst ist in Abbildung 49 wiedergegeben. Sie besteht aus einem geraden Glasrohr, das über einen Kugelschliff an die Chromatographiesäule angeschlossen wird. Die Elektroden sind halbkreisförmig mit einem Durchmesser von 6 mm und einer Länge von 70 mm. Die Zelle hat ein Volumen von 2 m*l*.

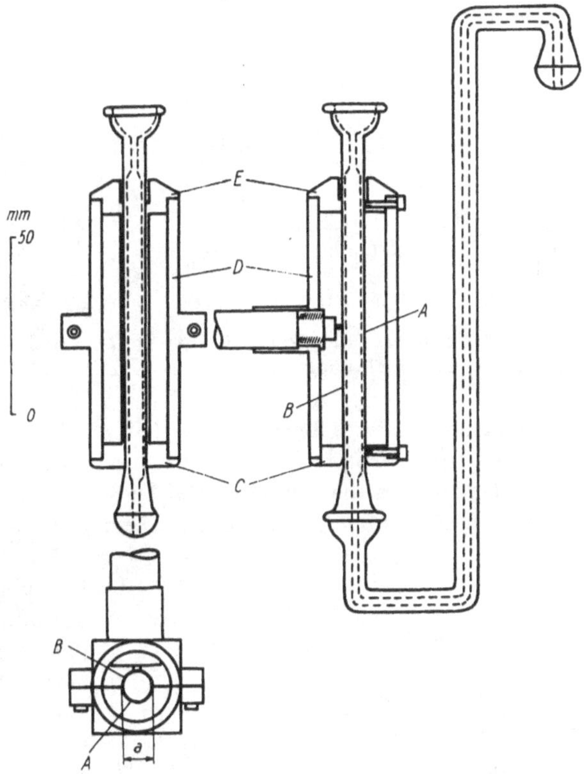

Abb. 49. Hochfrequenz-Meßzelle für Leitfähigkeitsmessungen an Eluaten; *A* und *B* — Halbkreiselektroden, *C* und *E* — Perspex-Halterungen, *D* — Metallrohrhalterung, *a* — Weite der Elektroden [392].

Für die Anordnung einer Leitfähigkeitsmeßzelle an eine Ionenaustausch-Chromatographiesäule gibt auch Bendall [39] eine kurze Beschreibung. Weitere Anordnungen finden sich bei Partridge und Westall [648] und De Verdier und Sjöberg [886].

DK-Messungen. Es ist bekannt, daß verschiedene Substanzen verschiedene Dielektrizitätskonstanten besitzen und daß die Dielektrizitätskonstante einer Lösung sich mit der Konzentration des gelösten Stoffes ändert. Da qualitativ die Messung des Unterschiedes in der Dielektrizitätskonstanten einer Substanz verhältnismäßig einfach ist, bot sich diese Art von Messung zur Anzeige einer chromatographischen Trennung an.

Um ein gebräuchliches Gerät für DK-Messungen auch für die Säulenchromatographie verwenden zu können, ist es notwendig, über geeignete Zellen für den Eluatstrom zu verfügen. Von Laskowski und Putscher [497] wurden die in

Abbildung 50 wiedergegebenen Zellen veröffentlicht. Zelle *A* hat im Abstand von 1 mm zwei parallele Wolframplättchen 9 × 3 mm und ein Gesamtvolumen von 0,8 m*l*. In *B* sind die zwei Plättchen durch zwei Wolframdrähte ersetzt, bei einem

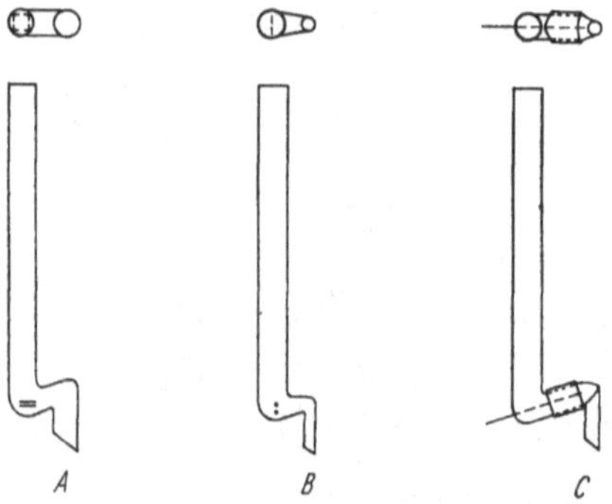

Abb. 50. Meßzellen zur Eluatkontrolle aus dielektrischen Messungen [497].

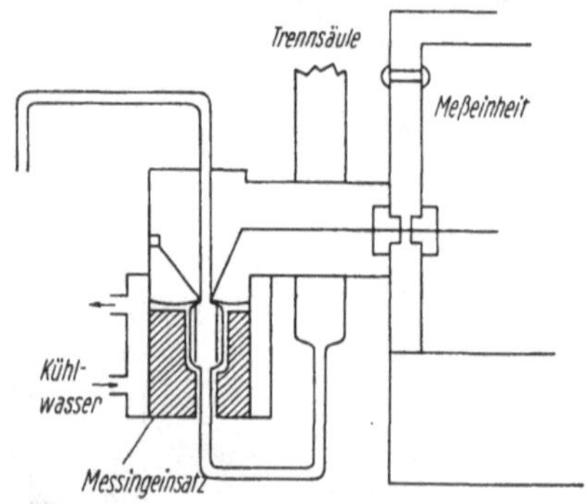

Abb. 51. Zelle zur Messung der Dielektrizitätskonstanten von Eluaten nach GRANT [272].

Gesamtvolumen von 0,3 m*l*. Zelle *C* hat ein Stück Wolframdraht als die eine Kondensatorplatte und eine Aluminiumfolie, die um die Außenseite des Glasrohrs gelegt ist, als die zweite Platte. Diese Zelle ist vor allem für Lösungen zu verwenden, die ein nennenswertes Leitvermögen besitzen.

Ein Gerät zu kontinuierlichen DK-Messungen an Eluaten von Chromatographiesäulen wurde von GRANT [272] entwickelt. Es arbeitet mit einer elektronischen Meßeinheit in Verbindung mit einem Tintenschreiber zur fortlaufenden Registrierung. Die Meßzelle zeigt Abbildung 51. Die beiden 1 cm² großen Platinplättchen stehen im Abstand von 0,4 cm. Die Zelle arbeitet nach dem Prinzip eines elektrischen Kondensators, das Eluat wirkt als Dielektrikum. Ein Wechsel in der Dielektrizitätskonstante des Eluats bewirkt einen Kapazitätswechsel und damit einen Wechsel in der Ausgangsspannung der Meßeinheit.

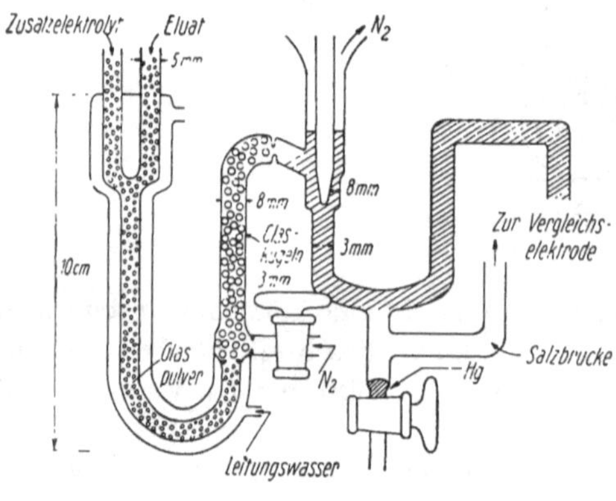

Abb. 52. Meßzelle eines polarographischen Detektorsystems [691].

Polarographie. Die Polarographie mit ihrer hohen Empfindlichkeit für reduzierbare Substanzen ist ebenfalls zur kontinuierlichen Kontrolle von Säuleneluaten herangezogen worden. Wegen der hohen Empfindlichkeit kann die eventuelle Schwanzbildung genau verfolgt werden.

Von den verschiedenen in der Literatur vorgeschlagenen apparativen Anordnungen [63, 544, 423] sei diejenige von REBERTUS und Mitarbeiter [691] in Abbildung 52 herausgegriffen. Ihre Arbeitsweise kann der Abbildung entnommen werden. Das Eluat wird mit einem geeigneten Zusatzelektrolyten gemischt und dieser Gesamtstrom vor dem Durchfluß durch die Hg-Tropfelektrode mit Stickstoff entlüftet. Der Diffusionstrom wird als Funktion der Zeit aufgenommen. Die erhaltenen Bandenflächen sind der Konzentration der reduzierbaren Komponente proportional.

Optische Methoden. UV-Spektroskopische Messungen scheinen zur Eluatkontrolle sehr allgemein brauchbar, da viele Laboratorien mit einem Photometer ausgestattet sind. Der einzige Nachteil dieser Methode liegt in der ziemlich kurzen Lebensdauer der als Lichtquelle dienenden Wasserstofflampe. Das beschränkt die Anwendung auf jene chromatographischen Trennungen, die in einigen Stunden durchgeführt werden können.

Bei einer von VERZELE [887] angegebenen Anordnung fließt das Eluat durch die in Abbildung 53 gezeigte Spezialzelle. Die Zelle muß, wie auch in allen anderen Fällen, so klein wie möglich gehalten werden, um ein Wiedervermischen zu verhindern. Sie besteht aus gewöhnlichem Glas; es sind zwei Öffnungen herausgeschnitten und durch Quarzfenster ersetzt. Sie hat ein Fassungsvermögen von 2 bis 3 m*l*.

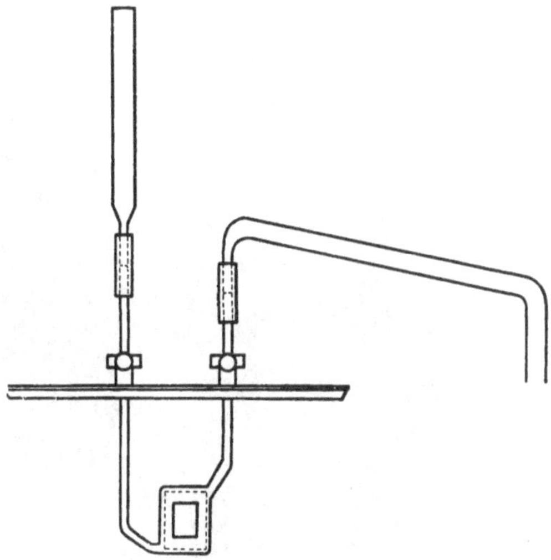

Abb. 53. Eluatkontrolle durch Messung der UV-Absorption nach VERZELE [887].

Eine Extinktionsmessung an Eluaten von Trennsäulen mit fortlaufender automatischer Registrierung wurde von VAN ES und BOSCH [213] beschrieben. Das Licht einer Quecksilber-Niederdrucklampe durchstrahlt die Durchlaufküvette mit Quarzfenstern, hinter der unter einem Winkel von 45° zur Strahlungsrichtung ein fluoreszierender Schirm angebracht ist. Je nach der Schwächung des Erregerlichtes infolge Absorption in der Durchlaufküvette fluoresziert der Schirm mehr oder weniger stark. Die Intensität der Fluoreszenzstrahlung wird senkrecht zur Richtung des Erregerlichtes mit einer Vakuumphotozelle beobachtet. Von der Photozelle aus wird über ein Röhrenvoltmeter das Registriergerät gesteuert. Das aus der Küvette austretende Eluat kann auch noch durch einen Fraktionssammler in Fraktionen geteilt werden. Mit Hilfe von Spektralfiltern und gegebenenfalls anderen Spektrallampen läßt sich die Anordnung ohne weiteres auf verschiedene Trennprobleme anwenden.

Interferometrische und refraktometrische Messungen wurden zuerst von Tiselius und Claessen [129] an Eluaten von Chromatographiesäulen vorgenommen. Eine Verbesserung der zunächst entwickelten Apparatur stammt von Holman und Hagdahl [340], (Abbildung 54).

Die Apparatur besteht aus zwei Hauptteilen, der vertikalen Chromatographiesäule und dem horizontalen Interferometer, mit dem die Untersuchung des Eluates vorgenommen wird. Weitere Einzelheiten, soweit sie nicht aus der Abbildung 54 hervorgehen, sind der Originalliteratur zu entnehmen, in der ausführlich der Auf-

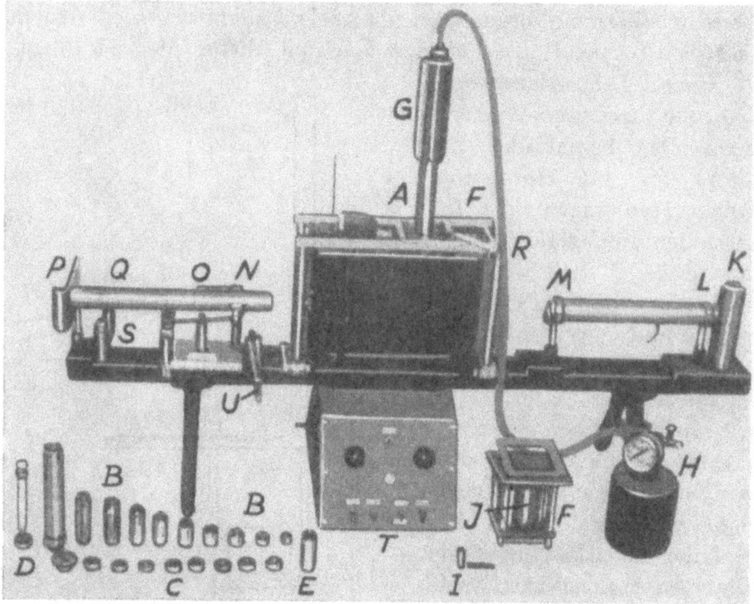

Abb. 54. Modifizierte Tiselius-Claesson-Apparatur [340]. A — Trennsäule, B — Filterpaare, C — Filterverbindungsstücke, D — Kolonnenkopf mit Spritze, E — Mischer, F — Küvette, G — Injektionsspritze, H — Druckkammer, I — UV-Küvette, J — Abstandsstück, K — Lampengehäuse, L — justierbare Schlitzblende, M — Plankonvex-Linse, N — Kompensator, O — Plankonvex-Linse, P — Okular, Q — justierbarer Faden, R — Doppelthermostatenbad, S — Mikrometerlampe, T — Schaltpult, U — Empfänger.

bau und auch die einzelnen Schritte bei der Handhabung der Apparatur beschrieben werden. Durch Verwendung eines zellfokussierenden zylindrischen Linsensystems besonders nach der Anordnung der Schlierenmethode und unter Beifügung einer vertikal angetriebenen photographischen Platte konnten Kegeles und Sober [419] die Vorteile der Tiseliusschen Apparatur in einem einzigen Instrument vereinigen. Eine neue Küvette für die Tiseliussche Apparatur gibt Hellström [312] an. Von Trenner et al. [868] wird ein Präzisionsrefraktometer für die chromatographische Analyse mit einer maximalen Empfindlichkeit von $3{,}54 \pm 0{,}04 \cdot 10^{-6}$ Brechungsindexeinheiten beschrieben. Glenn et al. [260] verbesserten das Gerät von ZAUKELIES und FROST [939]. Eine einfache und billige Anordnung eines kontinuierlichen Refraktometers für die chromatographische Analyse stammt von MCCORMICK [565]. Andere Anordnungen finden sich bei DUTTON [199], JONES et al. [398] und THOMAS et al. [852].

Detektoren für radioaktive Substanzen. Sowohl für die Trennung radioaktiver Substanzen als auch für Untersuchungen über die Abtrennung von Spuren, die auf sehr einfache Weise durch Verwendung radioaktiver Tracer durchgeführt werden, sind Apparaturen notwendig, die die Messung der Radioaktivität im Eluat zulassen.

Es sollen zwei Beispiele angeführt werden für die Anwendung eines Geiger-Müller-Zählers und eines Scintillationszählrohres. In Abbildung 55 ist die Gesamtanordnung einer Ionenaustausch-Chromatographie-Säule mit einem Geiger-Müller-Zähler nach BOYD, MYERS und ADAMSON [81] wiedergegeben. Mit dieser Anordnung konnten relative Konzentrationen bis $5 \cdot 10^{-4}\%$ und darunter nachgewiesen werden. Abbildung 56 zeigt ebenfalls eine Gesamtanordnung mit Scintillationszählrohr nach SPEECKE und HOSTE

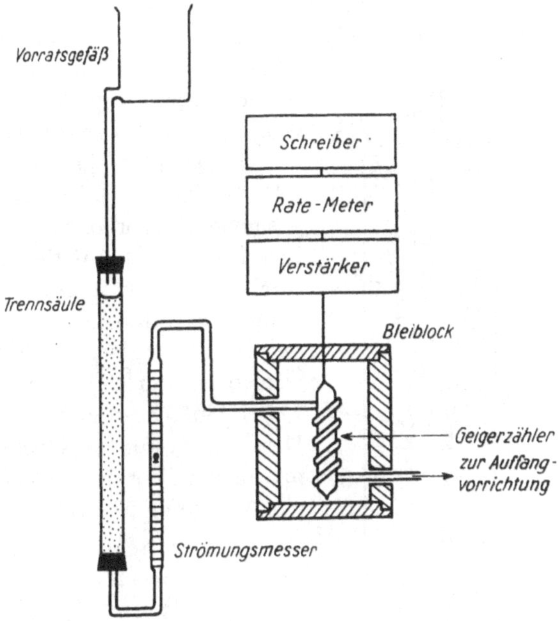

Abb. 55. Gesamtansicht einer chromatographischen Trennsäule mit Geiger-Müller-Zähler als Detektor [81].

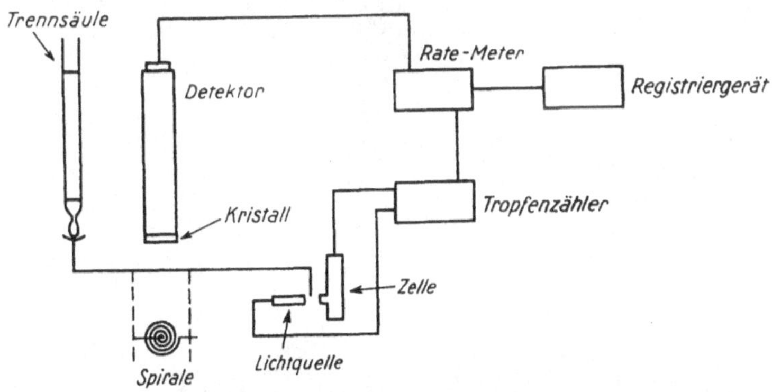

Abb. 56. Gesamtanordnung einer chromatographischen Apparatur mit Scintillationszähler als Detektor [781].

[781]. Die Trennsäule ist mit einer Kapillarspirale verbunden, oberhalb der das Scintillationszählrohr angeordnet ist, das mit dem Zähl- und Registriergerät verbunden ist.

Eine Anordnung mit Geiger-Müller-Zähler verwenden auch KETTELE und BOYD [427], eine weitere mit Scintillationszähler HERBER et al. [314]. Darüber hinaus finden sich noch Anordnungen für die Messung radioaktiver Substanzen bei MAURY-BOUET [560], BRADLEY [82] und FORSLING [228].

Messung der Adsorptionswärme. Einen Detektor auf der Grundlage der Messung von Adsorptionswärmen, der sowohl Kohlenwasserstoffe als auch Metalle in Eluaten von Ionenaustausch-Chromatographie-Säulen mit hoher Empfindlichkeit zu erfassen vermag, wurde von CLAXTON [130] beschrieben.

Der Detektor beruht auf der Messung von Unterschieden in der Adsorptionswärme von Flüssigkeiten an geeigneten Adsorbentien. Das Eluat durchströmt zu diesem Zweck ein Rohr mit dem Adsorbens, in dem ein Thermoelement eingebettet ist. Der Detektor wird direkt an die Säule angeschlossen. Wenn sich die Zusammensetzung des Eluats ändert, ändert sich auch die Adsorptionswärme, die durch das Thermoelement gemessen wird.

Der einfache und leicht im Laboratorium zu bauende Detektor besteht aus einem Kapillarrohr (Abbildung 57) mit einem Thermoelement. Die anderen Bauteile können der Abbildung 57 entnommen werden.

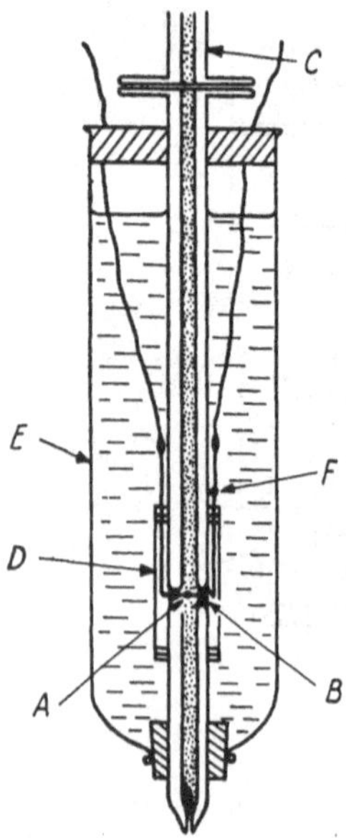

Abb. 57. Eluatkontrolle durch Messung der Adsorptionswärme nach CLAXTON [130]. *C* — Ende der Trennsäule, *A* — Thermoelement, *B* — Drahteingänge, *D* — Glaszylinder, *F* — kalte Lötstelle, *E* — Glasmantel.

II. ANWENDUNGEN DER IONENAUSTAUSCH-CHROMATOGRAPHIE

6. Kapitel

Anwendungen in der anorganischen Chemie

I. Hauptgruppe

Nachdem die großen Erfolge, die bei der Trennung der Seltenen Erden an Ionenaustauschern erzielt wurden, die Brauchbarkeit der Ionenaustausch-Chromatographie aufgezeigt hatten, wurde von COHN und KOHN [134] diese neue Methode zur Trennung der Alkalimetalle angewendet. An einer Säule mit Dowex 50 in der H-Form wurden die durch Neutronenbeschuß aktivierten Elemente Na, K, Rb und Cs adsorbiert und mit 0,15 n bzw. 0,3 n HCl eluiert. KAYAS [418] und BOUCHEZ und KAYAS [78] führten ähnliche Arbeiten durch. Sie konnten an Amberlite IR-100 die Trennung von Na und K, sowie von Na, K, Rb und Cs unter Verwendung von $HClO_4$ und HCl als Elutionsmittel verbessern.

Am ausführlichsten beschäftigte sich WICKBOLD [913] mit der Trennung der Alkalimetalle an Ionenaustauschern. Ausgehend von der unterschiedlichen Affinität verschiedener Kationen zum gleichen Austauschermaterial wurden zunächst dafür relative Zahlen ermittelt, wie aus Tabelle 7 zu ersehen ist. Diese

Tab. 7 Relative Affinitätswerte nach WICKBOLD [913]

Kation	Wofatit KS	Wofatit K
Li	22	14
Na	34	33
K	55	55

Zahlen bedeuten, daß z. B. Li eine geringere Affinität besitzt, da es unter gleichen Elutionsbedingungen am wenigsten von der eingetauschten Kationenmenge am Austauscher haften bleibt. Analoges gilt für die übrigen Alkalien. Die Affinitäten liegen genügend weit auseinander, um durch einfaches Eluieren aus einer mit diesen Ionen belegten Ionenaustauscher-Säule eine chromatographische Trennung zu erzielen. WICKBOLD untersuchte schließlich den Einfluß der Korngröße, der Filtriergeschwindigkeit und das Verhältnis der Belegung, die eluiert werden soll, zur Gesamtkapazität des Austauschers.

Um die Elution fortlaufend registrierend verfolgen zu können, wurde eine Apparatur zur Messung der elektrischen Leitfähigkeit entwickelt, da eine Änderung der Leitfähigkeit auftritt, wenn im Eluat ein Teil der leichtbeweglichen H^+-Ionen durch

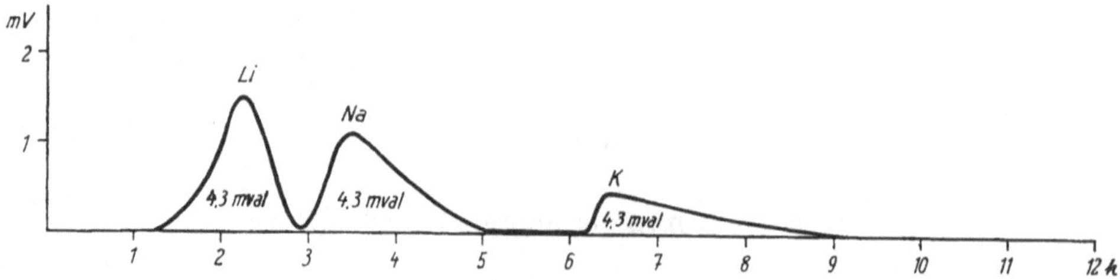

Abb. 58. Elutionschromatogramm der Alkalimetalle nach WICKBOLD [913].

die weniger beweglichen Alkali-Ionen ersetzt wird (Abbildung 59). Unter Verwendung von Wofatit KS, 0,25—0,30 mm und 0,1 n HCl bei einer Filtriergeschwindigkeit von 5 ml/min konnten Li, Na und K, wie das Diagramm der Abbildung 58

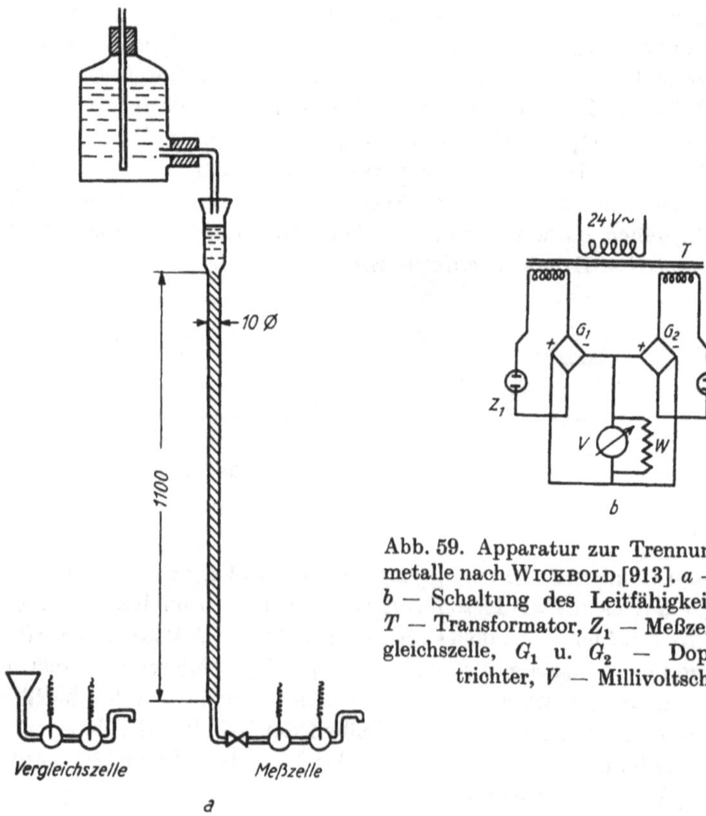

Abb. 59. Apparatur zur Trennung der Alkalimetalle nach WICKBOLD [913]. *a* — Trennsäule, *b* — Schaltung des Leitfähigkeitsmeßgerätes, *T* — Transformator, Z_1 — Meßzelle, Z_2 — Vergleichszelle, G_1 u. G_2 — Doppelweggleichtrichter, *V* — Millivoltschreiber.

zeigt, quantitativ getrennt werden. Nachteilig ist im Vergleich zu anderen analytischen Methoden zur Bestimmung dieser Alkali-Ionen nebeneinander lediglich der große Zeitbedarf, da die Trennung immerhin 12—13 Stunden in Anspruch nimmt. Durch den Vorteil, nach ionenaustauschchromatographischen Verfahren Apparaturen selbsttätig über Nacht unter automatischer Registrierung und Sammlung der Filtrate laufen lassen zu können, wird der effektive Zeitbedarf jedoch erheblich reduziert.

Die Brauchbarkeit von Wofatit KPS 200 zur Trennung von Li, Na und K untersuchten ebenfalls Jentzsch und Frotscher [384]. Unter Anlehnung an die Ergebnisse von Wickbold konnte für die Analyse dieser drei Elemente eine Arbeitsvorschrift mitgeteilt werden, wobei zur quantitativen Bestimmung im

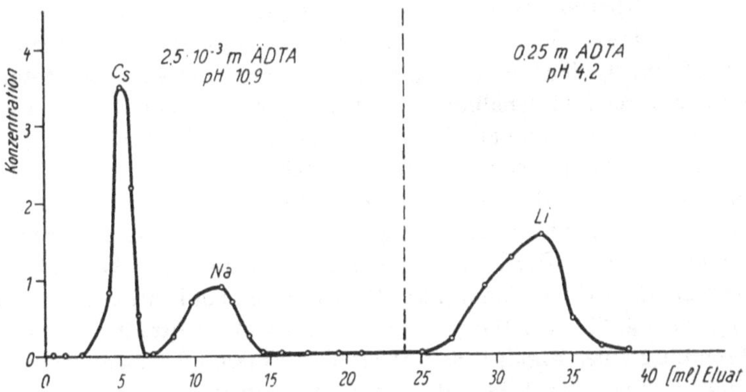

Abb. 60. Trennung von Alkalimetallen mit ÄDTA als Komplexbildner [622].

Eluat die Flammenphotometrie herangezogen wurde. Auch Nozaki und Manabe [635] trennten Li, Na und K am Amberlite IR-120 durch Elution mit 0,2 n HCl mit 10 Vol-% Methanol (Li, Na) und 0,5 n HCl (K).

Die Trennung der Alkalimetalle durch Ionenaustausch-Chromatographie unter Verwendung von Komplexbildnern wurde zuerst von Buser [107] durchgeführt. An Amberlite IR-120, der mit Dimethylamin und Tetramethylammoniumhydroxyd vorbeladen wurde, konnten Li, Na und K mit Uramildiessigsäure als Komplexbildner chromatographiert werden. Aussichtsreicher erscheint die Verwendung von Äthylendiamintetraessigsäure als Komplexbildner durch Nelson [622]. Dowex 1 wird mit einer $2{,}5 \times 10^3$ m Lösung von Äthylendiamintetraessigsäure in KOH bei pH 10,9 beladen. Li, Na und Cs in 0,13 m Äthylendiamintetraessigsäure werden auf die Säule gegeben und mit der vorher zum Beladen verwendeten Komplexbildnerlösung eluiert. Wie aus Abbildung 60 zu ersehen ist, erscheint zuerst das nicht eingetauschte Cäsium vor dem leicht adsorbierten Natrium. Lithium wird anschließend mit 0,25 m Äthylendiamintetraessigsäure bei pH 4,2 eluiert.

Weitere Arbeiten über die Ionenaustausch-Chromatographie von Alkalimetallen wurden in anderen Laboratorien durchgeführt. Cornet und Mitarbeiter

[151] trennten nach ausführlichen Studien über die Gleichgewichtskonstanten Li, Na, K und NH_4 an Dowex 50 mit Ca^{2+} als Entwickler, JOUY und COURSIER [402] Li und Na ebenfalls an Dowex 50 durch Verdrängungs-Chromatographie mit 0,5 m $(NH_4)_2SO_4$. Zur Trennung und Bestimmung von Spuren von Natrium in Kaliumsalzen wurde von ANGOT [14] Amberlite IR-120 in der H-Form verwendet, das Na mit 0,5 n HCl eluiert und flammenphotometrisch bestimmt. Dabei konnten 0,05% Na in Kaliumsalzen mit einer Genauigkeit von ±5% ermittelt werden. Unter Verwendung eines Gemisches von 0,2 n HCl und Methanol im Verhältnis 7:3 konnten OKUNO et al. [638] Li von einem Amberlite IR-120 frei von Na und K eluieren und anschließend letztere mit 0,2 n und 0,5 n HCl beinahe quantitativ getrennt erhalten. Ebenfalls an Amberlite IR-120 trennten VENTURELLO und Mitarbeiter [885] Li/Na, Li/K, Na/K und alle drei Elemente durch Eluieren mit einem Gemisch von Phenol-Methanol-Salzsäure. SIMANEK und JANAK [748] beschreiben eine Apparatur zur automatischen Bestimmung der Alkalimetalle unter Zuhilfenahme von Leitfähigkeitsmessungen. Den Einfluß von organischen Lösungsmitteln auf die chromatographische Verteilung von Lithium, Natrium und Kalium an Sulfoharzen untersuchten GORSKOV et al. [269]. Li, Na und K können voneinander getrennt werden, indem man Li und Na mit 0,12 und 0,25 n HCl-Lösung in 80%igem Methanol und anschließend K mit konz. wäßrigen HCl-Lösungen eluiert. Die Trennung der Alkalimetalle K, Rb und Cs führten GUALANDI et al. [280] an Amberlite IR-120 mit einem Elutionsmittel bestehend aus 57,5 g Phenol, 22,5 ml Methanol und 20 ml konz. Salzsäure durch.

Die Trennung eines Alkali-Ions von einigen anderen Kationen wurde ebenfalls untersucht. HERING [316] berichtet über die Abtrennung von Spuren Lithium in Calciumchlorid an Amberlite IR-100 durch Elution mit 0,2 n HCl. MASLOVA et al. [554] trennen Li und Mg nach Adsorption durch Waschen der Säule mit 0,25 oder 0,65 n HCl.

Die Fortschritte, die die Ionenaustausch-Chromatographie seit ihrer Entdeckung gemacht hat, zeigen, daß auch langwierige klassische Methoden für die Bestimmung der Alkalimetalle in Mineralien und biologischem Material vorteilhaft durch diese Methode ersetzt werden können. Bei gleicher Genauigkeit können dafür einfachere und schnellere Verfahren zur Anwendung kommen. SWEET, RIEMAN III und BEUKENKAMP haben nach vorhergehenden Studien über die Trennung von Na, K und Mg [55] die Ionenaustausch-Chromatographie zur Bestimmung der Alkalimetalle in Silicaten [809] angewendet. Li, Na und K werden an einer Säule mit kolloidalem Dowex 50 in der H-Form mit 0,7 m HCl als Elutionsmittel quantitativ getrennt. Fe und Al werden nach Abrauchen der Probe mit Flußsäure mit CaO gefällt und abfiltriert, Mg und Ca folgen bei der Elution scharf getrennt auf die drei Alkalimetalle und stören die Bestimmung nicht. Für eine Doppelbestimmung an zwei Säulen ist ein Arbeitstag ausreichend, wobei angenommen wird, daß die chromatographische Methode den klassischen an Genauigkeit gleichkommt. Um die Schwierigkeiten umgehen zu können, die die Bestimmung von Na in Knochenmaterial darstellt, bearbeiteten FORBES und D'AMBRUSO [227] dieses Problem mit Hilfe der Ionenaustausch-Chromatographie. Nach Versuchen über die Trennung von Na, K, Mg und Ca konnte eine allgemeine Arbeitsvorschrift angegeben werden. Eine Probe von 0,2 bis 2 g feuchten Knochenmaterials wird verascht, mit 3 n HCl aufgenommen und auf eine Säule mit Dowex 50—X12 (1,2 · 45 cm) gegeben. Bei der Elution mit 0,7 n HCl tritt Na im Bereich von 100 bis 300 m*l* aus der Säule aus. Dann werden mit 5 n HCl K, Mg und Ca eluiert (Abbildung 61). Das Na wird flammenphotometrisch bestimmt. Fast unter

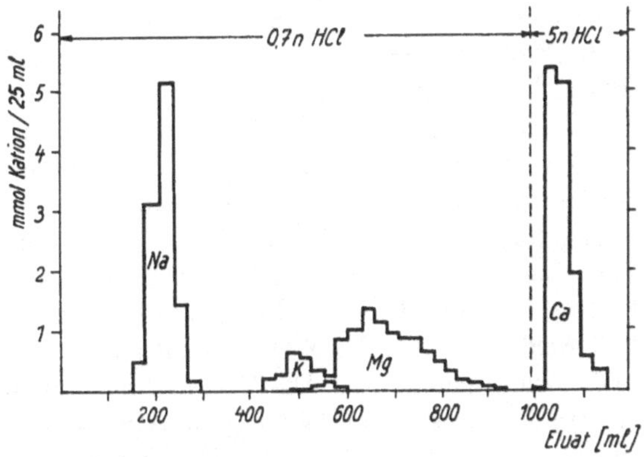

Abb. 61. Elution eines Gemisches von Na, K, Mg und Ca (0,968 NaCl, 0,24 KCl, 1,0 $MgCl_2$, 2,72 $CaCl_2$; die Ordinate ist für Ca zu verdoppeln) [227].

gleichen Arbeitsbedingungen war vorher die Bestimmung von Na, K, Mg und Ca in Milchasche durch SUTTON und ALMY [805] durchgeführt worden sowie die Trennung von ^{24}Na und ^{42} K in Blutserum durch ARONS und SALOMON [17]. In Blutproben trennte SAUTIER [734] Na und K an Dowex 50—X 12 mit 0,24 n bzw. 0,9 n HCl zur Untersuchung der Diffusion von Natrium und Kalium beim Menschen. YAMAGATA [931] beschreibt in einer Arbeit die Trennung von Cs, K und Na in Seewasser.

I. Nebengruppe

Ionenaustauschchromatographische Trennungen der I. Nebengruppe des Periodischen Systems können auf einfache Weise durchgeführt werden. SCHULER, BOYD und KAY [831] beschreiben in einem Schulversuch die Trennung Kupfer/Silber am Kationenaustauscher Amberlite IR-100 in der H-Form. Die beiden Ionen werden aus einer Nitratlösung am Kopf der Säule adsorbiert und mit 1 n Natriumnitratlösung eluiert. Anschließend werden die Metalle im Eluat titrimetrisch bestimmt. Dieselbe Trennung führten SHUKLA und BHATNAGAR [747] an sulfonierter Kohle ebenfalls säulenchromatographisch durch.

Nach Arbeiten von BURSTALL et al. [103] können Cu, Ag und Au neben Zn, Fe, Co und Ni in einem für technische Zwecke vorgeschlagenen chromatographischen Trennverfahren aus Cyanidlösungen an Amberlite IRA-400 getrennt werden. Durch Verwendung verschiedener Elutionsmittel wie 0,2 n HCl für Ni und Zn, 2 n NaCN für Cu und Fe, Aceton plus 5% HCl für Ag und Au und 2 n Kaliumrhodanidlösung für Co gelingt die Aufarbeitung der filtrierten goldhaltigen Lösungen der Cyanidlaugerei. Ein ionenaustauschchromatographisches Verfahren für die Trennung des Silbers von Kobalt und Nickel wurde von BATHNAGAR und SHUKLA [57] vorgeschlagen. Zur Anwendung kommt eine Säule mit Amberlite IR-120, wobei die Trennung des Silbers durch Elution mit einer 20%igen Lösung von Natriumnitrit erfolgt.

Die Trennung des Kupfers von einem anderen Kation ist der Gegenstand anderer Untersuchungen. Cu und Cd können an Dowex 50 in der Ammoniumform nach PETERSON [662] getrennt werden. Der Austauscher wird mit Ammoniumchlorid in die NH_4-Form überführt, 50 ml einer 0,2 m Diammoniumcitratlösung auf die Säule gegeben und die zu trennenden Metalle als Nitrate aufgegeben. Die Elution und damit chromatographische Trennung erfolgt mit 0,2 m Diammoniumcitratlösung für das erste und 3 m HCl oder gesättigter Ammoniumchloridlösung für das zweite Kation. Kupfer/Cadmium wie auch Kupfer/Zink können nach VASILEV et al. [884] auch über die Thiosulfatkomplexe an der Na-Form von Wofatit P getrennt und nachfolgend polarographisch bestimmt werden. Im ersten Fall wird mit 0,1 m $Na_2S_2O_3$-Lösung bei pH 7,6, im letzteren mit 0,015 m Thiosulfatlösung gewaschen. Die Verwendung organischer Lösungsmittel in Gemisch mit Mineralsäuren zur selektiven Elution von Kupfer und Nickel an Zeo-Karb 225 wurde von KEMBER et al. [422] untersucht. Eine vollständige Trennung gelingt mit Aceton gemischt mit 4 Vol-% konzentrierter HCl (D 1,18) und 10 Vol-% Wasser. Von KRESHKOV und SAYUSHKINA [489] wurden Kupfer und Nickel an den sauren Austauschern SDV-2 und -3 mit einem Gemisch von 5 g Ätznatron und 5 ml Glycerin in 100 ml Wasser chromatographiert. Die Abtrennung von Kupfer von Aluminium zur Bestimmung von Cu in Aluminiumlegierungen gelingt nach OEHLMANN [637] an Wofatit L 150 mit Hilfe von Diäthyldithiocarbaminat. Von GAPON und GAPON [245] liegt eine Arbeit über die Trennung von Kupfer und Kobalt durch Ionenaustausch-Chromatographie vor.

Welche Anwendung die Ionenaustausch-Chromatographie in der Metallanalyse finden kann, zeigte JONES [401] am Beispiel von Silberloten. Bei den Ag, Ni, Cu, Zn und Cd enthaltenden Proben wird nach Auflösen von 200 mg der Probe zuerst das Ag mit 0,1 n HCl potentiometrisch titriert. Der AgCl-Niederschlag wird abfiltriert, das Filtrat mit konz. HCl 6 m an Chlorwasserstoff gemacht und auf eine Säule mit 10—12 g Anionenaustauscher Dowex 1 gebracht. Zur Elution von Ni dient 6 m HCl, von Cu 1 m HCl. von Zn 0,01 m HCl und von Cd H_2O. Die dadurch erreichte Trennung ist aus Abbildung 62 zu ersehen. An Hand von Beleganalysen konnte gezeigt werden, daß die Ionenaustausch-Chromatographie den

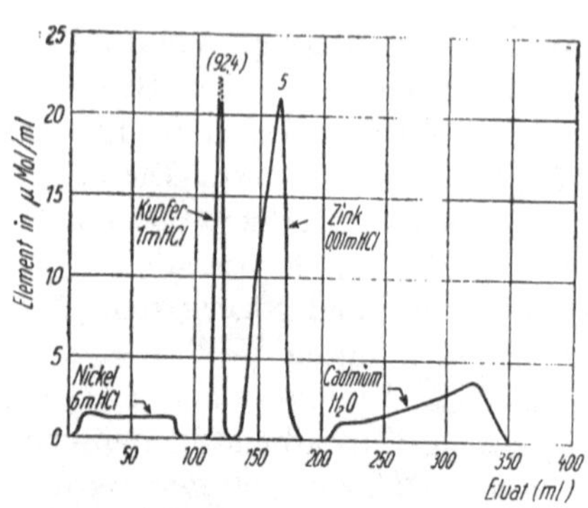

Abb. 62. Elutionschromatogramm für Ni, Cu, Zn und Cd [401].

konventionellen Methoden gleichkommt. Die Trennung des Cu von Al, Fe, Ni, Zn und Mn an Kationenaustauschern und die Anwendung dieses Verfahrens zur Analyse von Kupferlegierungen behandelte Marcenzko [546].

II. Hauptgruppe

Die quantitative Trennung aller sechs Elemente der zweiten Hauptgruppe kann durch Ionenaustausch-Chromatographie innerhalb von 5 Stunden durchgeführt werden, wie Milton und Grummit [582] zeigten. Zur Erreichung der optimalen Bedingungen wird in einer heizbaren Säule bei etwa 80 °C gearbeitet. Als Austauscher dient Dowex 50 (Gegenion X, 300 bis 400 mesh) in einer 8 cm hohen Schicht

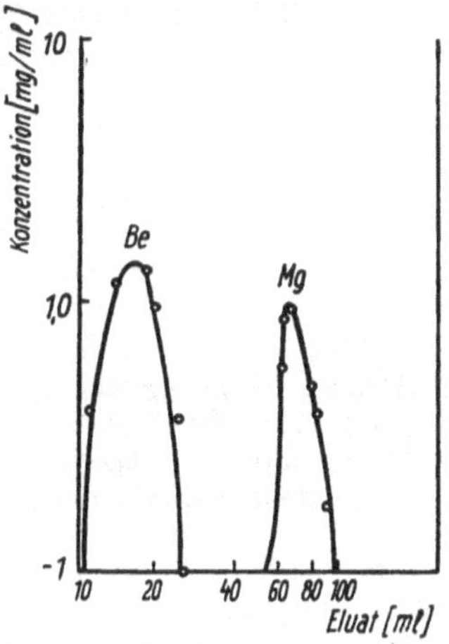

Abb. 63. Trennung Beryllium/Magnesium mit 0,55 m Ammoniumlactat. pH 5, Säule 1,1 × 8 cm, Fließgeschwindigkeit 1,0 ml/min, T = 78 °C [582].

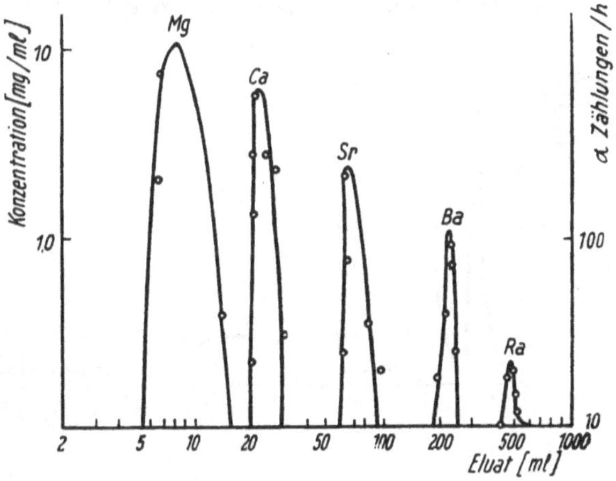

Abb. 64. Trennung Mg/Ca/Sr/Ba/Ra mit 1,5 m Ammoniumlactat. pH 7, Säule 1,1 × 8 cm, Fließgeschwindigkeit 1,0 ml/min, T = 78 °C [582].

bei Säulenabmessungen 1,1 × 10 cm. Als Elutionsmittel wird Ammoniumlactatlösung verwendet und zwar 0,55 m bei pH 5 für Beryllium und 1,5 m bei pH 7 für Magnesium, Calcium, Strontium, Barium und Radium. Die Bestimmung der Elemente erfolgt als Berylliumoxyd, Magnesiumammoniumphosphat, Calciumcarbonat, Strontiumsulfat, Bariumsulfat und aus den α-Zerfallsraten für Radium. Ergebnisse solcher Trennungen sind für Beryllium und Magnesium in Abbildung 63 und für Mg, Ca, Sr, Ba und Ra in Abbildung 64 an Hand der Elutionsdiagramme wiedergegeben. Diese Methode wird für Routineanalysen von ^{90}Sr in Milchasche mit 20 mg Strontiumträger wie auch zur Bestimmung von Spuren Strontium in Milch verwendet.

Die Komplexe, die die Erdalkalimetalle in Citratlösung bilden, können an einem stark basischen Anionenaustauscher ebenfalls zu deren chromatographischer

Trennung herangezogen werden. Für die meisten dieser Metalle wird die Bildung eines Monocitratkomplexes angenommen nach der Gleichung

$$Me^{++} + Cit^{-3} \leftrightharpoons MeCit^{-}.$$

Auf Grund der dafür bekannten Stabilitätskonstanten wurde von NELSON und KRAUS [623] ein Trennverfahren an Dowex 1 ausgearbeitet. Der Austauscher wird mit einer 0,05 m Ammoniumcitratlösung von pH 7,5 in die Citratform überführt, mit den Ionen der Elemente ^{140}Ba, ^{89}Sr, ^{45}Ca und Mg beladen und diese anschließend mit derselben Citratlösung eluiert. Die Elemente erscheinen in diesem Medium in der Reihenfolge Ba, Sr, Ca. Mg verbleibt an der Säule und wird mit 0,5 m Zitronensäurelösung eluiert.

Größere Mengen Ca, Sr und Ba bis zu 1 mmol ohne Verwendung radioaktiver Isotopen wurden von LERNER und RIEMAN III [506] an kolloidalem Dowex 50

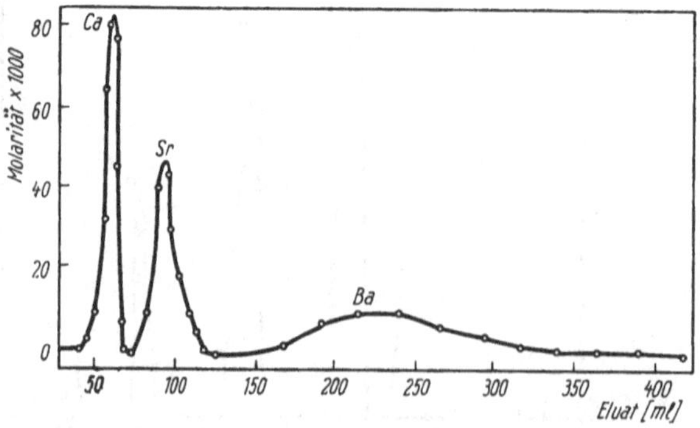

Abb. 65. Trennung Ca/Sr/Ba. (Kolloid. Dowex 50, Säule 19 cm × 2,5 cm², Fließgeschwindigkeit 0,56 cm/min) [506].

chromatographiert. An der mit 1,2 m Ammoniumlactat vorbehandelten Säule werden die drei Erdalkalien durch Elution mit derselben Lactatlösung quantitativ getrennt, wie Abbildung 65 zeigt. Dieses Verfahren kann für die Analyse von Gläsern Anwendung finden [506].

CAMPBELL und KENNER [111] trennen Mg von Ca an Dowex 50 in der H-Form durch Elution mit 1,05 m HCl. WÜNSCH [926] beschreibt die selektive Elution und Bestimmung von Ca und Mg am Permutit RS durch eingestellte Äthylendiamintetraessigsäure und Rücktitration des nicht umgesetzten Komplexbildners. Für die Trennung von Ca und ^{90}Sr nach direkter Adsorption aus 1 m*l* flüssiger Milch verwendet MYERS [613] als Austauscher Zeo-Karb 225 in der Na-Form und als Elutionsmittel Äthylendiamintetraessigsäure bei pH 8. Geringe Mengen Sr und Ba können nach QUENTIN [684] an Lewatit S 100 oder Permutit RS aus natürlichen Wässern angereichert und durch Elution mit 10%iger HCl getrennt werden. Störende Bestandteile wie HBO_2 und H_2SiO_3 werden entfernt. Die Bestimmung der Erdalkalien erfolgt als Oxalat oder Sulfat. Die Trennung $^{89-90}$ Sr von ^{140}Ba wurde von TOMPKINS et al. [862] an einer Kolonne mit Amberlite IR-1 durch Elution mit 0,5 m Zitronensäure bei pH 5,0 und durch TOMPKINS [863] an kolloidalem Dowex 50 mit 0,5 m Zitronensäure bei pH 7,5 bis 8,0 durchgeführt. Für die Trennung wägbarer Mengen Ba und Sr an Dowex 50 verwenden Bovy und Duykkaerts [79] Komplexon III, wobei bis zu einem gewissen Grade die Trennung durch Veränderung des pH und der Elutionsgeschwindigkeit gesteuert werden kann. Radium kann in Barium-Radium-Gemischen bis zu einem Verhältnis 4440:1 durch eine einzige Elution an Dowex 50 mit 0,32 m Ammoniumcitratlösung bei pH 5,6 nach Power et al. [676] mit scharfen Elutionsmaxima (Abbildung 66) getrennt werden. Unter Verwendung von Äthylendiamintetraessigsäure als Elutionsmittel haben Duyckaerts und Lejeune [200] die Radioisotope ^{45}Ca, ^{90}Sr, ^{140}Ba und ^{228}Ra an Dowex 50 getrennt. Die Lösung wird bei pH 3 auf die Kolonne gegeben, Ca und Sr mit 0,01 m Komplexonlösung bei pH 7,4 und Ba und Ra bei pH 9 eluiert. Unter ähnlichen Bedingungen können ^{90}Sr und ^{140}Ba und ihre Zerfallsprodukte ^{90}Y und ^{140}La getrennt werden. Zur Abtrennung des ^{90}Sr von einem großen Überschuß an Ca verwendet Davis [169] Zeo-Karb 225 in der Natriumform. Bei einem Gehalt von 1 g Na_2-ÄDTA je 25 mg Sr oder Ca in der Lösung wird aus der Säule bei pH 5,25 nur das Calcium, aber kein Strontium eluiert. Das ^{90}Sr läßt sich anschließend mit 3 n HCl aus der Säule entfernen.

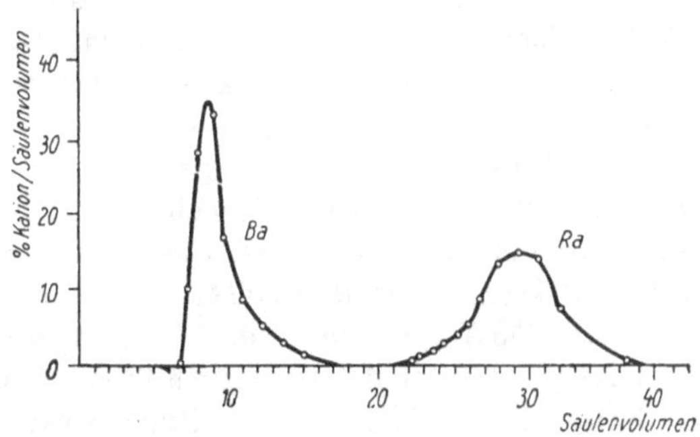

Abb. 66. Elution von Barium und Radium mit 0,32 m Ammoniumcitrat, pH 5,6 [676].

Die Beschreibung einer radiochemischen Methode zur Bestimmung von Strontium in Gesteinen und biologischem Material geben Loveridge und Mitarbeiter [532] durch Aktivierung mit Neutronen oder nach der Isotopenverdünnungsmethode. Bei der letzteren wird die Substanz mit Strontium 84 als Tracer gemischt, das Strontium an einem Ionenaustauscher abgetrennt und anschließend massenspektrometrisch bestimmt.

Untersuchungen über das Elutionsverhalten von Be, Ca, Sr, Ra, Na, Rb und Cs an Dowex 50 (10—12% DVB) und von Ra, Sr, Cs und Na an mit 2 und 16% DVB vernetzten Sulfonsäure-Harzen mit 2,6, 5,5, 8,7 und 12,1 m HCl-Lösungen durch Diamond [179] zeigten, daß deren Ergebnisse nicht durch einfache Massenwirkung erklärt werden können, sondern daß eine vernünftige Erklärung die Inanspruchnahme von Ionendehydratation, Harzschrumpfung und Adsorptionseffekten verlangt. Geringe Mengen Ca können nach Cabell [109] von Mikrogrammmengen ^{45}Sc und anderen aktiven Verunreinigungen dadurch getrennt werden, daß man die Probenlösung durch eine 4,5 cm lange Säule mit Zeo-Karb 225 (0,25 g, Korngröße 50 μ) mit einer Fließgeschwindigkeit von 0,2 ml/min laufen läßt. Die Elution erfolgt dann mit 1,5 n HCl für die einwertigen Kationen (1,5 ml), für Ca^{2+} (7,5 ml) und einige zwei- und dreiwertige Kationen (15 ml), sowie mit 3 n HCl für Sc (10 ml) und einige drei- und vierwertige Kationen.

Eine Methode zur Trennung des Berylliums von Kupfer oder Nickel am Kationenaustauscher SBS in der NH_4-Form wurde von Belyavskaya und Fadeeva [36] beschrieben. Nach Honda [342] gelingt die Trennung des Mg von anderen Alkalimetallen, Cu, Ni und Zn an Dowex 50 in der HN_4-Form. Für die Trennung des Magnesiums von Ca, Fe, Al und Mn in Bodenauszügen verwenden Tobia und Milad [861] Dowex 50 in der K-Form und eluieren Mg mit 0,025 m Ammoniumcitratlösung bei pH 7,5, wobei Calcium noch an der Säule haften bleibt. An einem Anionenaustauscher trennen Jentzsch und Pawlik [387] Calcium und Zink in salzsaurer Lösung. Zur Bestimmung der ^{90}Sr-Aktivität in Wasser verwenden Stanley und Kruger [782] Dowex 50 (NH_4-Form). Läßt man die Probe bei pH 7 durch die Säule laufen, so werden ^{90}Sr und ^{90}Y zurückgehalten. ^{90}Y wird mit 50%iger Ammoniumcitratlösung bei pH 3,8 selektiv eluiert, während bei pH 6 ^{90}Y und ^{90}Sr eluiert werden. Für die radiochemische Bestimmung von ^{90}Sr in Spaltprodukten wird von Bryant et al. [95] ein Verfahren angegeben, bei dem das Tochterelement ^{90}Y nach einer Zerfallsperiode von 10 Tagen aus einer Säule mit modifiziertem Dowex 50 selektiv eluiert wird. ^{140}Ba und das Tochterelement ^{140}La wurden von Kruger und Coryell [490] an Dowex 50 durch Elution mit 5%igem Citratpuffer bei pH 4 getrennt. Das hierbei noch am Austauscher verbleibende Barium wird bei pH 6 abgelöst. Mit Hilfe von Komplexbildnern können auch Barium und Blei ionenaustauschchromatograpisch getrennt werden (Taketatsu [838]). Das ionenaustauschchromatographische Verhalten von Barium an Dowex 50W—X8 und seine Trennung aus Gemischen beschreiben Khopkar und De [428] unter Angabe verschiedener Eluierungsmittel (HNO_3, HCl, NH_4Cl, $NaNO_3$, NaCl, NH_4COOCH_3, Zitronensäure, Weinsäure, Äthylendiamintetraessigsäure). Ba kann nach dieser Methode von Cs, Zn, Cd, Ag, Ce (IV), Zr, U (VI), Th, Bi, Cu, Hg (II) und Fe (III) getrennt werden.

Die Trennung von Radioelementen durch Ionenaustausch-Chromatographie bearbeitete Radhakrishna [686]. ^{233}Ra und ^{222}Ac werden jeweils von ^{234}Th an Dowex 50 bei Temperaturen von etwa 80 °C getrennt. Ungefähr 70% reines ^{234}Th und 85% leicht verunreinigtes ^{233}Ra wurden durch Elution mit 7%iger Oxalsäure und 3 n Salzsäure erhalten. Proben von ^{234}Th und ^{222}Ac mit 95%iger Reinheit wurden mit 7%iger Oxalsäure und 5%iger Zitronensäure (pH 3) eluiert. ^{210}Bi (Ra-E) und Po wurden mit 91%iger Reinheit bei Zimmertemperatur an Dowex 50 mit 2n HNO_3 und 2n HCl getrennt. Trägerfreies Ra-D, Ra-E und Ra-F können nach Ishimori [371] mit fast 99,9%iger Reinheit aus salpetersaurer Lösung (14 n) an Amberlite XE-98 (IR-411) getrennt werden. Zur Elution dienen HCl (2—3n) für Ra-D, konz. HCl für Ra-E und HNO_3 (1:1) für Ra-F. Die starken Säuren verhindern hierbei die Bildung von Radiokolloiden.

II. Nebengruppe

Die Chlorokomplexe, die Zn, Cd und Hg in Lösungen mit Chloridüberschuß bilden, können zur Ionenaustausch-Chromatographie dieser Elemente vorteilhaft Anwendung finden. Wie aus Untersuchungen von Kraus und Nelson [472] über das Adsorptionsverhalten der Chlorokomplexe von Zn und Cd (Abbildung 67) an einem Anionenaustauscher als Funktion der Salzsäurekonzentration hervorgeht, können diese zwei Metalle durch Elution mit 0,01 m HCl für Zn und 10^{-3} m HCl für Cd getrennt werden. Berg und Truemper [44] haben darauf aufbauend die chromatographische Trennung von Zn, Cd und Hg untersucht und unter Hinzuziehung nichtwäßriger Lösungsmittel dafür drei Verfahren vorgeschlagen. An Dowex 1 (Cl-Form) werden Zn, Cd und Hg im wäßrigen System bei einer Säulenlänge von 28 cm durch Elution mit 0,01 m HCl für Zn und Cd und 0,1 m Thioharnstoff—0,01 m HCl für Hg getrennt. Unter Verwendung des gleichen Elutionsmittels für Hg werden Zn und Cd andererseits an einer 18 cm langen Säule durch das Gemisch 0,01 m HCl-10 Vol% Methanol und an einer 60 cm langen Säule durch das Gemisch 0,01 m HCl-25 Vol% Methanol chromatographiert (Abbildung 68, *A*, *B*, *C*). Die mit einer Fließgeschwindigkeit von 1,5 bis 2,0 m*l* pro Minute durchgeführten Trennungen sind quantitativ. Da der Austauscher in der Chloridform vorliegt und mit Chloridlösung eluiert wird, braucht das Harz vor einer neuen Bestimmung nicht regeneriert zu werden.

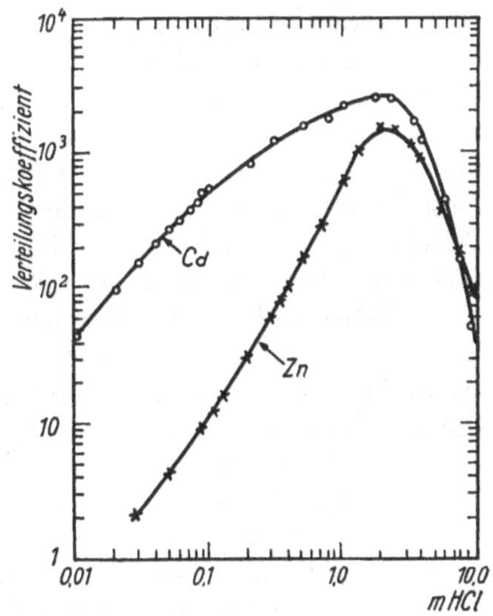

Abb. 67. Anionenaustauschadsorption von Zn (II) und Cd (II) [472].

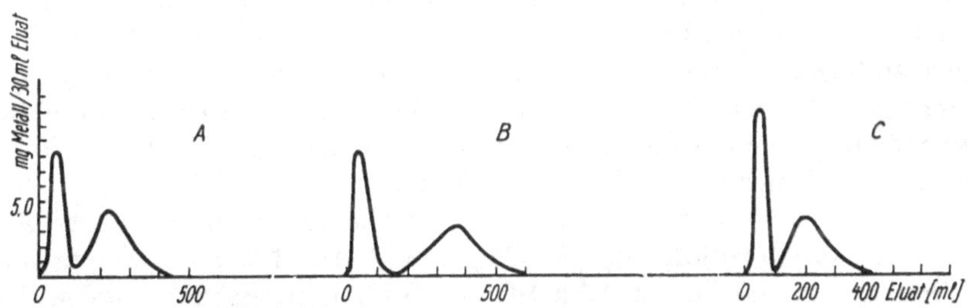

Abb. 68. Elutionskurven für Zink und Cadmium nach Berg und Truemper. *A* — 0,01 m HCl; *B* — 0,01 m HCl — 10% Methanol; *C* — 0,01 m HCl — 25 % Methanol; *A* und *B* — 18 cm Säule, *C* — 6 cm Säule.

Von Wickbold [913] wurde im Anschluß an die schon beschriebenen Alkalitrennungen, die Trennung von Zn und Cd in salzsaurer Lösung untersucht. An Wofatit KS konnten die beiden Elemente durch Elution mit 0,5 n Salzsäure getrennt werden.

Die Jodidkomplexe des Zn und Cd führen nach BAGGOTT und WILLCOCKS [23] zur quantitativen Trennung und insbesondere zur Bestimmung von Zn in Cadmiummetall. An De-Acidite FF in der Sulfat-Form kann Zn in Cadmiummetall bis zu einer Konzentration von 0,005% bestimmt werden. GIERST und DUBRU [254] verwenden für das gleiche Problem Dowex 50 in der NH_4-Form und eluieren mit 0,25 m Ammoniumcitratlösung bei pH 4 unter anschließender polarographischer Bestimmung des Zn. Die Trennung von Zn und Cd und die Abtrennung von anderen Elementen als Chlorokomplexe haben auch KALLMANN et al. [408] bearbeitet. An Dowex 1 (Chloridform) wird Zn durch 2 n Natronlauge plus 2% Natriumchlorid quantitativ eluiert, während Cd am Austauscher haften bleibt. Cd kann anschließend mit 1 n HNO_3 ausgewaschen werden. Unter den angegebenen Arbeitsbedingungen werden Mn, Co, Cu, Fe, Al, Ni, Cr, Ti, die Erdalkalien und Seltenen Erden nicht adsorbiert. Sn, Sb, und As werden teilweise adsorbiert, können aber mit HBr in Anwesenheit von H_2SO_4 entfernt werden. Pb und Bi dürfen in der Probelösung nicht vorhanden sein. Die Elution des Zn ist unabhängig von der Cadmiumkonzentration.

Nach Untersuchungen über das Adsorptionsverhalten einer Reihe von Elementen an Wofatit L 150 und der Abhängigkeit der Elutionskonstanten von verschiedenen Faktoren haben JENTZSCH und PAWLIK [385] für die ionenaustauschchromatographische Trennung von Zn und Fe 4 n Salzsäure empfohlen. Die Bestimmung von Zn in Anwesenheit von Eisen und Nickel, wie es die Analyse von Ferriten erfordert, führt bei Verwendung von Ionenaustauschern nach LOWEN und CARNEY [533] zu einem einfachen und schnellen Verfahren. An Amberlite IRA-400 oder Dowex 1 werden von den drei Metallen Zn und Fe aus 12 n salzsaurer Lösung adsorbiert, während Ni mit der gleichen Säure aus der Säule gewaschen wird. Der Austauscher wird dann zur Abtrennung des Fe mit 0,5 n Salzsäure behandelt; Zn wird mit 0,005 n HCl eluiert. An einem mit Äthylendiammoniumionen beladenen Dowex 50 wurden von FRITZ und KARRAKER [236] Zn und La durch Elution mit 0,1 m Äthylendiammoniumchlorid (pH 3) getrennt. Das Verfahren beruht auf der größeren Affinität des Austauscherharzes für das dreiwertige als für das zweiwertige Metallion. Von der Komplexbildung der Weinsäure, Sulfosalicylsäure und Oxalsäure mit Zn und Al wurde von ZINZEWITSCH [944] zur Trennung dieser beiden Elemente am Kationit SBS in der H- oder NH_4-Form Gebrauch gemacht. An Anionenaustauschern (Typen PE-9 und EDE-10 „P") haben ZVEREVA und SHIBAROV [946] Zn, Pb und Cu getrennt. Die Trennung beginnt mit 2n HCl für Cu, während Zn mit 0,3 n HCl und Pb mit H_2O eluiert werden. MORACHESVKII et al. [601] berichteten über die Trennung Zn/Ni an Anionenaustauschern. Nach einer Arbeit von DIZDAR [184] zur Trennung von Cd und U durch Ionenaustausch-Chromatographie kann Cd in U durch Adsorption an Amberlite IR-120 getrennt werden. Das U wird mit 0,5 n Oxalsäure und das Cd mit Ammonchlorid eluiert. Zur Trennung des Cd von anderen Kationen benutzt STRELOW [798] Dowex 50. Das Cd wird durch Elution mit 0,5 n HCl von U, Co, Ni, Mn, Zn, Cu, Ti, Mg, Ca, Sr, Ba, Fe, Al, Zr, Th, Y, La, Cs getrennt, von denen weitere mit 2 n HCl eluiert werden. Die Elution von Ca, Sr, Ba, Zr und der Seltenen Erden gelingt erst mit stärker konzentrierter HCl. Für die Trennung Hg und Cu wird von Usatenko und Tulyupa [882] ein Kationenaustauscher (Typ KU-1 G) empfohlen, der mit 1,5 n H_2SO_4 vorbehandelt ist. Zur Entfernung von Cu wäscht man mit 1,5 n H_2SO_4 und zur Abtrennung von Hg aus der Austauschersäule mit gesättigter Ammoniumchloridlösung.

Die Bestimmung von Zn in Pflanzenmaterial gelingt nach Maier und Bullock [541] am Anionenaustauscher Dowex 1-X8 und die von Cd in Cu und Zn und Cu in Cd nach Yoshino und Kojima [934] an Amberlite IR-120. Studien über die Trennung des Zinks von verschiedenen anderen Elementen stammen von Miller und Hunter [580], sowie von Jackson [373].

III. Hauptgruppe

Der Anionenaustausch von Metallkomplexen hat sich auch auf die Elemente der III. Gruppe zur ionenaustauschchromatographischen Trennung anwenden lassen, wie im Rahmen ihrer umfassenden Arbeiten von Kraus und Mitarbeiter [474] gezeigt werden konnte. Wie aus Abbildung 69 hervorgeht, erscheint bei An-

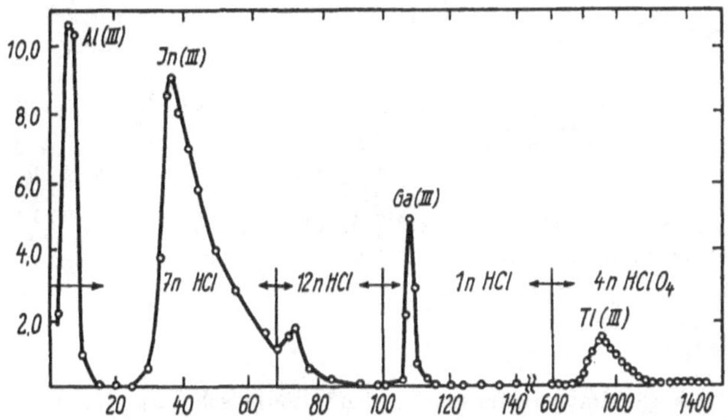

Abb. 69. Trennung von Al (III), Ga (III), In (III) und Tl (III). (Dowex 1, Zimmertemperatur, Säule 20 cm × 0,4 cm², Fließgeschwindigkeit 0,3 bis 0,8 cm/min) [474].

wendung einer 7 n HCl-Lösung von Al(III), Ga(III), In(III) und Tl(III) das Aluminium unmittelbar im Eluat, während mit der gleichen HCl-Lösung Indium langsam eluiert wird. 12 n HCl beschleunigt die Elution des Indiums. Für die Elution des Galliums wurde 1 n HCl und für die des Talliums 4 n $HClO_4$ verwendet.

Im Rahmen der allgemeinen Studien über das Austauschverhalten von Metallionen in Chloridlösungen fanden Moore und Kraus [594], daß Al in 3 n salzsaurer Lösung von Fe an Dowex 1 getrennt werden kann. Mehr den Charakter eines Ionenaustausch-Chromatographie-Verfahrens hat jedoch die gleiche Trennung aus schwefelsaurer Lösung nach Kraus und Nelson [473]. Während Al nur schwach adsorbiert wird und deshalb mit der gleichen 0,01 m H_2SO_4 der Ausgangslösung eluiert werden kann, wird Fe stark adsorbiert. Fe kann aus der Säule durch Erhöhung der Schwefelsäurekonzentration der Elutionsflüssigkeit eluiert werden. Wie Abbildung 70 zeigt, ist das Erscheinen von Fe bei 0,1 m H_2SO_4 noch ziemlich verzögert im Gegensatz zur 1,0 m H_2SO_4. Geringe Mengen Fe können auch aus Thiocyanatlösung [851], vor allem zur Erreichung einer sicheren gravimetrischen Bestimmung von Al an Amberlite IRA-400 A in der Chloridform getrennt werden.

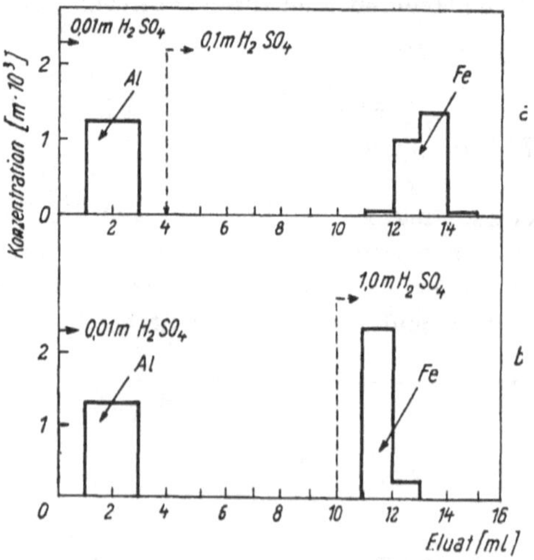

Abb. 70. Trennung von Al (III) und Fe (III) durch Anionenaustausch in Sulfatlösung (Dowex 1, Säule 9,3 cm × 0,187 cm²) [473].

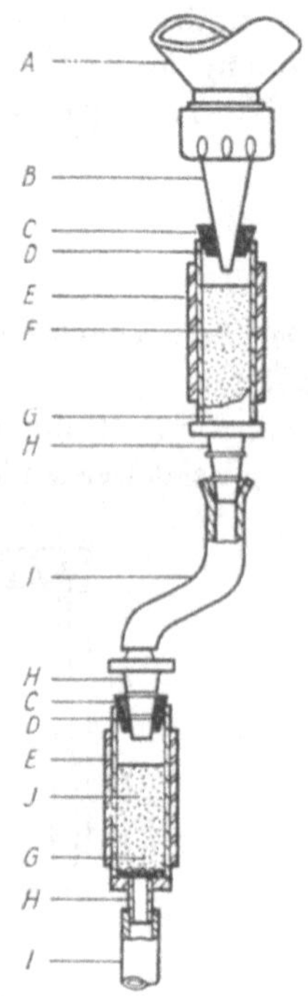

Abb. 71. Polyäthylen — Ionenaustauschersäulen in Serienschaltung [322]. *A* — Polyäthylenflasche, *B* — Tropfflaschenverschluß, *C* — Gummistopfen, *D* — $^1/_2''$-6'' Polyäthylenrohr, *E* — Glasrohr, *F* — Kationenaustauscher (stark sauer), *G* — Teflonscheiben, *H* — Polyäthylenschlauchverbindung, *I* — Tygon-Rohr, *J* — Anionenaustauscher (stark basisch).

Das Adsorptionsverhalten von fünf Kationenaustauschern (sulfonierte Kohle, Wofatit R, KU-1, SBSR und MSF-1) für Al^{3+} und Zr^{4+} in Abhängigkeit vom pH der Lösung wurde von Usatenko und Gureeva [881] untersucht. Von den genannten Austauschern können in salzsaurer Lösung sulfonierte Kohle und der Kationenaustauscher KU-1 für die quantitative Trennung von Al^{3+} und Zr^{4+} verwendet werden. Über die Bestimmung von Al in Zr auf der Grundlage einer ionenaustauschchromatographischen Trennung berichteten Freund und Miner [232]. Auch Burd et al. [101] beschäftigten sich mit der Bestimmung von Aluminium als Verunreinigung in Zirkonium durch Ionenaustausch-Chromatographie. Das Zr wird von Al als Fluorozirkonat getrennt. Al wird mit HCl-HF eluiert.

Eine Ionenaustauschermethode zur Trennung von Al, Ti und Ni wurde von Hibbs und Wilkins [322] beschrieben. Die drei Ionen werden an einer Kationenaustauschersäule adsorbiert, die mit einer Anionenaustauschersäule kombiniert ist (Abbildung 71). Ein Gemisch von Flußsäure (0,8 n) und Salzsäure (0,06 n) eluiert Al von beiden Säulen, überführt das Ti vom Kationenaustauscher zum Anionenaustauscher und läßt Nickel an der ersten Säule unbeeinflußt. Methoden für die Trennung der Ionen Al^{3+}/Ti^{4+}, Al^{3+}/Fe^{3+}, Al^{3+}/Zn^{2+} und $Al^{3+}/Fe^{3+}/Zn^{2+}$ über einen weiteren Bereich relativer Konzentrationen am Kationenaustauscher SBS in der H-Form teilen Belyavskaya und Shkrobot [35] mit.

Ebenfalls nach einer kombinierten Anionenaustauscher- und Kationenaustauschermethode wird nach Seibold [735] Aluminium im Blutserum bestimmt.

Für die Trennung Gallium/Eisen benutzten Blasius und Negwer [64] die Oxalatkomplexe dieser beiden Elemente. Am stark basischen Anionenaustauscher Permutit ES in der Nitratform werden die beiden Komplexe gebunden. Die Elution des Galliums wird mit 1 n NaOH durchgeführt, wobei sich der Austauscher im obersten Teil der Säule durch ausfallendes Eisenhydroxyd dunkelbraun färbt. Nach Behandlung der Säule mit destilliertem Wasser zur Entfernung des größten Natronlaugeüberschusses wird das Eisen mit 2 n Salpetersäure eluiert. Nach abschließendem Neutralwaschen ist die Säule sofort wieder betriebsfertig. Eine einfache, quantitative Trennung von Mikrogrammengen Gallium von der bis zum Tausendfachen betragenden Menge Eisen durch Ionenaustausch-Chromatographie am stark basischen Amberlite IRA-400 wurde von Korkisch und Hecht [459] ausgearbeitet. Die Methode beruht auf der unterschiedlichen Stabilität und Wanderungsgeschwindigkeit der Rhodanidkomplexe dieser Elemente bei ihrer Elution mit 0,1 n Salzsäure. Tsintsevich und Nazarova [869] trennen Gallium, Blei und Cadmium an einer Säule mit dem Kationenaustauscher SBS in der H-Form durch aufeinanderfolgende Elution mit gesättigter Ammoniumacetatlösung, 0,2 n HCl und 10%iger NaOH. Die erhaltenen Eluate enthalten nur Pb, Cd oder Ga.

Am stark basischen Kationenaustauscher Dowex 50 haben Klement und Sandmann [447] zeigen können, daß es ionenaustauschchromatographisch außerordentlich bequem sein kann, Gallium und Indium zu trennen. Indium wird vom Austauscher durch 0,4 n HCl und Gallium durch 1,3 n HCl abgelöst. Ebenso genau können die Trennungen Ga von Sb, Pb, Cu, Zn, Fe (II) und In von Sb, Pb, Cu, Zn, Fe (III) durchgeführt werden.

Jentzsch und Mitarbeiter [386] haben eine ionenaustauschchromatographische Trennung der Elemente In, Sn (IV), As, Fe, Mn und Al durchgeführt und Jentzsch und Pawlik [385] die Trennungsmöglichkeiten für die Ionenpaare In/Pb und In/Fe (III) aus der Kenntnis quantitativer Werte der Elutionskonstanten abgeleitet. Über die radiochemische Trennung des Indiums berichteten ferner Sunderman et al. [801].

Die Verwendung des stark basischen Anionenaustauschers ASD-2 ermöglicht nach Stronski und Rybakow [799] die Trennung von Spuren der Radioisotopen des In, Sb und Sn.

III. Nebengruppe

Scandium, Yttrium. Von den Elementen Scandium und Yttrium zeigt nur das Scandium leichte Adsorption am Anionenaustauscher Dowex 1, wie aus den Untersuchungen von KRAUS et al. [474] hervorgeht. Dies beruht auf dem ungewöhnlichen Komplexbildungsverhalten dieses Elementes in salzsauren Lösungen. Auf Grund dessen kann eine Trennung Scandium/Yttrium in 12 n Salzsäure vorgenommen werden. Das Ergebnis eines derartigen Säulenversuches zeigt Abbildung 72. Eine Verbesserung dieses Verfahrens schlugen YOSHIMURA et al. [932] vor, indem sie zur Trennung des Scandiums von Yttrium und den Lanthaniden 13,3 n HCl an Dowex 1-X8 verwendeten. Die Trennung Scandium/Yttrium und Scandium/Lanthan an Amberlite IR-100 mit Zitronensäure als Elutionsmittel beschreibt RADHAKRISHNA [685].

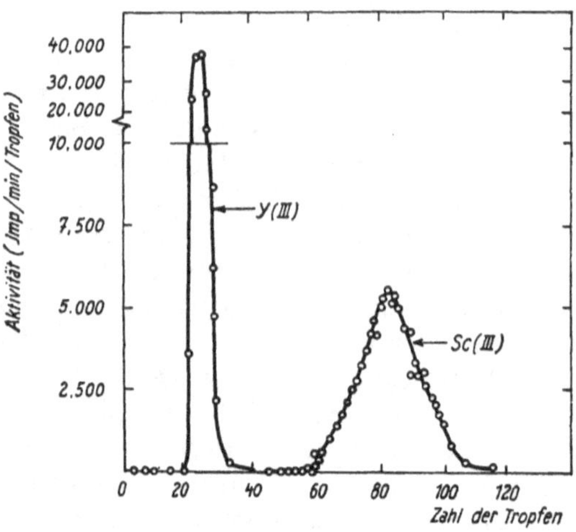

Abb. 72. Trennung von ^{46}Sc und ^{91}Y durch Anionenaustausch (12 m HCl, Säule 40 cm × 0,4 cm², Fließgeschwindigkeit 0,3 cm/min, Dowex 1) [474].

Die Anionenaustauscheruntersuchungen von Sc(III) und V(IV) durch WALTER [899] haben ergeben, daß eine Trennung von Spuren ^{46}Sc(III) und ^{48}V(IV) (10^{-12}–10^{-13} mol) und Milligrammmengen Ti(IV) am Dowex 1 in der Formiat-Form aus Oxalsäurelösung möglich ist, da diese drei Elemente dabei stark adsorbiert werden, die gebildeten Komplexe aber eine ganz verschiedene Stabilität gegenüber Salzsäure zeigen. So erfolgt nach Aufgabe der drei Ionen auf die Säule die Elution von Sc mit 0,1 m Oxalsäure — 0,1 m Salzsäurelösung, die von Vanadium mit 0,1 m Oxalsäure — 0,4 m Salzsäurelösung und die von Ti schließlich mit 0,1 n HCl. Die Trennung war quantitativ. Versuche mit je 5 mg der drei Ionen hatten im wesentlichen das gleiche Ergebnis.

Durch Elution mit 5%iger Zitronensäure bei pH 2,75 an Austauschern französischer Herkunft führte JENG-TSONG [380] die Trennung Yttrium/Lanthan durch.

Lanthaniden. Die Trennung der Lanthaniden ist eines der schwierigsten chemischen Probleme und zugleich eines der glänzendsten Beispiele für die Leistungsfähigkeit der Ionenaustausch-Chromatographie. In früheren Zeiten standen zur Lösung dieses Problems die oft mehrtausendfach wiederholte Fraktionierung auf Grund der Löslichkeitsunterschiede oder der Basizitätsunterschiede zur Verfügung, oder in einzelnen Fällen die Trennung durch Wertigkeitsänderung, d. h. Oxydation oder Reduktion. Seit der Entdeckung der ionenaustauschchromatographischen Trennung, deren Entwicklung speziell mit der Trennung der Lanthaniden aufs engste verknüpft ist, ist ein alter Wunschtraum der Chemiker in Erfüllung gegangen, nämlich die quantitative Trennung der Seltenen Erden in einem Arbeitsgang und in beliebigen Mengen [519].

Die Bearbeitung dieses Problems begann im Jahre 1942 in Deutschland auf Anregung von Otto Hahn durch R. Lindner und gleichzeitig in Amerika im Rahmen des Manhattan-Projektes. O. Erämetsä [211] hatte 1940 die Trennbarkeit der Seltenen Erden durch Adsorptionsanalyse festgestellt. In Amerika waren es vier Arbeitsgruppen, die sich mit der Trennung der Seltenen Erden beschäftigten und zwar G. E. Boyd und Mitarbeiter in Chicago, später in Oak Ridge, E. R. Tompkins und W. E. Cohn, ebenfalls in Oak Ridge, F. H. Spedding und Mitarbeiter in Ames, Iowa, und schließlich Coryell, Marinsky und Glendenin wiederum in Oak Ridge [393]. Im Laufe der darauffolgenden Jahre haben sich noch zahlreiche andere Wissenschaftler mit diesem Problem beschäftigt.

Die in Deutschland 1942—1945 durch Lindner [521] durchgeführten Versuche gingen von der Fragestellung aus, die als Uranspaltprodukte auftretenden Lanthanidenisotopen zu identifizieren und führten zur Begründung der radiochemischen Adsorptionsanalyse [520, 522]. Als solche wurden jene Verfahren bezeichnet, die die prinzipiellen Merkmale der Chromatographie besitzen, bei denen aber die Trennung durch Messung radioaktiver Strahlung festgestellt wird. Die Trennung der Seltenen Erden durch Fällung oder Kristallisation schied für das vorliegende Problem wegen der kleinen Mengen und der kurzen Halbwertszeit einiger Atomarten aus. Die Anwendung des Adsorptionsverfahrens brachte jedoch gute Ergebnisse. Eine einige Zentimeter lange, mit 1 g Aluminiumoxyd nach Brockmann gefüllte Adsorptionssäule erwies sich für die Trennung von Milligrammengen Analysensubstanz ausreichend. Die Säule wurde mit Wasser solange gewaschen, bis keine Analysensubstanz mehr ins Filtrat gelangte. Das fraktionierte Filtrat und die durch Säurebehandlung der zerteilten Säule erhaltenen Fraktionen wurden als Oxalate am Zähler gemessen. Es konnten auf diese Weise Lanthan/Praseodym getrennt werden und eine bei der Uranspaltung auftretende Seltene Erde von 13 Tagen Halbwertszeit dem Praseodym zugeordnet werden [523]. In der Reihe der Yttererden konnten ebenfalls Reinigungs- und Trennungserfolge erzielt werden [524]. Leider war es jedoch diesem Laboratorium nicht mehr möglich infolge der Zeitumstände, die Wofatit-Ionenaustauscher auf ihre Trennfähigkeit zu untersuchen und auf die Komplexe der Seltenen Erden mit Zitronen- und Weinsäure und deren Adsorptionseigenschaften zurückzugreifen. Beide Faktoren führten bei den amerikanischen Arbeitsgruppen zur völligen Lösung des Trennproblems bei den Seltenen Erden.

Alle Seltenen Erden wurden an synthetischen organischen Ionenaustauschern durch Boyd und Mitarbeiter [427] chromatographisch getrennt. Diese Entwicklung ging teilweise Hand in Hand mit der Entwicklung der Ionenaustauscherharze selbst. Der damals gerade entwickelte stark saure Austauscher Dowex 50 war besonders geeignet, da er bis 110 °C angewendet werden konnte. In einer Spezialapparatur, die die Abbildung 73 zeigt, wurden in einem 97 cm langen Bett bei einem Querschnitt von 0,26 cm² an Dowex 50 der Korngröße 270—325 mesh bei 100 °C die Yttererden bei pH 3,2 und die Ceriterden bei pH 3,4 durch Elution mit einer 4,75%igen Zitronensäurelösung getrennt. Die hohe Temperatur erlaubte eine Fließgeschwindigkeit von 2 ml/cm²/min, wodurch die für die Gesamttrennung erforderliche Zeit stark reduziert werden konnte. Die Ergebnisse sind für die leichten Lanthaniden der Abbildung 74 und für die schweren der Abbildung 75 zu entnehmen. Die Fraktionierung der Seltenen Erden war so vollständig, daß die Methode für die quantitative Analyse der Seltenen Erden in Betracht gezogen werden konnte. So zeigte sich, daß eine besonders gereinigte spektralreine Erbiumoxydprobe nach Neutronenbestrahlung und chromatographischer Trennung 10 ppm Thulium enthielt.

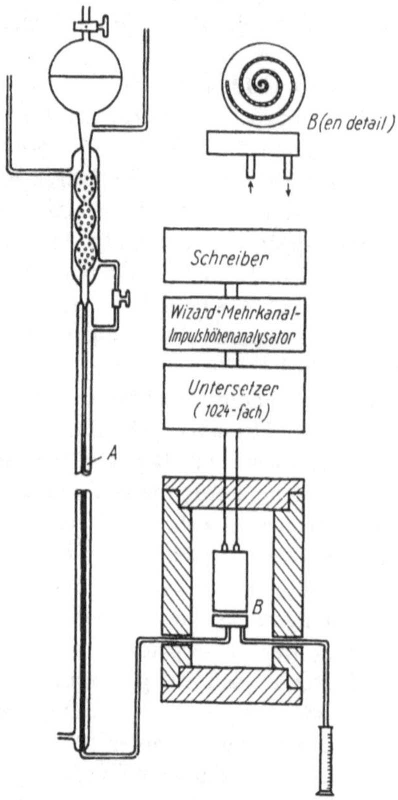

Abb. 73. Apparatur zur Trennung Seltener Erden [427]. *A* — Trennsäule mit Thermostatenmantel (120 × 0,6 cm), *B* — Geiger-Müller-Zählrohranordnung.

Die Untersuchungen von Tompkins und Mitarbeitern [863] gingen von der Fragestellung aus, die toxikologische Wirkung von Spaltprodukten zu untersuchen. Dazu mußten die Spaltprodukte trägerfrei und in hoher Reinheit getrennt werden können. Die Anwendung der Ionenaustausch-Chromatographie brachte auch diesem Arbeitskreis die gewünschten Erfolge und führte unter Verwendung von Komplexbildnern zur Trennung der Seltenen Erden.

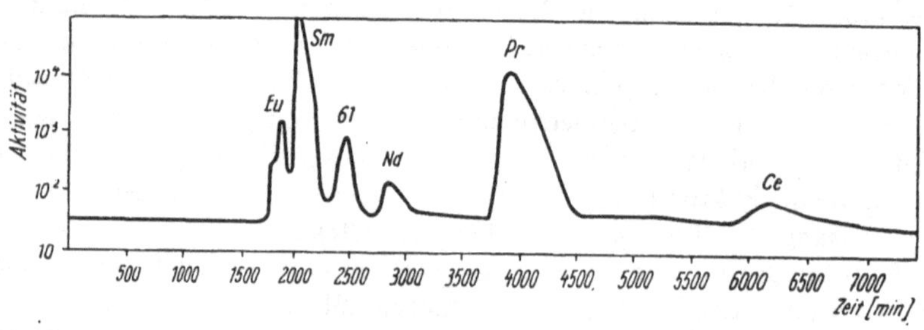

Abb. 74. Trennung leichter Seltener Erden [427]. (Dowex 50, 270—325 mesh, 97 cm, 100 °C, Fließgeschwindigkeit 1,0 ml/cm²/min).

Innerhalb der Ceriterden konnten Praseodym von Cer, Cer von Lanthan sowie Neodym, Praseodym und Cer voneinander getrennt werden [301]. Weitere Studien dieses Arbeitskreises führten schließlich zu Untersuchungen über die Brauchbarkeit anderer Komplexbildner als der bis dahin ausschließlich verwendeten Zitronensäure. Milchsäure, Äpfelsäure, Glykolsäure und Äthylendiamintetraessigsäure wurden in Dowex-50-Säulen bei 87° auf das Trennvermögen für Sm-Eu und Eu-Tb, Lanthanidenpaare, die besonders schwer zu trennen sind, untersucht [563]. Ab-

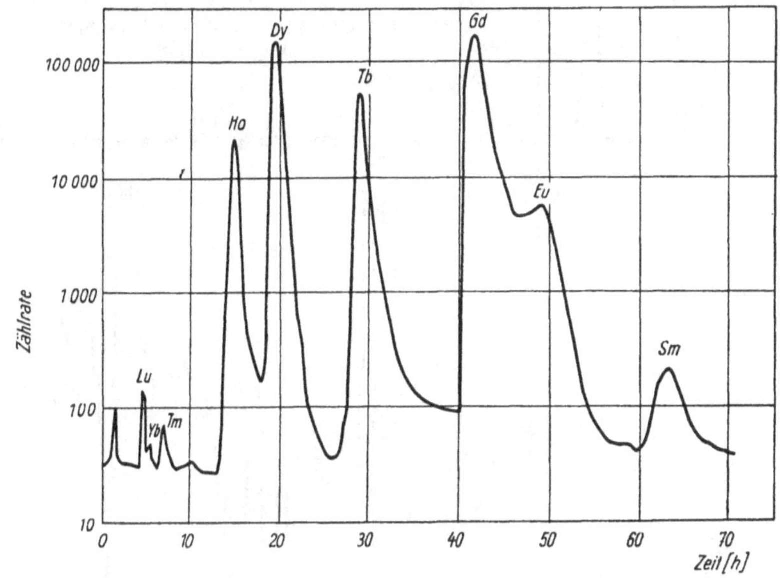

Abb. 75. Trennung der Yttererden [427]. (Dowex 50, 270–325 mesh, 97 cm, 100°C, 5% Citratpuffer pH 3, 28, Fließgeschwindigkeit 0,64 cm/min, Fläche der Austauscherpackung 0,26 cm²).

bildung 76 zeigt die dabei erhaltenen Vergleichsdiagramme. Besonders Milchsäure erwies sich als selektiveres Elutionsmittel als Zitronensäure und konnte später erfolgreich für die Trennung Y, Tb, Gd, Eu, Sm, Pm und Nd [230] (s. Abbildung 77) und für die Trennung der Lanthaniden- und der Actinidenelemente [920] verwendet werden.

Spedding und Mitarbeiter konnten schließlich zeigen, daß Seltene Erden auch in Grammengen mit außerordentlich hoher Reinheit durch Ionenaustausch-Chromatographie getrennt werden können. Sogar im Kilogrammaßstab wurden einige Seltene Erden mit 99,9%iger Reinheit gewonnen. An Amberlite-IR-1-Säulen wurden zuerst Cer und Yttrium durch Elution mit 5%igen Zitronensäure-Ammoniumcitrat-Lösungen getrennt [766], später konnten ebensogute Trennungen für Praseodym und Neodym erzielt werden [767]. Das angewendete Elutionsverfahren wurde auf die Makrotrennung sowohl der Cerit- als auch der Yttererden ausgedehnt [768]; hierbei bringt die Verwendung von 0,1%iger Zitronensäure beim pH 5,0 und 5,5 eine Verbesserung des Verfahrens [769]. Untersuchungen mit 0,5%iger Zitronensäure waren gesondert vorgenommen worden [771]. Die schwierige Trennung des Elementenpaares Dysprosium und Yttrium konnte mit 5%iger Ammoniumcitratlösung bei Zimmertemperatur an Nalcite HCR erreicht werden [772].

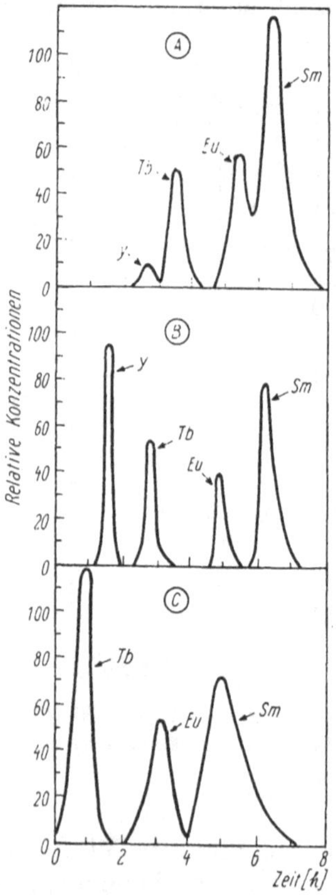

← Abb. 76. Elutionschromatogramme Seltener Erden. *A* — 0,50 m Citrat, pH 3,04, 0,52 m*l*/h; *B* — 0,24 m Lactat, pH 5,00, 4,5 m*l*/h; *C* — 0,26 m ÄDTA, pH 3,62, 0,50 m*l*/h [563].

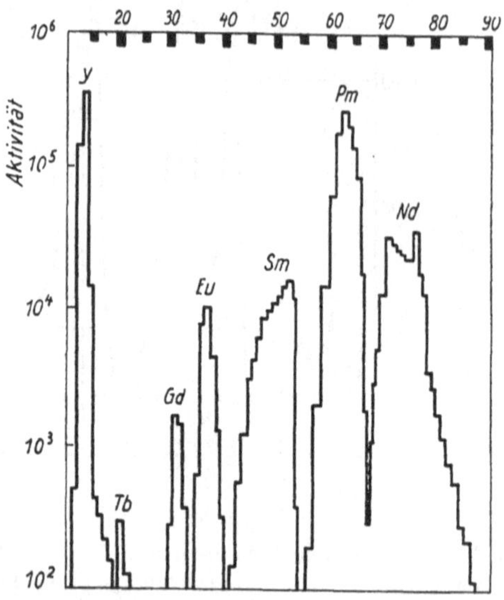

Abb. 77. Elutionschromatogramm Seltener Erden aus Spaltprodukten mit Milchsäure als Elutionsmittel bei 87 °C [230].

Dieser Austauscher erwies sich dem Amberlite IR-100 auch bei der Trennung der schweren Seltenen Erden überlegen. Grammengen von Er, Ho und Dy wurden in einer Reinheit von mehr als 99% erhalten [773]. Weitere Arbeiten beschäftigen sich dann mit der quantitativen Berechnung der Elutionsbanden und einer quantitativen Theorie der Trennungen Seltener Erden an Ionenaustauschern [774, 775]. Andere Untersuchungen zeigten, daß auch mit Äthylendiamintetraessigsäure eine rasche Trennung der verschiedenen Seltenen Erden möglich ist [909, 776]. Quantitative Daten für die Elution von Neodym an Nalcite HCR [777], eine quantitative Theorie über den Mechanismus der Elution durch verdünnte Citratlösungen [778] und ein Verfahren mit Kupfer als verbleibendem Ion bei der Elution der Seltenen Erden mit Äthylendiamintetraessigsäure werden mitgeteilt [779].

Die chemische Identifizierung von Radioisotopen von Neodym und Element 61 durch ionenaustauschchromatographische Trennung gelang MARINSKY, GLENDENIN und CORYELL [549] unter Anwendung von wiederum Amberlite IR-1 und gepufferten Citratlösungen.

Eine beachtenswerte Verbesserung der Methode zur ionenaustauschchromatographischen Trennung der Seltenen Erden brachte die Anwendung der Gradientenelution durch NERVIK [627]. Dieses Verfahren ermöglicht die Lösung des Problems, daß unter Bedingungen, bei denen die schweren Seltenen Erden rasch getrennt werden, für die Trennung der leichten außerordentlich lange Elutionszeiten auf-

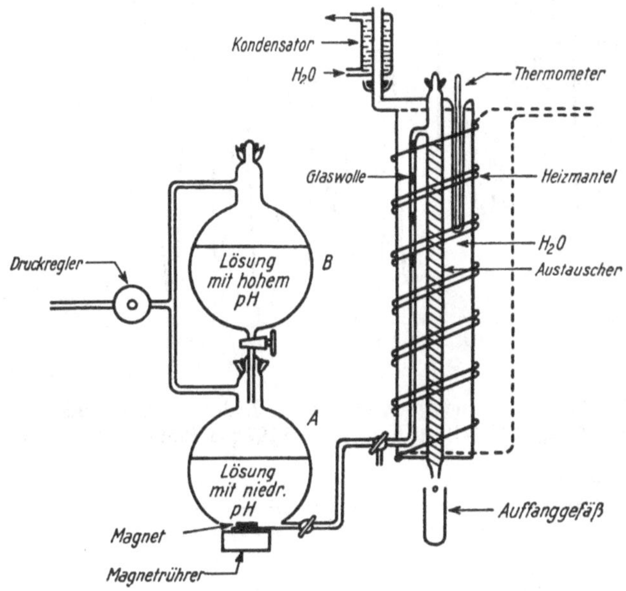

Abb. 78. Apparatur von NERVIK zur Trennung Seltener Erden durch Gradientenelution [627].

gewendet werden müssen und daß unter Bedingungen, bei denen die leichten Seltenen Erden gut getrennt werden, die schweren zu rasch und dadurch wenig rein eluiert werden.

Die Abbildung 78 zeigt die verwendete Apparatur, die die kontinuierliche nderung des pH gestattet. Auf diese Weise konnte an Dowex 50 in der NH_4-Form durch Elution mit 1 m Milchsäure bei einem anfänglichen pH von 3,19 und einer pH-Änderung von 0,107 pH-Einheiten pro Stunde die in Abbildung 79 gezeigte Trennung erzielt werden. Diese mit trägerfreien Spuren durchgeführte Trennung kann unter Berücksichtigung einiger in der angeführten Arbeit aufgestellten Regeln auch auf größere Mengen übertragen werden (Abbildung 80).

Außer den bereits beschriebenen Elutionsmitteln besitzen auch andere organische Säuren ein ausreichendes Komplexbildungsvermögen für die Seltenen Erden, um ebenfalls zur Elution an Ionenaustauschern in Betracht gezogen zu werden.

Die Verwendung von Nitrilotriessigsäure wurde von LORIERS und CARMINATI [531] untersucht. Von ihnen konnten an Dowex 50 in einer 130 × 3 cm langen Säule 10 g Ceriterden mit 2% Sm, 48% Nd, 24,5% Pr, 0,5% Ce und 25% La bei pH 4 mit 1,4%iger Nitrilotriessigsäure (Trilon) getrennt werden. Auch FITCH und

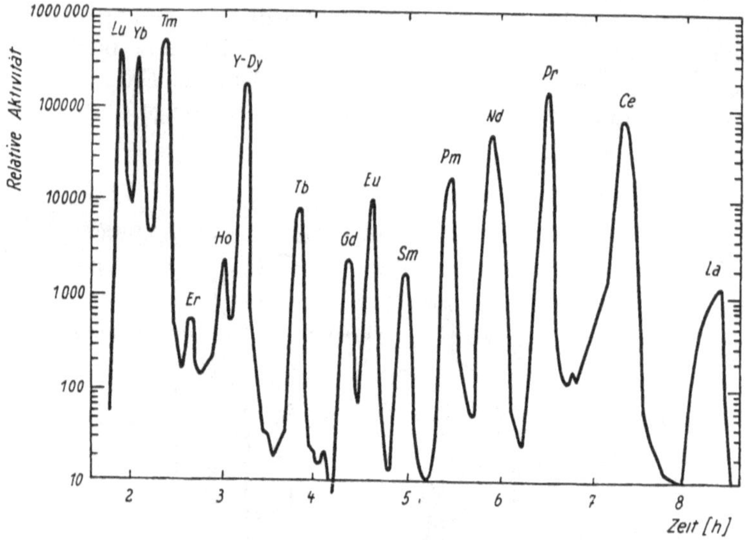

Abb. 79. Elutionschromatogramm Seltener Erden durch Gradientenelution (Anfangs-pH 3,19, pH Gradient 0,107 pH-Einheiten/h) [627].

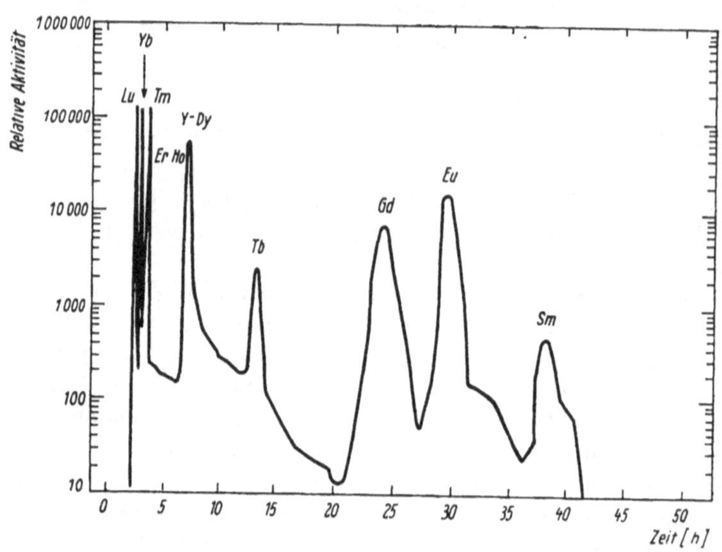

Abb. 80. Elution trägerfreier Seltener Erden bei pH 3,19 [627].

Russel [222] haben mit Nitrilotriessigsäure La quantitativ in wägbaren Mengen abgetrennt und Holleck und Hartinger [337, 338] erzielten mit dieser Säure am Kationenaustauscher Nalcite HCR gute Trennerfolge. Massonne und Wolf [556, 924] berichteten ebenfalls über die Trennung größerer Mengen Seltener Erden mit Nitrilotriessigsäure als Elutionsmittel.

Besonders bemerkenswert sind in diesem Zusammenhang die Arbeiten von Noddack [633, 634] zur Trennung Seltener Erden im Kilogrammaßstab. Zur Trennung und Reindarstellung der schweren Yttererden in größerer Menge aus Gemischen der Seltenen Erden wurden als Austauscher Lewatit S 100 und als Komplexbildner Nitrilotriessigsäure verwendet. Als Endergebnis konnten die Erden Lu, Yb, Er und Dy in Mengen von 1 bis 3 kg mit einem Reinheitsgrad von mehr als 99,5% und die Erden Tm, Ho und Tb in Mengen von 0,8 bis 2 kg mit Gehalten von 70 bis 91% erhalten werden.

Unter Verwendung von Dowex 50 konnten Choppin und Silva [127] zeigen, daß α-Hydroxy-iso-buttersäure (0,3 m) für die Trennung der Lanthaniden der Äthylendiamintetraessigsäure in bezug auf die Fließgeschwindigkeit und der Zitronen- und Milchsäure in bezug auf die Trennfaktoren überlegen ist.

Smith und Hoffmann [753] erreichten die selektive Elution der Lanthaniden von Dowex 50 bei 25° durch Ammonium-α-hydroxy-iso-buttersäure. Einen Vergleich verschiedener Komplexbildner wie Essigsäure, Malonsäure, Weinsäure, Zitronensäure, Glycin, Äthylendiamintetraessigsäure und Nitrilotriessigsäure brachte Vickery [890] und zeigte, daß eine größere Fließgeschwindigkeit zur Elution angewendet werden kann, wenn die Komplexstabilität zunimmt. Die Trennung der Lanthaniden versuchten Stewart [790] durch Glykolsäure und James und Byran [377] durch Thenoyltrifluoroaceton.

Eine Reihe weiterer Arbeiten von Higgins und Street [323], Fuger [237], Cuninghame und Mitarbeiter [160], Martin und Parker [553], Lavrukhina und Mitarbeiter [500] und Marcus und Nelson [547] über die ionenaustauschchromatographische Trennung der Seltenen Erden und von Krapp [471] über die Trennung und Bestimmung der Seltenen Erden in Stahl, von Hettel und Fassel [320] über deren Bestimmung [89] in Zirkonmetall und von Brooksbank und Leddicotte [89] in Tierknochen sollen nur noch erwähnt werden. Bemerkt seien auch noch die Arbeiten von Maslova et al. [555] über die Trennung einiger radioaktiver Seltener Erden an den Austauschern SDV-3 und KU-2 durch Eluieren mit 0,25 m Milchsäurelösung und von Petrow [663] über die radiochemische Bestimmung von Nd, Pr und Ce in Spaltprodukten.

Durch Verwendung eines Zn-Äthylendiamintetraäthylenkomplexes konnten Misumi und Taketatsu [585] die Trennung von La, Ce, Pr, Nd und Sm verbessern. Subbaraman et al. [800] führten die ionenaustauschchromatographische Trennung der leichten Seltenen Erden La, Pr, Nd und Sm durch Elution mit Natriumtriphosphat durch, mit dem die Seltenen Erden mehrfach geladene Anionenkomplexe bilden, die über einen weiten pH-Bereich beständig sind. Die Fluoride einiger Seltener Erden (Eu, Dy, Gd, Sm) wurden von Kallmann et al. [409] zur Trennung an Ionenaustauschern verwendet.

Eine Theorie über die Trennung von Seltenen Erden stammt von TUNITZKI, NEKRASSOW und TSCHERNEWA [874]. Es wird eine Gleichung angegeben, die die Berechnung der geringsten Zeitdauer t für die Trennung zweier Elemente ermöglicht.

BRUNISHOLZ [92] gibt ein Verfahren für die pH-Kontrolle während der Trennung Seltener Erden durch Ionenaustausch-Chromatographie an und beschreibt ein einfaches Verfahren zur quantitativen Analyse von Gemischen [93].

Im Zusammenhang mit der Trennung der Seltenen Erden sei noch auf einige Arbeiten hingewiesen, in denen Seltene Erden von einem oder mehreren anderen Elementen getrennt werden. So berichten DOLAR und DRAGANIĆ [186] über die Trennung von Spuren Seltener Erden von Uran an Amberlite IR-120, HETTEL und FASSEL [319] über die quantitative Trennung kleiner Mengen Seltener Erden von Thorium, Uran und Zirkonium, ŜUŠIĆ [803] über die Trennung Tellur, Ruthenium, Cäsium und die Seltenen Erden an Dowex 1, DANON [163] über die Trennung von Thorium und die Seltenen Erden in salpetersaurem Medium, BANKS et al. [28] über die Trennung und Bestimmung kleiner Mengen Seltener Erden in Uran und LERNER und PINTO [508] über die Abtrennung der Seltenen Erden von Beryllium, Magnesium, Zirkonium, Titan und Uran.

Actiniden. Die Actinidenelemente gliedern sich nach ihrem chemischen Verhalten in die Elemente Actinium, Thorium, Protactinium, Uran, Neptunium und Plutonium (Atomnummer 89 bis 94) und die Trans-Plutoniumelemente. Während die ersteren in verschiedenen Wertigkeitsstufen auftreten können, sind die letzteren hauptsächlich dreiwertig.

Das *Actinium* ähnelt in seinem Verhalten sehr den Lanthanidenelementen mit den Unterschieden, die auf dem größeren Ionenradius beruhen. Im Gemisch mit den Seltenen Erden wird deshalb das Actinium immer nach den Lanthaniden eluiert. Es ist auch leichter, das Actinium von den Seltenen Erden zu trennen, als verschiedene Seltene Erden untereinander. Die Trennung des Actiniums von den Seltenen Erden haben ausführlich MCLANE und PETERSON [568] sowie speziell für die Trennung von Lanthan JENG-TSONG und HAISSINSKY [381, 382] und außerdem MEINKE [574] behandelt. Nach HAGEMANN [283] gelingt die Desorption des Actiniums von Dowex 50 mit 4n Salpetersäure. Nach ausführlichen Studien über das Komplexbildungsverhalten der Actiniden in salzsauren Lösungen haben DIAMOND, STREET und SEABORG [180] die Trennung des Actiniums von den Seltenen Erden an Dowex 50 durch Elution mit 3n, 6n und 12n Salzsäure erreicht. Anionenaustauschuntersuchungen mit Actiniden und Lanthaniden in Nitratlösungen stellte DANON [164] an. Die Elution erfolgt mit 4,4 m $LiNO_3$-Lösung, wobei zuerst das Actinium aus der Säule tritt.

Das ionenaustauschchromatographische Verhalten des *Thoriums* ist durch zwei Eigenschaften gekennzeichnet. Einerseits bildet Thorium in salzsaurer und salpetersaurer Lösung keine negativ geladenen Komplexe und wird deshalb von Anionenaustauschern nicht aufgenommen, andererseits aber wird es aus sauren Lösungen von Kationenaustauschern stark adsorbiert und kann mit Salzsäure und Salpetersäure nicht mehr desorbiert werden.

Kraus, Moore und Nelson [479] haben auf dieser Basis Trennungen des Thoriums von Protactinium, von Proctanium und sechswertigem Uran und von vierwertigem und sechswertigem Uran ausgearbeitet. Die 10n salzsaure Lösung wird auf die Säule mit Dowex 1 gegeben und Pa mit 9 n HCl-1 n HF-Lösung, U(IV) mit 3n HCl und U(VI) mit 0,1 n HCl eluiert.

Demgegenüber beschreibt Carswell [117] die Trennung des Thoriums von Uran in salpetersaurer Lösung und führt sie auf die Bildung anionischer Nitratkomplexe des Thoriums zurück. Er arbeitet bei 77 °C an De-Acidite FF mit 4n HNO_3 als Elutionsmittel.

Die Trennung des Thoriums an Kationenaustauschern von den Seltenen Erden, Zirkonium und anderen Elementen führte Strelow [796] durch. Zirkonium und die Seltenen Erden werden mit 4n HCl eluiert; das verbleibende Th wird durch Verbrennen des Austauschers bei 125 °C als ThO_2 bestimmt. Vestermark [889] trennt das Thorium von Uran und anderen Begleitelementen durch Elution mit 2n HCl. Dyrsson [201] verwendet bei der Trennung Uran/Thorium 2n HCl für das Uran und 0,5 m Oxalsäure für das Thorium als Elutionsmittel. Eine Methode von Asaro et al. [18] für die Trennung Thorium und Radium macht von den Austauschereigenschaften des Dowex 50 Gebrauch, aus dem die beiden Elemente selektiv eluiert werden.

Die Trennung des Thoriums an Anionenaustauschern kann auch über die Sulfatokomplexe erfolgen. Von Nagle und Murthy [616] wird besonders für die Analyse von Monazit Amberlite IRA-400 verwendet. Das wenig gebundene Cer kann mit angesäuertem Wasser eluiert werden, während für das Thorium 2n Salz-, Salpeter- oder Perchlorsäure verwendet wird. Nach Saito und Sekine [719] werden Th(IV) und U(IV) aus Ammoniumsulfatlösung an Dowex 1-X8 vollständig adsorbiert und mit 1 bzw. 6n HCl eluiert. Für die Trennung Thorium, Zirkonium und Niob durch Molnar und Toth [591] an einem stark basischen Anionenaustauscher Mykenion PA, wird in einer Lösung aus 0,1 m Na_2SO_4 und 0,03 m H_2SO_4 gearbeitet. Thorium wird mit der gleichen Lösung eluiert, für die Abtrennung des Zirkoniums wird n HCl und für Niob 4n HCl verwendet. Von Radhakrishna [687] wurde eine Methode zur Trennung von Thorium und Lanthan ausgearbeitet. Das La wird als erstes mit Zitronensäure (10%, pH 3) abgetrennt und dann Th mit 6n H_2SO_4.

Untersuchungen über das Verhalten der Thorium-Äthylendiamintetraessigsäure-Komplexe am Anionenaustauscher Dowex 1-X4 führten Wald und Schönfeld [894] durch. Die Thoriumkomplexe werden viel stärker gebunden und können deshalb von den Radioelementen ^{210}Pb und ^{210}Bi scharf getrennt werden.

Einige Arbeiten, die sich mit der Trennung Thorium/Cer beschäftigen, sollen zusammengefaßt noch aufgeführt werden. Dazu verwendet Taketatsu [839] eine Lösung des Blei-ÄDTA-Komplexes zum Eluieren des Thoriums, wobei Cer nicht abgelöst wird. Das Cer wird durch 3n Salzsäure eluiert. Cer und Thorium werden bei diesem gute Werte liefernden Verfahren als Oxyde bestimmt. Zwei weitere Arbeitsvorschriften zur Thorium-Cer-Trennung an Kunstharz-Ionenaustauschern stammen von Nisi et al. [631] und von Nozaki [612]. Einen Alginat-Ionenaustauscher zur Thorium-Cer-Trennung verwenden Takahashi und Miyake [836]. Der Austauscher wird durch Behandeln von Calciumalginat mit verdünnter Natronlauge und anschließender Fällung mit verdünnter Salpetersäure hergestellt. Auf den neutralen Austauscher in der H-Form werden die beiden Elemente im Gemisch aufgebracht und danach der pH-Wert der Säule mit Ammoniak auf 2 bis 2,5 eingestellt und mit Wasser gewaschen. Das Cer wird mit 0,075n Salpetersäure quantitativ eluiert, das somit quantitativ von dem mit 1n Salpetersäure eluierbaren Thorium abgetrennt wird.

Das *Protactinium* wird in stark salzsauren Lösungen von Anionenaustauschern stark adsorbiert (Kraus und Moore [480]). Der Verteilungskoeffizient beträgt 2 bis 4 im Bereich von 1 bis 4n Salzsäure und steigt auf 100 in 6n HCl und auf über 1000 in HCl-Konzentrationen größer als 8. Daraus läßt sich eine ionenaustauschchromatographische Trennung für Protactinium, Uran und Thorium entwickeln. Aus 8n HCl werden Protactinium und Uran eingetauscht, während Thorium ungehindert durch die Säule läuft. Protactinium und Uran werden nacheinander mit 3,8n HCl eluiert. Im salzsaueren Medium können nach Maddock und Pugh [540] auch Protactinium und Zirkonium getrennt werden. An Amberlite IRA-400 wird Zr mit 6 bis 7n HCl und Pa mit 3n HCl desorbiert.

Die Trennung des Protactiniums an Kationenaustauschern von Thorium bearbeiteten hingegen Kimura et al. [439]. Pa, ein Zerfallsprodukt des Th, wird von einer Dowex-50-Säule mit 0,8 bis 2,0n HNO_3 oder 0,5- bis 0,7%iger Oxalsäure eluiert.

Das *Uran* ist in seinem Verhalten der Ionenaustausch-Chromatographie gegenüber sowohl analytisch als auch technisch interessant und wichtig. Die Kenntnisse, die zur Bearbeitung der damit zusammenhängenden Probleme notwendig sind, wurden von verschiedenen Forschungsgruppen durch Studium der Eigenschaften des Uran in verschiedenen Lösungsmitteln erarbeitet. Die zahlreichen Ergebnisse führten zu einer Reihe von Arbeitsvorschriften, bei denen sowohl Kationenaustauscher als auch Anionenaustauscher zur Anwendung kommen. Die nachfolgenden diesbezüglichen Abschnitte gliedern sich nach dem verwendeten Medium und den benutzten Austauschertypen.

In Salzsäure liegt nach den Arbeiten von Diamond et al. [180] sechswertiges Uran bis zu HCl-Konzentrationen von 6n als starker Anionenkomplex vor, so daß es von einem Kationenaustauscher nicht aufgenommen wird. Vierwertiges Uran zeigt von 6n HCl bis 12n HCl in Übereinstimmung mit zunehmender Eluierbarkeit von einem Kationenaustauscher zunehmende Komplexbildung. In 3n HCl wird U(IV) so stark vom Kationenaustauscher gebunden, daß eine Elution nicht mehr wahrgenommen werden kann. Damit im Einklang steht eine von Tonosaki und Otomo [864] mitgeteilte Trennung des vierwertigen Urans von Titan. In 2n HCl wird die mit Zinkamalgam behandelte Lösung der beiden Metalle auf eine Trennsäule mit Amberlite IR-120 (H-Form) gegeben und mit 2n HCl nachgewaschen. Das allein zurückgehaltene Uran wird mit 2n Schwefelsäure eluiert. Zur Trennung des sechswertigen Urans von Thorium nach Khopkar und De [430] werden die als Nitrate auf Amberlite IR-120 gebrachten Kationen nacheinander eluiert, und zwar Uran mit 300 ml 1n HCl und Thorium mit 300 ml 3m H_2SO_4. Zur gleichen Trennung des Urans von den Elementen Zirkonium, Cer, Quecksilber, Kupfer und Nickel werden die letzteren in anionische Komplexe verwandelt, und zwar Zr durch Oxalsäure, Hg durch Jodid, Ce, Cu und Ni durch ÄDTA, die dann den Austauscher passieren. Nach dem Waschen der Säule mit Wasser wird Uran durch 250 m*l* 4n Salzsäure eluiert.

Entsprechend diesem Verhalten in salzsauren Lösungen wird Uran (VI), wie Kraus et al. [481] ebenfalls untersuchten, von Anionenaustauschern stark aufgenommen. Wie Abbildung 81 zeigt, steigt der Verteilungskoeffizient mit steigender HCl-Konzentration stark an und nimmt erst bei höheren Konzentrationen wieder leicht ab. Für U(IV) gilt analoges, solange die Bildung eines Chloridkomplexes vorliegt. Korkisch und Mitarbeiter [461] prüften in einer Arbeit das Austauschverhalten von Uran aus HCl-Äthanol-Mischungen an Dowex 1. Für die Trennung von Molybdän und Wolfram wird nach der Aufgabe der Probe die Säule mit 4n HCl-Äthanol (1:4) gewaschen und das Uran mit 0,1n HCl, die mit Äthyläther gesättigt wurde, eluiert. Das Verfahren eignet sich für Analysen von Kohleaschen, Phosphaten, Bauxiten und Gesteinen, die Wolfram enthalten.

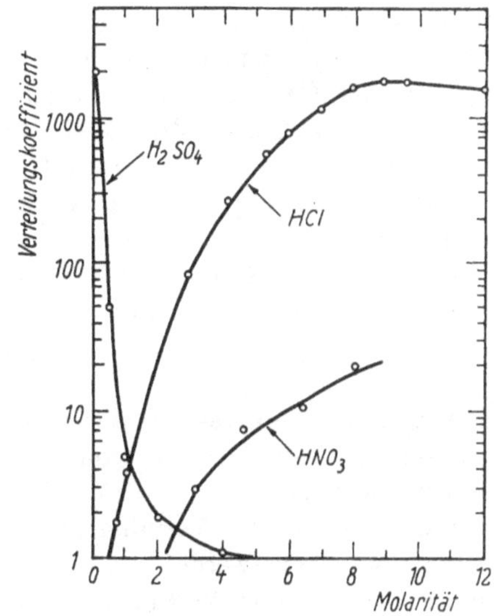

Abb. 81. Eintausch von U(VI) aus verschiedenen Mineralsäuren [472].

Die Trennung des U von V nach Morachevskii und Gordeeva [602], des U von Fe nach Klement [450] sowie des U von einer ganzen Reihe von Radioelementen am Kationenaustauscher KU-2 nach Kapatinskaya und Syromyatnikov [410] erfolgt ebenfalls aus salzsaurer Lösung.

Eine relativ einfache, präparativ ionenaustauschchromatographische Methode zur Gewinnung von trägerfreiem ^{234}Thorium (UX_1) ist von Berman et al. [50] ausgearbeitet worden. Das nach der Zerfallsreihe $^{238}U \xrightarrow{\alpha} {}^{234}Th\,(UX_1) \xrightarrow{\beta} {}^{234}Pa\,(UX_2) \xrightarrow{\beta} {}^{234}U$ gebildete Thorium kann trotz seiner geringen Konzentration am Anionenaustauscher (Amberlite IRA-400, 500 m*l*, 20—50 mesh, Cl-Form) von Uran getrennt werden. 50 g Uran werden in 150 m*l* 9,6n HCl gelöst und nach Aufgabe auf die Säule mit 500 m*l* nachgewaschen. Das Eluat enthält 97% des UX_1. Das Uran wird mit 0,1n HCl eluiert. Man kann es aber auch auf der Säule belassen und in periodischen Arbeitsgängen mit 9,6n HCl weitere Mengen von UX_1 gewinnen.

In Schwefelsäure bildet U(VI) Sulfatkomplexe nach der Gleichung

$$UO_2^{++} + n\,SO_4^{--} \leftrightharpoons UO_2(SO_4)_n^{2-2n}$$

mit $n = 1{,}2$ oder 3. Die Komplexbildung nimmt mit steigender Säurekonzentration rasch ab. Dementsprechend nimmt auch die Austauschfähigkeit an Anionenaustauschern mit steigender H_2SO_4-Konzentration rasch ab, wie der Abbildung 81 entnommen werden kann. Die weitere Folgerung daraus ist, daß von einem Kationenaustauscher Uran mit Schwefelsäure eluiert werden kann.

Ionenaustauschverfahren, die darauf beruhen, daß Uran in sulfathaltigen Medien an Anionenaustauschern von Ionen, die darin keine Sulfatkomplexe bilden, abgetrennt werden kann, sind nicht chromatographisch. Sie wurden zur Trennung von Ce, Zr, Cs, Ag, Cd und V von Khopkar und De [429], zur Trennung von Al, Ni, Fe, Mn,, Zn, Cu, Cr, Zr und Co von Horton et al. [345], zur Trennung von Ce, Alkalimetallen, Cu, Fe, Zn, Cd, Mn, Co und Ni von Susic [804] und zur Trennung von Bi von Banerjee und Heyn [27] bearbeitet.

Nach den Prinzipien der Ionenaustausch-Chromatographie arbeitet das Verfahren von Tonasaki und Otomo [865] zur Trennung des Urans von Al am Kationenaustauscher Amberlite IR-120. U wird mit 1 n HCl und Al mit 2 n HCl eluiert.

In Karbonatlösungen ist der nach der Gleichung

$$UO_2^{++} + 3\,CO_3^{--} \leftrightharpoons UO_2(CO_3)_3^{4-}$$

gebildete Komplex des Urans viel stärker. Deswegen werden Uran(VI)-Ionen im karbonathaltigen Medium von Kationenaustauschern nicht adsorbiert. Von Anionenaustauschern wird U(VI) dagegen erwartungsgemäß stark adsorbiert.

Darauf beruht ein Verfahren zur Gewinnung bzw. Reinigung von Uran und Vanadium. Diese werden aus sodaalkalischen Extraktionslösungen über einen stark basischen Anionenaustauscher geführt. Das Uran wird mit Hilfe einer Ammoniumsulfatlösung und anschließend das Vanadium mit Lösungen von Natriumchlorid, Ammoniumkarbonat, Natriumbikarbonat, Natronlauge und gesättigter Schwefeldioxydlösung eluiert [24].

Eine Trennung U(VI), Th(VI), Ce(IV) und Be(II) versuchten Misumi und Taketatsu [586]. Die erzielten Ergebnisse zeigten, daß Thoriumionen vollständig, die anderen Ionen nur unvollständig von Uranylionen durch Dowex 1-X8 abgetrennt werden können.

In Salpetersäure liegt in verdünnten Lösungen das Uran als $UO_2(NO_3)^+$ vor, so daß in diesem Bereich Adsorption an Kationenaustauschern stattfindet. Ab etwa 2n HNO_3 werden negative Nitratkomplexe gebildet, wodurch die Adsorption an Anionenaustauschern ermöglicht wird (Abbildung 81).

Dieses Verhalten kann zur Abtrennung des ^{234}Thorium (UX_1) (vgl. auch S. 99) herangezogen werden. Bane [26] adsorbierte das UX_1 aus einer Uranylnitratlösung an einem Kationenaustauscher, wobei das Uran das Austauscherbett passierte. Das UX_1 wurde dann mit einer Natriumbisulfatlösung eluiert. Ein ähnliches Verfahren wurde von Dyrsson [201] entwickelt, der das Thoriumisotop mit Oxalsäurelösung entfernte. Chen [123] adsorbierte das UX_1 aus einer 7,5n salpetersauren Lösung, mit der das Uranylion wieder ausgewaschen wurde. Zur Elution des UX_1 wurde Wasser verwendet.

In Phosphorsäure bildet Uran (VI) anionische Komplexe im Bereich 0,1n bis 1,0n und wird deshalb von Anionenaustauschern stark adsorbiert.

Eine quantitative radiochemische Bestimmung von Uran und Tellur in Spaltprodukten wurde darauf aufbauend von WISH [921] ausgearbeitet. Die Probe wird in 0,1n Phosphorsäure auf Dowex 2 in der Phosphatform gegeben und mit 1n Phosphorsäure nachgewaschen. Tellur wird dadurch quantitativ abgetrennt und schließlich Uran mit dem Gemisch 0,1n HCl—0,06n HF eluiert, nachdem der Austauscher in die Chloridform überführt wurde.

Über Flußsäure als Medium für die Adsorption ist nichts bekannt geworden. Nur das Austauschverhalten von U(VI) aus HCl-HF-Lösungen wurde untersucht, wobei sich zeigte, daß die Anwesenheit von 1n HF die Adsorption bei höheren HCl-Konzentrationen etwas steigert, bei niedrigen HCl-Konzentrationen dagegen beträchtlich gegenüber reiner Salzsäure herabsetzt. Erst bei HCl-Konzentrationen <1n steigt das Adsorptionsvermögen mit fallender HCl-Konzentration wieder stark an. Vermutlich sind dafür positiv geladene Fluorkomplexe verantwortlich zu machen, die bei höheren HCl-Konzentrationen gebildet werden im Gegensatz zu negativen Komplexen bei niedrigen HCl-Konzentrationen.

In Acetatlösungen und Oxalsäure untersuchten ISHIMORI und OKUNO [372] das Austauschverhalten von Uran gegen Kationenaustauscher. Sie fanden, daß die Adsorbierbarkeit in beiden Medien beträchtlich abnimmt, ein Sachverhalt, der dazu genutzt werden kann, Uranylionen aus Kationenaustauschern mit Acetat oder Oxalsäure zu eluieren. Mit Oxalsäure lassen sich nach DRAGANIC et al. [191] Spuren von Verunreinigungen in Uran bestimmen. An Amberlite IR-120 werden U, Fe und Cu mit 0,5 m Oxalsäure, Ca, Ni, Co und Mn mit Salzsäure und die Seltenen Erden mit 5%iger Ammoniumcitratlösung von pH 4,0 eluiert.

Das Verhalten von Uran gegenüber ÄDTA kann nach RYABCHIKOV et al. [712] in sauren Medien, in denen das Uran als Kation vorliegt, zu dessen Trennung von Begleitelementen herangezogen werden. Ebenfalls mit ÄDTA am Kationenaustauscher trennen KENNEDY et al. [424] UO_2^{++} von Ca^{++}, Co^{++} und Cu^{++} und von Fe^{3+}, Cu^{++}, Co^{++} und La^{3+}. Das Uran wird mit Carbonat eluiert.

In organischen Lösungsmitteln versuchten JANGG und BURKER [378] Uran an Ionenaustauscher zu binden. Sie fanden, daß in Tributylphosphat Uran mit steigendem Wassergehalt des Austauschers gebunden wurde.

Neptunium und *Plutonium* haben ihre eigene Bedeutung in der Atomreaktortechnik. Deshalb sind Methoden für ihre Trennung, für die auch ionenaustauschchromatographische Verfahren angewendet werden, wichtig.

An Kationenaustauschern werden Neptunium und Plutonium in allen ihren beständigen Wertigkeitsstufen aus sauren Lösungen stark adsorbiert. Auch Spuren dieser Elemente können von kleinen Austauscherpackungen aus stark verdünnten Lösungen eingetauscht werden, was nebenbei gesagt, für die Konzentrierung verwendbar sein kann. Zur Desorption sind schwache Lösungen von Salzsäure und Salpetersäure geeignet, mit dem das Austauschverhalten gegenüber Anionenaustauschern, das weiter unten dargestellt wird, wiederum im Wechselspiel steht. Im Zusammenhang mit den anderen Actinidenelementen Thorium und Uran gibt die Abbildung 82 einen Überblick über das Elutionsverhalten an Dowex 50 in 3,2n, 6,2n, 9,3n und 12,2n Salzsäure (DIAMOND, STREET und SEABORG [180]). Dieses Elutionsverhalten wurde unter gleichen Bedingungen ermittelt und in den logarithmischen Maßstab eingetragen. Je weiter links ein Element steht, um so leichter wird es eluiert.

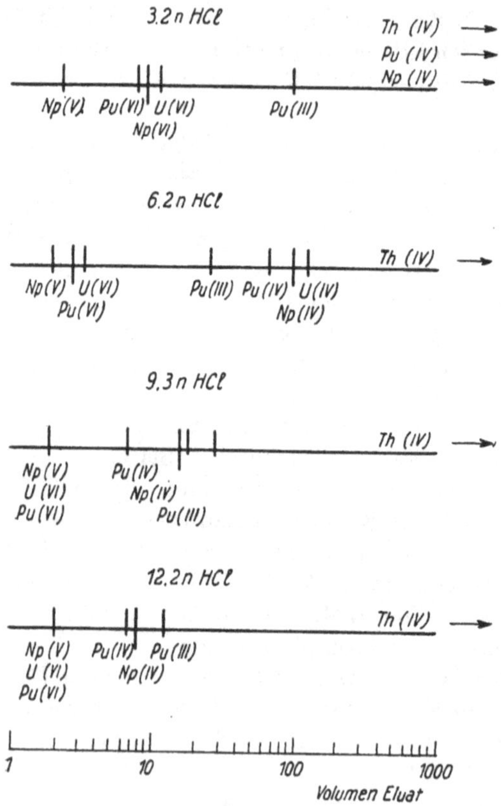

Abb. 82. Übersicht über die Elutionsbande von Th, U, Np und Pu verschiedener Oxydationsstufen in salzsauren Lösungen [364].

Das Anionenaustauschverhalten ist besonders in salzsauren Lösungen untersucht worden. Neptunium(VI) und Plutonium(VI) werden aus 6n HCl und größer eingetauscht und von 0 bis 3n HCl leicht wieder ausgewaschen. Pu(VI) wird auch aus 8n HNO_3 und größer eingetauscht. Neptunium(V) wird aus 4n HCl und größer eingetauscht, während Plutonium(V) wegen seiner Unbeständigkeit kein radiochemisches Interesse besitzt. Neptunium(IV) wird adsorbiert oberhalb 4n HCl, Plutonium(IV) oberhalb 2,5n HCl. Plutonium (III) wird in keiner HCl-Konzentration von einem Anionenaustauscher aufgenommen.

Für die Trennung Neptunium/Plutonium an Anionenaustauschern wird der die beiden Elemente enthaltenden salzsauren Lösung Jodid zugesetzt und die Lösung eine Minute erhitzt, um Neptunium zur vierwertigen und Plutonium zur dreiwertigen Stufe zu reduzieren. Die Lösung wird auf die Säule gegeben und mit konzentrierter Salzsäure gewaschen. Das Plutonium tritt quantitativ durch die Säule, und das quantitativ eingetauschte Neptunium wird mit 0,5nHCl eluiert.

Ein dem vorstehenden ähnliches Verfahren für die Trennung Np/Pu wurde von JACKSON und SHORT [374] mitgeteilt. Die Reduktion erfolgt mit NH_4J, als Austauscher dient De-Acidite FF. Das ^{237}Np wird mit 2n HCl eluiert. Es wird dabei darauf hingewiesen, daß mit einer Trennsäule 20 × 2,5 cm und einer Fließgeschwindigkeit 1 ml/min 2 bis 3 g ^{237}Np von 50 mg ^{239}Pu gereinigt werden können.

In 8n HNO_3 wird die Analysenlösung zur Trennung Np von Pu, U, Am, Cm und Spaltprodukte nach ROBERTS [704] an Dowex 1-X4 eingesetzt. WISH und ROWELL [922] untersuchten das Elutionsverhalten von Np, Pu, U und Zr in HCl und HNO_3 an Dowex 2 für analytische Zwecke. WISH [923] gibt eine Methode an für die rasche Trennung und Bestimmung von Np, Pu, U, Zr, Nb und Mo in gemischten Spaltprodukten an Dowex 2. Die entsprechenden Aktivitäten werden nacheinander qualitativ eluiert.

Für die *Trans-Plutonium-Elemente* konnte beim Studium ihres ionenaustauschchromatographischen Verhaltens auf zahlreiche Tatsachen und Erfahrungen der Trennungen der Seltenen Erden zurückgegriffen werden. Zu ihrer Bearbeitung wurden rasche und vollständige Trennungen, vor allem durch Vervollkommnung der ionenaustauschchromatographischen Technik, erzielt.

THOMPSON et al. [856] untersuchten das Austauschverhalten am Kationenaustauscher Dowex 50 mit Ammoniumfluosilikat. Zur gleichen Zeit führten CUNNINGHAM und THOMPKINS [856] die Trennung von Curium und Americium mit Ammoniumcitrat als Eluiermittel durch. Eine Verbesserung brachten die Ergebnisse von DIAMONDS, STREET und SEABORG [180] über den Kationenaustausch in salzsauren Lösungen. Sie fanden, daß die Actiniden bei höheren HCl-Konzentrationen bevorzugt Komplexe bilden im Gegensatz zu den Lanthaniden und demnach die Lanthaniden von Kationenaustauschern bevorzugt aufgenommen werden. Eine Trennung der Actinidenelemente untereinander konnte jedoch nicht erzielt werden. Später konnte durch 20%igen mit Salzsäure gesättigten Alkohol die Gruppentrennung Actiniden-Lanthaniden verbessert werden.

An Anionenaustauschern mit Ammoniumthiocyanat als Elutionsmittel arbeiteten SURLS und CHOPPIN [802]. Sie erreichten eine ausgezeichnete Trennung von den Lanthaniden, aber keine Trennung der Actiniden untereinander. COLEMAN et al. [145] haben durch Elution mit Ammoniumthiocyanat Grammengen Americium von über 100 g Lanthaniden ziemlich erfolgreich getrennt. An Dowex 1 wurden die Lanthaniden mit 5n NH_4SCN und Am mit 0,1n HCl eluiert.

Für die Trennung der Actinidenelemente am Anionenaustauscher untereinander erwiesen sich organische α-Hydroxysäuren als am geeignetsten, da die Chelatbildung eine größere Differenzierung hervorruft als die Bildung anorganischer Anionen. Glykolsäure, Milchsäure und α-Hydroxy-iso-buttersäure wurden verwendet, sowie Citrat, Tartrat, ÄDTA, Mandelat und α-Hydroxy-n-buttersäure. In Tabelle 8 ist eine Übersicht über die Trennfaktoren für Cf, Cm und Am mit den verschiedenen Elutionsmitteln gegeben.

Zwei zufriedenstellende Ionenaustausch-Chromatographie-Methoden für die Trennung Americium und Curium stammen von GLASS [259]. Bei der einen wurde 0,1m Ammoniumtartratlösung (pH 4,0) an Dowex 50 (17 cm Packung, 250 bis 500 mesh, Trennsäule 2 mm Durchmesser, Raumtemperatur) verwendet. Ein typisches Chromatogramm dafür zeigt Abbildung 83, für die ein Trennfaktor von 1,30 ermittelt wurde. Bei der anderen wurde 0,4 m Milchsäure (pH 4,6, mit NH_4OH) in der gleichen Trennsäule bei 87 °C verwendet. Der Trennfaktor betrug 1,19 mit 2% Überlappung gegenüber 0,2% bei dem vorherigen Verfahren.

Tab. 8 Trennfaktoren (Cm = 1,00)

Elutionsmittel	Cf	Cm	Am
Citrat	0,42	1,00	1,17
Tartrat	—	1,00	1,3
ÄDTA	0,18	1,00	2,04
Glykolat	0,68	1,00	1,17
Lactat	0,45	1,00	1,18
Mandelat	0,35	1,00	1,18
α-Hydroxy-n-butyrat	0,26	1,00	1,20
α-Hydroxy-iso-butyrat	0,25	1,00	1,40

Unter Hinweis auf die Erfolge, die Milchsäure für die Ionenaustausch-Chromatographie der Lanthaniden brachte, untersuchten Wish et al. [920] das Austauschverhalten von Americium, Cer, Californium und Element 99 an Dowex 50 mit Lactatlösungen von pH 3 bei 87°. Sie konnten eine Verbesserung gegenüber der Verwendung von Zitronensäure an Hand der Trennfaktoren um 45% von Am/Cm und Cm/Cf feststellen.

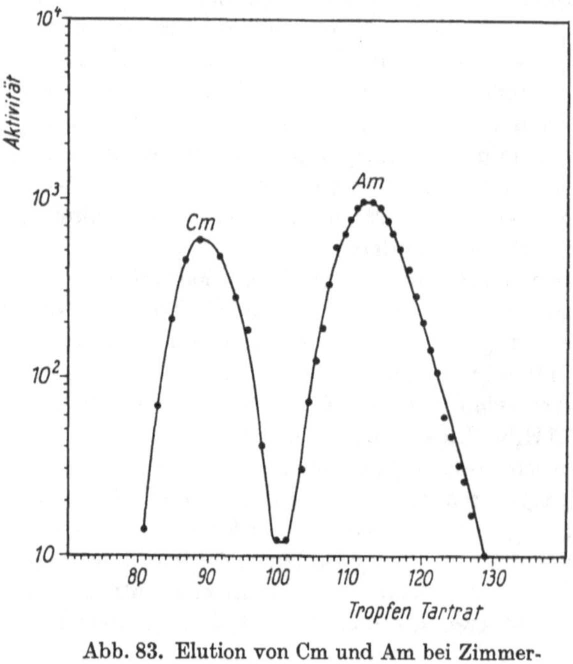

Abb. 83. Elution von Cm und Am bei Zimmertemperatur [259].

Die Daten für die anderen in Tabelle 8 als Elutionsmittel aufgeführten Trennfaktoren entstammen den Arbeiten von Fuger [238] über ÄDTA, Smith und Hofmann [753] sowie Milstead und Beadle [583] über α-Hydroxy-iso-butyrat und Thompson et al. [855] über die übrigen Elutionsmittel.

Zwei weitere Arbeiten, die sich ionenaustauschchromatographischer Methoden bedienen, betreffen die Eigenschaften des Californiums von Street et al. [793] und die Eigenschaften von Isotopen der Elemente Einsteinium und Fermium von Fields et al. [219].

Die Elutionen mit Citrat und Isobutyrat nehmen eine zentrale Stellung ein bei den Elementen mit Ordnungszahlen größer als Curium. Man kann sagen, daß die Entdeckung der schweren Transplutoniumelemente ohne Ionenaustausch-

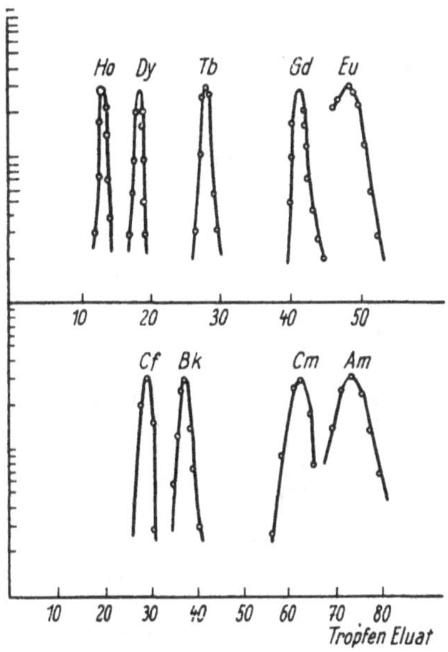

Abb. 84. Lage der Elutionsbanden der Actiniden und Lanthaniden an Dowex 50 mit Citrat als Elutionsmittel.

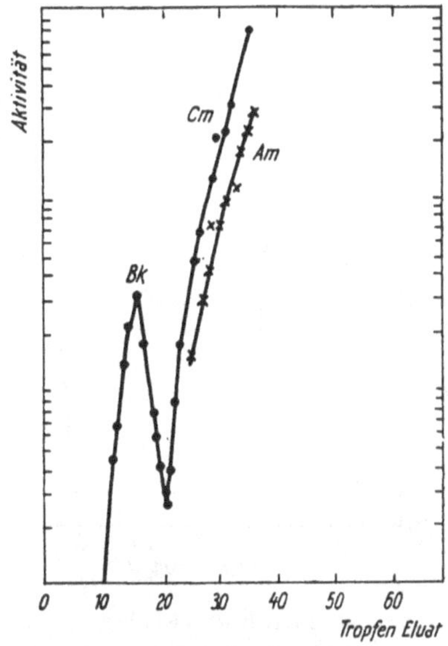

Abb. 85. Original-Elutionschromatogramm, das zur Entdeckung von Berkelium führte.

Chromatographie erheblich erschwert, wenn nicht unmöglich gemacht worden wäre. Man machte dabei von der Analogie zwischen den bekannten Trennfaktoren der Lanthaniden und den synthetisierten Elementen Gebrauch und sagte a priori die Lage der Elutionsbanden der unbekannten Elemente bis zur Ordnungszahl 103 voraus. Das Auffinden einer Aktivität mit den vorhergesagten nuklearen Eigenschaften und der vorhergesagten Lage der Elutionsbande war für Chemiker und Physiker der Beweis für die geglückte Synthese.

Abbildung 84 zeigt dies für die homologen Actiniden und Seltenen Erden mit

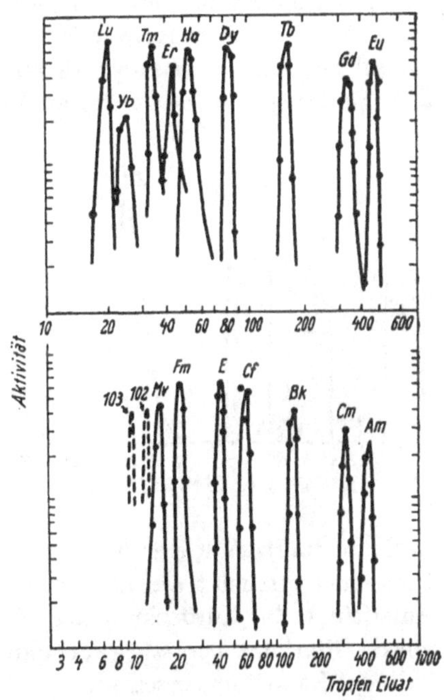

Abb. 86. Lage der Elutionsbanden der dreiwertigen Lanthaniden (oben) und der homologen dreiwertigen Actiniden (unten) mit α-Hydroxy-iso-butyrat als Elutionsmittel (Dowex 50, 87 °C; doppelt logarithmischer Maßstab).

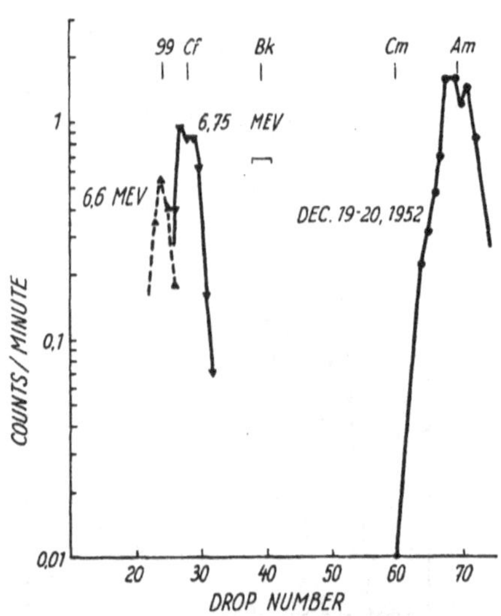

Abb. 87. Original-Elutionschromatogramm, das zur Entdeckung von Einsteinium führte (19. und 20. 12. 1952). Cf und Am sind in Spuren zur Kalibrierung zugesetzt (Dowex 50, 87 °C, Citrat als Elutionsmittel).

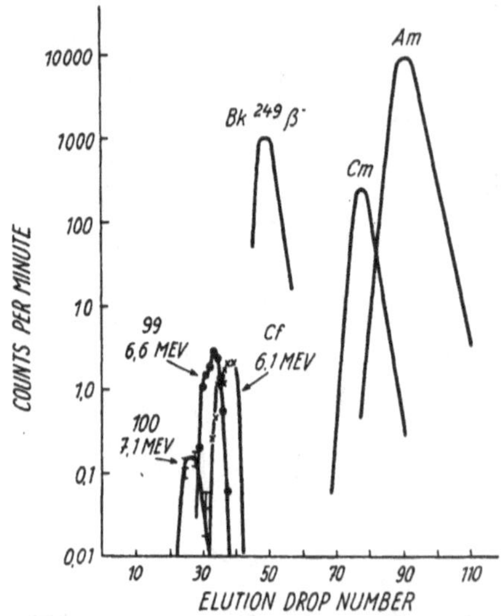

Abb. 88. Original-Elutionschromatogramm, das zur Entdeckung von Fermium führte (1. 3. 1953).

Bezug auf die Entdeckung der Elemente Berkelium und Californium. Das wichtigste Merkmal dieser Kurven ist, daß innerhalb jeder Serie die dreiwertigen Ionen sowohl bei den Lanthaniden als auch bei den Actiniden in umgekehrter Reihenfolge zu der Ordnungszahl liegen. In Abbildung 85 ist das Elutionsdiagramm der

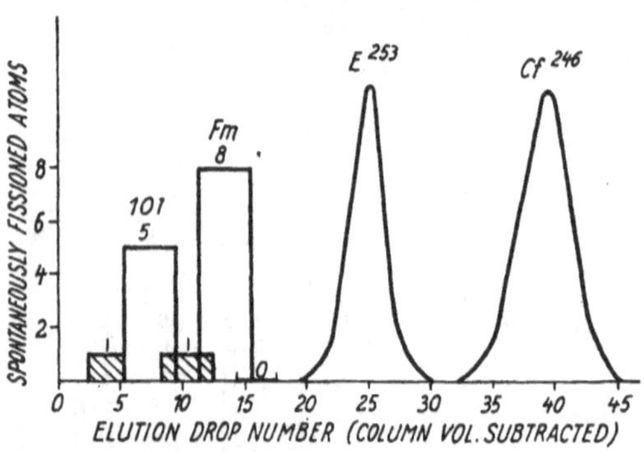

Abb. 89. Original-Elutionschromatogramm, das zur Entdeckung von Mendelevium führte (19. 2. 1955) (Dowex 50, 87 °C, α-Hydroxy-isobutyrat als Elutionsmittel).

Actinidenfraktion wiedergegeben, das zur Entdeckung des Berkeliums führte. Berkelium erscheint an der erwarteten Stelle gleich oberhalb von Curium und Americium. Zur Entdeckung des Californiums wurde Berkelium in Tracermengen vor der Elution zugesetzt, wobei dann die Bande des Californiums wiederum oberhalb des Berkeliums erschien.

Dasselbe Verfahren wurde auch bei der Entdeckung der synthetisierten Elemente mit den Atomnummern 99 bis 102, Einsteinium, Fermium, Mendelevium und Element 102, angewendet. Die Ionenaustausch-Chromatographie erwies sich auch hier als die Methode, die im Gegensatz zu den konventionellen Verfahren die notwendige Selektivität und Schnelligkeit für die Identifizierung solcher Elemente aufwies. Abbildung 86 zeigt die Lage der Elutionsbanden der homologen Actiniden und Lanthaniden von Americium bis Element 103 und von Europium bis Lutetium. Die Abbildungen 87 bis 89 sind Wiedergaben der Elutionsdiagramme, die zur Entdeckung der Elemente Einsteinium, Fermium und Mendelevium führten.

IV. Hauptgruppe

Eine systematische Silikatanalyse kann auch mit Hilfe der Ionenaustausch-Chromatographie durchgeführt werden, wie Yoshimura und Waki [933] zeigten. Zur Trennung von Fe, P, Al, Mn, Ca, Mg, Na und K in Silikatgesteinen wird eine Probe von 0,1g aufgeschlossen, Fe(II) mit H_2O_2 zu Fe(III) oxydiert, und das Ganze auf ein Volumen von 15 m*l*, 10n HCl, gebracht. Dann wird an einer Säule mit Dowex 1-X8 (Cl-Form) eine Art Gruppentrennung durchgeführt. Durch Elution mit 10,5n HCl erhält man ein Eluat A mit Na, K, Mg, Ca und Al, dann mit 6n HCl ein Eluat B mit Mn, Ti und P und zuletzt mit 0,5n HCl ein Eluat C mit Fe. Das Eluat A wird durch eine zweite Säule mit Amberlite IR-120 (H-Form) geschickt, Na und K mit 0,2n HCl bzw. 0,5n HCl und Mg, Al und Ca mit 4n HCl eluiert. Diese letzte Fraktion wird sodann auf eine dritte Säule mit Dowex 50-X12 (NH_4-Form) gegeben, Mg und Ca mit 1 m bzw. 2 m Ammoniumacetatlösung und Al mit 4n HCl eluiert. Das Eluat B wird ähnlich weiterbearbeitet, und zwar wird es auf eine Säule mit Amberlite IR-120 (H-Form) gegeben, zur Entfernung des P gewaschen und schließlich Ti mit 0,8n und Mn mit 1,8n H_2SO_4 eluiert. Die einzelnen Metalle werden in den Endeluaten nach den üblichen Methoden bestimmt.

Das Anionenaustauschverhalten von Germanium in salzsauren Lösungen haben Nelson und Kraus [625] untersucht. Ge(IV) wird in 0,1 bis ca. 4n HCl kaum eingetauscht, während von hier ab die Adsorptionsfähigkeit stark ansteigt. Das in der gleichen Mitteilung untersuchte Arsen kann als As(V) von Ge(IV) durch Elution mit 6,2n HCl bzw. 3,0n HCl getrennt werden.

Die Trennungen des Zinns von Antimon an Kationenaustauschern nach Kimura et al. [440], Minder et al. [584] und West et al. [906] zeigen keine zufriedenstellenden Ergebnisse. Dawson und Magee [170] erreichten aber eine sehr gute Trennung an Anionenaustauschern (Amberlite IRA-400) mit 3%iger Malonsäure (pH 4,8). Nach Elution des Antimons mit Malonsäure wird das Zinn mit 9n Schwefelsäure eluiert. Das Verfahren kann auch auf Blei ausgedehnt und zur Analyse von Weißmetallen und Zinnlegierungen verwendet werden.

Das Anionenaustauschverhalten von Blei(II) wurde von Nelson und Kraus [624] in Salzsäure, Salpetersäure und Ammoniumnitratlösungen untersucht. In Salzsäure ist das Adsorptionsvermögen von Pb(II) bei niedrigen Konzentrationen an Dowex 1 gering ($k = 1$ bei 0,05n HCl), steigt dann mit steigender HCl-

Konzentration an, um bei 1,5n HCl ein Maximum zu erreichen ($k = 25$), und fällt dann wieder rasch ab. In Salpetersäure ist das Adsorptionsvermögen im ganzen Bereich von 0,5 bis 8,0n HNO_3 gering; es erreicht bei etwa 2n HNO_3 ein Maximum mit $k = 4$. Noch geringer ist das Adsorptionsvermögen in Ammoniumnitratlösungen; der gefundene Verteilungskoeffizient $k = 2$ für den gesamten Bereich 1 bis 9n NH_4NO_3 ist klein und im wesentlichen unabhängig von der NH_4NO_3-Konzentration.

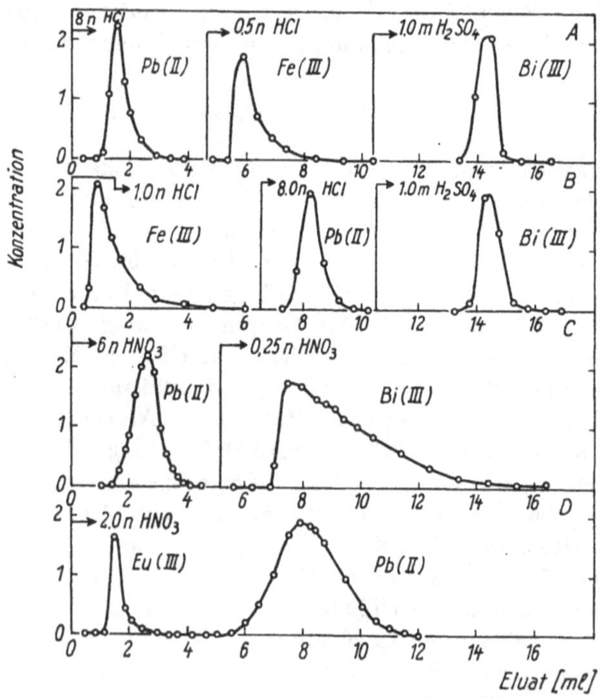

Abb. 90. Trennungen von Blei und Wismut in salzsauren und salpetersauren Lösungen. (Trennsäule: Querschnitt 0,30 cm², Länge A — 4,7 cm, B — 4,7 cm, C — 6,8 cm, D — 12,2 cm, Dowex 1, 200—230 mesh, Fließgeschwindigkeit etwa 0,5 cm/min.)

Da sich das Wismut(III) in diesen vorgenannten Medien wesentlich anders verhält, können leicht Trennungen dieser beiden Elemente durch Ionenaustausch-Chromatographie durchgeführt werden. Die Arbeitsverfahren zeigen keine Besonderheiten, so daß die Bedingungen und Ergebnisse unmittelbar der Abbildung 90 entnommen werden können. Wie daraus hervorgeht, sind auch Trennungen Pb/Fe und Pb/Eu auf Grund dieser Untersuchungen leicht durchzuführen.

Nach Gorsuch [270] können Blei und Thorium auf einfache Weise an De-Acidite FF getrennt werden. Das Blei läßt sich mit destilliertem Wasser eluieren, wobei eine extrem reine wäßrige Lösung des Tracermetalles entsteht.

Das Verhalten trägerfreier Mengen von ^{210}Pb- und ^{210}Bi-ÄDTA-Komplexen an Dowex 1-X4 wurde von Wald und Schönfeld [895] untersucht und daraus eine

Trennung der beiden Elemente entwickelt. Bi wird mit ÄDTA-Lösung sowohl von ÄDTA- als auch NO_3-beladenen Austauschern und mit 0,001 m NO_3-Lösung bzw. mit reinem Wasser von einer mit ÄDTA beladenen Säule bevorzugt eluiert. Für radiochemische Zwecke kann das Verfahren so abgewandelt werden, daß man die längerlebige Muttersubstanz ^{210}Pb am Austauscher adsorbiert, das kürzerlebige ^{210}Bi dort nachwachsen läßt und wiederholt eluiert, ohne daß sich die Lage der Muttersubstanz in der Austauscherpackung wesentlich verändert.

Nach Kationenaustauscher-Studien mit Pb(II) an Dowex 50W-X8 gaben KHOPKAR und DE [431] die Arbeitsbedingungen für die Trennungen Pb/Sr/Ba/Al, Pb/Ce/Zr und Pb/Bi/Fe/Th an.

IV. Nebengruppe

Bei der IV. Nebengruppe erinnert man sich sofort an die Schwierigkeiten, die die Trennung Zirkonium und Hafnium nach den klassischen Methoden bietet, da Hafnium in seinem natürlichen Vorkommen stets von Zirkonium getarnt wird. Welche Vorteile dafür die Ionenaustausch-Chromatographie bietet, soll daher weiter unten ausführlich dargestellt werden. Daneben bilden aber auch Trennungen des Titans und des Thoriums metallurgisch große Probleme, die ionenaustauschchromatographisch gelöst werden können. Auf das Thorium wird hier nur insoweit eingegangen, als dieses mit den übrigen Elementen der IV. Nebengruppe vorkommt, im übrigen wurde es bei den Actiniden behandelt, worauf nochmals ausdrücklich verwiesen sei.

BROWN und RIEMAN III [90] unternahmen den Versuch, Titan, Zirkonium und Thorium durch Ionenaustausch-Chromatographie zu trennen. Das entwickelte quantitative Verfahren arbeitet mit 1%iger auf pH 2 gepufferter Zitronensäurelösung an Dowex 50. Die Reihenfolge ist dabei Zr-Ti-Th, wie es Abbildung 91 zeigt. Zur quantitativen Bestimmung der fraktionierten Komponenten wurden die Oxyde von Titan, Zirkonium und Thorium ausgewogen oder bei Verwendung radioaktiver Isotopen mit einem Geiger-Müller-Zähler gemessen.

Nach Untersuchungen an vier Ionenaustauschern, den Kationiten SBS und KU-2 und den Anioniten EDE-10 und AN-2F, wählten BELYAVSKAYA et al. [37] für die Trennung Titan und Zirkonium den Kationenaustauscher KU-2. Von den Anionenaustauschern wurden im Bereich 0,1—6n Salzsäure weder Ti noch Zr eingetauscht, während bei den Kationenaustauschern Adsorptionsunterschiede auftraten, so daß die Verteilungskoeffizienten in 0,1 bis 6n HCl ermittelt werden konnten. Zur eigentlichen Trennung werden aus dem Austauscher Titan mit n HCl und Zr mit 4n HCl eluiert.

In schwefelsauren Lösungen arbeitete zur Trennung Titan/Zirkonium CHEN [124] und konnte an Amberlite IR-120 mit 0,75n H_2SO_4 titanfreies Zirkonium in einer Ausbeute von 90% durch eine einmalige Elution isolieren.

Weitere Arbeiten beschäftigen sich mit den Trennungen des Titans von anderen Elementen. Nach ALIMARIN et al. [5] werden Lösungen mit Titan und Chrom auf eine mit 0,5%iger ÄDTA (pH 4) vorbehandelte Säule mit dem Kationenaustauscher

SBS (H-Form) gegeben. Das Titan wird dann mit 0,5% ÄDTA-Lösung und das Chrom mit 4n Schwefelsäure eluiert. Vollständige Trennungen für Mengenverhältnisse Ti: Cr wie 1:100 und 10000:1 konnten erzielt werden. Kleine Titanmengen von Eisen unter Verwendung von Alkalicyanidlösungen als Elutionsmittel trennen YOSHINO und KOJIMA [936]. Titan wird quantitativ von seinen Begleitelementen in Stählen als Fluoridkomplex an einem Anionenaustauscher durch ATHAVALE et al. [19] getrennt. KORKISCH und FARAG [462] geben eine photometrische Bestimmung von Titan und dessen Trennung als Ascorbinatkomplex von Eisen, Chrom, Nickel und anderen Elementen mittels des stark basischen Anionenaustauschers Amberlite IRA-400 an. Zur Bestimmung von Titan, Zirkonium, Niob und Tantal in Stählen führen HAGUE und MACHLAN [285] ein Anionenaustauschverfahren kombiniert mit Kupferronfällungen etc. durch.

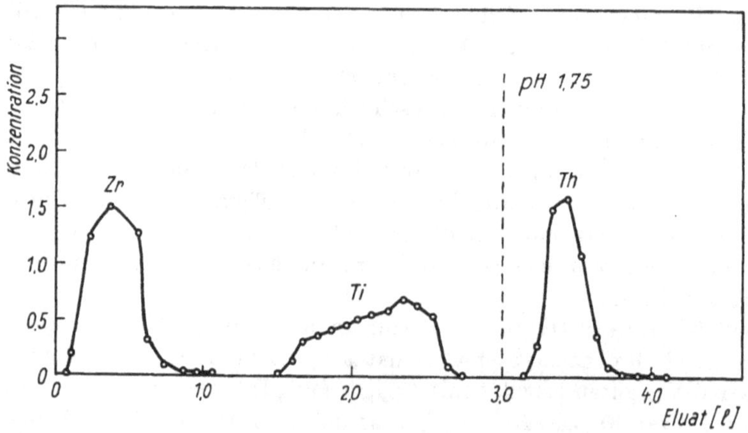

Abb. 91. Elution von Ti, Zr und Th als Citratkomplexe (Trennsäule 7 cm × 7,0 cm², Dowex 50, 80—100 mesh) [90].

Das schon einleitend angeführte Trennproblem Zirkonium und Hafnium wurde vielfach und sowohl an Kationenaustauschern als auch an Anionenaustauschern bearbeitet. Es kann von verschiedenen Gesichtspunkten aus gesehen werden. Einmal ist es interessant, das Ionenaustauschverhalten der beiden Elemente unter variierten Bedingungen zu studieren, und daraus eine Trennung abzuleiten. Vom praktischen oder technischen Standpunkt aus ist es aber günstiger, da in den Mineralien das Atomverhältnis der beiden Elemente wie etwa 100:1 ist, die großen Mengen Zirkonium zu eluieren und die viel kleineren Hafniumverunreinigungen zunächst auf der Säule zu belassen und entweder weiter anzureichern oder für sich auszuwaschen.

LISTER [527] beschäftigte sich bei seinen Untersuchungen über die Möglichkeiten zur Trennung von Zirkonium und Hafnium durch Elution an Kationenaustauscher-Säulen mit Schwefelsäure, Salpetersäure und Oxalsäure eingehend mit diesem Problem. Das Verfahren mit Schwefelsäure erwies sich schließlich als das einfachste und zufriedenstellendste für den Laboratoriumsgebrauch. Es kann sowohl zur Reinigung beider Elemente als auch zu Trennungen von Gemischen beliebiger Zusammensetzung herangezogen werden. An Dowex 50 wird 2n Schwefelsäure als Elutionsmittel verwendet.

Ein Verfahren mit Schwefelsäure als Elutionsmittel zur Trennung Zirkonium/Hafnium beschreibt auch Hoshino [346]. Das Hafnium kann auf 10% des Zirkoniumgehaltes durch Elution mit n oder 1,2n H_2SO_4 an Amberlite IR-120 (100 bis 150 mesh, Trennsäule 1,5 × 50 cm) angereichert werden. Das Eluat mit 1,2n H_2SO_4 wird mit $FeCl_3$-Lösung und 6n Ammoniaklösung behandelt, der Niederschlag in 8n Salpetersäure gelöst, verdünnt und durch eine zweite Säule geschickt. Diese Säule wird dann mit n H_2SO_4 eluiert. Während das Eisen nicht eluiert wird, kann fast alles Hafnium frei von Zirkonium gewonnen werden.

Im Rahmen ionenaustauschchromatographischer Untersuchungen über vierwertige Ionen an Kationenaustauschern entdeckten Street und Seaborg [794] eine Methode zur Trennung Zirkonium/Hafnium mit Salzsäure. Die Bedingungen eignen sich sowohl für Spuren als auch für Milligrammengen. Nach Vorbehandlung der Oxyde beider Elemente wird Dowex 50 in der NH_4-Form (250 bis 500 mesh) in 2n Perchlorsäure aufgeschlämmt und mit den Oxychloriden des Hf und Zr zum Austausch gebracht. 80% werden ohne zu polymerisieren eingetauscht. Der Austauscher wird nun auf eine Säule mit der gleichen Packung gebracht und mit 6n HCl eluiert. Das erhaltene Hafnium enthielt etwa 0,1 Gew.-% Zirkoniumoxyd. Dieses Verfahren wurde schließlich von Newnham [630] auf ein 2 g-Oxydgemisch mit 20% HfO_2 ausgedehnt. Unter sonst gleichen Arbeitsbedingungen wurde eine Säule von 150 × 2,5 cm und Dowex 50, 100—200 mesh, verwendet.

Zur Trennung Zirkonium/Hafnium an Anionenaustauschern versuchten Kraus und Moore [482] auf die Eigenschaft dieser Elemente mit gewissen Komplexbildnern, vor allem Fluorid- und Oxalationen, negative Komplexe zu bilden, zurückzugreifen. Die Versuche zeigten, daß eine solche Trennung durchführbar ist, wenn auch noch keine optimalen Bedingungen erzielt wurden. Mit einem Gemisch von 0,5n HF—1,0n HCl als Elutionsmittel an Dowex 1 konnte die teilweise Trennung erreicht werden. Rajan und Gupta [688] untersuchten die fortlaufende Entfernung von Hafnium aus Zirkoniumsalzen in natürlichen Gemischen an Amberlite IRA-400 (Cl-Form). Von den Fluorkomplexen beider Elemente wird mit Schwefelsäure zuerst das Hafnium eluiert. Mit dem raschen und hohe Ausbeuten liefernden Verfahren kann zirkonfreies Hafnium gewonnen werden mit einer 90%igen Ausbeute für hafniumfreies Zirkonium.

In der Arbeitsweise, jedoch nicht wesentlich in den Elutionsmitteln, unterscheidet sich von den vorstehenden das Verfahren zur Trennung Hafnium/Zirkonium von Huffmann und Lilly [350, 351]. Die beiden Elemente werden an Amberlite IRA-400 (200—325 mesh) als negative Fluoroionen getrennt. Der Eintausch findet im batch-Verfahren statt (Cl-Form des Austauschers) durch dreistündiges Schütteln mit 0,3n HF. 96% werden eingetauscht. Dieser Austauscher wird in einer Säule zu der dort vorhandenen gleichen Austauscherpackung geschlämmt. Dann werden mit einem Gemisch 0,2n HCl—0,01n HF (6 ml/h) nacheinander Zirkonium und Hafnium eluiert. Die Reihenfolge ist umgekehrt wie an Kationenaustauschern.

Das Ionenaustauschverhalten von Zirkonium und Hafnium in Perchlorsäure mit Amberlite IR-120 untersuchten LARSEN und WANG [496] im batch-Versuch.

In sehr verdünnten HCl-HF-Lösungen arbeitete FORSLING [229] zur Trennung Zirkonium/Hafnium an Amberlite IRA-400.

Zum Abschluß dieses Abschnittes über die Ionenaustausch-Chromatographie der IV. Nebengruppe ist noch auf eine Anzahl von Arbeiten einzugehen, die die Trennung des Zirkoniums von einem oder mehreren anderen Elementen zum Gegenstand haben.

Zur Trennung des Zirkoniums von Titan, Eisen(III), Aluminium und anderen Kationen benutzt STRELOW [797] den Kationenaustauscher Dowex 50 (100 bis 200 mesh, H-Form, 22 × 1,15 cm Packung). Durch 2n Salzsäure werden zuerst Titan und Eisen(III) eluiert, dann mit derselben Säure Aluminium und schließlich Zirkonium mit 5n Salzsäure. Das Verfahren kann zur Bestimmung von Zr in Ton verwendet werden. Die Trennung Zirkonium, Eisen und Nickel wurde auch von ALIMARIN et al. [6] bearbeitet. Die Trennung des Zirkoniums von Aluminium und Chrom wurde durch BELYAVSKAYA und CHMUTOVA [38] am Kationenaustauscher KV-2 (H-Form) erreicht. Nach Aufgabe der Probe werden Al und Cr mit n HCl ausgewaschen und Zr mit 4n HCl wiedergewonnen.

Die Trennung von Gemischen aus Zirkonium, Thorium und Niob wurde von MOLNÁR und TOTH [592] in Schwefelsäure durch Anionenaustausch erzielt. Wenn eine Lösung dieser Elemente im Gemisch von 0,1 m Natriumsulfat und 0,03m Schwefelsäure auf den Austauscher gegeben wird, passiert Thorium die Säule und Zirkonium und Niob werden eingetauscht. Zr wird dann mit 2 n HCl und zuletzt Nb mit 4n HCl eluiert. Demgegenüber verwendet LEAF [502] zur Trennung Zirkonium/Niob an Anionenaustauschern Flußsäure und erreicht auch die Trennung von anderen Spaltprodukten. Die Trennung von Zirkonium und Protactinium an einer Anionenaustauscher-Säule unternahmen nach Bestimmung der Verteilungskoeffizienten beider Elemente an Dowex 1-X10, 200 bis 400 mesh, in 2 bis 11n HCl, KAHN und HAWKINSON [406]. Aus dem Verhalten von Zirkonium-95 und Niob-95 in verdünnten salzsauren Lösungen gegen Kationenaustauscher entwickelte YAJIMA [929] ein Verfahren zur Trennung dieser beiden Elemente. Mit 0,2n HCl wird das Nb und anschließend mit 0,5%iger Oxalsäure oder 3n HCl das Zr eluiert.

Da Plutonium in 7,2 n Salpetersäure anionische Komplexe bildet und von Dowex 1 eingetauscht wird, kann es nach Ko [452] von Zirkonium, das die Säule passiert, getrennt werden. Zur Bestimmung des Zirkoniums in Plutonium-Uran-Legierungen entwickelten BUCHANAN et al. [97] ein Verfahren, bei dem das Zirkonium in 10n Salpetersäure an Dowex 1-X10 abgetrennt wird.

Zirkonium wird nach KORKISCH und FARAG [463] von Amberlite IRA-400 aus 0,05 bis 0,2n Schwefelsäure wegen der Bildung negativ geladener Sulfatokomplexe quantitativ adsorbiert. Es kann mit 4n Salzsäure wieder eluiert und so von den meisten Elementen mit Ausnahme von Zinn, Vanadium, Molybdän, Wolfram und Uran getrennt werden. Zur Analyse phosphathaltiger Substanzen wird der schwefelsauren Probenlösung Natriumfluorid zugesetzt, um die Fällung von Zirkoniumphosphat zu verhindern [464].

V. Hauptgruppe

Auch in der V. Hauptgruppe des Periodischen Systems gibt es eine Reihe von Problemen, die durch Ionenaustausch-Chromatographie einer verbesserten und zufriedenstellenden Lösung zugeführt werden konnten. Entsprechend dem periodischen Wechsel der Eigenschaften der Elemente dieser Gruppe ändern sich aber auch die Fragestellungen. Da die Verbindungen des Stickstoffs bisher in keiner Form bearbeitet wurden, fällt das Hauptgewicht auf den Problemkreis der Phosphattrennungen, um dann entsprechend der Abnahme des nichtmetallischen und der Zunahme des metallischen Charakters von Problemen der Anionentrennungen in Probleme der Kationentrennungen überzugehen.

Kenntnisse über die Verteilung von Phosphatpolymeren sind sowohl ein altes wissenschaftliches Problem als auch für die Hersteller synthetischer Waschmittel und Dünger von großem Interesse, um dadurch Aufschluß über die Stabilität der Phosphate und ihren hydrolytischen Abbau als auch über die Zusammensetzung von Rohmaterialien und Fertigprodukten zu erhalten. Den Beitrag, den die Ionenaustausch-Chromatographie dazu liefern kann, sind Ergebnisse der Arbeiten von Beukenkamp, Rieman, Lindenbaum, Peters und Grande einerseits und einer Reihe von Forschern andererseits, die später diese Probleme ionenaustauschchromatographisch bearbeiteten und noch wertvolle Beiträge dazu lieferten.

Die Tatsache der Notwendigkeit einer schnellen und genauen Analyse von Gemischen niedrig polymerer Phosphate (Ortho-, Pyro-, Tri-, Trimeta- und Tetrametaphosphat) wurde zuerst von Beukenkamp, Rieman III und Lindenbaum [56] aufgegriffen und einer theoretischen Betrachtung auf Grund der Bödentheorie unterzogen, um als deren Folge ein ionenaustauschchromatographisches Verfahren für die Analyse von Gemischen dieser Säuren und ihrer Salze zu entwickeln. Auf die theoretischen Überlegungen soll im einzelnen nicht eingegangen werden. Die experimentellen Arbeiten wurden an Dowex 1-X10, 100–200 mesh, durchgeführt in Säulen von 11 cm $\times$ 3,7 cm^2 und 14 cm $\times$ 3,8 cm^2. Als Elutionsmittel wurden gepufferte Kaliumchloridlösungen verwendet, die mit Salzsäure oder Kaliumhydroxyd auf den verlangten pH gebracht wurden. Die verwendeten Puffer waren Kaliumacetat-Essigsäure für pH 3,7 bis 5,5, Maleatpuffer für pH 5,5 bis 7,3 und Boratpuffer für 7,3 bis 8,4. Zur Einstellung höherer pH-Werte, 8,2 bis 11,1, wurde Ammoniak verwendet und gegebenenfalls Ammonchlorid zugesetzt.

Ergebnisse dieser Arbeiten sind für die zunächst fünf genannten Phosphate in Abbildung 92 gezeigt, wozu verschiedene Konzentrationen der Kaliumchloridlösungen bei pH 5 bzw. pH 7 verwendet wurden. Eine zweifache Bestimmung der fünf Komponenten kann in fünf Stunden mit einem mittleren Fehler von 0,2%

durchgeführt werden. In Tabelle 9 sind Werte von Testanalysen enthalten [518], bei denen, wie in den übrigen Fällen, die Bestimmung der Phosphate in den fraktionierten Eluaten mit Molybat nach BARTON [32] erfolgte.

Tab. 9 Testanalysen von Phosphatgemischen nach LINDENBAUM et al. [518]

Phosphat	Gemisch I		Gemisch II		Gemisch III	
	geg. %	gef. %	geg. %	gef. %	geg. %	gef. %
KH_2PO_4	31,7	37,7	25,0	25,0	25,9	26,3
$Na_4P_2O_7$	22,2	22,2	19,0	19,0	20,1	20,3
$Na_5P_3O_{10}$	17,1	16,5	20,4	20,2	18,3	18,0
$Na_4P_4O_{12}$	14,5	14,3	21,0	21,0	16,1	15,9
$Na_3P_3O_9$	14,5	14,3	14,6	14,5	19,6	19,4
Summe	100,0	99,0	100,0	99,7	100,0	99,9

Daß diese Methode auch auf Tetraphosphat und Grahamsches Salz ausgedehnt werden kann, wurde von PETERS und RIEMAN III [658] in einer Modifikation zu der zunächst mitgeteilten Arbeitsvorschrift gezeigt. Unter Beibehaltung der vorher angeführten Bedingungen sind dafür zwei Elutionen, und zwar bei pH 5 und pH 9 erforderlich, die Fraktionen mit sechs Komponenten liefern (Abbildung 93), während die siebente, Grahamsches Salz, auf der Säule bleibt und mit Salzsäure eluiert wird. Ergebnisse von Analysen der eingesetzten Phosphate und Testgemische können in der Originalliteratur nachgelesen werden.

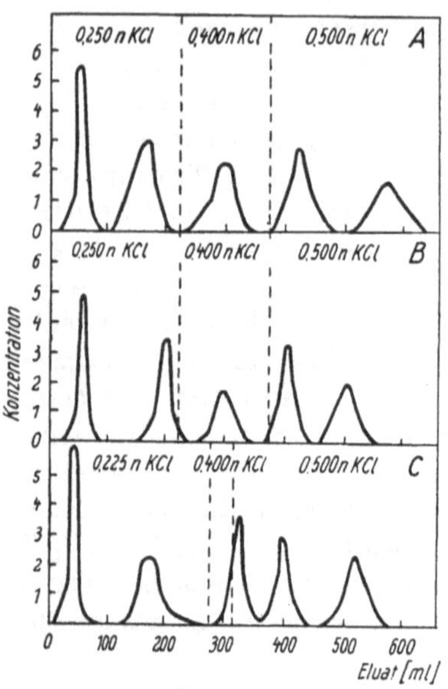

Abb. 92. Elutionschromatogramme von Phosphaten mit Kaliumchloridlösung (*A* und *B* — pH 5,0, *C* — pH 7,0).

HIGGINS und BALDWIN [324] haben die Ionenaustausch-Chromatographie zur Analyse von Gemischen der Ortophosphorsäure und ihrer linearen Polymeren bis zur Pentaphosphorsäure eingesetzt. Sie verwenden gepufferte Kaliumchloridlösungen als Elutionsmittel und erzielen etwa ebenso genaue Ergebnisse wie PETERS und RIEMAN. Eine Analyse dauert jedoch 14 Stunden.

Eine kürzere Analysendauer neben anderen Vorteilen für Phosphatanalysen erreichten GRANDE und BEUKENKAMP [271] durch Gradientenelution. Diese Technik geht von einer einzigen Standard-Kaliumchloridlösung aus, erlaubt höhere Fließgeschwindigkeiten und verhindert die Schwanzbildung vor allem beim Triphosphat. Die einfache Apparatur zeigt Abbildung 94; sie wird nach Angaben der

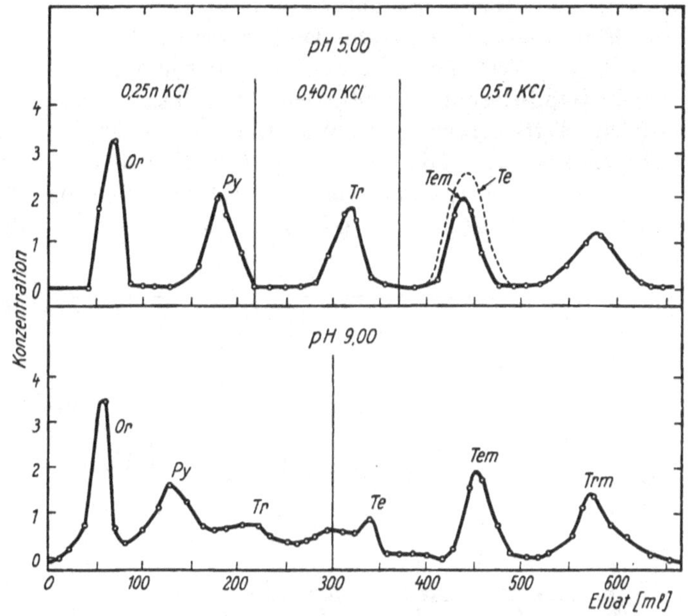

Abb. 93. Elutionschromatogramm von Phosphaten bei pH 5 und 9 mit KCl [658].

Autoren im Routinebetrieb verwendet. Der in der Cl-Form verwendete Dowex 1-X8, 100—200 mesh, wird mit der verdünnten Analysenlösung beladen und mit einer Fließgeschwindigkeit von 6 ml/min eluiert. Zu den jeweils 22 ml betragenden Fraktionen werden 10 ml Salpetersäure gegeben und 30 bis 40 Minuten in kochendem Wasser erhitzt. Die gebildeten Orthophosphate werden als Phosphovanadomolybdate colorimetrisch bestimmt. Abbildung 95 zeigt als Beispiel ein Chromatogramm von fünf Phosphaten.

Eine Steigerung der Einsatzmöglichkeiten im Routinebetrieb bedeutet die Entwicklung von LUNDGREN und LOEB [535] zur Automatisierung der Ionenaustausch-Chromatographie von kondensierten Phosphatgemischen. Das Verfahren von GRANDE und BEUKENKAMP wurde auf einen Technicon-Auto-

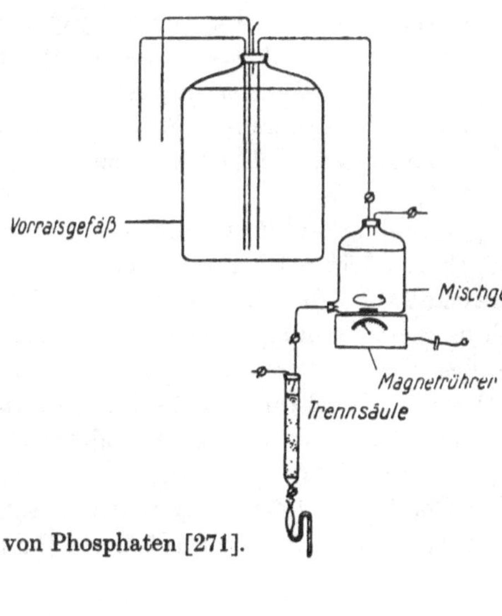

Abb. 94. Apparatur zur Gradientenelution von Phosphaten [271].

Analyzer übertragen und damit eine automatische Kontrolle der Fließgeschwindigkeit und des Elutionsgradienten sowie der Analyse des Eluats auf den Phosphatgehalt erzielt. Das Verfahren wird zur Analyse von synthetischen Waschmitteln empfohlen. Gemische mit Orthophosphat, Pyrophosphat, Tripolyphosphat, Tetrapolyphosphat, Tetrametaphosphat und Trimetaphosphat werden innerhalb von von 2 Stunden analysiert. Die verwendete Säule hat eine innere Fläche von 0,87 cm^2 mit einer Austauscherpackung von 12 cm (Dowex 1-X 8, 100—200 mesh). Zur Regeneration werden 10 Minuten gebraucht. Nach dreißig Analysen wird die Säule erneuert.

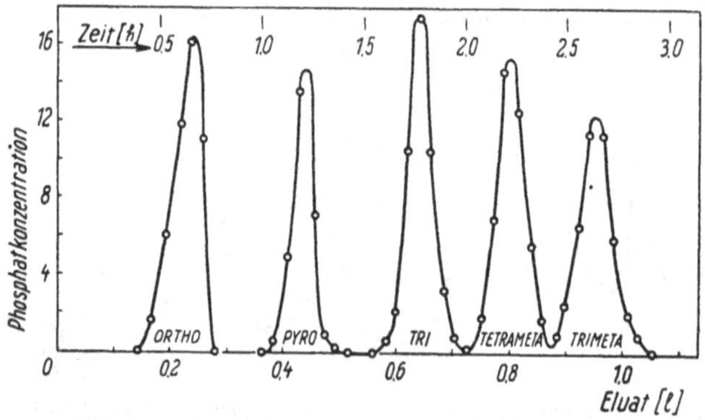

Abb. 95. Gradientenelution von Phosphaten [271].

Über die Trennung kondensierter Phosphate durch Ionenaustausch-Chromatographie haben auch Ebel und Busch [203] sowie Hintzsche [326] gearbeitet. Letzterer verwendet als Elutionsmittel KCl-Lösungen wechselnder Molarität, deren Auswahl für die Trennschärfe und das Endresultat wesentlich ist. Betriebliche Probleme werden angeführt und darauf hingewiesen, daß die Empfindlichkeit der quantitativen Aussage die papierchromatographischen Methoden übertrifft. Spangler et al. [765] wenden die Ionenaustausch-Chromatographie zur Analyse handelsüblicher Triphosphate an. Die zwei beschriebenen Verfahren zur Trennung und Bestimmung der Anionen PO_4^{3-}, $P_2O_7^{4-}$ und $P_3O_{10}^{5-}$ bringen nichts grundsätzlich Neues, KCl-Lösungen dienen als Elutionsmittel, die Genauigkeit ist $\pm 1,1\%$.

Zur Trennung und Bestimmung von Phosphat und Fluorid haben Zipkin et al. [945] Dowex 1 in der Chloridform verwendet. Fluorid und Phosphat erschienen nacheinander bei der Elution mit 0,5 n Natronlauge.

Unter den Trennungen der übrigen Elemente der V. Hauptgruppe interessieren vor allem die des Arsens und Antimons, für die es zwar zahlreiche Prinzipien gibt, die aber fast alle schwierig in der Durchführung sind. Die Ionenaustausch-Chromatographie bietet sich hier als neue Methode an, die auch in Industrielaboratorien Eingang finden kann.

Der Überlegung folgend, daß Arsen, Antimon und auch Zinn stabile Anionen bilden, haben Klement und Kühn [448] die Trennung dieser Elemente mit Hilfe von Anionenaustauschern ausgeführt. Die Sulfide der drei Elemente werden in die Thio-Anionen durch Lösen in Natriumpolysulfidlösung überführt und auf den Anionenaustauscher (z. B. Dowex 2) in der OH-Form gebracht. Die Säule wird mit Wasser gewaschen und die eingetauschten Thioarsenat-, Thioantimonat- und Thiostannatanionen werden mit Kaliumhydroxydlösungen steigender Konzentration eluiert. Für Zinn wird 0,5 n, für Arsen 1,2 n und für Antimon 3,5 n KOH verwendet. Die notwendigen Mengen Elutionsmittel sind 700, 3500 und 1500 ml KOH. Die Trennung ist quantitativ. Sie zeigt Nachteile, insofern als die einzelnen durch Fällung mit Salzsäure wieder gewonnenen Sulfide noch umgefällt werden müssen. Handelt es sich aber um Teiltrennungen, wie z. B. Arsen/Zinn oder Antimon/Zinn, so hat dieses ionenaustauschchromatographische Verfahren wegen seiner Einfachheit Vorzüge gegenüber älteren Verfahren.

Von Klement [449] wurden auch die Oxo-Anionen des Arsens und Antimons zur Trennung dieser Elemente an Ionenaustauschern verwendet. Dies ist möglich in alkalischer Lösung (pH 12) an stark basischen Anionenaustauschern in der SO_4^{2-}-Form. Das Sulfat wird gegen Arsenat ausgetauscht, während Antimonat quantitativ die Säule passiert. Nach dem Waschen der Säule wird das Arsenat mit 0,001 n KOH eluiert. Beide Elemente werden nach Eindampfen der Eluate maßanalytisch bestimmt.

Ebenfalls für die Trennungen As/Sb/Sn geben Lure und Filippova [537] ein Verfahren an. Antimon und Zinn werden von Arsen an einem H-Kationit dadurch getrennt, daß daran nur Sb und Sn eingetauscht werden, die mit verdünnter HCl wieder eluiert werden können.

Zur Ionenaustausch-Chromatographie von Arsenat und Phosphat allein oder in Anwesenheit anderer Substanzen haben Bruno et al. [94] Amberlite IRA-400 verwendet. Die quantitative Bestimmung erfolgt colorimetrisch. Über die ionenaustauschchromatographische Trennung von Arsensäure, Arseniger Säure, Fe(II) und Fe(III) berichtet Yoshino [935].

Die Trennung von Gemischen aus Antimon und anderen Kationen erfolgt nach Lure und Filippova [538] am Kationenaustauscher Wofatit P. Sb, Sn, Mo, Al und Zn werden mit Natronlauge wechselnder Konzentration eluiert. Antimon läßt sich am Kationenaustauscher Zeo-Carb 225 (H-Form) von Kupfer, Eisen(III), Kobalt und Cadmium nach Khorasani und Khundkar [432] in Gegenwart von Weinsäure trennen. Mit Wofatit P in Weinsäurelösungen arbeitete Marcenzko [545] zur Trennung Sb, Sn, Cu.

Einen Anionenaustauscher (Dowex 1) verwendeten Smith und Reynolds [752] zur Trennung von Tracermengen ^{124}Sb(V), ^{113}Sn(IV) und ^{125}Te(IV). Als Elutionsmittel wurden 0,1 m Oxalsäure und n Schwefelsäure verwendet.

Das Austauscherverhalten von Wismut(III) in Salzsäure, Salpetersäure und Ammoniumnitratlösung studierten Nelson und Kraus [624]. Im Bereich von 0,25 bis 12 n HCl wird Wismut stark adsorbiert, wobei k mit steigender HCl-Konzentration von $2 \cdot 10^5$ (0,25 n HCl) auf 60 (12 n HCl) abnimmt. In Salpetersäure ist ebenfalls ein Eintausch gegeben, wenn auch wesentlich geringer als in HCl. In Ammoniumnitratlösungen steigt k für Wismut in 10 n NH_4NO_3 auf ca. 200 an.

In der gleichen Arbeit wurde von diesen Autoren Blei in HCl, HNO_3 und NH_4NO_3 behandelt. Für die sich daraus ergebenden Trennungen sei auf das beim Blei Gesagte verwiesen.

Was das Wismut weiterhin betrifft, so bleibt darüber auf zwei Arbeiten zu verweisen, und zwar STEPIN et al. [788] über die Ionenaustausch-Chromatographie von Wismut, Blei, Kobalt, Nickel, Phosphor, Eisen und Kupfer und LURE und FILIPPOVA [537] über die Trennung Wismut, Kupfer und Blei am H-Kationit.

V. Nebengruppe

Die ionenaustauschchromatographische Trennung des Vanadiums von anderen Elementen an Kationenaustauschern wurde in einigen Fällen bearbeitet. MATSUO und IWASE [559] studierten die Elution von Vanadium und Molybdän an den Kationenaustauschern Diaion K und Amberlite IR-120. Vanadium und Molybdän werden in saurer Lösung bei pH 2 eingetauscht. Molybdän kann frei von Eisen und Vanadium mit 5%iger $NaNH_4HPO_4$-Lösung bei pH 9 eluiert werden. Vanadium wird dann mit 3 bis 4 n HCl als V(IV) von einer Säule mit Diaion K, jedoch als V(V) von anderen Austauschern eluiert. Unter den ermittelten Bedingungen stört Wolfram die Adsorption des Vanadiums. Das Verfahren kann zur Bestimmung des Vanadiums in Cr-W-V-Stählen und in Ferrovanadin, sowie von Molybdän in Ferromolybdän verwendet werden. Die Trennung des Vanadiums von Titan und Eisen an einem Formaldehyd-Resorcin-Kationit wurde von ORLOVA [640] bearbeitet. Der die Elemente V, Ti und Fe enthaltenden sauren Lösung (pH $\simeq$ 1) wird ein Überschuß an H_2O_2 zugegeben, um die Reduktion des V(V) in der Säule zu verhindern. Nach Filtration der Analysenlösung durch die Säule und Waschen der Säule mit Wasser wird Vanadium mit Eisen titriert. Das Titan wird mit Säure eluiert und im Eluat colorimetrisch bestimmt. Die Methode gibt eine vollständige Trennung von Vanadium und Titan. Nicht voll ionenaustauschchromatographisch arbeiten zwei Vorschriften von KODAMA und KANIE [453] zur Bestimmung von Vanadium in Stählen bei gleichzeitiger Anwesenheit von Cr, W und Mo und von FLEPS und INCZEDY [224] zur Trennung von Vanadat und Phosphat an Dowex 50, Amberlite IR-120 oder Wofatit K.

Zur Trennung des Vanadiums von anderen Elementen unter Verwendung von Anionenaustauschern können anorganische oder organische Vanadiumkomplexe verwendet werden.

KRAUS, NELSON und SMITH [474] untersuchten das Austauscherverhalten von V(V), V(IV) und V(III) in salzsaurer Lösung. V(V) bildet in stark salzsauren Lösungen einen intensiv braun gefärbten Komplex, der von Anionenaustauschern stark adsorbiert wird. V(IV) zeigt im Bereich von 2 bis 12 n HCl keine nennenswerte Adsorption, wohl aber in 12 n HCl, was zur Trennung von Elementen, die nicht adsorbiert werden, ausreicht. V(III) zeigt ebenfalls keine oder nur geringe Adsorption in 12 n HCl. Da Ti und Fe unter den Bedingungen der Adsorption von V(IV) ebenfalls stark adsorbiert werden, kann eine Trennung dieser Elemente vorgenommen werden. Auf eine Säule von Dowex 1 werden die genannten

Elemente in 12 n HCl gegeben und V(IV) mit 12,1 n HCl, Ti (IV) mit 9,1 n HCl und Fe(III) mit 1,0 n HCl eluiert. Wie Abbildung 96 zeigt, ist die Trennung dieser drei Elemente gut.

Eine Ionenaustausch-Methode, mit deren Hilfe große Mengen Vanadium von kleinen Mengen Uran getrennt werden können, wird von MURTHY [610] beschrieben. Eine Lösung, die Vanadium und Uran und einen Überschuß an Natriumkarbonat enthält, wird auf einen Anionenaustauscher in der Chloridform gegeben. Das gesamte Uran und ein Teil des Vanadiums werden vom Austauscher adsorbiert. Dann wird das eingetauschte Vanadium mit einer 10%igen Natriumkarbonatlösung eluiert, wobei das Uran am Austauscher verbleibt. Das Uran wird schließlich mit Natriumchloridlösung eluiert.

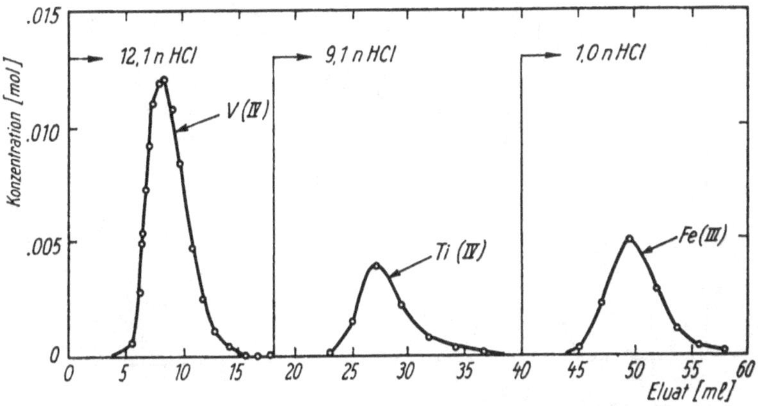

Abb. 96. Trennung von V, Ti und Fe durch Anionenaustausch in 12 n HCl [474].

Wie von KORKISCH und FARAG [460] festgestellt wurde, wird das Vanadium in Form des Vanadium(IV)-ascorbinatkomplexes als negativ geladener Komplex am stark basischen Anionenaustauscher Amberlite IRA-400 (Ascorbinatform) festgehalten. Das gleiche gilt für Molybdän und Wolfram. Aus einer Ascorbinsäurelösung vom pH 4 werden die drei negativen Ascorbinatkomplexe auf Grund ihrer unterschiedlichen Stabilitäten verschieden stark vom Austauscher eingetauscht. Bei der Elution mit 0,1 n HCl wird das Vanadium quantitativ, das Wolfram nur zu einem sehr geringen Teil und das Molybdän überhaupt nicht eluiert. Da gegebenenfalls anwesendes Eisen, Chrom und Mangan die Trennung nicht stören, kann das Verfahren zur Bestimmung von Vanadium in Stählen herangezogen werden.

Die Trennung Niob/Tantal ist nach klassischen Methoden sehr mühsam, da diese beiden Elemente über eine große Ähnlichkeit in den chemischen Eigenschaften verfügen. So haben verschiedene Autoren chromatographische Methoden für diese Trennung angewendet, die vor allem dadurch immer mehr an Interesse gewinnen, je mehr die Metalle Niob und Tantal technische Bedeutung erlangen.

Für ionenaustauschchromatographische Trennungen wurden von SPEECKE und HOSTE [781] die Oxalatkomplexe des Niob und Tantal herangezogen. Unter Verwendung der radioaktiven Isotope ^{95}Nb und ^{182}Ta wurden durch systematische Studien die Verteilungskoeffizienten im Salzsäure-Oxalsäure-Medium am Anionenaustauscher Dowex 1 oder 2 ermittelt und damit Elutionsmittel gefunden,

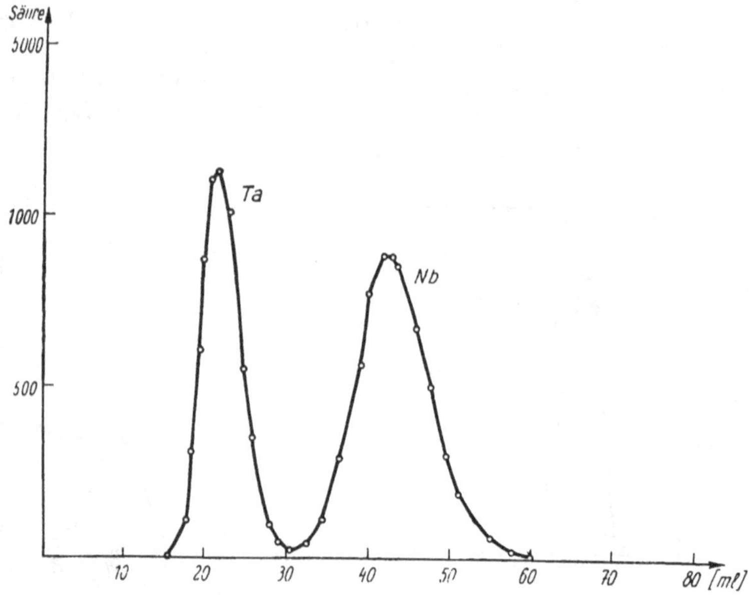

Abb. 97. Elutionschromatogramm von Ta und Nb mit Oxalsäure — HCl [781].

die eine zufriedenstellende Trennung gestatteten. Das erste Elutionsmittel (0,01 m Oxalsäure + 2 n HCl) eluiert zuerst das Ta, während mit einem zweiten (0,5 m Oxalsäure + 1 n HCl) zuerst das Nb eluiert wird. Diese Umkehrung der Reihenfolge in der Elution ist besonders wichtig bei der Bestimmung von Spuren Ta in Nb und umgekehrt, da eine chromatographische Bande immer dann am saubersten abgetrennt werden kann, wenn sie zuerst auftritt, was hier sozusagen nach Wahl eingestellt werden kann. Die Abbildungen 97 und 98 zeigen die dargelegten Verhältnisse und geben darüberhinaus den Beweis, daß die Trennungen quantitativ sind. GILLIS und Mitarbeiter [255] konnten ebenfalls zeigen, daß die Trennung Nb/Ta im Salzsäure-Oxalsäure-Medium durchführbar ist. Sie verwendeten Dowex 2 unter Einsatz von 10 mg beider Elemente. Das Ergebnis war ein 95%iges Niob und 85—90%iges Tantal, wobei allerdings wegen des geringen Trennfaktors die Überlappung zu groß war.

Nach eingehenden Untersuchungen über das Austauscherverhalten von Niob [475] und Tantal [476] in HCl-HF-Gemischen und Ausdehnung dieser Arbeiten auf das Protactinium [477] wurde von KRAUS und MOORE die Trennung dieser drei Elemente an Dowex 1 durchgeführt. Abbildung 99 zeigt die Trennung dieser drei Elemente, die selbstverständlich unter gleichen oder ähnlichen Bedingungen auf das Niob und Tantal beschränkt werden kann.

Für die Trennung von Makromengen von Niob und Tantal verwendeten CABELL und MILNER [110] den Anionenaustauscher De-Acidite FF. Da sich salzsaure Lösungen, die im Bereich 1 n bis 10 n untersucht wurden, nicht eigneten und auch

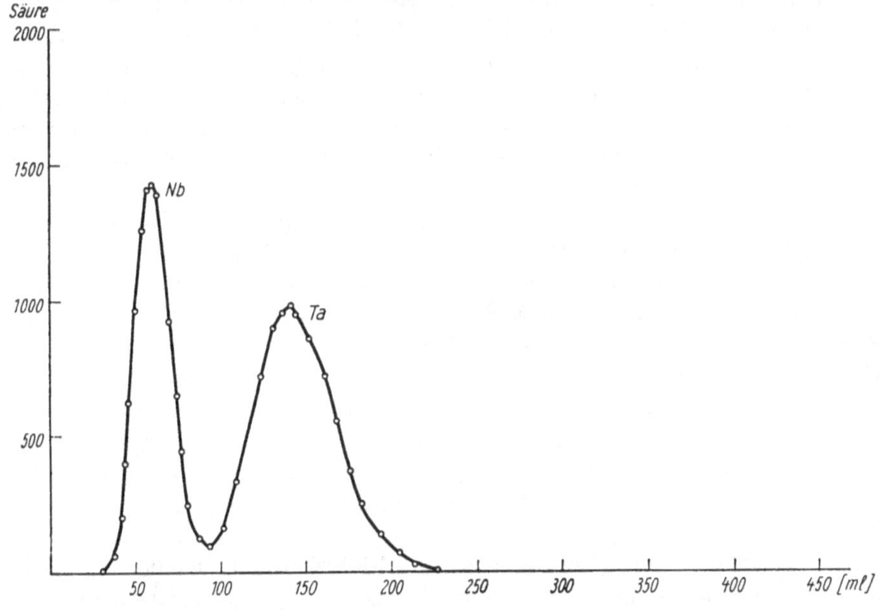

Abb. 98. Elutionschromatogramm von Nb und Ta mit Oxalsäure — HCl [781].

Weinsäure und Zitronensäure keine zufriedenstellenden Ergebnisse lieferten, verwendeten sie Gemische von Salzsäure und Flußsäure. Für das Gemisch 3 n HCl — 0,1 n HF konnten an einer 37 cm langen Säule bei einer Fließgeschwindigkeit von $1{,}2 \cdot 10^{-3}$ cm/sec für Niob 70 theoretische Böden erreicht werden, während das Gemisch 6 n HCl — 0,1 n HF nur 23 theoretische Böden lieferte. Für die Trennung Niob/Tantal wurde zur Elution des Nb das erste Gemisch verwendet und zur Elution des Ta das Gemisch 4 n NH_4Cl — n NH_4F. Auf

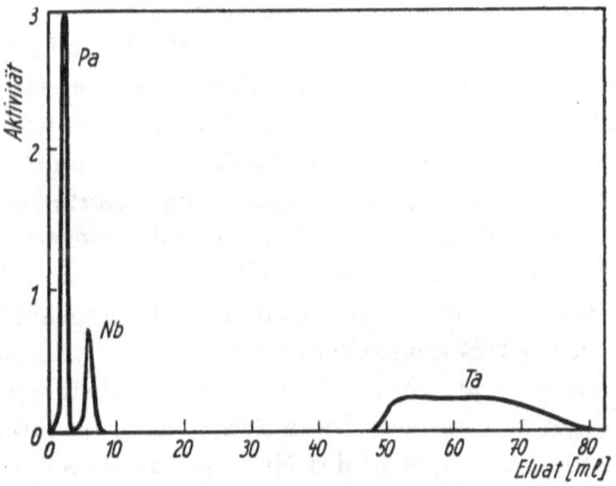

Abb. 99. Trennung von Protactinium, Niob und Tantal durch Anionenaustausch an Dowex 1 mit dem Gemisch 9 n HCl — 0,05 n HF als Elutionsmittel [477].

diese Weise erhält man eine quantitative Trennung der beiden Elemente, die als Oxyde bestimmt werden. Der Einfluß einiger anderer Elemente auf die Trennung wurde untersucht.

Zur Analyse der Legierungen von Niob, Tantal und Titan trennt WELLESEN [905] die Metalle durch Ionenaustausch-Chromatographie. Aus einer 90 cm langen Trennsäule aus Polyäthylen mit einem inneren Durchmesser von 11 mm und einer Ionenaustauscher-Packung von 10 cm (Amberlite IRA-400, 120-200 mesh) wird Titan mit 100 m*l* einer Säuremischung aus 200 m*l* 40%iger Flußsäure und 400 m*l* Salzsäure auf 1 Liter verdünnt, eluiert. Durch 100 m*l* einer zweiten Säuremischung (50 m*l* Flußsäure und 250 m*l* Salzsäure auf 1 Liter verdünnt) wird Niob abgetrennt und schließlich das Tantal durch eine dritte Säuremischung (750 m*l* Flußsäure und 250 m*l* Salzsäure im Gemisch) abgelöst. Die Legierung wird mit Schwefelsäure und 40%iger Flußsäure aufgeschlossen. Die getrennten Metalle werden spektrophotometrisch bestimmt.

Unter den Trennungen des Niob von einem anderen Element sind eine Reihe von Arbeiten zur Trennung Niob/Zirkonium zu erwähnen. Schon KRAUS und MOORE trennten in der bereits zitierten Arbeit [475] Niob und Zirkonium mit HCl-HF-Gemischen. HUME [357] entfernte aktives Niob und Zirkonium aus Amberlite-Austauschern mit Flußsäure. Von HUFFMANN et al. [349] wurde die Trennung Niob/Zirkonium mit Tracermengen an Dowex 2 mit Salzsäure als Elutionsmittel durchgeführt. WACKER und BALDWIN [893] erreichten an Dowex 1 die Trennung Niob/Zirkonium mit dem Gemisch 1 n Salzsäure — 0,01 m Oxalsäure zur Elution des Niob.

Allen vorstehenden Arbeiten zur Trennung Niob/Zirkonium ist die Verwendung eines Anionenaustauschers gemeinsam. Demgegenüber beschreiben SANO und SHIOMI [726] die Trennung des Niob von Zirkonium durch einen Kationenaustauscher. Die Arbeit diente der Untersuchung kurzlebiger Nb-Nuclide. Die beiden Kationen ^{95}Nb und ^{95}Zr werden in 0,1 n Salzsäure auf die Trennsäule mit Dowex 50 W in der H-Form gegeben. Mit H_2O_2-haltiger Salzsäure wird zuerst Niob und dann mit 0,5 n Oxalsäure Zirkonium eluiert. 1 n HCl mit 3% H_2O_2 ergab eine geringe Verunreinigung des Niob mit Zirkonium und Störungen in der Säule durch Gasblasen. Mit einem Gemisch aus 0,1 n HCl und 0,3% H_2O_2 war die Trennung, die durch β-Strahlenenergieabsorptions- und Zerfallskurven verfolgt wurde, vollständig.

Die Trennung von Niob und Titan untersuchten ALTSCHULER et al. [11] mittels des Anionenaustauschers EDE-10 über die Chlor- und Fluorkomplexe der beiden Metalle. Aus den ermittelten Verteilungskoeffizienten folgt, daß beide Elemente bei einer Salzsäurekonzentration > 9 eingetauscht werden. Da sich bei der Desorption des Niob Schwierigkeiten einstellen, muß der Salzsäure Natriumfluorid zugesetzt werden. Diese Schwierigkeiten können auf der Bildung verschiedener Anionenkomplexe des Niob in salzsauren Lösungen je nach der Konzentration beruhen, eine Erscheinung, auf die auch HUFFMANN et al. [349] ausführlich hingewiesen haben.

Eine Trennung Niob/Wolfram ergab sich aus den Arbeiten von CABELL und MILNER [110].

In Mineralien ist das Protactinium ein ständiges Begleitelement des Tantal, für deren Trennung, wie JENG-TSONG [383] ausführt, eine ionenaustauschchromatographische Methode geeignet ist. Am Austauscher Amberlite IR-4B können die beiden Elemente mit 6,5 n Flußsäure, die mit NH_4OH auf pH 3 gebracht wurde, getrennt eluiert werden. Wie ein Chromatogramm zeigt, tritt das Protactinium nach dem Tantal aus.

Die Trennung von Tantal und Columbium ist nach KRAUS und MOORE [478] an Dowex 1 möglich. Die beiden radioaktiven Elemente, in einem Gemisch aus 9 n HCl und 0,05 n HF auf die Säule gegeben, werden mit dem gleichen Säuregemisch eluiert. Columbium tritt relativ schnell in einer scharfen Bande aus der Säule, während Tantal viel langsamer mit diffuser Bande erscheint.

VI. Hauptgruppe

Den verschiedenen Methoden zur Analyse von Sulfat, Sulfit, Thiosulfat und Sulfid läßt sich auch eine ionenaustauschchromatographische zur Seite stellen, die nach IGUCHI [366] befriedigende Ergebnisse zeigt. Das Verfahren wurde an dem japanischen Austauscher Diaion SA 100, einem quaternären Ammoniumpolystyrol vernetzt mit Divinylbenzol, ausgearbeitet. Wenn kein Sulfid in der Ausgangslösung vorhanden ist, kann, wie es die Abbildung 100 zeigt, mit alkalischer Natrium-

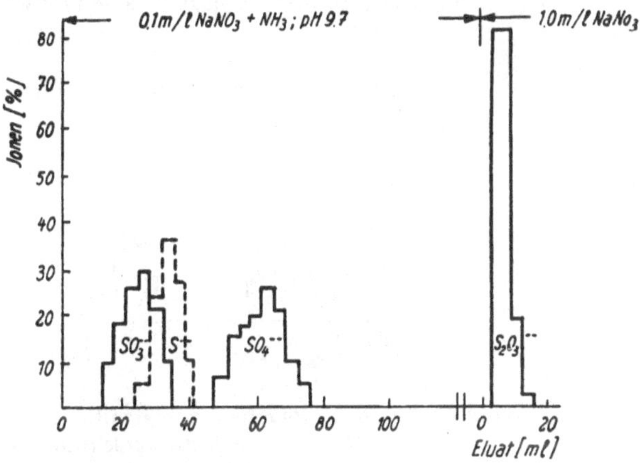

Abb. 100. Trennung von Sulfit, Sulfat und Thiosulfat mit Nitratlösungen (Säule 17×0,7 cm, 4,9 g Diaion SA 100, Fließgeschwindigkeit 0,3 cm³/min) [366].

nitratlösung gearbeitet werden. Die Elutionslösung muß bei Anwesenheit von Sulfit alkalisch sein, da dieses sonst nicht hundertprozentig wiedergefunden wird. Bei gleichzeitiger Anwesenheit von Sulfid und Sulfit kann nicht mit einfachen Nitratlösungen eluiert werden. Hier helfen gemischte Elutionsmittel mit Aceton weiter. Der Abbildung 101 ist zu entnehmen, daß mit der alkalischen Ammoniumnitratlösung plus 30 Vol-% Aceton zuerst Sulfit und Sulfid eluiert werden, dann erscheint Sulfat mit 0,1 m Natriumnitrat und zuletzt Thiosulfat mit 1,0 m Natriumnitrat.

Von Iguchi [367] wurde auch ein Trennverfahren für Polythionate an Anionenaustauschern mitgeteilt. Diese Verbindungen sind nach den üblichen analytischen Methoden besonders schwer zu erfassen. An Dowex 1-X2 kann man die Trennung, wie Abbildung 102 zeigt, durch Elution mit Salzsäure steigender Normalität erzielen. Sind in der Probe andere Oxysäuren des Schwefels vorhanden, so treten diese vorher aus der Säule aus und müssen für sich, etwa nach der vorherigen

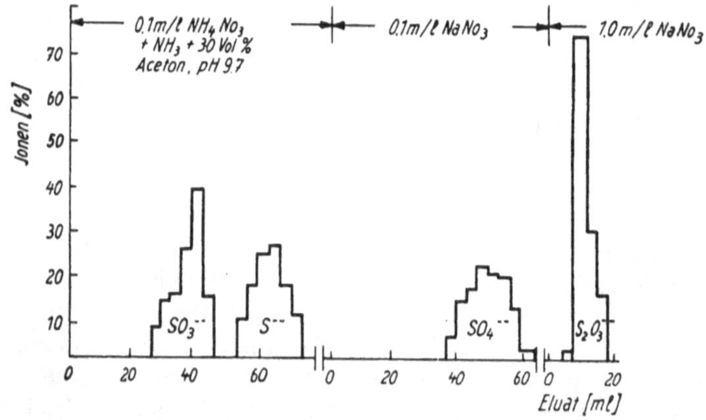

Abb. 101. Elutionschromatogramm von Sulfit, Sulfid, Sulfat und Thiosulfat mit acetonhaltigen Nitratlösungen (Säule 17×0,7 cm, 4,9 g Diaion SA 100) [366].

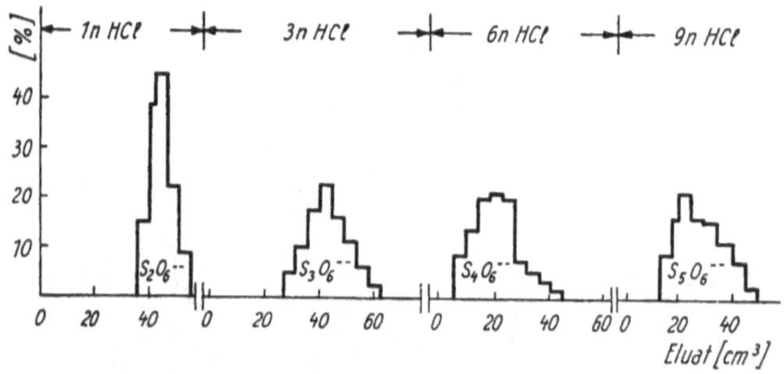

Abb. 102. Elutionschromatogramm gemischter Polythionate (Säule 11 × 0,9 cm, 2,16 g Dowex 1–X2, Fließgeschwindigkeit 0,5 ml/min) [367].

ionenaustauschchromatographischen Methode, getrennt und bestimmt werden. Dieses Verfahren wurde für Analysen von Wackenroderscher Flüssigkeit angewendet.

Die Ionenaustausch-Chromatographie des Selens betreffend sei auf eine Arbeit von Acki [4] eingegangen. Dabei wurde Selen von Tellur am Kationenaustauscher Amberlite IR-120 in 0,3 n Salzsäure getrennt. Nach Sasaki [733] können Trennungen von Se (IV) in 12 n HCl durch Elution mit 6 n HCl vorgenommen werden, da dessen Verteilungskoeffizient oberhalb 6 n HCl rasch ansteigt.

Die ionenaustauschchromatographische Trennung des Tellurs von einigen Metallen untersuchten STRELNIKOVA und LYSTSOVA [795]. Die Trennung des Te von Cu, Ni, Fe und Pb erreicht man in 0,12 n HCl an einer Säule mit dem Kationenaustauscher KU-2 (H-Form). Zur Elution von Te wird 10- bis 12%iger, wäßriger Ammoniak und zur Elution von Cu, Ni, Fe und Pb Salzsäure (1:1 verdünnt) verwendet. Die Trennung des Te von den Chloridkomplexen des Pt kann mit 0,1 n HCl am gleichen Austauscher erzielt werden, da hierbei nur Te eingetauscht wird. Wenn ammoniakalische Lösungen von Te mit Cu, Ni, Pt und Pd durch den Kationit geschickt werden, wird Te nicht eingetauscht und tritt getrennt von den anderen Elementen aus der Säule.

Zur Trennung des Tellurs von Jodid verwendet INARIDA [369] Amberlite IRA-400 (Cl-Form) und 4 n Salzsäure in der Analysenlösung und zur Elution des TeO_4^{2-}. Die Trennsäule wird dann nacheinander mit 0,1 bis 1 n HCl zur Trennung des TeO_3^{2-} und J^- eluiert. Versuche zur Trennung des Tellur von Jodid und Jodat liefern nicht vollauf zufriedenstellende Ergebnisse, wie die diesbezüglichen Untersuchungen von KLEEMANN und HERMANN [446] zeigen.

IGUCHI [368] hat, nach Bestimmung der Verteilungskoeffizienten von Tellurit, Selenit und Sulfit an Dowex 1-X8 (NO_3- bzw. OH-Form) in neutralen, NO_3-haltigen und NaOH-haltigen Lösungsmitteln auch quantitative Trennungen für diese Ionen angegeben. Tellurit und Selenit können mit einer 0,5 mol NaOH und 3,0 mol NH_3 enthaltenden Lösung eluiert werden, denen Sulfit anschließend mit 2,0 n NaOH folgt.

VI. Nebengruppe

Die Elemente dieser Gruppe werden wiederum der Reihe nach nach ihrem ionenaustauschchromatographischen Verhalten und nach den dadurch ermöglichten Trennungen untereinander wie auch von anderen Elementen behandelt. Auf das Uran wird nur insoweit eingegangen, als es mit den anderen Elementen dieser Gruppe im Zusammenhang steht. Ausführlich wurde es bei den Actiniden bearbeitet.

Das Chrom zeigt an Anionenaustauschern ganz im Gegensatz zum Eisen, aber in Übereinstimmung mit anderen dreiwertigen Ionen, wie z. B. Aluminium(III), keine Adsorption in stark salzsauren Lösungen.

Nach HAISSINSKY [288] lassen sich aber Chrom(II) und Chrom(III) an Dowex 50 in salzsaurer wie auch in schwefelsaurer Lösung trennen. Mit 1,4 n HCl erscheint das Cr(III) vor dem an seiner grünblauen Färbung leicht erkennbaren Cr(II). Wird die Probenlösung in Schwefelsäure auf den Austauscher gegeben, so scheint Cr(III) überhaupt nicht adsorbiert zu werden. Cr(II) wird dann ebenfalls mit 1,4 n HCl eluiert.

Mit Hilfe des stark sauren Kationenaustauschers Lewatit S 100 (0,075 bis 0,090 mm, Säule 170 $\times$ 8 mm) wurden von KNORR et al. [451] die in Lösungen von verschiedenen Chrom(III)-Salzen sowie in elektrolysierten Chromsäurelösungen mit Zusätzen von H_2SO_4 bzw. viel $HClO_4$ auftretenden Chrom(III)-komplexe chromatographisch getrennt und identifiziert. Als Elutionsmittel diente 1%ige bzw. 10—20%ige $HClO_4$. Die Trennung und Identifikation von kationischen Chrom(III)-thiocyanat-komplexen, und zwar $Cr(H_2O)_6^{3+}$, $Cr(H_2O)_5(SCN)^{2+}$ und $Cr(H_2O)_4(SCN)^+$ gelang KING und DISMUKES [442] an Dowex 50 (H-Form). Zur Elution wurde 0,15 n, 1,0 n bzw. 5 n $HClO_4$ bei Zimmertemperatur mit einer Fließgeschwindigkeit von 2—3 ml/min verwendet. Zur Identifizierung wurde das Verhältnis Thiocyanat : Chrom(III) bestimmt. Die Spektren der Komplexe wurden gemessen.

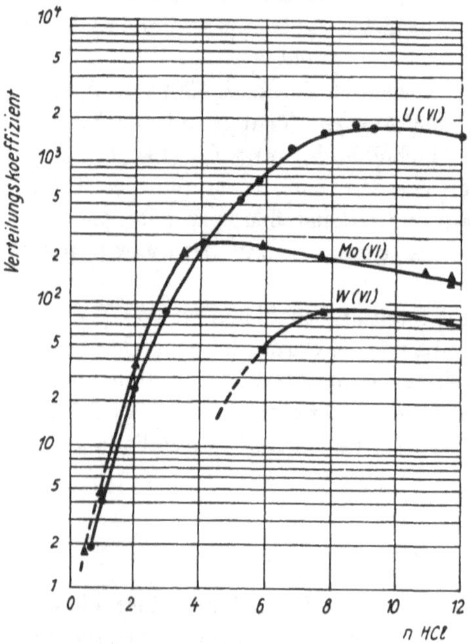

Abb. 103. Adsorption von Mo(VI), W(VI) und U(VI) aus salzsauren Lösungen [481].

In einer ihrer systematischen Untersuchungen über das Anionenaustauschverhalten von Metallen in HCl-Lösungen untersuchten KRAUS et al. [481] auch Molybdän und Wolfram (neben Uran). Die Eintauschfähigkeit kann der Abbildung 103 entnommen werden, in der die Verteilungskoeffizienten dieser drei Metalle in der angegebenen Wertigkeitsstufe in Abhängigkeit von der Normalität der Salzsäure aufgetragen sind. Die hohe Adsorption von Mo(VI) und W(VI) in hohen HCl-Konzentrationen ermöglicht die Trennung dieser Elemente von allen jenen, die unter diesen Bedingungen geringe Adsorption zeigen. Bei niedrigen HCl-Konzentrationen zeigen sich für W(VI) und auch für Mo(VI) Fällungserscheinungen, die die Trennung komplizieren. Mo und W können aber wegen des geringen Unterschiedes in den k-Werten nicht getrennt werden. Stark verschieden davon ist das Austauschverhalten dieser drei Elemente in HCl-HF-Gemischen, wie Abbildung 104 zeigt. Daraus lassen sich Trennungen dieser drei Elemente an Anionenaustauschern entwickeln, deren Bedingungen und Ergebnisse in der Abbildung 105 wiedergegeben sind. Wenn auch die Anwesenheit von Fluorid zu Beginn einer Trennung oft unerwünscht ist, da einige Elemente, wie die Erdalkalien und Seltenen Erden, damit Fällungen geben, so kann diese Schwierigkeit doch leicht dadurch umgangen werden, daß die Adsorption von Mo(VI) und W(VI) aus HCl-Lösungen vorgenommen wird. Die mit Fluorid reagierenden Ionen werden dann zuerst ausgewaschen und daraufhin Mo und W mit HCl-HF-Gemischen getrennt.

Eine Anzahl von Arbeiten beschäftigen sich mit den Trennungen von Mo und W von anderen Elementen.

Von HUFFMANN et al. [352] wird Dowex 1 (Cl-Form) für die Trennungen Mo/Tc und W/Re verwendet. Molybdän wird von Technetium durch Elution mit n HCl abgetrennt und das Tc mit 4 n HNO_3 desorbiert. Wolfram wird von Rhenium durch Elution mit 1,5 n HCl getrennt und das Re mit 4 n HNO_3 eluiert.

Molybdän und Rhenium kommen in der Natur vergesellschaftet vor, weshalb ihre Trennung metallurgisch wichtig ist. FISHER und MELOCHE [220] versuchten

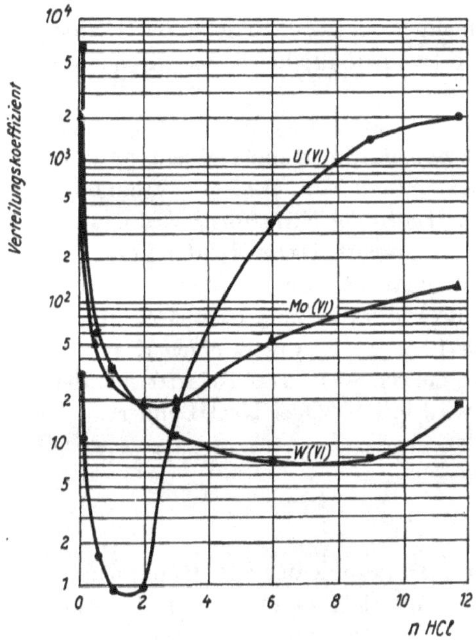

Abb. 104. Adsorption von Mo(VI), W(VI) und U(VI) aus HCl-HF-Lösungen (1 n HF) [481].

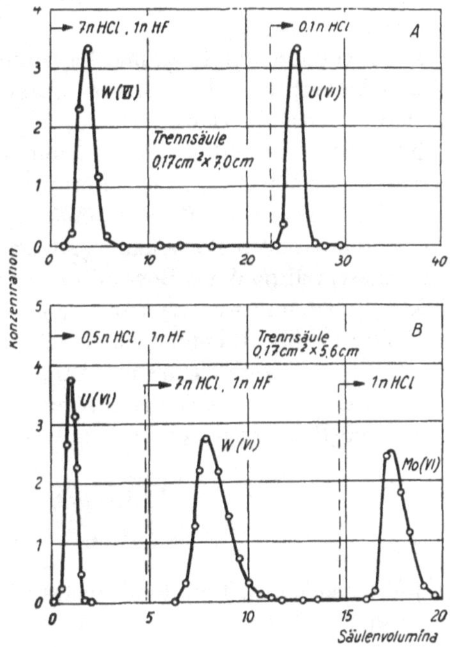

Abb. 105. Trennungen von Mo(VI), W(VI) und U(VI) [481].

dieses Problem mit Ionenaustauschern zu lösen. Es gelingt an Amberlite IRA-400, wenn das Molybdat und Perrhenat in 10%iger Natriumhydroxydlösung durch die Säule geschickt werden. Mo passiert den Austauscher zu 100 ± 0,5%. Re wird festgehalten und kann nach Waschen der Trennsäule mit destilliertem Wasser und verdünnter Salzsäure mit 7–8 n HCl wiedergewonnen werden. Später verbesserten MELOCHE und PREUSS [575] dieses Verfahren. An Amberlite IRA-400 wird Molybdat mit 1 m Kaliumoxalat und Perrhenat mit 1 n Perchlorsäure eluiert.

Mit der Trennung Mo/Re befaßten sich RYABCHIKOV und LAZAREV [713] und schlugen nach Untersuchungen über das Adsorptionsverhalten an Harzaustauschern, sulfonierter Kohle und aktiviertem Aluminiumoxyd verschiedene Möglichkeiten für diese Trennung vor.

Zur Bestimmung von Molybdän in Stählen und Mineralien kann nach ALIMARIN und MEDVEDEVA [7] Mo als Permolybdänsäure von Eisen in schwach sauren Lösungen am Kationenaustauscher SBS getrennt werden. In 0,5 n H_2SO_4 findet bei Anwesenheit von H_2O_2 keine Adsorption von Molybdän statt, während Eisen vollständig adsorbiert wird. Kupfer, Nickel, Mangan und geringe Mengen Titan verhalten sich wie Eisen; Wolfram und Vanadium verhalten sich wie Molybdän. Die Trennung Mo/Fe kann vorteilhaft auch in Anwesenheit von Citrationen durchgeführt werden [8].

Die Trennung Molybdän und Vanadium an einem Kationenaustauscher (Diaion K und Amberlite IR-120) führten MATSUO und IWASE [559] durch, wie schon beim Vanadium ausgeführt wurde.

Nach BLASIUS [65] wird zur Trennung von Wolframat und Molybdat die Analysenlösung nach Zugabe von Borsäure stark eingekocht, wobei sich ein verhältnismäßig beständiger Borwolframat-Komplex bildet. Eine analoge Verbindung des Molybdän ist nicht bekannt. An Permutit ES in der Nitratform wird das Mo adsorbiert, während das Borwolframat die Säule passiert. Das Molybdän kann mit HNO_3 eluiert und wie das Wolfram als Oxychinolat bestimmt werden.

Wolfram und Rhenium lassen sich, wie RYABCHIKOV und BORISSOWA [714] zeigten, mit Phosphorsäure am Anionit EDE-10 trennen, weil W einen Komplex bildet, der vom Anionenaustauscher zurückgehalten wird. Das Re tritt mit der 2 molaren H_3PO_4 aus der Säule aus, das W wird mit 10%iger NaOH eluiert.

VII. Hauptgruppe

Im folgenden wird die Ionenaustausch-Chromatographie der VII. Hauptgruppe behandelt. Die Hauptprobleme dieser Gruppe sind die Trennung der Halogenide und Halogenate untereinander, die Trennung des Fluorids von einem anderen Element, sowie die Trennung von Jodid und Jodaten.

Schon sehr früh innerhalb der Entwicklung der Ionenaustausch-Chromatographie haben ATTEBERRY und BOYD [20], angeregt durch die Arbeiten über die Trennung der Seltenen Erden, Anionenaustauscher für die Trennung der Halogenide eingesetzt. Unter Benutzung von Dowex 2 (NO_3-Form, 100–120 mesh, 91,5 cm $\times$ 0,72 cm^2 Packung) konnten Fluorid, Bromid, Chlorid und Jodid mit 1 n Natriumnitratlösung (mit NaOH auf pH 10,4 gebracht) getrennt werden, wie aus Abbildung 106 zu ersehen ist. Die Identifizierung der einzelnen Banden wurde nach der Charakteristik des radioaktiven Zerfalls vorgenommen. Dabei zeigte sich, daß die erste Bande aus 90% des eingesetzten Fluorids und einem kleinen Anteil Jodid bestand, wofür die Annahme einer anionischen interhalogenen Verbindung dieser beiden Halogene zur Erklärung herangezogen wurde.

Gleichzeitig etwa mit ATTEBERRY und BOYD bearbeiteten RIEMAN und LINDENBAUM [702] die Trennung von Chlorid und Bromid am Amberlite XE-67, einem stark basischen Anionenaustauscher (Säule 16,8 cm $\times$ 3,83 cm^2). Sie verwendeten als Elutionsmittel 0,60 n Natriumnitratlösung. In einer späteren Arbeit von

DE GEISO, RIEMAN und LINDENBAUM [249] wurde dieses Verfahren auch auf die Trennung des Jodids ausgedehnt und gleichzeitig verbessert. Die Verbesserung wurde durch die Verwendung höher konzentrierter Natriumnitratlösungen als Elutionsmittel und durch die Verwendung von Dowex 1 (100—200 mesh) anstelle des Amberlite XE-67 erzielt. Im ganzen verläuft die Trennung dann so, daß Chlorid mit 0,5 n $NaNO_3$ und Bromid und Jodid mit 2,0 n $NaNO_3$ nacheinander eluiert werden. Die Ergebnisse sind mit einem durchschnittlichen, durch Testgemische belegten Fehler von $\pm 0{,}09\%$ zufriedenstellend.

Auch NABIVANETS [615] hat die ionenaustauschchromatographische Trennung von Chlorid, Bromid und Jodid am Anionit MG-36 bearbeitet, als Elutionsmittel aber Natriumacetatlösung verwendet. Von dem Austauscher in der OH-Form wird Chlorid durch 0,01 n Natriumacetat (pH 5,45), Bromid durch 0,025 n Natriumacetat und Jodid durch 0,1 n Natronlauge eluiert. Bei etwa 25 Milliäquivalent Chlorid, Bromid und Jodid war der Fehler zwischen den Grenzen —1,16 bis +2,01%.

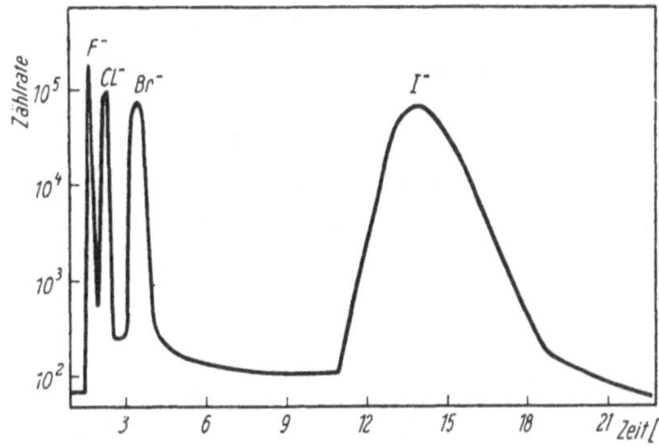

Abb. 106. Ionenaustauschchromatographische Trennung der Halogenide [20].

Das Problem der Trennung der Halogenate hat KIKINDAI nach dem Studium der Gleichgewichte zwischen Halogenaten und Anionenaustauschern [437] durch Untersuchungen an Dowex 2 bearbeitet [438]. Die Ionen ClO_3^-, BrO_3^- und JO_3^- werden an einer 50×1 cm langen Säule getrennt. Als Elutionsmittel dient 0,2 n KOH-Lösung für Jodat und Bromat und 0,1 n K_2SO_4-Lösung für Chlorat. Eine gute Trennung wurde mit einer Gesamtmenge von 4,5 Milliäquivalenten an einer Säule mit 23 theoretischen Böden erreicht. Die Fließgeschwindigkeit betrug etwa 0,2 ml/sec.

Die Bestimmung von Fluorid wird nach den meisten Methoden durch Begleitionen wie Calcium, Barium, Eisen(III), Aluminium, Phosphat und Sulfat gestört, weshalb eine Trennung notwendig ist, die, wie einige Arbeiten gezeigt haben, auch mit Ionenaustauschern ausgeführt werden kann. Die Entfernung störender Kationen kann an Kationenaustauschern durchgeführt werden [901, 742]. Zur Trennung Fluorid und Phosphat bedienten sich FUNASAKA et al. [239] und ZIPKIN et al. [945] der Chromatographie an Anionenaustauschern. Letztere Arbeit wurde bei den Trennungen der Phosphate besprochen. Auch EGER und LIPKE [204] arbeiten zur Bestimmung von Fluorid und Phosphat nach etwa den gleichen Prinzipien. Diese Verfahren haben den Nachteil, daß sie Kationen- und Anionenaustauschersäulen parallel verwenden, wodurch sie sehr zeitraubend werden. NEWMAN [629] versuchte, diese Schwierigkeiten dadurch zu umgehen, daß er die Kationen in komplexe Anionen umwandelte und dadurch mit einer einzigen Anionenaustauschersäule auskam. Bei diesem Verfahren, das zur Bestimmung von Fluorid in natürlichen Phosphatmineralien empfohlen wird, wird die Probe in n HCl in der Kälte gelöst, mit n Äthylendiamintetraacetat — 4 n Ammoniaklösung versetzt, auf 70° erwärmt und filtriert. Das Filtrat wird auf die Säule mit dem Anionenaustauscher De-Acidite FF gegeben. Phosphat und die anionischen Metallkomplexe werden an der Säule zurückgehalten, das Fluorid kann mit 0,05 n ammoniakalischer Ammonchloridlösung (pH 8,8) eluiert werden.

Zur ionenaustauschchromatographischen Trennung von Fluorid und Al(III) wird von Coursier und Saulnier [155] eine Methode am Anionenaustauscher Amberlite IRA-400 vorgeschlagen. Die Aluminiumionen werden mit 0,2 n NaOH und die Fluorionen anschließend mit n NaOH eluiert.

Die Trennung von Jodanionen durch Ionenaustausch-Chromatographie beschreiben Good et al. [266]. Jodid, Jodat und Perjodat werden aus einer Säule mit Amberlite IRA-400 (NO_3-Form, 20—50 mesh, 50 cm × 1,2 cm) zuerst mit 200 m*l* Natronlauge (pH 10,5) und dann mit 1000 m*l* 1 n Kaliumnitratlösung (pH 10,5) eluiert. Jodat und Perjodat erscheinen zwischen 25 und 70 m*l*, Jodid in einer breiten Front zwischen 300 und 1000 m*l* der Kaliumnitratlösung.

VII. Nebengruppe

Das Mangan wurde im Rahmen der Untersuchungen über das Anionenaustauschverhalten der zweiwertigen Übergangselemente Mangan-Zink von Kraus und Moore [483] untersucht. Mangan zeigt oberhalb ca. 5 n HCl leichte Adsorption an Dowex 1. Die Unterschiede, die sich im Adsorptionsverhalten dieser ganzen Reihe ergeben, ermöglichen die Trennung der Ionen Mn(II), Fe(III), Co(II), Ni(II) und Zn(II). Nickel wird in starker Salzsäure (12 n) nicht eingetauscht und passiert die Trennsäule (Dowex 1, 26 cm × 0,29 cm², 200—230 mesh). Mangan wird mit 6 n HCl, Kobalt mit 4 n HCl, Kupfer mit 2,5 n HCl, Eisen mit 0,5 n HCl und Zink mit 0,005 n HCl eluiert (Abbildung 107). Die Trennung ist bei der angewendeten Fließgeschwindigkeit von 0,5 cm/min zufriedenstellend. Von Jentzsch und Frotscher [388] wurden die Ergebnisse von Kraus und Moore auf Wofatit L 150 übertragen.

Eine weit stärkere Adsorption als erwartet zeigt Mn(II) an Anionenaustauschern in Lithiumchloridlösungen (Kraus et al. [484]). In 12 n Lösungen ist der Verteilungskoeffizient k annähernd 550, während er in der gleich starken HCl-Lösung nur etwa 4 beträgt. Dieser noch ungeklärte Effekt gilt auch für andere Ionen, wie Sc(III), Fe(III), Co(II), Zn(II), Ga(III) und Au(III). Er kann dann mit Vorteil angewendet werden, wenn in salzsauren Lösungen das für eine bestimmte Trennung notwendige Austauschverhalten nicht hinreichend ist.

Ein Beispiel, wie Mn neben einer Reihe anderer Elemente in Legierungen durch Ionenaustausch-Chromatographie abgetrennt und bestimmt werden kann, geben Hague et al. [286].

Das Technetium zeigt als Tc(VII) (TcO_4^-) gute Adsorption in salzsauren Lösungen von 0,1 bis 12 n. Die Abnahme der Adsorption mit steigender HCl-Konzentration weist auf die Bildung stabiler negativer Chlorkomplexe hin. Der Eintausch wird aber nicht klein genug, um in 12 n HCl eine einfache Desorption von stark basischen Anionenaustauschern zu ermöglichen.

Trennungen des Technetiums von anderen Elementen bearbeiteten für den Fall Tc/Re ATTEBERRY und BOYD [20]. Diese Elemente bilden Sauerstoffanionen vom Typ XO_4^-, die in alkalischen Lösungen stabil sind. Sie können an Dowex 2 (100 bis 200 mesh) durch eine Lösung 0,1 n an $(NH_4)_2SO_4$ und NH_4SCN (pH 8,3—8,5 mit NaOH) getrennt werden. Zu bemerken ist, daß Permanganat nicht mit in die Untersuchungen aufgenommen werden konnte, da es mit dem Austauscher reagiert.

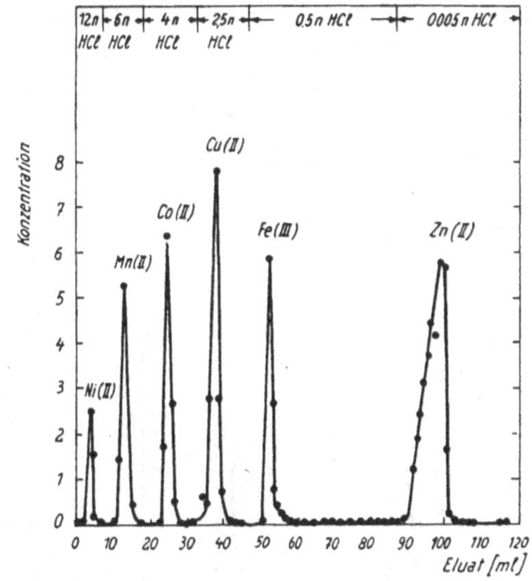

Abb. 107. Trennung der zweiwertigen Übergangselemente Mn-Zn am Anionenaustauscher Dowex 1 [483].

HALL und JOHNS [291] brachten mit der Trennung Tc/Mo/Co/Ag zugleich ein Beispiel für die Trennung und Bestimmung eines Radioelementes, das in Tracermengen durch Beschuß einer großen Menge eines anderen Elementes entstanden war. Technetium mußte von seiner Muttersubstanz Molybdän getrennt werden. Die Trennung konnte mit Hilfe der Austauscher Amberlite IRA-400 und IR-120 durchgeführt werden. Kobalt und Silber wurden als Verunreinigungen in Spuren identifiziert. Zur Trennung Mo/Tc dienten Lösungen von Kaliumoxalat—Kaliumhydroxyd (Mo) und 0,5 n Ammoniumthiocyanat (Tc) als Elutionsmittel.

Die Abtrennung von ^{99}Tc aus bestrahltem ^{235}U durch Anionenaustausch untersuchte ICHIKAWA [365]. 5 mg der Probe in 1—2 ml Wasser werden auf die Säule (5 × 1 cm) mit Dowex 1 (OH-Form, 100—200 mesh) gegeben. Man wäscht mit 100 ml 10%iger Natronlauge und eluiert dann das Technetium mit 7 n Salpetersäure.

Zur Trennung des Rheniums von Vanadium und Wolfram durch Ionenaustausch-Chromatographie lieferten RYABCHIKOV und LAZAREV [716] einen Beitrag. Am Anionit MMG-1 (OH-Form) wird Vanadium mit 0,3 n HCl und Rhenium mit 2,5 n NaOH eluiert. Am Kationit SBS wird Rhenium mit angesäuertem Wasser als ReO_4^- und Vanadium mit wäßrigem Ammoniak (1:4 verdünnt) eluiert. An basischem Aluminiumoxyd wird Rhenium mit 0,1 n Salzsäure und Wolfram mit wäßrigem Ammoniak (1:3 verdünnt) eluiert.

VIII. Gruppe

Die VIII. Gruppe gliedert sich in die Eisenmetalle Fe, Co, Ni und die Platinmetalle. In dieser Reihenfolge werden sie auch in ihrem Ionenaustauschverhalten und den sich hieraus ableitenden Trennmöglichkeiten behandelt.

Fe, Co, Ni. Eisen(III) zeigt in salzsauren Lösungen gegen Anionenaustauscher mit steigenden HCl-Konzentrationen steigende Adsorption. Tabelle 10 enthält das Ergebnis diesbezüglicher Versuche von MOORE und KRAUS [485].

Tab. 10 Verteilungskoeffizienten von Fe(III) an Dowex 1 in HCl verschiedener Normalität

n HCl	k	n HCl	k
0,5	0,16	4,0	67
1,0	0,33	5,0	270
2,0	1,94	6,0	460
3,0	26	9,0	5900

Diese Adsorption ist vermutlich auf einen negativen Komplex $FeCl_4^-$ zurückzuführen, dessen Bildung mit steigender HCl-Konzentration zunimmt. Auf Grund dieses Adsorptionsverhaltens kann Fe(III) leicht von Metallionen getrennt werden, die keine negativen Chlorokomplexe bilden. Von Interesse sind hierbei insbesondere die dreiwertigen Ionen des Al, Cr und der Seltenen Erden. Als Beispiel kann Fe von Al in 3 n HCl getrennt werden.

Das analoge Verhalten von Eisen(II) wurde ebenfalls von KRAUS und MOORE [483] untersucht. Es zeigt oberhalb von ca 5 n HCl geringe Adsorption an Dowex 1 und ist damit ganz verschieden von Fe(III).

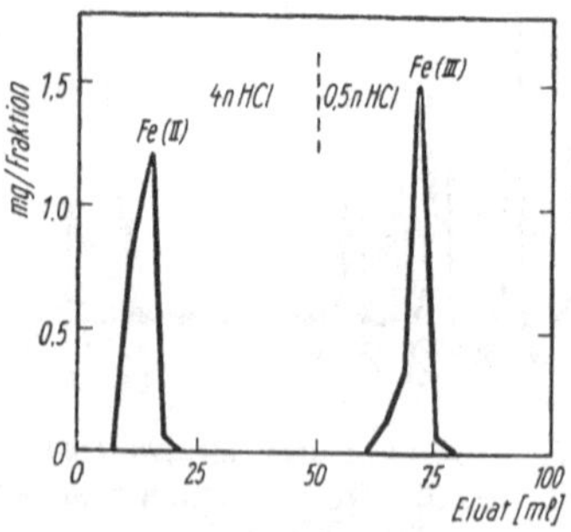

Abb. 108. Trennung Fe (II)/Fe (III) an Amberlite IRA-400 [670].

Dieses unterschiedliche Verhalten der beiden Oxydationsstufen des Eisens kann zu ihrer Trennung durch Ionenaustausch-Chromatographie herangezogen werden, wie POLLARD et al. [670] zeigten. An Amberlite IRA-400 (90 bis 100 mesh, 10 cm $\times$ 1,65 cm² Packung) wird Fe(II) durch 4 n HCl eluiert und Fe(III) durch 0,5 n HCl. Das Verfahren wurde für Fe(II)/Fe(III)-Verhältnisse zwischen 1:100 und 40:1 erprobt. Es zeigt die größte Genauigkeit bei Verhältnissen nahe 1:1 und Mengen von 5 bis 20 mg jeder Wertigkeitsstufe.

Eisen(III) zeigt in salzsaurer Lösung gegenüber Kationenaustauschern eine den allgemeinen Vorstellungen vom Ionenaustausch konträres Verhalten. Es wird, wie KRAUS et al. [486] nachweisen konnten, vom Kationenaustauscher Dowex 50 stark adsorbiert, so daß auch darauf Trennungen aufgebaut werden können.

Die Trennung der drei Elemente der Eisengruppe untereinander und von anderen Elementen ist der Gegenstand einiger Arbeiten.

Kojima und Iguchi [455] trennen Eisen, Kobalt und Nickel aus 3 n Salzsäure an Dowex 1-X8 (Cl-Form). Nickel geht ungehindert durch die Säule. Die eingetauschten Metalle Kobalt und Eisen werden nacheinander mit 4 n HCl und 1,1 n HCl eluiert. Nach Kojima [456] können auch gemischt salzsaure-methanolische Lösungen zur gleichen Trennung verwendet werden. Ni, Co und Fe werden rasch durch 2 n HCl in 80%Methanol, 2 n HCl in 60% Methanol und n HNO_3 eluiert. Diese Trennung, die auf dem Ansteigen der Verteilungskoeffizienten an Dowex 1 in einer gegebenen Konzentration Methanol und steigender Konzentration HCl beruht, kann auch auf Fe, Co, Ni, Cu und Zn ausgedehnt werden. Ni wird aus der Lösung von 3,5 n HCl in 60% Methanol nicht eingetauscht und läuft durch die Säule. Co, Cu, Fe und Zn werden nacheinander mit 2,5 n HCl in 60% Methanol, 3 n HCl in 30% Methanol, n HCl und destilliertem Wasser ausgewaschen.

Zur Abtrennung des Eisens von Ca, Mg, Ba, Mn, Co, Ni, Cu, Ti, Zn und Al verwendet Golovatyi [265] ÄDTA, um das Eisen komplex zu binden, so daß es von einem Kationenaustauscher nicht mehr eingetauscht wird. Huq et al. [358] verwenden zur Trennung des Fe(II), Fe(III), Co, Ni, Cu und Ag im Gemisch mit Borsäure den Kationenaustauscher Zeo-Karb 225. Die Borsäure kann dadurch auf einfache Weise quantitativ bestimmt werden. Die eingetauschten Metallionen können aus dem Austauscher eluiert und ebenfalls quantitativ bestimmt werden.

Zur chromatographischen Trennung von Eisen (III) und Kobalt (II) verwenden Korsunov et al. [466] Austauschersäulen, die mit dem Kationenaustauscher KU-2 gefüllt sind. Die beiden Ionen werden aus salzsaurer Lösung auf die Säule gegeben, Eisen mit 0,05 m Oxalsäurelösung und Kobalt mit 2 n Salzsäure eluiert. Für die gleiche Trennung verwenden Elovich und Matorina [209] am Kationenaustauscher SM-12 Zitronensäure als Elutionsmittel. Fe wird bei pH 2,50 und Co bei pH 5,6 eluiert.

Eisen, Kobalt, Zink und Phosphor als Spurenelemente in biologischen Geweben wurden nach Neutronen- und Zyklotronbestrahlung durch Helwig et al. [313] an Dowex 1 getrennt. Aus 12 n salzsaurer Lösung wird Phosphor durch Waschen mit weiterer 12 n HCl ausgewaschen und die eingetauschten Kobalt, Eisen und Zink werden mit 4 n HCl, 0,5 n HCl und 0,05 n HCl eluiert.

Die Trennung Eisen/Aluminium kann auch an Kationenaustauschern durchgeführt werden durch die Methode der reduktiven Elution von Kakihana und Kojima [407]. Das an der Säule von Amberlite IR-120 eingetauschte Fe^{3+} wird als Fe^{2+} durch ein Gemisch von 0,1 n KJ, 0,15 n KCl und 0,2 n HCl zusammen mit der der Reduktion Fe (III) $\rightarrow$ Fe(II) äquivalenten Menge Jod eluiert. Al^{3+} bleibt an der Säule, kann aber mit 2 n HCl desorbiert werden.

Phosphorsäure als Komplexbildner zur Trennung Fe/Cu/Mn verwenden Genge und Salmon [251] an Zeo-Karb 225, aus dem Eisen wegen seiner bevorzugten Komplexbildung mit Phosphat selektiv eluiert wird.

Fe(III)/Al(III) und Fe(III)/Mn(II) werden zweckmäßig als Chlorokomplexe nach den von Blasius und Negwer [66] mitgeteilten Arbeitsvorschriften getrennt. Diese Forscher erkannten etwa gleichzeitig mit Kraus und Moore die Anwendbarkeit der von Schwermetallen gebildeten Chlorokomplexe für Trennungen an Anionenaustauschern. Für die hier genannten Trennungen wurde gefunden, daß bei Erhöhung der Arbeitstemperaturen wesentlich geringere HCl-Konzentrationen notwendig sind. Die Erhöhung der Temperatur verschiebt die Gleichgewichte in der Salzsäurelösung zugunsten der anionischen Chlorokomplexe. Für beide Trennungen macht man die Analysenlösung 10 bis 15%ig an Salzsäure. Sie wird auf 80 °C vorgewärmt und auf die Säule gegeben. Mit der gleichen Säure von der gleichen Temperatur wird der Austauscher (Permutit ES oder Dowex 2) zur Elution des Al oder Mn nachgewaschen. Fe wird dann mit 0,2 bis 0,5%iger HCl eluiert.

Die Trennung des Eisens von Seltenen Erden bearbeiteten KREPELKA et al. [488] am stark basischen Anionenaustauscher OAL in salzsaurer Lösung. Das mit Zr aus mindestens 8 n HCl eingetauschte Eisen wird nach der Elution neben diesem quantitativ bestimmt.

Das Anionenaustauschverhalten von Kobalt und Nickel in 0,5—12 n HCl wurde von MOORE und KRAUS [597] untersucht. Kobalt wird bis 2,5 n HCl schwach adsorbiert, von 3 n bis 9 n stark und dann bis 12 n wieder schwächer. Nickel wird im ganzen Bereich wie das Kobalt im niedrigen HCl-Bereich adsorbiert. Daraus läßt sich eine ausgezeichnete Co-Ni-Trennung entwickeln. Sie wurde von SHELINE und STOUGHTON [743] bei Untersuchungen über die Nuclide ^{56}Ni und ^{56}Co eingesetzt. An Dowex A—2, der mit Äthanol vorbehandelt worden war, wurde Ni mit 10 n HCl und Co mit 2 n HCl eluiert. MIZUIKE et al. [590] arbeiteten auf derselben Grundlage zur Analyse von Mondnickel mit Amberlite IRA-400 (Cl-Form). Das Co (8 ppm) wird von der 5 × 2 cm Trennsäule mit 0,1 n HCl eluiert. LIBERMAN [515] wendete im Prinzip das gleiche Verfahren zur Bestimmung kleiner Mengen Nickel in Kupfererzen neben Eisen und Kobalt an.

In salzsauren Lösungen an Anionenaustauschern haben auch BLASIUS und NEGWER [66] Co und Ni getrennt. In 20%iger HCl wurde die Analysenlösung bei 80 °C auf die Säule gegeben und mit der gleichen Säure nachgewaschen. Das Kobalt wurde schließlich mit destilliertem Wasser eluiert.

Die chromatographische Trennung von Kobalt und Nickel bei der Analyse von Erzen und Legierungen beschreiben RYABCHIKOV und BORISSOWA [715]. Nach dem Aufschluß werden die beiden Elemente gemeinsam mit Rubeanwasserstoffsäure gefällt und abgetrennt und anschließend aus salzsaurer Lösung am Anionenaustauscher EDE-10 getrennt. Nickel wird mit 9 n HCl ausgewaschen, Kobalt mit 0,5 n HCl eluiert.

An Kationenaustauschern arbeitet zur Trennung Co/Ni KADOMTZEFF [404]; Dowex 50 und Amberlite IR-100 wurden als stationäre Phase verwendet. Die Elution erfolgt in der Reihenfolge Ni-Co durch 0,3 n HCl (Amberlite IR-100, 100 bis 120 mesh, Säule 45 × 0,7 cm). Das Verfahren wird für die Trennung von Mikromengen empfohlen. Eine Verdrängungs-Chromatographie für die Trennung Co/Ni am Kationenaustauscher Dowex 50 arbeitete TREMILLON [867] aus. Für die kontinuierliche Trennung wurden als Entwicklungslösungen eine Lösung von $CaCl_2$, von $Ca(NO)_2$, eine reine $CaSO_4$-Lösung und eine 0,25 m $CaCl_2$-Lösung mit 10% Di-Na-Diamintetraacetat benutzt.

Isomerentrennungen, die durch Ionenaustausch-Chromatographie ermöglicht werden, sind bemerkenswert. King und Walters [443] haben die cis-trans-isomeren Dinitrotetraminkobalt(III)-komplexe nach der schon beim Chrom beschriebenen Methode von King und Dismukes getrennt. Die trans-Verbindung wird zuerst mit 1 n NaCl und dann die cis-Verbindung mit 30 n NaCl eluiert. Die Flavo- und Croceo-Salze von $[Co(NH_3)_4(NO_2)_2]Cl$ wurden von Mori et al. [604] an Amberlite IR-120 getrennt, da an diesem Austauscher mit Ammonchloridlösungen die trans-Form (Croceosalz) leichter eluiert wird als die cis-Form (Flavosalz).

Zum Problem der Trennung des Nickels von anderen Elementen lieferten Pozdnyakov und Lavrukhina [677] ein Beispiel Ni/Mn/Cu/Fe/Zn. Die Methode beruht auf der Bildung anionischer Komplexe in salzsauren Lösungen und der dadurch bedingten Adsorption an Dowex 1-X8. Die wirksamste Trennung wurde durch sukzessive Elution mit HCl verschiedener Konzentration erreicht, und zwar: 12 n HCl für Ni, 6 n für Mn, 4 n für Co, 2 n für Cu, 0,5 n für Fe und 0,01 n für Zn. Die Trennung Nickel und Eisen bearbeiteten unter anderen Komlev und Chomackaja [457] an den Kationenaustauschern SBS-1 und KU-1 mit 1 n Natriumchloridlösung oder 2 n Ammoniumchloridlösung als Elutionsmittel. Im ersten Fall muß dem Elutionsmittel etwas H_2O_2 zugesetzt werden, im zweiten Fall die Trennsäule mit Ammoniak vorbehandelt werden.

Platinmetalle. Bei den Platinmetallen fanden Ionenaustauschermethoden neben den älteren Trennverfahren Anwendung, ohne letztere bisher zu ersetzen. Doch scheint es nicht ausgeschlossen, daß sich Ionenaustauscher bei der Aufarbeitung von Platinerzen weiter durchsetzen werden.

Einer der ersten Versuche zur Trennung von Platinmetallen mit Ionenaustauschern wurde von Stevenson et al. [789] unternommen. Er erstreckte sich auf die Elemente Platin, Palladium, Rhodium und Iridium. Diese Elemente wurden als Perchlorate auf den Kationenaustauscher Dowex 50 gegeben. Das Platin passiert die Säule, Palladium wird mit 0,05 bis 5 n HCl, Rhodium mit 2 n HCl und Iridium mit 4 bis 6 n HCl eluiert.

Am Anionenaustauscher Dowex 2 arbeiteten dagegen McNevin und Crummett [569] zur Trennung von Pd, Pt, Rh und Ir. Die als Chloride eingesetzten Elemente wurden nacheinander durch ein Gemisch aus NH_4OH-NH_4Cl getrennt. Da die Trennung nicht ausreichend war, wurde von diesen Autoren der Kationenaustauscher Amberlite IR-100 in ammoniakalischer Lösung eingesetzt. Sie konnten später zeigen [570], daß Palladium von Iridium als Ammoniumkomplex getrennt werden kann. Nach einer ähnlichen Vorschrift gelang Berman und McBryde [51] die Trennung Rh/Ir. An Amberlite IRA-400 wird Rh nur ganz schwach eingetauscht, so daß es mit Wasser wieder eluiert werden kann. Das Iridium wird daraufhin mit 6 n HCl eluiert. McNevin und McKay [571] untersuchten die Trennung des Rhodiums von Platin, Palladium und Iridium.

Über die Trennung Rh/Ir berichteten auch Berg und Senn [45]. Sie trennten an Dowex 50 aus salzsaurer, mit Thioharnstoff versetzter Lösung die beiden Metalle durch Elution mit 6 n HCl (Rh) und 3 n HCl (Ir). Die erzielten Ergebnisse sind zufriedenstellend. Den stark basischen Anionenaustauscher Permutit ES (OH-

Form) verwendeten BLASIUS und WACHTEL [67]. Beim Elementenpaar Pt-Pd wird das Palladium mit NaOH und Platin mit HNO_3 eluiert. Pt-Ir und Pt-Rh werden durch nachfolgende Elution mit Natriumhydroxyd (Ir bzw. Rh) und Salpetersäure (Pt) getrennt.

Die Trennung von Platin und Iridium gelingt auch nach BUSCH et al. [105] in 10-mg-Mengen am Anionenaustauscher Dowex 1 (Cl-Form). Nach Vorbereitung der Probe wird bei 80 °C das Iridium mit 9 n Salzsäure und das Platin mit 50%iger Perchlorsäure eluiert.

Von KIMURA et al. [441] wurden radioaktive Isotope von Rhodium und Ruthenium an Dowex 50 untersucht. Die quantitative Abtrennung des Rutheniums ist jedoch fraglich. Nach CLUETT et al. [132] können Rhodium und Iridium an Amberlite IRA-400 in chloridhaltiger Lösung getrennt werden. Rh wird mit dem Gemisch 0,1 n HCl—2% NaCl und Ir mit dem Gemisch 5 n NH_4OH—1 n NH_4Cl eluiert. BERMAN und McBRYDE [52] bestimmten die Verteilungskoeffizienten der Chloride von Rhodium, Iridium, Palladium und Platin an Amberlite IRA-400.

In die ionenaustauschchromatographische Trennung konnten aber nur Rhodium, Iridium und Palladium einbezogen werden. Die Oxyde dieser Metalle wurden in Salzsäure gelöst und mit Natriumchlorid zur Trockne eingedampft. Dann wurde zur Reduktion des Iridiums Hydroxylamin zugesetzt und die Lösung auf den Austauscher gegeben. Für Rh und Ir diente 2 n HCl und für Pd 9 n HCl als Elutionsmittel. Weitere Angaben über das Austauschverhalten von Pd(II), Ir(III), Ir(IV) und Pt(IV) stammen von KRAUS et al. [474]. Sie wiesen an Hand der Ergebnisse auf die Trennung des Ir von Pt und Pd hin.

Zur Trennung anderer Metalle von Platinmetallen, und zwar Cu, Ni, Fe und Pb von Pt, Pd, Rh und Ir verwendeten PSHENITSYN et al. [682] den Kationenaustauscher Espatite-KV-1 in der H- oder Na-Form.

COBURN et al. [133] trennten Fe, Co und Ni von Pt und Pd am Kationenaustauscher Dowex 50-X8. MARKS und BEAMISH [550] beschrieben ein abgeändertes Verfahren zur Trennung des Rh und Ir von Fe, Cu und Ni. Das Ferronickelkorn wird in 1,5 n HCl gelöst und über eine Säule (70 × 4 cm) mit Dowex 50-X8 gegeben. Das Eluat wird eingedampft, mit 30 ml Wasser und 5 ml 2%iger Natriumchloridlösung aufgenommen und nochmals über eine Säule (4 × 1 cm) geschickt, um die letzten Reste Fe, Ni und Cu zu entfernen. Die im Eluat enthaltenen Rh und Ir werden schließlich als Chloride am Anionenaustauscher Amberlite IRA-400 getrennt. Von PAYNE [653] wurden die Platinmetalle als Gruppe von Natrium und Nickel getrennt. Über eine Kationenaustauschertrennung und spektralphotometrische Bestimmung von Mikrogrammengen Rhodium in Uranlegierungen berichteten KARTTUNEN und EVANS [412]. Die Probe wird mit 30%igem Tributylphosphat extrahiert und die Lösung auf eine Säule mit Dowex 50W-X8 gegeben. Rhodium wird mit 6 n HCl eluiert.

Isotopentrennungen

Das selektive Trennvermögen der Ionenaustauscher für verschiedene Kationen ist die Grundlage der Ionenaustausch-Chromatographie. Diese Eigenschaft erstreckt sich auch auf Isotopen und kann zu einem weiteren Trennverfahren für Isotopen ausgebaut werden.

Schon TAYLOR und UREY [849] haben mit Hilfe von Zeolithen Anreicherungen verschiedener Alkaliisotopen durchgeführt. Sie ließen nach der üblichen Arbeitstechnik des Ionenaustausches zur Anreicherung der Lithiumisotopen die Lithiumlösung durch eine 12 m lange, mit Natriumzeolith gefüllte Trennsäule laufen und führten gleiche Versuche mit Kalium und Ammoniumionen durch. Dabei spielt sich folgender Vorgang ab: Das Lithium verdrängt das im Austauscher gebundene Natrium, wobei aber infolge des selektiven Verhaltens des Austauschers das leichte Isotop bevorzugt eingetauscht wird. Ist der Durchbruchspunkt erreicht, so tritt aus der Säule ein Eluat aus, in dem die schweren Isotopen angereichert sind, da ja die leichten vom Austauscher bevorzugt zurückgehalten wurden. So konnte eine Lithiumfraktion erhalten werden mit einem Isotopenverhältnis von 13,3 gegenüber einem Verhältnis von 11,7 beim natürlichen Lithium.

Ein solches, nach der Methode der Frontalanalyse arbeitendes Verfahren ist unzureichend, da nur ein kleiner Teil der eingesetzten Menge im praktischen Fall der vorher geschilderten Lithiumtrennung mit angereichertem Isotop austritt. Aber selbst wenn die Selektivität des Austauschers so groß wäre, daß eine vollständige Trennung stattfinden würde, könnte dennoch nur ein Bruchteil quantitativ getrennt werden. Um diese Schwierigkeiten zu umgehen, wurde von DICKEL [181] ein kontinuierlich arbeitendes Verfahren entwickelt und auch in seinen theoretischen Grundlagen eingehend behandelt.

Die Untersuchungen von LEE und BEGUN [503] zur Anreicherung von Lithiumisotopen durch Ionenaustausch-Chromatographie veranlaßten auch GLUECKAUF [264], dieses Problem theoretisch zu untersuchen, um eine Beziehung zu finden zwischen dem Trennfaktor und den Aktivitätskoeffizienten. LEE und BEGUN fanden, daß der Trennfaktor $\alpha = \frac{(^6\text{Li/Li})\ \text{Harz}}{(^6\text{Li/Li})\ \text{Lsg.}}$ an Dowex 50 mit steigendem Vernetzungsgrad von 1,0006 (2% Divinylbenzol) auf 1,0038 (24% DVB) ansteigt. Die Abhängigkeit von der Vernetzung wird auf teilweise Dehydratation der Lithiumionen im Harz zurückgeführt.

Eine teilweise Trennung der Radioisotopen ^{22}Na und ^{24}Na durch Ionenaustausch-Chromatographie erreichten BETTS et al. [54]. Aus dem Gemisch dieser beiden Elemente wurde an einer 120 cm Dowex-50-Säule (240—400 mesh) bei Elution mit 0,7 n HCl das ^{22}Na bevorzugt zurückgehalten. Die wirksamsten Trennungen konnten bei 25 und 5,5 °C erzielt werden, während bei 48 und 68 °C die Trenneffekte viel geringer waren. Über die Trennung der Natriumisotopen von Aluminium berichteten auch HOLLBACH und YAFFE [336].

Über Versuche zur Trennung von Calciumisotopen an Dowex 50 berichtete weiterhin LINDNER [525]. Es konnte eine gegenseitige Anreicherung der Isotopen ^{40}Ca und ^{45}Ca festgestellt werden. EIDINOFF [206] weist neben anderen auch auf die Trennung $^{41}Ca/^{45}Ca$ hin. Eine Laboratoriumsmethode zur Trennung von Stickstoffisotopen arbeiteten SPEDDING et al. [780] an Dowex 50 aus. Ammoniak wird in der ersten einer Reihe von Trennsäulen adsorbiert und mit 0,5 n NaOH eluiert. Während der Verdrängung reichert sich ^{15}N an der Rückfront der Bande an. Durch Wiederholung des gleichen Arbeitszyklus konnte eine Fraktion mit 74 Mol% ^{15}N erhalten werden.

7. Kapitel

Anwendungen in der organischen Chemie und der Chemie der Naturstoffe

Alkohole

Die ionenaustauschchromatographische Trennung von Alkoholen ist im Vergleich zu anderen chromatographischen Methoden von untergeordneter Bedeutung. Dennoch hat es nicht an Versuchen gefehlt, auch bei dieser Stoffklasse die Einsatzmöglichkeit der Ionenaustausch-Chromatographie zu prüfen.

Nach SARGENT und RIEMAN [728] können Methanol, Äthanol und Propanol durch Aussalz-Chromatographie an Dowex 1 getrennt werden. Die Abbildung 109 gibt einen Vergleich der Trennbarkeit der Alkohole mit Wasser und 3,0 m Ammoniumsulfat.

Höhere Alkohole (tert. Amyl-, n-Amyl-, n-Hexyl-, n-Heptyl-, n-Octyl- und n-Nonylalkohol) wurden von SHERMA und RIEMAN [745] durch die Verwendung von verdünnter Essigsäure als Elutionsmittel getrennt, eine Technik für die der Name *Lösungs-Chromatographie* (solubilization chromatography) vorgeschlagen

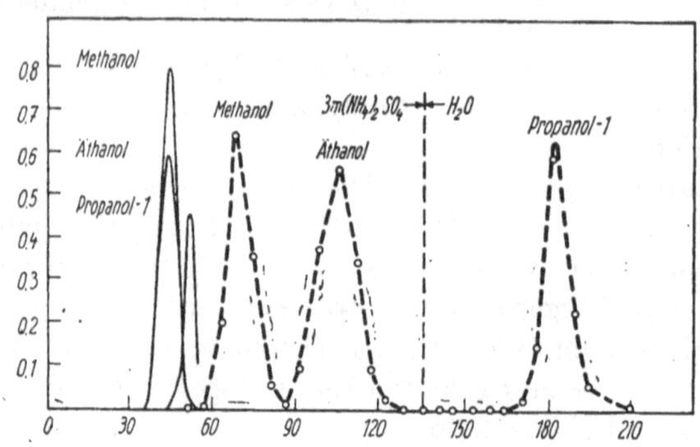

Abb. 109. Vergleich der Trennung von Alkoholen mit Wasser und 3,0 m Ammoniumsulfat (Trennsäule 25,7 cm × 2,28 cm², Dowex 1 — X 4, 200—300 mesh, SO_4-Form, Fließgeschwindigkeit 0,5 cm/min) [728].

wurde. Die Trennung erfolgt am Kationenaustauscher Dowex 50, H-Form, mit steigender Konzentration der Essigsäure von 1 n bis 3 n.

Die Trennung von Glykolen wurde ebenfalls von SARGENT und RIEMAN [731, 732] bearbeitet. Durch Anionenaustausch-Chromatographie ihrer Boratkomplexe werden Diäthylenglykol, Äthylenglykol, 1,2-Propylenglykol, Glycerin, meso-2,3-Butandiol und dl-2,3-Butandiol getrennt. Der Anionenaustauscher Dowex 1 wird aus der OH-Form mit 0,925 m Natriumboratlösung oder 0,020 m Boraxlösung in die Boratform überführt. Abbildung 110 zeigt die erhaltenen Chromatogramme, die besagen, daß für die Trennung aller sechs angeführten Glykole eine Doppelbestimmung notwendig ist, die etwa 10 Stunden in Anspruch nimmt.

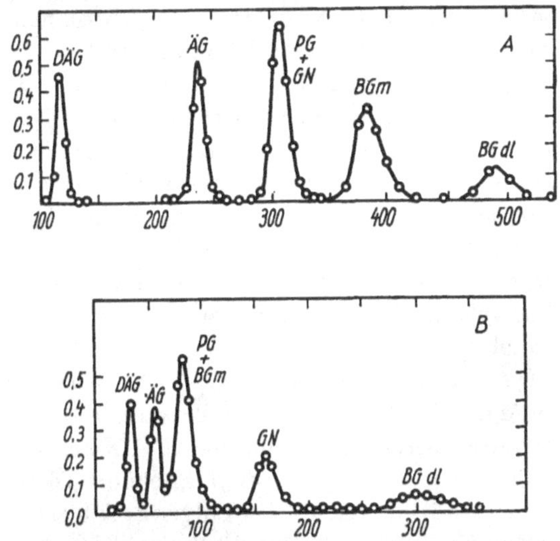

Abb. 110. *A* — Elution von Glykolen mit 0,925 n $NaBO_2$ (Säule 75,6 × 2,28 cm²), *B* — Elution von Glykolen mit 0,02 m Borax (Säule 20 cm × 2,28 cm) (Dowex 1-X8, 200—300 mesh) [732].

Phenole

Gegenüber den Alkoholen haben die Phenole ein größeres ionenaustauschchromatographisches Interesse gefunden.

Nach der schon bei den Alkoholen angeführten Lösungs-Chromatographie von SHERMA und RIEMAN können Gemische von Phenolen am Kationenaustauscher Dowex 50 getrennt werden. Zur Elution von Catechol und Phenol dient 1,0 n Essigsäure, gefolgt von 2,0 n Essigsäure für die Elution von o-Kresol und o-Nitrophenol.

Von KRAMPITZ und ALBERSMEYER [469] wird in einer kurzen Mitteilung über die Trennung von Phenol und Phenolderivaten an Dowex 50 berichtet. Der Kationenaustauscher kommt in einem Natriumcitratpuffer von pH 3,42 zur Anwendung. Die Analysenlösung, die 10—15 mg jedes Derivates enthalten kann und einen pH von 3—3,4 haben soll, wird aufgegeben und mit einer Geschwindigkeit von 15 m*l*/h mit der gleichen Pufferlösung eluiert. In den Fraktionen zwischen 100 und 200 m*l* Eluat erscheint Phenol, zwischen 200 und 300 m*l* werden die Kresole eluiert und zwischen 350 und 500 m*l* die Xylenole. Der Nachweis der einzelnen Komponenten erfolgt mit diazotiertem Nitranilin und mit Hilfe der Infrarotspektroskopie.

Zur chromatographischen Trennung von Phenol und substituierten Phenolen verwendet SEKI [736] die Kationenaustauscher Amberlite IR-120 und IRC-50, beide in der H- oder Na-Form. Phenol, p-Kresol und 4-tert.-Butylphenol werden mit einem Gemisch von 20% n-Propanol und 80% 0,3 n HCl eluiert. Besonders sei hier auf die Trennung der Nitrophenole hingewiesen, die in dieser Arbeit beschrieben wird und danach zur Analyse substituierter Phenole nach der Nitrierung von Phenol verwendet werden kann. Trinitrophenol, 2,6-Dinitrophenol, 2,4-Dinitrophenol und o-, m- und p-Nitrophenol können mit einem Acetatpuffer von pH 4,5 an Amberlite IR-112 in Fraktionen eluiert werden.

Ausführliche Angaben über die ionenaustauschchromatographische Trennung der Chlorphenole finden sich bei Logie [528]. Die beschriebene Methode gestattet eine rasche und genaue Bestimmung aller Komponenten im handelsüblichen 2,4-Dichlorphenol sowie die Analyse von 2, 4, 5-Trichlorphenol. Als Austauscher kommt der Anionenaustauscher De-Acidite FF in der Acetatform in methanolischem Medium zur Anwendung. Die Trennung der Phenole erfolgt entweder durch abgestufte Elution mit Eisessig-Methanol-Gemischen oder mit Triäthylamin-Essigsäure-Puffern bei einem bestimmten pH ebenfalls in Methanol.

Die quantitative Trennung von N-Acetyl-p-aminophenol und p-Aminophenol an Amberlite IR-120, H-Form, beschrieben Koshy und Lach [467]. Bei eingesetzter wässeriger Probenlösung wird N-acetyl-p-aminophenol mit Wasser und p-Aminophenol mit 5%iger Salzsäure eluiert. Dieses Verfahren wurde zur Bestimmung der beiden Komponenten in Pulvern, Tabletten, Tropfen und Sirup und auch mit einigen Modifikationen zur Bestimmung der beiden in Urin verwendet. Der Fehler ist $< +3\%$.

Aldehyde und Ketone

Für Aldehyde und Ketone haben Gabrielson und Samuelson [242] die grundlegende Entdeckung gemacht, daß diese Substanzen von Anionenaustauschern in der Bisulfit-Form eingetauscht werden. Es werden auf diese Weise am Austauscher die entsprechenden o-Oxysulfonsäuren gebildet, die mit Wasser wieder eluiert werden können. Verwendet man nach Samuelson und Sande [722] Natriumkarbonatpuffer als Waschflüssigkeit, so kann eine chromatographische Auftrennung der Aldehyde erreicht werden. Gewisse Aldehyde und Ketone können auch durch Elution mit heißem Wasser getrennt werden, wie z. B. Acetaldehyd und Furfural von Aceton und Methyläthylketon. Die Aldehyde werden dabei mit 1 n Natriumchloridlösung eluiert.

Nach Ruff [710] gelingt die Trennung von Milchsäurealdehyd, Aceton und Brenztraubenaldehyd an Bisulfit-Ionenaustauschern (Dowex 1, HSO_3-Form) durch Elution mit Bisulfitlösungen steigender Konzentration (0,2, 0,4, 0,8, 1,6 molar) bei einer Arbeitsdauer von 40 Stunden. Auch Formaldehyd und Acetaldehyd konnten auf diese Weise getrennt werden.

Für die ionenaustauschchromatographische Trennung von Ketonen verwenden dagegen Sherma und Rieman [746] die Technik der Lösungs-Chromatographie an sauren Kationenaustauschern. Letztere kommen in der H- oder Tetraäthylammonium-Form zur Anwendung. Abbildung 111 zeigt das Ergebnis einer solchen Technik, nach der in diesem Falle sieben Ketone durch Elution mit wässerigem Methanol steigender Konzentration getrennt wurden.

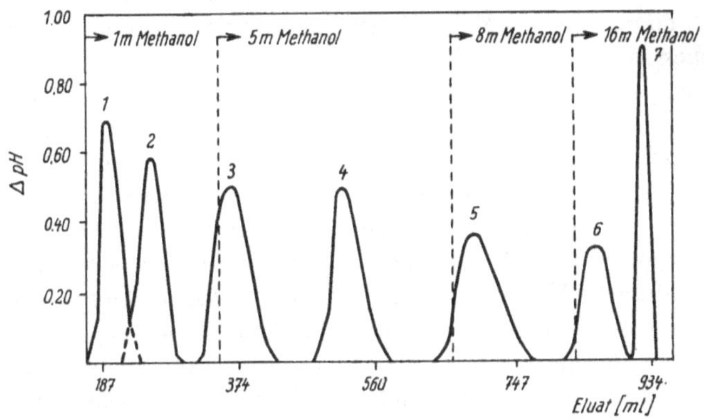

Abb. 111. Trennung von Ketonen. *1* — Methyl-iso-butylketon, *2* — Methyl-n-butylketon, *3* — Methyl-n-amylketon, *4* — Methyl-n-hexylketon, *5* — Methyl-n-heptylketon, *6* — Methyl-n-octylketon, *7* — Methyl-n-nonylketon (Säule 54,5 cm × 2,28 cm², Dowex 50-X8, 200—400 mesh, H-Form, 0,28 cm/min) [746].

Organische Säuren und Ester

Die Ionenaustausch-Chromatographie organischer Säuren zeigt zu einem Teil die Problematik auf, die sich ergibt, wenn alle dem chromatographischen Vorgang zugrunde liegenden Gesetzmäßigkeiten auf ein einziges Grundprinzip zurückgeführt werden sollen. Versucht man dies bei organischen Säuren, indem man einen Zusammenhang zwischen dem pK-Wert der Säure und seinem Elutionsverhalten herstellen will, wie das von Carroll [115] durchgeführt wurde, so sieht man, daß zwischen der Säurestärke und dem Elutionsverhalten zwar eine bestimmte Beziehung besteht, daß aber die Retentionsvolumina stark streuen und daß vor allem Säuren mit aromatischen Gruppen viel später eluiert werden, als das nach ihren Dissoziationskonstanten zu erwarten wäre.

Auf die Faktoren, die das Elutionsverhalten beeinflussen und sogar umkehren können, hat Cohn [135] hingewiesen. Auch Nelson und Kraus [626] haben allgemeine Ergebnisse über die rein physikalische Adsorption starker und schwacher Säuren an stark basischen Anionenaustauschern mitgeteilt. Erler [212] hat sich eingehend mit dem Phänomen der Adsorption schwacher organischer Säuren an Wofatit F befaßt und gefunden, daß dieser Kationenaustauscher schwache organische Säuren mit zunehmendem Molekulargewicht steigend unpolar adsorbiert. Die einbasigen werden stärker als die zweibasigen gebunden, wobei Oxalsäure eine Ausnahme bildet, da sie, wie auch Mineralsäuren, kaum adsorbiert wird. Mit zunehmender Korngröße des Austauschers nimmt die Adsorption zu. Die reversibel durchführbare Desorption kann mit steigenden Mengen Waschwasser vorgenommen werden. Sie erfolgt quantitativ. Am Anionenaustauscher Duolite A-2 führten Robinson und Mills [706] Untersuchungen über die Adsorption von Fettsäuren durch, wobei besonders nichtwässerige Lösungsmittel Berücksichtigung fanden. Aus den Ergebnissen geht hervor, daß der Bindungsmechanismus eine chemische Wechselwirkung zwischen der Amingruppe des Harzes und der Säuregruppe unter Bildung einer kovalenten Bindung ist. Einfacher Ionenaustausch wird, wie auch schon von Bishop [61], verneint, was andererseits im Gegensatz steht zu den Untersuchungen von Kunin und Myers [493]. Es wird angenommen, daß beides, Ionenaustausch und kovalente Adsorption ganzer Moleküle, für das Haften der Säuren am Anionenaustauscher verantwortlich sind.

Die Phänomene, die dafür sprechen, daß bei der Ionenaustausch-Chromatographie eine einfache Verteilung zwischen zwei flüssigen Phasen eine Rolle spielt, bedürfen einer gesonderten Betrachtung. Man kommt zu dieser Anschauung, wenn man das Wasser als Elutionsmittel durch absoluten Äthanol ersetzt, da dann nämlich Säuren, die leichter im Alkohol löslich sind als die aromatischen Säuren, früher eluiert werden als jene mit der größeren Löslichkeit in Wasser. Dieser Sachverhalt spielt auch eine Rolle bei der Ionenaustausch-Chromatographie der Aminosäuren. Er ist ferner wichtig für alle jene Säuren und Basen und überhaupt organische Verbindungen mit begrenzter Löslichkeit in Wasser. Die Verwendung von Äthanol und anderer ionisierender Lösungsmittel wie Methanol, höhere Alkohole, Ketone etc. kann also infolge der verschiedenen Lösungseigenschaften zu Trennungen an Ionenaustauschern führen, die sonst unmöglich sind.

So trennt Seki [737] niedere Fettsäuren ionenaustauschchromatographisch durch Verwendung gemischt wässeriger Elutionsmittel. An Amberlite IRC-50 in der H-Form wird zur Trennung der Säuren zwischen Ameisensäure und Capronsäure Aceton-Methyläthylketon-Wasser (2:1:9) und zur Trennung der Säuren zwischen Essigsäure und Laurinsäure das gleiche Gemisch im Verhältnis 3:1:4 als Elutionsmittel verwendet. Säuren, die sich durch 1—2 C-Atome in der Kettenlänge unterscheiden, können mit 65—100% getrennt werden. An einem stark basischen Anionenaustauscher untersuchten Shelley und Umberger [744] das Verhalten saurer organischer Verbindungen in nichtwässerigen Lösungsmitteln. Die Verbindungen mit verschiedener Acidität werden nach der Adsorption mit Äthanol oder angesäuertem Äthanol eluiert und im Eluat UV-spektroskopisch identifiziert. Die untersuchten zwanzig Verbindungen konnten mit mehr als 93% Ausbeute wiedergewonnen werden.

Die Trennung von Mono-, Di- und Trichloressigsäure ist wichtig für die Analyse technischer Monochloressigsäure. Eine ionenaustauschchromatographische Methode, die dafür geeignet ist, entwickelten Funasaka et al. [240]. Die drei Säuren werden in der angeführten Reihenfolge von Amberlite IRA-410 (NO_3-Form) mit 0,05 n, 0,1 n und 1 n NaOH, und zwar mit jeweils 250 ml eluiert. Trennsäule 29 cm × 1,2 cm, Korngröße des Austauschers 100—150 mesh.

Wie sehr zeitraubende Bestimmungen von Dicarbonsäuren und Oxycarbonsäuren auf elegante Weise durch Ionenaustausch-Chromatographie vorgenommen werden können, zeigen unter anderem SCHENKER und RIEMAN [813] am Beispiel der Bestimmung von Äpfelsäure, Wein- und Zitronensäure in Früchten. An Dowex 1 lassen sich die drei Säuren in der in Abbildung 112 wiedergegebenen Weise durch Elution mit zwei Elutionsmitteln, und zwar A, 0,08 n Natriumnitrat, 0,0013 m Natriumtetraborat, 0,30 m Borsäure und B, 0,160 n Natriumnitrat und den gleichen Konzentrationen an Tetraborat und Borsäure wie Elutionsmittel A, trennen. Eine Bestimmung dauert nach dieser Methode 8 Stunden bei einer Genauigkeit von $\pm$ 0,1 mg Säure. Da die Bestimmung von Äpfelsäure innerhalb des Zitronensäurezyklus besondere Bedeutung besitzt, haben auch BUSCH et al. [106] OWENS et al. [642] und GOODBAN und STARK [267] Verfahren zur Bestimmung dieser Säure an Ionenaustauschern ausgearbeitet. Das Austauscherverhalten einiger niedermolekularer organischer Säuren wie Glykolsäure, Oxalsäure, Brenztraubensäure, Glukonsäure, Maleinsäure und p-Toluolsulfonsäure an Dowex 2 und Dowex 3 untersuchten BERNTSSON und SAMUELSON [53]. Alle mit Ausnahme der Glukonsäure werden quantitativ eingetauscht. Glykolsäure, Oxalsäure, Glukonsäure und Maleinsäure können mit 0,5 n H_2SO_4 oder 0,5 n $(NH_4)_2CO_3$ quantitativ aus beiden Austauschern eluiert werden. Aus dem stark basischen Austauscher kann Brenztraubensäure nur mit Säuren wieder desorbiert werden. Salzsäure ist für p-Toluolsulfonsäure das wirksamste Elutionsmittel beim stark basischen Austauscher, während beim schwach basischen die Elution am leichtesten mit Natriumhydroxyd erfolgt. Daten über die Trennbarkeit von Bernsteinsäure und Glutaminsäure an Anionenaustauschern (Merck III, Dowex 1, Wofatit L 150 und Wofatit L 160) wurden von REINBOTHE [695] mitgeteilt.

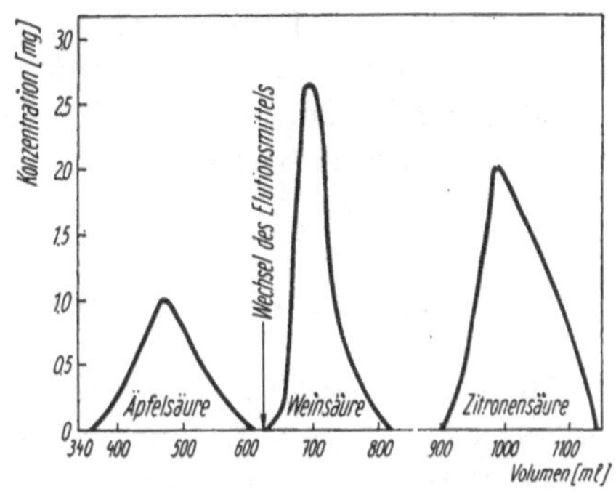

Abb. 112. Elution von Äpfel-, Wein- und Zitronensäure (Dowex 1, 100—200 mesh, Säule 25 cm × 3,80 cm², 0,80 ml/min/cm²) [813].

Im Rahmen einer Arbeit über die Carboxylierung von Resorcin führten HALE et al. [289] die Trennung von β- und γ-Resorcinsäure durch Ionenaustausch-Chromatographie durch. Sie erzielten die beste Trennung an Amberlite XE-76 in der Cl-Form durch Elution mit 0,01 n Salzsäure für die β-Säure und mit 0,1 n Salzsäure für die γ-Säure, beide Male in 75%igem Äthanol.

Die Verwendung von Harzaustauschern für die quantitative chemische Unterscheidung zwischen Nicotinsäure und Nicotinamid ist der Gegenstand einer Untersuchung von SWEENLY und HALL [808]. Die Probenlösung wird bei pH 5 über den Anionenaustauscher Amberlite IRA-400 gegeben. Nicotinamid wird mit Wasser und Nicotinsäure mit heißer 1 n Salzsäure eluiert. Zur Bestimmung beider Substanzen dient die Reaktion mit Bromcyan und Sulfanilsäure. Auch ANASTASI et al. [12] beschäftigten sich mit der Trennung von Nicotinsäure und Nicotinamid.

In biologischem Material treten organische Säuren auf, die durch Ionenaustausch-Chromatographie getrennt und bestimmt werden können. So fanden Bryant und Overell [96], daß ein wässeriger Auszug von Pflanzengeweben von störenden Verunreinigungen befreit und chromatographisch aufgetrennt werden kann, wenn die Lösung über Amberlite IRA-400 in der CO_3-Form gegeben wird. Zitronensäure, Äpfelsäure und Bernsteinsäure werden durch Verdrängungs-Chromatographie mit 0,1 n Natriumkarbonat getrennt. In Gärflüssigkeiten trennten van Etten und McGrew [214] zunächst die starken und schwachen Säuren an Dowex 1 (OH-Form) durch Elution mit 0,35 n Essigsäure bzw. 0,1 n Salzsäure und bestimmten daraufhin Fumarsäure im Eluat der starken Säuren durch Ionenaustausch-Chromatographie an Dowex 1 mit 0,35 n Ameisensäure als Elutionsmittel. Bei Zugabe von Fumarsäure konnten $98{,}2 \pm 1{,}52\%$ wiedergefunden werden. Eine unbekannte in Äpfeln auftretende Säure konnte von Hume und Swain [356] durch Ionenaustausch-Chromatographie an De-Acidite E nachgewiesen und präparativ isoliert werden.

Amine und andere stickstoffhaltige Verbindungen

Amine und andere organische stickstoffhaltige Verbindungen können von Ionenaustauschern aufgenommen und unter Auswahl geeigneter Bedingungen an ihnen getrennt werden.

Tsuda und Matsumoto [870] haben für die Trennung primärer, sekundärer und tertiärer Methylamine und Äthylamine sowie für Pyridin und 2-Picolin ein Verfahren ausgearbeitet, das mit einer Reihe hintereinander geschalteter kleiner Kationenaustauschersäulen arbeitet. Die einzelnen Säulen werden mit Salzsäure eluiert. Eine präparative Säule für die Isolierung von Aminoverbindungen durch Ionenaustausch beschrieben Talley und Porter [845].

Für die Bestimmung biogener Amine neben Aminosäuren verwenden Awapara et al. [21] Amberlite CG-50 Typ 2. Die sauren Aminosäuren werden mit Wasser und die Amine mit 4 n Essigsäure eluiert. Amine können nach Überführung in geeignete Metallaminkomplexe oft leichter von Austauschern aufgenommen werden [792]. Dies gilt vor allem für aromatische Amine, wie Benzylamin, die am Austauscher durch weitere van der Waalssche Kräfte gebunden werden.

Über die Isolierung von Äthanolamin aus Urin mittels Ionenaustauscher haben Luck und Wilcox [534], Fishman und Artom [221] sowie Dent et al. [174] geeignete Verfahren mitgeteilt.

Die Trennung und Bestimmung der Phosphatester des Äthanolamin, Cholin und Serin in Gehirn- und Rückenmarkextrakten führten Baker und Porcellati [25] an fein verteiltem Polystyrolsulfonsäureaustauscher durch. Für die verschiedenen Substanzgruppen wurden scharfe Banden erhalten.

Taurin und Carbamyltaurin können zum Zwecke ihrer Bestimmung in Urin nach Schram und Crokaert [824] an Dowex 2 durch Elution mit 0,1 n HCl getrennt werden. Histamin kann ebenfalls aus Urin an Decalso isoliert werden [705].

Zur ionenaustauschchromatographischen Trennung quaternärer Ammoniumbasen wurden ebenfalls einige Arbeiten durchgeführt. Carnitin, Betain, Trimethylaminoxyd, Kreatin und Kreatinin wurden von FRIEDMAN et al. [235] an Dowex 50 durch Elution mit Salzsäure getrennt. Die Identifizierung der einzelnen Basen in den jeweiligen Fraktionen erfolgt papierchromatographisch. Langkettige quaternäre Ammoniumverbindungen können nach METCALFE [579] an Carboxymethylcellulose getrennt werden. Ein Verfahren für die Trennung und Bestimmung quaternärer Stickstoffverbindungen und anderer stickstoffhaltiger Verbindungen durch Ionenaustausch-Chromatographie stammt von CHRISTIANSON et al. [128].

Einige hochsiedende Pyridin- und Piperidinderivate wurden von JONES [396] an Polystyrolsulfonsäureaustauschern bearbeitet. So konnte durch Elution mit 1 n HCl in 50% Äthanol N-n-Amylpiperidin abgetrennt werden.

Aminosäuren

Unter den verschiedenen Methoden zur Trennung und Bestimmung von Aminosäuren, angefangen von der destillativen von FISCHER und DAKIN über die Elektrodialyse und die Isotopenverdünnung bis zur Adsorptionsanalyse, nimmt heute die Ionenaustausch-Chromatographie eine besondere Stellung ein. Mit ihrer Hilfe kann ein kompliziertes Aminosäuregemisch auf verhältnismäßig einfache Weise getrennt und deren Komponenten quantitativ bestimmt werden. Im folgenden werden die Merkmale der ionenaustauschchromatographischen Aminosäuretrennung dargelegt, ohne auf Vergleiche mit anderen Verfahren einzugehen, was nicht der Sinn dieses Buches ist.

Die frühesten Arbeiten auf diesem Gebiet hängen mit der Adsorptionsanalyse zusammen. Schon als die DAKINsche Methode bekannt wurde, hat ABDERHALDEN [1] eine Arbeit über die Absorption von Aminosäuren veröffentlicht, ohne jedoch auf die Eiweißanalyse einzugehen. Es verging eine Reihe von Jahren, bis um das Jahr 1940 einige Arbeiten über die Anwendung der Chromatographie zur Trennung von Aminosäuren erschienen. Von diesen interessieren in dem hier bedeutsamen Zusammenhang eine von FREUDENBERG und eine von TURBA, in denen ausgehend von anderen Adsorbentien erstmalig auch Ionenaustauscher auf Kunstharzbasis, in Form der damals von der I. G. Farben hergestellten Wofatite, eingesetzt wurden. FREUDENBERG et al. [231] haben bei der Untersuchung über die Blutgruppensubstanz zur Trennung von Zuckern, Aminozuckern und Aminosäuren, die als Hydrolyseprodukte der Blutgruppensubstanz A erhalten wurden, zunächst unlösliche Ligninsulfonsäure und dann die sauren Ionenaustauscher Wofatit K oder KS verwendet. Die Aminosäuren wurden durchwegs von den sauren Austauschern festgehalten. Von dem basischen Austauscher Wofatit M wurden aber nur die sauren Aminosäuren festgehalten, so daß auf diese Weise schon eine Trennung von Alanin und Asparaginsäure gelang.

Von TURBA et al. [878] konnte in der Arbeit über die quantitative chromatographische Trennung der Monoaminomonocarbonsäuren Tryptophan selektiv an Wofatit M vor der darauffolgenden adsorptionschromatographischen Trennung an Tierkohle abgetrennt werden. Solche unter außerordentlich schwierigen äußeren Umständen durchgeführten ersten Versuche zur Aminosäuretrennung an Ionenaustauschern wurden etwa gleichzeitig auch von Myers et al. [614] sowie von Block [69] und Cannan [114] und Englis und Fiess [210] unternommen. Auch die Arbeit von Tiselius et al. [859] zeigt deutlich, daß durch Verwendung besserer Adsorbentien, d. h. in diesem Falle von Ionenaustauschern, eine bessere Aminosäuretrennung erzielt werden kann. Diese Forscher griffen auf die Untersuchungen von Schramm und Primosigh [826] zurück und adsorbierten die Aminosäuren an Wofatit C und KS aus 20%iger Essigsäure mit nachfolgender Elution mit 1 n HCl.

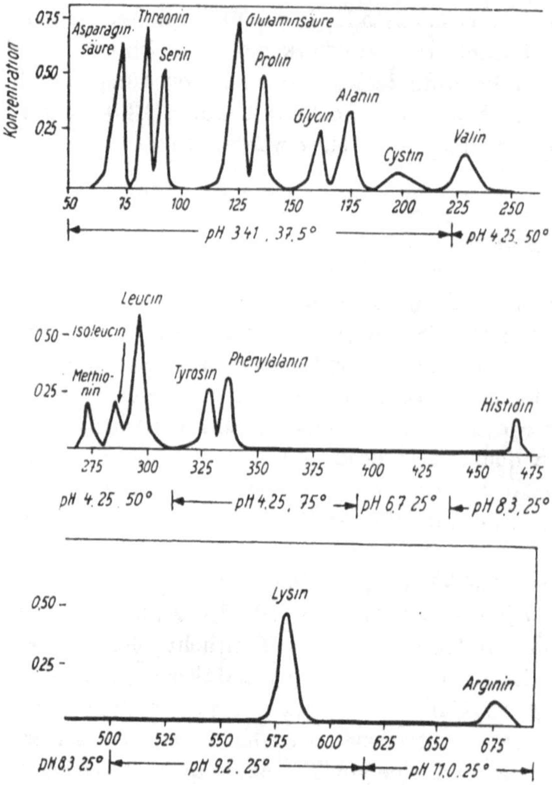

Abb. 113. Trennung von Aminosäuren an Dowex 50 (Säule 100 × 0,9 cm, Na-Form) [596].

Der gesamte Arbeitsgang stellte sich in vier Stufen dar, und zwar in 1. daß nur die aromatischen Aminosäuren an Aktivkohle adsorbiert werden, 2. daß die basischen Aminosäuren im Filtrat selektiv von Wofatit C, 3. daß alle übrigen Aminosäuren an Wofatit KS adsorbiert werden und 4. daß von den Aminosäuren der Gruppe 3 nur die sauren von Amberlite IR-4 zurückgehalten werden. Die Tatsache, daß basische Aminosäuren von Wofatit C festgehalten werden, war von Wieland [916] vorher mitgeteilt worden. Als Merkmal, wie die Entwicklung immer mehr zur Verwendung von Ionenaustauschern ging, mag eine Arbeit von Drake [193] angeführt werden, in der zur Trennung von Asparaginsäure und Glutaminsäure der Ionenaustauscher Amberlite I.R-4 erstmalig in einem fließenden Chromatogramm verwendet wurde.

Um das Jahr 1950 entwickelten Moore und Stein eine Anzahl Techniken für die Trennung und Bestimmung von Aminosäuren in Eiweißhydrolysaten, wobei von Ionenaustauschern Gebrauch gemacht wurde [596, 328]. Diese Verfahren waren Fortsetzungen von Versuchen zur Trennung von Aminosäuren durch Verteilungschromatographie an Stärkesäulen. Bei der neuen Ionenaustauschermethode wurde der stark saure Kationenaustauscher Dowex 50-X 8, Na-Form, verwendet. An Trennsäulen von 100 × 0,9 cm wurden Puffer mit steigendem pH von 3,4 bis 11 zur Elution eingesetzt. Die Anwendung von Puffern brachte gegenüber der von MOORE und STEIN [784] vorher verwendeten Methode der Elution mit Salzsäure steigender Normalität einige Vorteile, da labile Verbindungen in Puffern leichter gehandhabt werden können und neutralere Eluate durch die Reaktion mit Ninhydrin leichter analysiert werden können.

Die Abbildung 113 zeigt die erzielten Trennungen. Danach gelingt es nach diesem Verfahren, alle wichtigen Aminosäuren in scharfen Banden zu erhalten und quantitativ zu bestimmen mit Ausnahme von Histidin, Lysin und Arginin. Um auch die basischen Aminosäuren zu chromatographieren, war es jedoch notwendig, eine kürzere Säule mit Dowex 50 und einen Puffer von pH 7 zu verwenden. Wie aus Abbildung 114 zu ersehen ist, erscheinen in einer Summenbande *A* alle Amino-

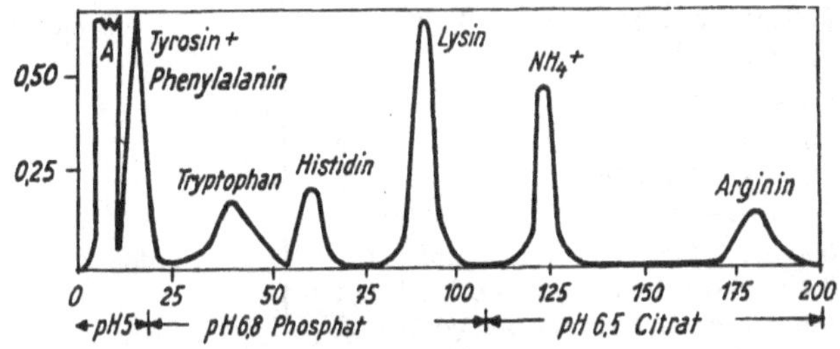

Abb. 114. Trennung der basischen Aminosäuren an Dowex 50 (Säule 15×0,9 cm, Na-Form, 25°C) [596].

säuren vor dem Tyrosin des entsprechenden Chromatogramms nach Abbildung 113. Die angewendeten Temperaturen, die in der heizbaren Säule eingestellt worden waren, sind in den Abbildungen angegeben, die Zusammensetzung der Puffer ist in Tabelle 11 zusammengestellt.

Im Vergleich zu dem Verfahren an Stärkesäulen brachte diese Methode eine wesentliche Zeiteinsparung, da jetzt eine Eiweißanalyse in etwa der halben Zeit durchgeführt werden konnte. Es waren im allgemeinen, wenn mit den beiden Säulen gearbeitet wurde, fünf Tage für die Analyse eines sauren Eiweißhydrolysates notwendig. Die Brauchbarkeit konnte an einigen Beispielen gezeigt werden. So untersuchte STEIN [786] die Aminosäurebestandteile normalen Harns und konnte quantitative Werte für Taurin, Threonin, Serin, Asparaginsäure, Glycin, Alanin, Aminoadipinsäure, Cystin, Valin, Isoleucin, Leucin, Tyrosin, Phenylalanin, Histidin, Methylhistidin und Lysin erhalten. SCHRAM et al. [823] und DUSTIN et al. [197, 198] untersuchten die Aminosäureverteilung in Nahrungsmitteln unter besonderer Berücksichtigung der gleichzeitig anwesenden Kohlehydrate.

Unter dem Aspekt, das Verfahren auch präparativ für die Isolierung einzelner Aminosäuren anwenden zu können, war es notwendig, die Aminosäuren von den nicht flüchtigen Salzpuffern durch Nachschaltung einer nochmaligen Kationen-

Tab. 11 Herstellung der Puffer nach MOORE und STEIN [596]

pH	Zusammensetzung	HCl oder NaOH notwendig, um 1 cm^3 Puffer auf pH 5 zu bringen
3,42 ± 0,01	500 m*l* pH 5 Natriumcitrat + 110 m*l* 1,0n HCl + 390 m*l* H_2O + 0,5 m*l* Thiodiglykol pro 100 m*l*	0,1 m*l* n NaOH
4,25 ± 0,05	500 m*l* pH 5 Natriumcitrat + 50 m*l* n HCl + 450 m*l* H_2O + 0,5 m*l* Thiodiglykol und 1,0 m*l* Benzylalkohol pro 100 m*l*	0,05 m*l* n NaOH
6,7 ± 0,1	21 g Zitronensäuremonohydrat + 290 m*l* n NaOH auf 1 *l* Volumen	0,05 m*l* 0,5 n HCl
8,3 ± 0,05	250 m*l* 0,2 m $NaHCO_3$ + 5 m*l* 0,1 m Na_2CO_3	0,1 m*l* 2n HCl
9,2 ± 0,05	500 m*l* 0,2 m $NaHCO_3$ + 90 m*l* 0,2 n NaOH	0,1 m*l* 2 n HCl
11,0 ± 0,05	0,1 m Na_2CO_3	0,1 m*l* 2n HCl
5,0 ± 0,1	500 m*l* pH 5 Natriumcitrat + 500 m*l* H_2O + 0,1 g Dinatriumversene und 1,5 m*l* Benzylalkohol pro 100 m*l*	–
6,8 ± 0,03	500 m*l* 0,1 m Na_2HPO_4 + 450 m*l* 0,1 m $NaH_2PO_4 \cdot H_2O$ + 0,1 g Dinatriumversene und 1,5 m*l* Benzylalkohol pro 100 m*l*	0,05 m*l* 0,5n HCl
6,5 ± 0,05	42 g Zitronensäuremonohydrat + 580 m*l* 1,0n NaOH auf 1 *l* Volumen + 0,1 g Dinatriumversene und 1,5 m*l* Benzylalkohol pro 100 m*l*	–

oder Anionenaustauscheranlage zu entsalzen [194]. Ein Beispiel dafür ist die Isolierung des 3-Methylhistidins durch TALLAN et al. [842]. Deshalb versuchten später HIRS, MOORE und STEIN [330], flüchtige Ameisensäure- und Essigsäurepuffer einzusetzen, die durch Sublimation bei 40 °C leicht wieder entfernt werden können. Dadurch können die Aminosäuren durch einfaches Konzentrieren der einzelnen Fraktionen gewonnen werden. In der angeführten Arbeit wurden Asparaginsäure, Glutaminsäure und Tyrosin aus einem Hydrolysat an einer 30 cm langen Säule mit Dowex 1-X8 und 0,5 n Essigsäure als Elutionsmittel getrennt und isoliert. Die übrigen Komponenten des Gemisches wurden an einer 150 cm Trennsäule mit Dowex 50-X4 durch Elution mit 1 bis 4 n HCl isoliert Eine Veranschaulichung der Gesamttrennung gibt Abbildung 115.

Trotz dieser Fortschritte war das Verfahren zeitraubend und verwickelt. Die Einführung des Prinzips der Gradientenelution [598] brachte eine bedeutende Verbesserung. Dazu wurde auch ein neuer Austauscher verwendet, und zwar ein mit 4% Divinylbenzol vernetzter Dowex 50 an Stelle des vorher mit 8% DVB vernetzten Harzes.

Das Auflösungsvermögen eines solchen Austauschers ist hervorragend, wie aus der Abbildung 116 für ein Gemisch von 50 Komponenten zu ersehen ist. Als Trennsäule diente ein 165 × 0,9 cm langes Glasrohr mit eingesetzter Glasfritte und einem Heizmantel, durch den Wasser aus einem Temperaturbad strömte. Das Austauscherbett selbst war 150 cm, der Austauscher in der Na-Form. Die Vorbereitung des Austauschers und die Handhabung der Säule bedarf einiger von den Autoren ausführlich beschriebener Vorsichtsmaßregeln, um zu optimalen Ergebnissen zu ge-

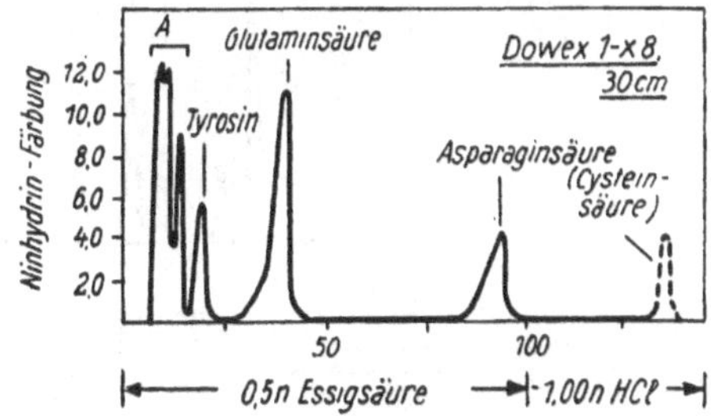

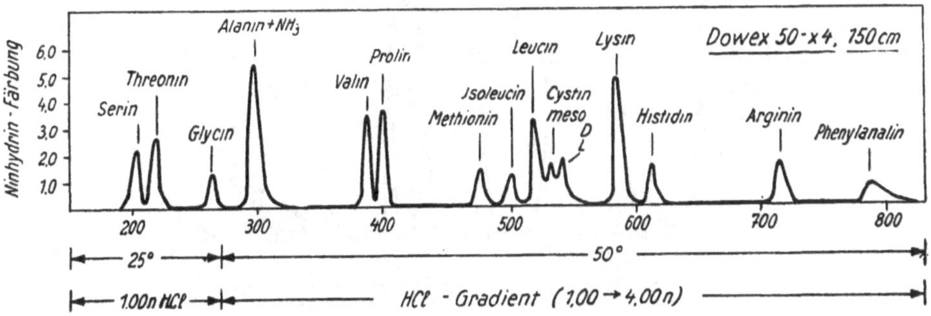

Abb. 115. Elutionschromatogramm von Aminosäuren an Dowex 1—X8 mit 0,5 n Essigsäure bei 25 °C und an Dowex 50—X4 mit 1 bis 4 n HCl bei 25 und 50 °C. Die Summenbande *A* der ersten Säule wird an der zweiten Säule in 14 Aminosäuren aufgetrennt.

langen. Zur Trennung selbst wird die Probe auf pH 2,0—2,5 gebracht und mit einer Pipette auf die Säule gegeben. Dann wird kurz weiterer Puffer von pH 2,2 zugegeben, bis die Probe in die Austauscherpackung eingedrungen ist, und schließlich mit Puffer von pH 3,1 die Elution begonnen. Die Säule befindet sich

Tab. 12 Puffer zur Gradientenelution nach Moore und Stein [598]

Puffer	Zitronensäure $\cdot H_2O$	Eisessig (g)	NaOH 97 %ig (g)	Na-Acetat $\cdot 3H_2O$ (g)	HCl konz. (m*l*)	Endvolumen (*l*)
pH 2,2 ± 0,03; 0,2 n Na-Citrat	105		42		80	5
pH 3,1 ± 0,03; 0,2 n Na-Citrat	714		282		393	34
pH 5,1 ± 0,2; 2 n Na-Citrat, -Acetat	3570	730	1600	4630		34

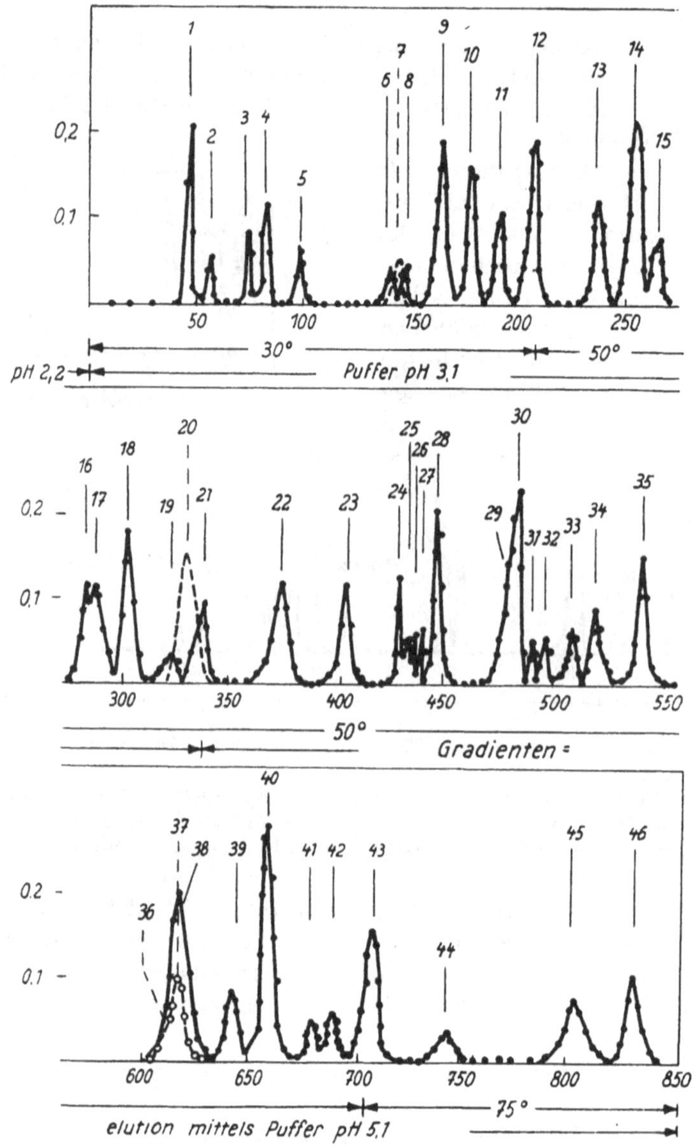

Abb. 116. Trennung von Aminosäuren durch Gradientenelution [598]. *1* — Cysteinsäure + Phosphoserin, *2* — Glycerinphosphoäthanolamin, *3* — Phosphoäthanolamin, *4* — Taurin, *5* — Harnstoff, *6* — Methioninsulfoxyd, *7* — Hydroxyprolin, *8* wie 6, *9* — Asparaginsäure, *10* — Threonin, *11* — Serin, *12* — Glutamin, Asparagin, Sarcosin, *13* — Prolin, *14* — Glutaminsäure, *15* — Lanthionin, *16* — Citrullin, Felinin, *17* — Glycin, *18* — Alanin, *19* — α-NH_2-Adipinsäure, *20* — Glutathion, *21* — α-NH_2-Buttersäure, *22* — Valin, *23* — Cystin, *24* — Cystathion, *25* — Methionin, *26* — Diaminopimelinsäure, *27* — Isoleucin, *28* — Leucin, *29* — β-Alanin, *30* — Glucosamin, *31* — β-NH_2-Isobuttersäure, *32* — Homocystin, *33* — Tyrosin, *34* — Phenylalanin, *35* — α-NH_2-Buttersäure, *36* — Hydroxylysin, *37* — Äthanolamin, *38* — NH_3, *39* — Ornithin, *40* — Lysin, *41* — Creatinin, *42* — Histidin, *43* — 1-Methylhistidin, Anserin, Carnosin. *44* — Methylhistidin, *45* — Tryptophan, *46* — Arginin.

dabei über einem Fraktionsteiler, durch den Heizmantel strömt Wasser von 30 ± 1 °C. Das Eluat wird in 2 m*l* Portionen aufgefangen mit einer maximalen Menge von 8 m*l* pro Stunde. Nach dem Erscheinen von Serin (vgl. Abb. 116) wird die Temperatur auf 50° gesteigert. Wenn daraufhin zweimal das Volumen, das bis zum Maximum der Asparaginsäure benötigt wird, aus der Säule ausgetreten ist, wird mit der Gradientenelution durch kontinuierliche Steigerung des pH und der Ionenstärke des Elutionsmittels begonnen. Zu diesem Zweck wird dem Ausgangspuffer kontinuierlich in einem Mischgefäß Puffer von pH 5,1 zugegeben Der entstehende pH-Gradient fließt aus dem Mischgefäß auf die Säule. Um Tryptophan von Arginin zu trennen, wird nach der Elution von Histidin (vgl. Abb. 116) die Temperatur auf 75° gesteigert Die von MOORE und STEIN für die Herstellung der Puffer gemachten Angaben sind in Tabelle 12 wiedergegeben. Die Normalitäten beziehen sich auf das Natrium. Die Vorratslösungen werden in einem Kühlraum bei 4 °C aufbewahrt.

Zur Bestimmung der Aminosäuren in den Eluatfraktionen dient die allgemein bekannte Reaktion mit Ninhydrin, die von MOORE und STEIN zum Zwecke der photometrischen Auswertung in geeigneter Weise modifiziert wurde [599]. Das Reagens besteht aus 2% Ninhydrin und 0,3% Hydrindantin in 3:1 Methylcellosolve-4n-Natriumacetatpuffer von pH 5,5. Durch den starken Puffer ist es nicht mehr notwendig, den pH der Eluatfraktion vor der Reaktion mit Ninhydrin einzustellen. Die höhere Hydrindantinkonzentration erlaubt eine wirtschaftlichere Verwendung des Ninhydrin.

Von STEIN und MOORE und Mitarbeitern wurden quantitative Analysen an Aminosäuregemischen durchgeführt und die Verwendbarkeit dieses Verfahrens für die Bestimmung von Aminosäuren in biologischen Materialien studiert. Enteiweißtes Blutplasma enthält danach achtundzwanzig ninhydrinpositive Verbindungen, die durch Ionenaustausch-Chromatographie an Dowex 50-X4-Säulen identifiziert werden können [785]. Das Verfahren ermöglicht eine quantitative Bestimmung aller Bestandteile mit Ausnahme von Glutaminsäure.

Analog durchgeführte Untersuchungen an proteinfreien Extrakten aus Geweben der Katze erbrachten ein genaues Bild über die Verteilung von Aminosäuren und verwandter Verbindungen in der Leber, dem Gehirn, der Pankreas und anderen Organen [841]. Neben den gewöhnlichen Aminosäuren wurden Phosphoäthanolamin, Glycerophosphoäthanolamin, Felinin, 3-Methylhistidin, Taurin, Asparagin, Sarcosin, α-Amino-n-buttersäure, β-Alanin, α-Aminoadipinsäure, β-Amino-iso-buttersäure und Ornithin in die Untersuchungen mit einbezogen. Nach der ionenaustauschchromatographisch bestimmten Aminosäureverteilung in Ribonuclease A [329] ergeben sich in diesem Molekül folgende 126 Aminosäurereste: Asp_{16} Glu_{12} Gly_3 Ala_{12} Val_9 Leu_2 $Ileu_3$ Ser_{15} Thr_{10} $(Cys\text{-})_8$ Met_4 Pro_5 Phe_3 Tyr_6 His_4 Lys_{10} Ar_4 $(\text{-}CONH_2)_{17}$.

Zur weiteren Vervollkommnung der Aminosäurenanalyse an Ionenaustauschern haben MOORE, STEIN und SPACKMAN [600, 764] Verbesserungen am Adsorbens, an den zu verwendenden Puffern und an der automatischen Ausrüstung der Gesamtapparatur vorgenommen. Mit 8% Divinylbenzol vernetzter Amberlite IR-120 konnte nach einem von HAMILTON [296] angegebenen Verfahren so fein in Fraktionen von 25—30 μ, 40 $\pm$ 7 μ und 56 $\pm$ 9 μ aufgeteilt werden, daß eine größere Fließgeschwindigkeit angewendet werden konnte, ohne daß unerwünschte Bandenverbreiterung eintrat. Dieses vervollkommnete Verfahren vereinigt die vorhergehenden an Dowex 50-X8 und 50-X4. Die neutralen und sauren Aminosäuren

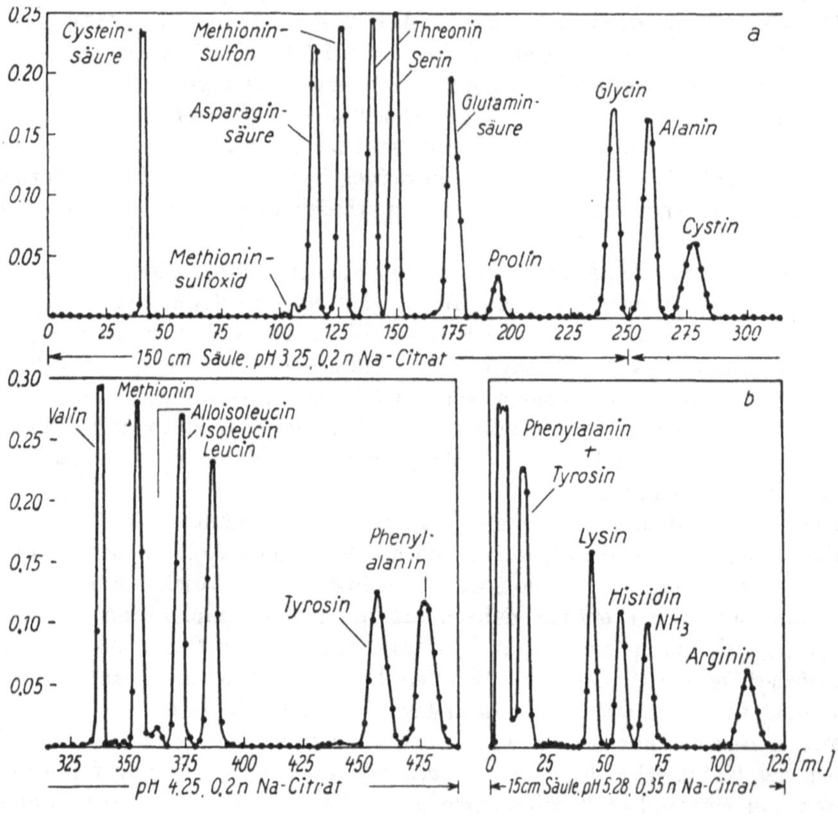

Abb. 117. Chromatographische Trennung eines synthetischen Gemisches von Aminosäuren an Amberlite IR-120 [600].

werden an einer 150 cm langen Säule von Amberlite IR-120 und die basischen an einer solchen mit 15 cm Länge getrennt. Es wird bei einer einzigen Säulentemperatur von 50 °C gearbeitet. Zur Elution werden zwei Puffer für die 150-cm-Säule und einer für die 15-cm-Säule verwendet. Sie sind in Tabelle 13 zusammengestellt.

In Abbildung 117 ist ein Chromatogramm eines synthetischen Gemisches von Aminosäuren wiedergegeben, dem der Wechsel der Puffer entnommen werden kann. Eine Automatisierung macht die quantitative Bestimmung einfacher und schneller, was durch automatische Registrierung der Ninhydrinfarbwerte im Eluat bewerkstelligt werden muß. Der dafür von den drei Forschern entwickelte Appa-

Tab. 13 Herstellung der Natriumcitrat-Puffer

pH	Na-Konz. (n)	Zitronen-säure · H_2O (g)	NaOH 97%ig (g)	HCl konz. (m*l*)	End-volumen (*l*)	Phenol zugesetzt
3,25 ± 0,01	0,20	840	330	426	40	40
4,25 ± 0,02	0,20	840	330	188	40	40
5,28 ± 0,02	0,35	491	288	136	20	20
4,26 ± 0,02	0,38	532	312	307	20	20
6,50 ± 0,05	0,38	133	78	6,3	5	5

rat ist schematisch in Abbildung 118 wiedergegeben. Der als Elutionsmittel verwendete Puffer wird entlüftet und mit einem konstanten Fluß durch die Säule gepumpt. Dem Eluat wird durch eine zweite Pumpe über eine Kapillare Ninhydrinreagens zudosiert. Zur Bildung der zu messenden Farbkomponenten wird das gebildete Gemisch durch eine Kapillare geführt, die in ein kochendes Wasserbad eintaucht. Danach tritt das Eluat in ein Photometer, in dem bei 570 und 440 mμ die Absorption gemessen wird, die ein Schreiber automatisch registriert. Die erhaltenen Banden können mit einer Genauigkeit von 100 ± 3% integriert werden bei einem Einsatz von 0,1 bis 3,0 mmol jeder Aminosäure.

Wie die vorbeschriebenen Arbeiten grundlegende Bedeutung für die analytische Trennung der Aminosäuren erlangt haben, so können die Arbeiten von Partridge und Mitarbeitern als grundlegend für die präparative Trennung von Aminosäuren angesehen werden. Partridge und Mitarbeiter haben die Verdrängungs-Chromatographie an Ionenaustauschern für die Trennung der Aminosäuren im präparativen Maßstab verwendet [648, 649].

Einen Überblick über die aus den eigenen Arbeiten resultierende systematische Methode geben Partridge und Brimley [650] unter Anführung der Isolierung von Aminosäuren aus Eialbumin und einer Eiweißfraktion aus Bäckerhefe. Im ersten Fall wurden 280 g Substanz zur Hydrolyse eingesetzt, was allein schon zeigt, wie ein Verdrängungsverfahren leichter für präparative Zwecke verwendet werden kann als ein Elutionsverfahren. Die apparative Anordnung der Trennsäulen spielt dabei eine nicht unwesentliche Rolle. Es hat sich nämlich gezeigt, daß zur Verdrängungs-Chromatographie ganz allgemein gekoppelte Säulen mit abnehmendem Durchmesser besser geeignet sind. Die von den Autoren konstruierte Anordnung zeigt Abbildung 119.

Das in *J* eintretende Verdrängungsmittel durchströmt die drei Säulen und tritt in *P* in den von Brimley und Snow [87] konstruierten Fraktionsteiler. Zur Regulierung der Fließgeschwindigkeit dient eine Kapillare *O*, in die ein Stahldraht *Q* eingeführt wird. Die Detailzeichnung gibt weitere Einzelheiten über die Endplatten der Trennsäulen.

Aus dem Hydrolysat des Eialbumins konnten an einem sulfonierten Polystyrol sowie den Austauschern Zeo-Karb 215 und Dowex 2 durch Verdrängung mit 0,075 n NaOH bzw. 0,15 n Ammoniaklösung 16 Aminosäuren mit einer Gesamtausbeute

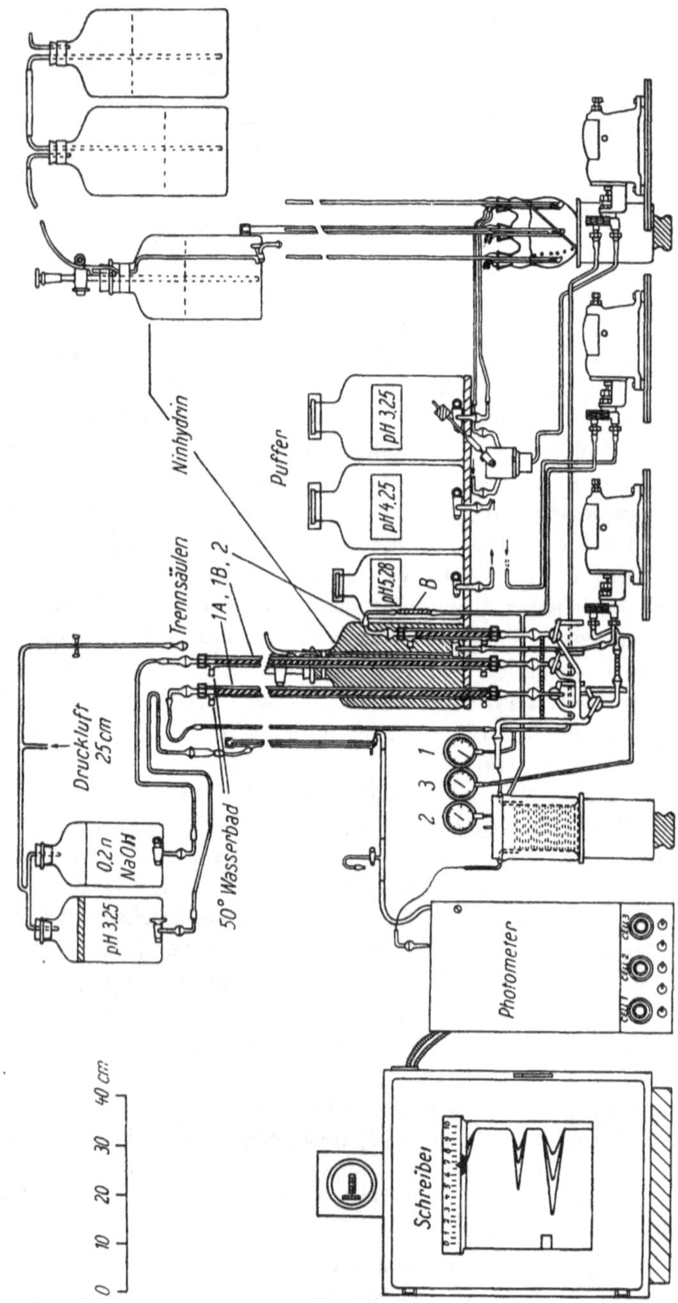

Abb. 118. Automatische Apparatur zur ionenaustauschchromatographischen Analyse von Aminosäuren [764].

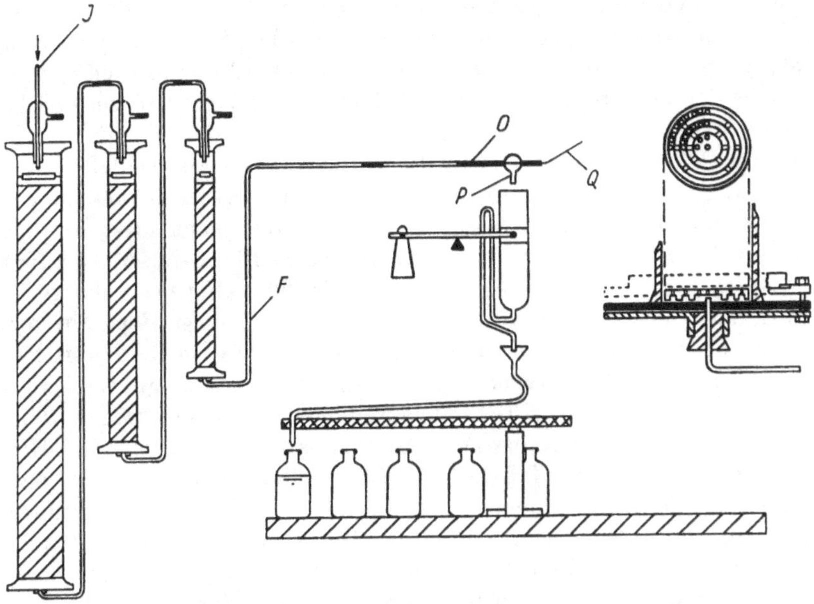

Abb. 119. Säulenanordnung von Partridge und Brimley [650].

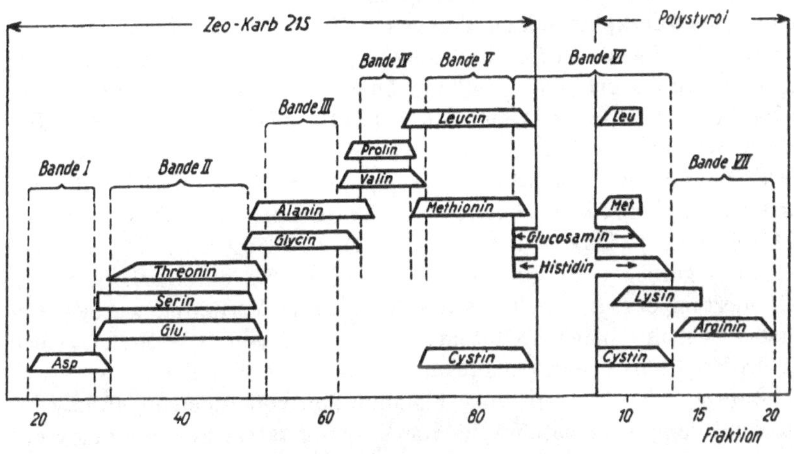

Abb. 120. Erste Fraktionierung eines Hydrolysates aus 280 g Eialbumin nach Partridge und Brimley [650].

von 54% des Trockengewichtes des eingesetzten Proteins isoliert werden. Die Abbildung 120 zeigt die erste Fraktionierung. Der obere Bereich der Säule war mit sulfoniertem Polystyrol eigener Herstellung und die unteren Bereiche waren mit Zeo-Karb 215 gepackt. Das auf der rechten Seite der Abbildung dargestellte Chromatogramm entstand durch Rechromatographie der Polystyrolpackung. Da sich

Phenylalanin und Tyrosin an Zeo-Karb 215 nicht in das Schema einordnen ließen, wurden sie vor der ionenaustauschchromatographischen Behandlung des Hydrolysats an Aktivkohle gebunden. Die nach Abbildung 120 erhaltenen gemischten Banden werden auf eine Säule mit Dowex 2 gegeben und mit verdünnter Salzsäure wieder verdrängt.

Nach diesen Ausführungen soll kurz darauf hingewiesen werden, daß auch andere Ionenaustauschertypen für Aminosäuretrennungen verwendet werden können. Nach CAMPBELL et al. [112] ist Zeo-Karb 225 für die quantitative Bestimmung der Aminosäuren in Eiweißhydrolysaten geeignet. Ein Gemisch von fünfzehn Aminosäuren wurde an einer 150 × 0,9 cm-Säule (200—400 mesh) durch Elution mit Natriumcitrat von steigendem pH (3,15 bis 5,0) und steigender Konzentration (0,2 n bis 5 n) getrennt. Wie andere Untersuchungen [113] an De-Acidite FF zeigten, werden bei einer Quervernetzung von 6% optimale Bedingungen erzielt.

Den Austauscher Amberlite IRC-50 verwendeten dagegen CERLETTI et al. [120] zur Trennung von Glutaminsäure, Asparaginsäure, Phenylalanin, Histidin, Arginin und Dijodtyrosin. Die 120-mm-Säule ist dabei so unterteilt, daß eine obere Zone von 54 × 10 mm, eine mittlere von 38,7 × 8,9 mm und eine untere von 30,5 × 7 mm durch Kapillarrohre miteinander verbunden werden. Aus der mit Acetatpuffer vorbehandelten Trennsäule werden die Komponenten nach Elution mit 35 m*l* Wasser und 0,2 n Salzsäure bei einer Fließgeschwindigkeit von 6 m*l*/h getrennt aufgefangen.

Eine verfahrensmäßige Verbesserung zur Aminosäureanalyse durch Ionenaustausch-Chromatographie schlug PORATH [673] durch die Verwendung von Triäthylammoniumformiatpuffer und -acetatpuffer als Elutionsmittel vor. Von KEIL [420] wurde gefunden, daß die Dinitrophenylderivate von Aminosäuren (und Peptiden) von freien Aminosäuren (und Peptiden) an basischen Ionenaustauschern getrennt werden können.

Die Trennung von Aminosäuren an Ionenaustauschern durch Elution mit Wasser und wässerigem Äthanol untersuchten THOMPSON und MORRIS [854] an Dowex 50-X4 (Na-Form), Dowex 1-X2 (Cl-Form) und Amberlite IRC-50 (H-Form). Es konnten gute Trennungen der basischen, sauren und Nicht-α-Aminosäuren bei Zimmertemperatur erzielt werden. Mit diesem Verfahren wurden drei stickstoffhaltige Verbindungen (α-Glutamyl-S-methylcystein, S-Methylcysteinsulfoxyd und β-Aminoisobuttersäure) aus pflanzlichem Material isoliert.

Von LUNDQUIST [536] wird eine Kombination von Ionenaustausch-Chromatographie und Papierchromatographie für die quantitative Bestimmung von Aminosäuren angewendet. Das Aminosäuregemisch wird zunächst durch Elution mit 0,1 m Piperidinlösung in fünf Gruppen aufgeteilt, die weiter papierchromatographisch getrennt und nach Anfärbung mit Ninhydrin colorimetrisch bestimmt werden. LIEBL und MIKES [516] verwenden Chromatographiepapiere zur laufenden Kontrolle der Trennung von Aminosäuren an präparativen Ionenaustauscher-Säulen in flüchtigen Puffern.

Zusammenfassend kann über die bisher beschriebenen Methoden zur Bestimmung der Aminosäuren durch Ionenaustausch-Chromatographie gesagt werden, daß die Arbeiten von MOORE und STEIN am nachhaltigsten das ganze Arbeitsgebiet beeinflußt haben, so daß eine Reihe von Arbeiten durchgeführt wurden, die auf diesem Verfahren aufbauen.

So haben HAMILTON und Mitarbeiter ihr besonderes Augenmerk auf die zu verwendenden Korngrößen gerichtet und gezeigt [296], daß ein relativ kleiner Korngrößenbereich für optimale Trennungen nötig ist. Es ist auch besser, unregelmäßig geformte Körner anstelle der kugelförmigen Austauscherteilchen zu nehmen. Die Erklärung dafür mag darin gesehen werden, daß das Gleichgewicht sich in nicht kugelförmigen Körnungen leichter einstellt als in kugelförmigen von gleicher Masse, da die Diffusionszeit, die bis zum Mittelpunkt erforderlich ist, von der kleinsten der drei Dimensionen bestimmt wird. Die dadurch in Säulen von $100 \times 0{,}9$ cm erreichten ausgezeichneten Trennungen wurden von HAMILTON und ANDERSON [297] zu einem halbautomatischen Verfahren ausgearbeitet unter Verwendung von Amberlite CG-120 Typ III (20—40 μ, 8,5% vernetzt). Die Elution durch Puffer mit verschiedenem pH (2,90 bis 5,00) und bei verschiedenen Temperaturen (40—50 °C) und Durchlaufgeschwindigkeiten (39—79 ml/cm²/h) wird automatisch geregelt. Die Eluate werden mit Hilfe eines Fraktionssammlers in 1 oder 2 ml Fraktionen aufgefangen, was je nach Größe der Kolonne und des Druckes (4,25 bzw. 12,6 at) 38 oder 18 Stunden in Anspruch nimmt. Die quantitative Bestimmung der Aminosäuren in den einzelnen Fraktionen erfolgt nach der Ninhydrin-Methode von MOORE und STEIN. Höhere Drucke bis 42 at können nach HAMILTON [298] in einer verbesserten Apparatur angewendet werden, was zu linearen Fließgeschwindigkeiten bis zu 0,17 cm/sec in Säulen mit Korngrößen von 2,4, 4,6 oder $8{,}0 \cdot 10^{-3}$ cm Durchmesser führt. Welche Variablen einer genauen Kontrolle bedürfen, um zu reproduzierbaren Ergebnissen zu kommen, untersuchten HAMILTON et al. [299] im Zusammenhang mit theoretischen Betrachtungen nach der auch in diesem Buch behandelten Bödentheorie von GLUECKAUF, die sie für die Trennung von zwei Komponenten in eine einfache algebraische Form brachten, woraus klar hervorgeht, aus welchen grundlegenden Phänomenen eine Trennung besteht.

SCHORMÜLLER und Mitarbeiter [820] berichteten über Erfahrungen mit der Trennung und Bestimmung von Aminosäuren an Dowex 50 nach MOORE und STEIN. Die Vorbehandlung der Säule und die Elution erfolgt zunächst mit einem Citratpuffer von pH 3,1 bei 37,5 °C und dann mit einem Citratpuffer von pH 4,25 unter Steigerung der Temperatur auf 60 °C. Zur Trennung der basischen Aminosäuren wird eine getrennte Lösung bei pH 4,0 auf eine 20-cm-Säule gegeben, von der die sauren und neutralen Aminosäuren mit einem Citratpuffer von pH 5,0 eluiert werden, nach denen die basischen Säuren nacheinander bei Zimmertemperatur mit einem Phosphatpuffer von pH 6,9 gefolgt von einem Citratpuffer von pH 6,5 abgelöst werden. Durch den Puffer von pH 3,1 an der ersten Säule konnte die Trennung von Glycin und Alanin verbessert werden. Eine getrennte Untersuchung über die Trennung und quantitative Bestimmung von Phosphoserin, Phosphothreonin, Serin und Threonin war diesen Arbeiten vorangegangen [821]. Im Zuge ihrer weiteren Untersuchungen über die Trennung von Aminosäuren berichteten dann SCHORMÜLLER und HOFMEISTER [822] über die Trennung von Arginin, Histidin, Lysin, Trypthophan und Ammoniak mit Hilfe des Anionenaustauschers Amberlite XE-64. Die Leistungsfähigkeit der Methode wurde an Untersuchungen über die Histidin- und Lysinbilanz von enzymatisch abgebautem Milcheiweiß erwiesen. Der maximale Fehler betrug $\pm 3\%$.

In einer ausführlichen Arbeit beschreibt HUISMAN [355] Erfahrungen zur Aminosäureanalyse nach MOORE und STEIN und faßt damit vorherige Übersichtsreferate über dieses Gebiet zusammen. Von MARQUARDT [551] wurde über die Eignung von Wofatit KPS 200 in den Vernetzungsgraden 4% und 8% Divinylbenzol zur quantitativen Aminosäureanalyse berichtet. An 100-cm-, 15-cm- und 150-cm-Säulen wurden synthetische Aminosäuregemische und Eiweißhydrolysate nach der Technik von MOORE und STEIN getrennt. An russischen Austauschern haben SOLOVEV et al. [762] ähnliche Untersuchungen durchgeführt.

Ein modifiziertes Verfahren für die Trennung saurer Aminosäuren schlugen HAMDY et al. [294] vor. Der pH des an Dowex 50-X 12 verwendeten Puffers betrug 4,0 bei einer Konzentration von 0,06 m. Dadurch wird Zeit eingespart und die Temperaturkontrolle erübrigt sich. Eine vereinfachte Gradientenelutionsmethode beschrieb STEGEMANN [783] in Abänderung der Methode von MOORE und STEIN. Die Adsorption des Hydrolysates erfolgt an einer mit Dowex 50-X 8 beschickten Säule. Eluiert wird mit einem Natriumcitratpuffer/Natriumacetatgemisch graduell veränderter Zusammensetzung. Über Methoden zur Schnellbestimmung von Aminosäuren und verwandten ninhydrinpositiven Verbindungen berichteten KRAMPITZ et al. [470]. Sie verwendeten Amberlite IR-120, Korngröße 50—60 μ und erreichten bei 2—3 atü Stickstoff eine Durchflußgeschwindigkeit von 12—16 ml/h. Denselben Austauscher verwendeten BUSSON und GUTH [108] zur chromatographischen Trennung freier Aminosäuren von Proteinen, Kohlehydraten und Fetten im Serum. Die chromatographische Untersuchung basischer Aminosäuren durch Ionenaustausch-Chromatographie aus biologischem Material ist der Gegenstand einer weiteren Untersuchung von MÜLLER und KRAMPITZ [607].

Eine Halbmikromethode zur Aminosäureanalyse entwickelte EASTOE [202]. Die Chromatographie erfolgt an 100-cm- und 15-cm-Säulen, die einen Durchmesser von 0,40 cm besitzen, an Dowex 50. Das Eluat wird in 0,2 ml Fraktionen aufgefangen und nach MOORE und STEIN colorimetrisch untersucht. Die Methode liefert mit Hydrolysatmengen entsprechend 0,3 mg Kollagen bzw. Gelatine Aminosäurewerte mit einem Fehler von $\pm 5\%$. Bei sehr geringen Materialmengen kann zunächst eine Abtrennung der basischen Aminosäuren an einer $2{,}2 \times 0{,}40$ cm-Säule erfolgen, wonach das Eluat an der 100-cm-Säule chromatographiert wird, während das die basischen Aminosäuren enthaltende Harz zur weiteren Auftrennung auf die 15-cm-Säule gegeben wird.

Wie die Arbeiten von MOORE und STEIN von anderen Forschern aufgenommen und weitergeführt wurden, so haben auch die von PARTRIDGE et al. eine gewisse Ausdehnung durch BUCHANAN [98] gefunden, der zur Trennung von Aminosäuren die Träger-Verdrängungs-Chromatographie anwendete. Das Verfahren beruht auf der Grundlage, daß gewisse flüchtige Basen Zwischenstellungen bei der Verdrängung von Aminosäuren an Kationenaustauschern einnehmen und so teilweise zur Vervollständigung der Trennungen beitragen. Säuren können das gleiche an Anionenaustauschern erreichen. Das wichtigste Kriterium bei der Suche nach geeigneten Trägern ist die Dissoziationskonstante. Dies beruht auf einer Theorie von Davies [167] über die Verdrängungs-Chromatographie schwacher Säuren, auf die in anderem Zusammenhang schon hingewiesen wurde. Aber auch der aromatische Charakter und die Größe des Moleküls sind für die Trennung ausschlaggebend.

Von Buchanan und Markiw [99] wurde auch eine Ionenaustausch-Chromatographie-Methode zur Trennung von Aminosäuren mit Wasser als Elutionsmittel empfohlen. Die Ionenaustauscher werden in der H- oder OH-Form eingesetzt. Die Trennung aller in Proteinen auftretenden Aminosäuren ist danach nicht möglich.

Zur Abrundung dieses Abschnittes über die Trennung und Bestimmung von Aminosäuren durch Ionenaustausch-Chromatographie sollen noch einige Arbeiten über die Bestimmung von Aminosäuren in biologischem Material angeführt werden, ohne Anspruch auf Vollständigkeit dieser Angaben zu erheben, da vielerorts diese Methode zur selbstverständlichen Ausrüstung für derartige Untersuchungen gehört. Es können daraus vielleicht Anhaltspunkte für gleiche oder ähnliche Problemstellungen gewonnen werden oder durch kleinere oder größere Abänderungen die Methoden den jeweiligen Problemen angepaßt werden.

Zur Bestimmung des in Wollkeratin enthaltenen Lanthionins wird von Blackburn und Lee [62] das Ausgangsmaterial mit Alkali behandelt und das Hydrolysat an einer Dowex 50 (100 × 0,9 cm)-Säule mit Puffer von pH 3,42 bei 37,5 °C aufgetrennt. Hierbei tritt Lanthionin zwischen Serin und Glutaminsäure aus. Die quantitative Bestimmung erfolgt colorimetrisch mit Ninhydrin bei pH 1. Lanthionin gibt eine gelbe Färbung, die bei 455 mμ gemessen wird. Aminosäureanalysen an Wollkeratin nach UV-Bestrahlung führten auch Hildebrand und Kersten [325] durch. In den Hydrolysaten wurden im sauren, neutralen und auch basischen Bereich neue ninhydrinpositive Substanzen gefunden, die sich mit den bekannten überlagern. Isoleucin, Leucin und Phenylalanin konnten daher nur ungenau bestimmt werden.

Nach Abtrennung der frei im Honigtau des Mutterkorns vorkommenden Aminosäuren an Dowex 50 konnten durch Gröger [277] in den aufgearbeiteten Eluaten in hoher Konzentration Valin, Glutaminsäure, Leucin, Asparaginsäure, Prolin und J-Aminobuttersäure, in mittlerer Konzentration Serin, Glycin, Threonin, Lysin, Asparaginsäure und Prolin und in geringer Konzentration Histidin, Arginin, Tyrosin, Asparagin, Phenylol, Pipecolinsäure und Tryptophan nachgewiesen werden.

Über die Ausscheidung von Aminosäuren beim Menschen führte Evered [216] eine ionenaustauschchromatographische Untersuchung an Dowex 50-X4 durch. Zur Bestimmung von β-Aminoisobuttersäure werden 1—5 ml Urin (pH 4,3—4,5) aufgegeben und mit Natriumcitratpuffer von 4,5 eluiert. Fraktionen von jeweils

1 ml werden aufgefangen. Die β-Aminoisobuttersäure findet sich bei 80 bis 90 ml. Sie wird colorimetrisch nach der Ninhydrinmethode bestimmt. Auch CARSTEN [116] beschrieb ein Verfahren zur Ionenaustausch-Chromatographie von Aminosäuren im Urin.

Für eine colorimetrische Bestimmung von Glutaminsäure in Eiweißhydrolysaten verwenden KUK-MEIRI und LICHTENSTEIN [492] die Adsorption an Amberlite-IR-4B-Säulen bei pH 3—4. Glutaminsäure wird mit n HCl eluiert. Zugabe von Nitrit zu den Eluaten verwandelt die Glutaminsäure in das entsprechende Oxyglutarsäurelakton. Letzteres wird durch Hydroxylamin in eine Hydroxamsäure verwandelt, die nach Zugabe von Eisen(III)-chlorid colorimetrisch bestimmt wird.

Die Verwendung von Ionenaustauschern für die Trennung einiger Aminosäuren, die beim enzymatischen Abbau von Cysteinsulfinsäure gebildet werden, beschreiben BERGERET und CHATAGNER [46]. Das Gemisch wird über eine Aluminiumoxydsäule gegeben, wonach das Filtrat Taurin, Hypotaurin und Alanin enthält. Diese Säuren können dann an Permutit 50 getrennt werden. Taurin geht in das Filtrat, während Hypotaurin mit 0,002 n HCl und Alanin mit wässerigem NH_3 eluiert werden. Cysteinsäure und Cysteinsulfinsäure können auch an Amberlite IRA-400 getrennt werden, an dem Cysteinsulfinsäure mit 2 n Essigsäure und Cysteinsäure mit 0,1 m Salzsäure eluiert wird.

Die Bedeutung, die die ionenaustauschchromatographische Aminosäureanalyse hat, zeigt sich abschließend gesehen, in den in der Hauptsache auf die Arbeiten von MOORE und STEIN aufbauenden automatischen Aminosäure-Analysatoren, die jetzt schon von verschiedenen Firmen in den Handel gebracht werden. Sie sollen zur automatischen Analyse von ninhydrinpositiven Verbindungen in Eiweißhydrolysaten, proteinfreiem Plasma und anderen physiologischen Flüssigkeiten, Gewebeextrakten, Nahrungsmitteln, Kulturmedien und Pharmazeutika einsetzbar sein. Für Forschungsarbeiten auf dem Eiweißgebiet, der Medizin, der Pharmazie und auf dem Nahrungsmittelgebiet sind sie zu einem nahezu unentbehrlichen Arbeitsmittel geworden.

Das Gerät der Fa. Beckman Instruments (Spinco Amino Acid Analyzer) zeigt Abbildung 121. Es arbeitet nach den Ergebnissen von MOORE, STEIN und SPACKMAN bei einer Analysendauer von vierundzwanzig Stunden für über zwanzig Aminosäuren mit einer Reproduzierbarkeit von 2—3%.

Die zwei Säulen von $150 \times 0{,}9$ cm enthalten Amberlite IR-120 für die Bestimmung der sauren und basischen Aminosäuren, von denen eine zur Analyse verwendet wird, während die andere regeneriert wird. Eine Säule von $15 \times 0{,}9$ cm ist für die Bestimmung der basischen Aminosäuren in Eiweißhydrolysaten eingebaut, eine von $50 \times 0{,}9$ cm für die Bestimmung der basischen Aminosäuren in physiologischen Flüssigkeiten. Nach Aufgabe der die Aminosäuren enthaltenden Analysenprobe wird ein Pufferstrom durch die Säule gepumpt, dem beim Austritt aus der Säule durch eine zweite Pumpe Ninhydrinreagens zudosiert wird. Dieses Gemisch fließt durch ein Reaktionsbad, in dem die Farbentwicklung stattfindet, die von einem Durchflußkolorimeter gemessen und über einen 5 mV-Schreiber automatisch registriert wird. Zur Erzielung exakter Meßergebnisse sind die Säulen und das Reaktionsbad auf $\pm$ 0,2 °C thermostatisiert.

Ein von HANNIG [300] entwickeltes und von der Fa. Bender und Hobein, München, in den Handel gebrachtes Gerät zur quantitativen Aminosäurebestim-

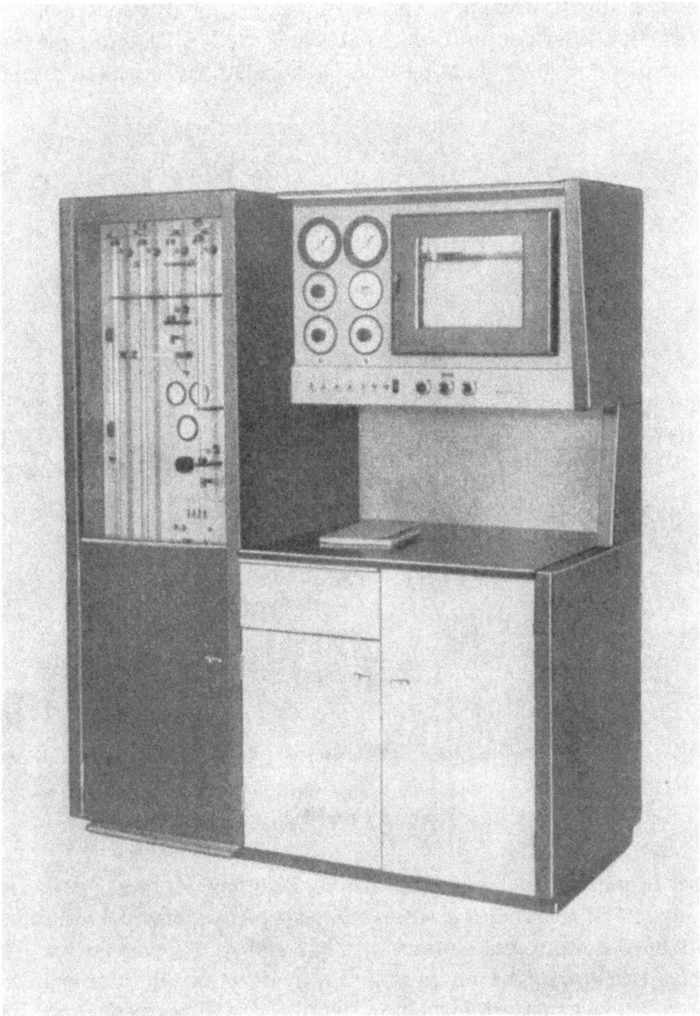

Abb. 121. Amino Acid Analyzer der Fa. Beckman Instruments.

mung an Ionenaustauschersäulen mit automatischer Registrierung lehnt sich ebenfalls an die Arbeiten von MOORE, STEIN und SPACKMAN an. In Abbildung 122 ist die handelsübliche Ausführung wiedergegeben. Als Ionenaustauscher wird Dowex 50-X8 verwendet. Die Trennung erfolgt bei 50 °C. Die Pumpen für die

Puffer fördern 30 ml/h, die Pumpen für das Ninhydrinreagens 15 ml/h. Nach Austritt aus der Säule fließt das Eluat zur Farbentwicklung durch einen 20 m langen Teflonschlauch von 1 mm lichter Weite, der sich aufgerollt in einem siedenden Wasserbad befindet. Nach 20 Minuten durchfließen die angefärbten Komponenten eine Meßküvette, die zu einem automatisch registrierenden Photometer gehört, von dem aus die Extinktionen automatisch registriert werden.

Ein drittes Gerät, der Amino Acid Analyzer Modell K 5000 der Phoenix Precision Instruments Company, Philadelphia, ist konstruktiv etwas anders gestaltet,

Abb. 122. Ionenaustauschchromatograph zur automatischen Aminosäureanalyse nach Hannig (Hersteller: Fa. Bender und Hobein, München).

arbeitet aber prinzipiell auch nach den Ergebnissen von Moore, Stein und Spackman. Abbildung 123 zeigt eine Gesamtansicht des Apparates. Die Empfindlichkeit wird bei 0,1 bis 3,0 Mikromol Aminosäure mit 100 $\pm$ 3% angegeben.

Eine Neuentwicklung, die im Hinblick auf automatische Serienanalysen von Aminosäuren bemerkenswert erscheint, wurde von Simmonds und Rowlands [749] durchgeführt. Die beschriebene Apparatur bestimmt die Aminosäurenzusammensetzung von bis zu acht verschiedenen Proben gleichzeitig. Die colorimetrisch bestimmten Meßergebnisse werden auf ein Druckwerk gegeben, von dem aus die Integration leicht durchgeführt werden kann. Auf diese Weise können sechs Analysen der üblichen Aminosäuren in achtundvierzig Stunden durchgeführt werden.

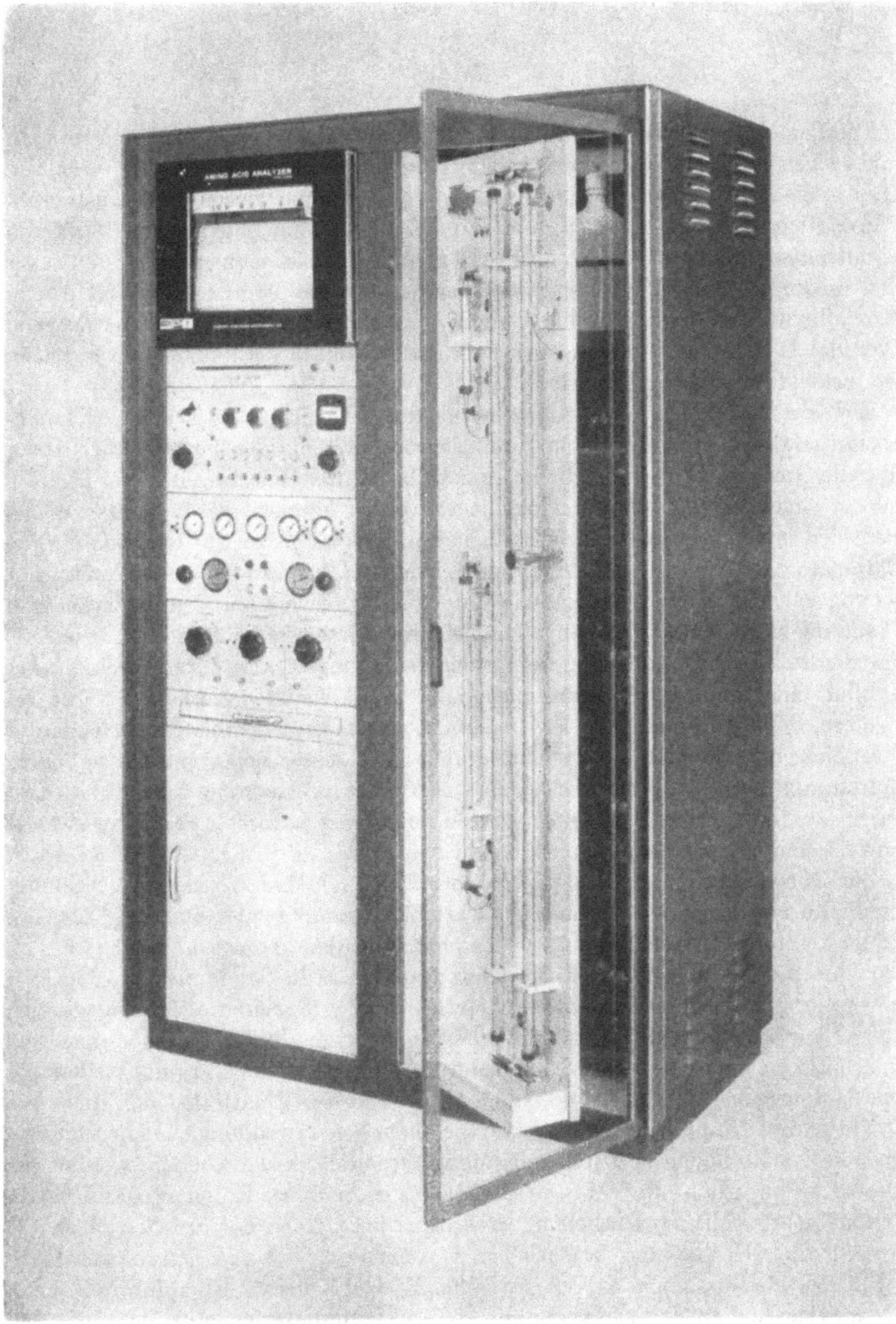

Abb. 123. Amino Acid Analyzer der Fa. Phoenix Precision Instruments Co., Philadelphia.

Peptide

Die Peptide schließen sich in ihrem Aufbau aufs engste an die Aminosäuren an und zeigen dadurch ionenaustauschchromatographisch ein ähnliches Verhalten. Dies erleichtert die Bearbeitung von Peptidtrennungen durch Ionenaustausch-Chromatographie, da in vielen Fällen die bei den ersteren gewonnenen Verfahren unmittelbar auf letztere übertragen werden können. So ist es zu erklären, daß unter den modernen Trennverfahren Ionenaustauscher zur Trennung sowohl der in Partialhydrolysaten von Eiweißen zum Zwecke der Strukturaufklärung erhaltenen Peptide als auch zur Isolierung von in Naturprodukten vorkommenden Peptiden weitgehend herangezogen werden.

Ein sehr wesentlicher und schwerwiegender Unterschied zwischen der Ionenaustausch-Chromatographie von Aminosäuren und Peptiden besteht aber darin, daß die Aminosäuren eine endliche Anzahl bekannter Substanzen darstellen, die alle in einem Chromatogramm lokalisiert werden können, während man es bei Peptiden mit einem in der Regel unbekannten Gemisch zu tun hat. Die für die Chromatographie günstigsten Bedingungen müssen also an der unbekannten Mischung selbst erarbeitet werden, wobei nie die letzte Sicherheit einer vollständigen Trennung gegeben ist. Man sieht sich deshalb in diesen Fällen immer vor die Aufgabe gestellt, durch Änderung der Arbeitsbedingungen oder durch Rechromatographie oder auch durch Kombination mit anderen Trennverfahren (Elektrophorese, Papierchromatographie) die einmal erreichten Ergebnisse zu erhärten.

In einer umfassenden Untersuchung über die Konstitution von Gelatine haben SCHROEDER et al. [828] das Verfahren zur Aminosäuretrennung von MOORE und STEIN zur Trennung der in einem sauren und einem basischen Partialhydrolysat enthaltenen Peptide angewendet.

Zur Durchführung der Elution werden nur geringe Modifizierungen vorgenommen. Ein auf diese Weise erhaltenes Chromatogramm zeigt Abbildung 124, der die weiteren Versuchsbedingungen entnommen werden können. Es zeigt sich, daß ein Vorteil der Ionenaustausch-Chromatographie für die Trennung von Peptiden darin liegt, daß das Hydrolysat vor dem Chromatographieren nicht eingedampft zu werden braucht. Das Hydrolysat wird vielmehr mit Puffer aufgenommen, mit konzentrierter Salzsäure auf den gewünschten pH gebracht und unmittelbar auf die Säule gegeben. Zum Nachweis der Peptide in den Eluatfraktionen dient die Reaktion mit Ninhydrin. Die Peptide, die allein bei Anwendung säulenchromatographischer Methoden in genügender Menge erhalten werden können, werden zur Trockene eingeengt und zur weiteren Identifizierung nach den in der Eiweißchemie gebräuchlichen Methoden weiterbearbeitet. Nach der gleichen Methode, wie für die Gelatine eben beschrieben, wurden von KAY und SCHROEDER [416] zwölf Peptide aus einem sauren partiellen Hydrolysat von Seidenfibroin isoliert, identifiziert und quantitativ bestimmt. Von KAY, SCHROEDER et al. [417] konnten aus einem partiellen Hydrolysat von Tussah-Seidenfibroin siebenundzwanzig

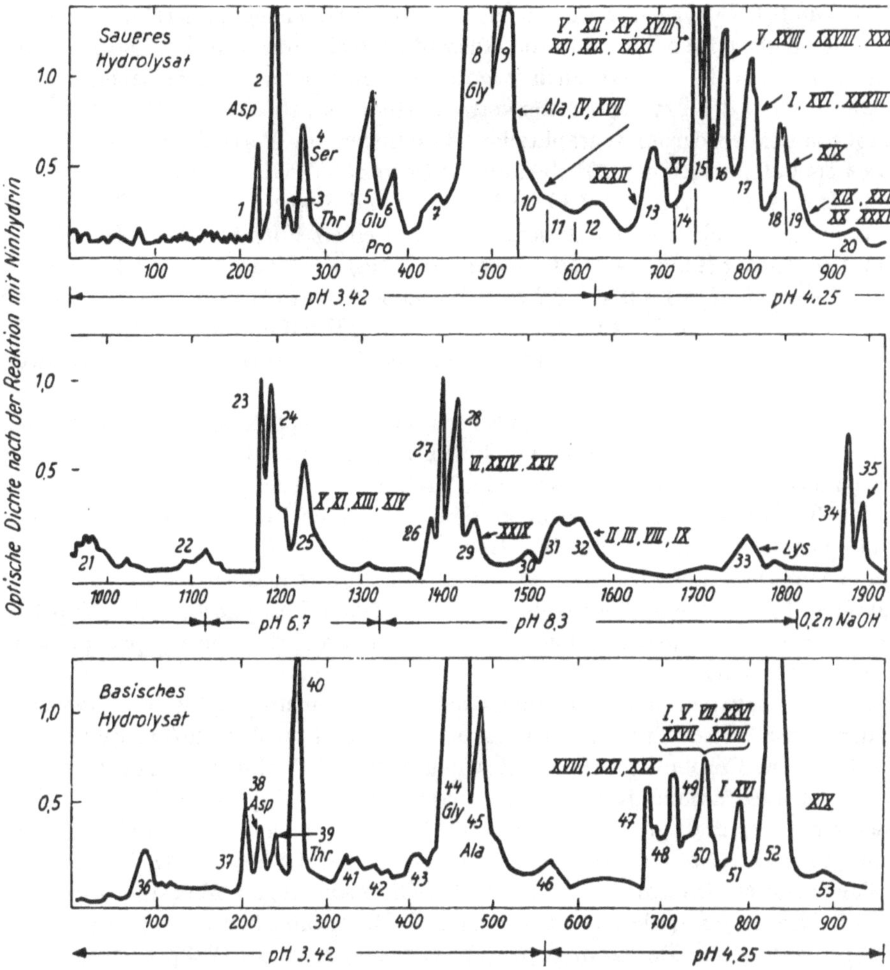

Abb. 124. Trennung von Aminosäuren und Peptiden eines saueren und basischen Partialhydrolysates von Gelatine an Dowex 50 (Trennsäule 100×3,5 cm, 37,5°C) [828].

Peptide isoliert und identifiziert werden. Die gleiche Methode auf Federkeratin angewendet, führte durch SCHROEDER et al. [829] zur Isolierung von neunundfünfzig Peptiden.

Die Feststellung, daß Peptide analog den Aminosäuren an Ionenaustauschern adsorbiert und wieder desorbiert werden können, wurde schon einige Jahre vor den eben beschriebenen Arbeiten durch CONSDEN et al. [148, 149] und BRENNER und BURCKHARDT [85] gemacht. Letztere untersuchten Glycyl-glycin, L-Leucyl-glycin, L-Leucyl-L-leucin, Diglycyl-glycin, L-Leucyl-glycyl-glycin, Glycyl-L-tyrosin, L-Leucyl-L-tyrosin, L-Glutamyl-glycin, L-Glutamyl-L-tyrosin, L-Lysylglycin und L-Lysyl-L-tyrosin an zwei sauren und einem basischen Ionenaustauscher und stellten fest, daß die Adsorption nicht nur von der Ladung eines gegebenen Peptids, sondern auch von der Anzahl der darin enthaltenen Aminosäurereste und der Art ihrer Seitenkette abhängig ist.

Ionenaustauschchromatographische Trennungen an Partialhydrolysaten von Lysozym hat THOMPSON [853] ebenfalls an Dowex 50-X4 durchgeführt. Ausgehend von einem Puffer von pH 2,49 nach MOORE und STEIN wurde eine Gradientenelution durchgeführt, indem diesem Puffer aus einem Vorratsgefäß weitere Puffer von steigendem pH und steigender Ionenstärke zugesetzt wurden (pH 3,4 und 0,2 m, pH 3,7 und 0,2 m, pH 4,0 und 0,2 m, pH 4,3 und 0,2 m, pH 4,5 und 0,2 m, pH 4,9 und 0,4 m, pH 5,1 und 0,4 m, pH 5,6 und 0,6 m, pH 6,3 und 0,6 m). Durch Fraktionierung wurde ein Chromatogramm mit 50 im wesentlichen gut getrennten Banden erhalten.

Von HIRS, MOORE und STEIN [334] wurden die Peptide eines enzymatischen Hydrolysats von Ribonuclease an Dowex 50-X2 durch Gradientenelution mit steigendem pH (3,1—5,1) und steigender Na-Konzentration (0,2 n—2,0 n) getrennt.

Zur Trennung von Phosphopeptiden, die durch partielle Hydrolyse von α-Casein entstanden, verwendeten HIPP et al. [327] die Ionenaustausch-Chromatographie an Dowex 50 (H-Form) ebenfalls nach MOORE und STEIN. An den 100 × 0,9- bzw. 100 × 3,8 cm-Trennsäulen konnten neben Phosphoserin die Depetide Phosphoserylglutaminsäure, Phosphoserylalanin und Phosphoserylphosphoserin gefunden werden.

Weitere Angaben über die Ionenaustausch-Chromatographie von Peptiden finden sich bei FEITELSON und PARTRIDGE [218] und bei JOLLES-THAUREAUSE et al. [394]. Die Chromotographie von argininhaltigen Peptiden an Carboxyl-Austauscherharzen (Amberlite IRC-50) führten ANDO et al. [13] bei 30° mit 0,1 m Natriumboratpuffern (pH 8) steigender Natriumkonzentration (durch Zugabe von 0,1 bis 1,5 n NaCl) durch. Insgesamt wurden 99% der Peptide wiedergefunden.

Zur weiteren Information können die Untersuchungen über die Ionenaustausch-Chromatographie von Peptiden durch DAVIE und NEURATH [166], DAVEY [165], BISERTE und BOULANGER [60], FLAVIN und AFINSEN [223], KÄRKELÄ und KULONEN [405], MERRIFIELD und WOOLLEY [578] sowie ROVERY et al. [708] herangezogen werden.

Die Isolierung von freien Peptiden, soweit sie in Körperflüssigkeiten oder anderen biologischen Materialien auftreten, kann im Prinzip nach den gleichen Verfahren durchgeführt werden. Auch Peptide, die durch selektiv spaltende Fermente aus Proteinen abgespalten werden, lassen sich ionenaustauschchromatographisch erfassen. NARITA [619] beschrieb z. B. die Isolierung eines Acetylpeptides aus dem Protein des Gurkenvirus 4. Das Protein wurde durch Behandeln mit Trypsin bzw. Chymotrypsin partiell hydrolysiert und lösliche Anteile durch Chromatographie an Dowex 50-X2 fraktioniert.

Proteine

In vielen der vorhergehenden Abschnitte über die Anwendung der Ionenaustausch-Chromatographie in der anorganischen und organischen Chemie konnte auf Vorteile hingewiesen werden, die die Ionenaustausch-Chromatographie den jeweiligen Arbeitsgebieten brachte. Dies gilt nur mit Einschränkungen für Proteine, da die auf diesem Gebiet erzielten Ergebnisse in vielen Fällen nicht den Erwartungen entsprachen. Die Makromoleküle sind eben nicht unmittelbar mit Ionen oder kleinen Molekülen vergleichbar. Dennoch nimmt auf dem Eiweißgebiet die Ionenaustausch-Chromatographie unter den chromatographischen Methoden immer noch eine hervorragende Stellung ein.

Die Gründe, die die Ionenaustausch-Chromatographie von Proteinen erschweren, liegen zunächst in deren Molekülgröße. Die großen Moleküle können nicht mehr in das Innere von Austauschern eindringen, wodurch die Kapazität des Austauschermaterials gegenüber den als Gegenionen funktionierenden Proteinmolekülen stark herabgesetzt wird. Die Gleichgewichtseinstellung ist darüber hinaus vergleichsweise langsam und die Einstellung eines reversiblen Gleichgewichtes in Frage gestellt, womit Bedingungen gegeben sind, die den Prinzipien eines chromatographischen Vorganges nicht mehr voll entsprechen. Ein weiterer Grund ist die Instabilität der Proteinmoleküle selbst, was die Wahl der Lösungs- und Elutionsmittel sehr erschwert. Hat einmal irreversible Adsorption stattgefunden und werden zur Desorption drastischere Bedingungen gewählt, so ist wiederum die Gefahr der Denaturierung gegeben, die auf jeden Fall verhindert werden muß. So zeigen die Proteinbanden oft eine starke Bandenverbreiterung, wobei auch der Fall auftreten kann, daß bei schrittweiser Änderung des Elutionsmittels eine einzige Komponente in zwei Banden austritt.

Trotz der Schwierigkeiten zeigt die Ionenaustausch-Chromatographie von Proteinen eine Reihe von erfolgreichen Anwendungen, soweit es sich um kleinere und stabilere Moleküle handelt. Die feine Einstellung aller Parameter hat sich vor allem auf dem Eiweißgebiet als notwendig erwiesen. Insbesondere die Anwendung von Cellulose-Ionenaustauschern brachte einige Erfolge, weshalb mit der Besprechung dieser Arbeiten begonnen werden soll.

Unter den Cellulose-Ionenaustauschern kann man zwei Gruppen unterscheiden, und zwar die älteren, zu denen Oxycellulose, Cellulosebernsteinsäurehalbester und auf verschiedene Weise behandelte Baumwollfasern gehören und die neuen, die aus Cellulose durch Einbau saurer oder basischer Gruppen hergestellt werden. Letztere wurden von Peterson und Sober [659, 757] entwickelt und mit sehr vielversprechenden Ergebnissen für die Trennung von Eiweißkörpern eingesetzt. Sie zeichnen sich vor allem durch eine hohe Kapazität aus und gestatten die Elution unter milden Bedingungen. So konnten γ-Globuline an DEAE- und CM-Cellulose fraktioniert werden. Die Elution von der CM-Cellulose erfolgte durch Gradientenelution mit steigendem pH und steigender Salzkonzentration und führte zu Fraktionen mit fallender elektrophoretischer Beweglichkeit. Die Elution von DEAE-Cellulose dagegen erfolgte durch Gradientenelution mit fallendem pH und steigender Salzkonzentration und führte zu Fraktionen mit steigender elektrophoretischer Beweglichkeit. In Abbildung 125 ist ein Chromatogramm von 1 g Protein an einer Säule mit DEAE-Cellulose wiedergegeben. Das hier chromatographierte Serum wurde durch Gradientenelution mit fallendem pH und steigender Salzkonzen-

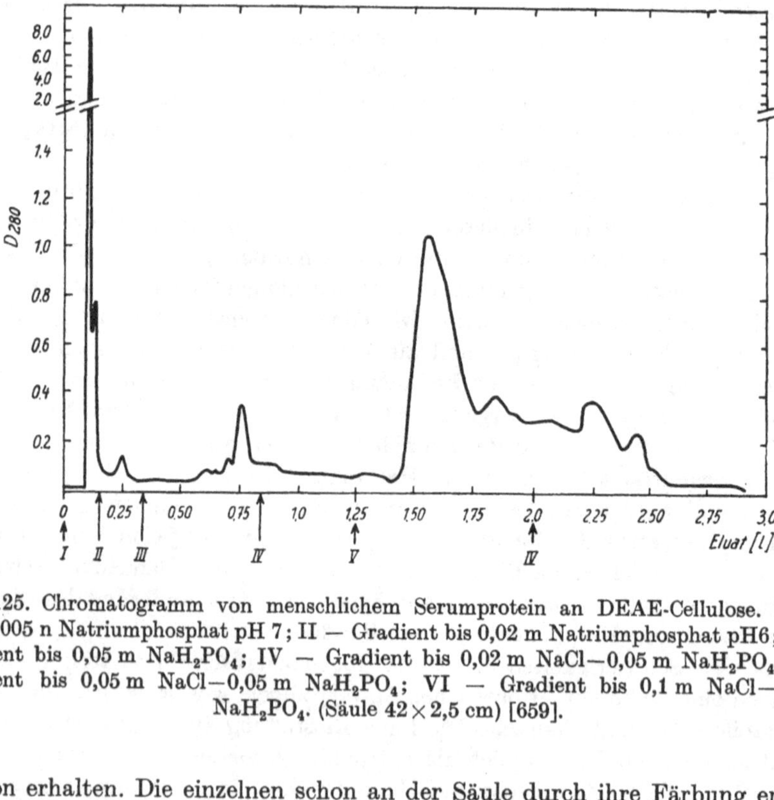

Abb. 125. Chromatogramm von menschlichem Serumprotein an DEAE-Cellulose. Puffer: I — 0,005 n Natriumphosphat pH 7; II — Gradient bis 0,02 m Natriumphosphat pH6; III — Gradient bis 0,05 m NaH_2PO_4; IV — Gradient bis 0,02 m NaCl—0,05 m NaH_2PO_4; V — Gradient bis 0,05 m NaCl—0,05 m NaH_2PO_4; VI — Gradient bis 0,1 m NaCl—0,05 m NaH_2PO_4. (Säule 42×2,5 cm) [659].

tration erhalten. Die einzelnen schon an der Säule durch ihre Färbung erkennbaren Komponenten wurden hauptsächlich elektrophoretisch und spektrophotometrisch weiter untersucht und konnten einzelnen Eiweißarten zugeordnet werden. Es wurden Fraktionen erhalten, die nur β-Globuline, γ-Globuline oder Albumin enthielten neben anderen, die sehr komplex zusammengesetzt waren. Daß bei der Trennung ein Ionenaustausch eine Rolle spielt, konnte aus der Tatsache abgeleitet werden, daß die Proteine in der Reihenfolge mit fallendem isoelektrischen Punkt bei dem Gradienten mit fallendem pH und steigender Salzkonzentration aus der Säule austraten. Das Verfahren erwies sich als reproduzierbar. Eine dritte Mitteilung über die Chromatographie von Proteinen durch Gutter, Peterson und Sober [281] befaßt sich mit der Trennung von menschlichen und tierischen Hämoglobinen an CM-Cellulose. Die Elution erfolgt durch 0,01 m

Natriumphosphatpuffer mit steigendem pH. Die heterogene Natur von Carboxyhämoglobinen von erwachsenen Menschen und Pferden konnte nachgewiesen werden.

Eine Reihe weiterer Arbeiten soll die Verwendbarkeit der neuen Cellulose-Ionenaustauscher unterstreichen. So haben MITZ und YANARI [587] gefunden, daß Proteine an DEAE-Cellulose in einem System von Wasser und Kohlendioxyd fraktioniert werden können. Von RHODES et al. [696] wurde an CM-Cellulose die Adsorption und Elution der Proteine des Hühnereiweißes untersucht. Es konnten Trennungen sowohl bei den Hauptkomponenten als auch bei den Spurenbestandteilen erhalten werden, die besser als die durch Elektrophorese erhaltenen waren. Direkt aus dem Eiweiß wurden die Komponenten Ovomucoid, Ovalbumin A_1 und A_2, verschiedene nicht indentifizierte Globuline, Conalbumin, Avidin und Lysozym abgetrennt. Die Fraktionierung der Milchproteine an DEAE-Cellulose nahmen YAGUCHI et al. [928] vor. Die entrahmte und dialysierte Milch wird auf die Säule gegeben und durch Gradientenelution mit Phosphatpuffern aufgetrennt. Zum Nachweis und zur Isolierung albuminähnlicher Proteine aus Rattenleberzellen verwenden JUNGBLUT, HEIMBURGER und TURBA [403] neben der Elektrophorese die Ionenaustausch-Chromatographie an DEAE-Cellulose unter Gradientenelution mit NH_4-Acetatpuffern. Es ließen sich bei den Mitochondrienextrakten vier Proteine mit antigener Wirkung gegen Rattenalbuminantikörper nachweisen. Nur eines dieser Proteine verhält sich elektrophoretisch und chromatographisch wie Albumin. Die Verwendung von DEAE-Cellulose bei der Trennung von Proteinen aus Eiweiß und anderem biologischen Material beschreibt MANDELES [543]. Die proteinhaltigen Naturprodukte werden an DEAE-Cellulose gebunden und durch Gradientenelution mit 0,02 m wässeriger Glycinlösung eluiert, der steigende Mengen primäres und sekundäres Phosphat, Natriumchlorid und schließlich Salzsäure zugesetzt werden. Im Hühnereiweiß wurden insgesamt 12, im wasserlöslichen Anteil von Eidotter 9 Proteine gefunden. Die Chromatographie erwies sich der Elektrophorese überlegen. Die Gewinnung von kristallinem Ceruloplasmin aus menschlichem Plasma durch Ionenaustausch-Chromatographie an DEAE-Cellulose beschreibt DEUTSCH [177]. Kalbsthymushistone wurden von PHILLIPS und JOHNS [665] an CM-Cellulose durch Elution mit 0,002 n, 0,01 n und 0,02 n Salzsäure aufgetrennt. Die 0,01 n Salzsäure eluiert die Hauptmenge, von der 80% aller N-endständigen Gruppen durch Prolin gebildet werden, während in der durch 0,02 n HCl eluierten Fraktion 80% der N-endständigen Gruppen durch Alanin gebildet werden. Chromatographische Unterschiede bestehen auch zwischen radiojodierten Albuminpräparaten und normalem menschlichen Serumalbumin, wie FAHEY und STEINFELD [217] zeigten. Nach BRAHMS [84] läßt sich Myosin an DEAE-Cellulose durch Gradientenelution in eine α- und β-Komponente auftrennen.

Vor Einführung der Cellulose-Ionenaustauscher haben SOBER et al. [758], in der ersten Anwendung von Ionenaustauschern zur Chromatographie von Proteinen überhaupt, Kationenaustauscher, und zwar Dowex 50 verwendet. Zur Trennung der Proteinkomponenten von Hühnereiweiß arbeiteten sie mit Phosphatpuffern von pH 5 bis 8. Es konnte eine Fraktionierung der drei Komponenten Ovalbumin, Conalbumin und Ovomucoid qualitativ erzielt werden. Das gleiche Frontal-Analysenverfahren verwendeten SOBER et al. [759] auch für ein künstliches Gemisch von Rinderplasmaalbumin und menschlichem Carboxyhämoglobin. Die Eluate wurden fortlaufend durch ein Interferometer registriert. Im pH-Bereich von 5,6 bis 8,6 konnten quantitative Analysen erzielt werden.

Kationenaustauscher, sowohl stark saure als auch schwach saure, wurden immer wieder zu Versuchen für die Chromatographie von Proteinen herangezogen. Grundlegende Studien zur systematischen Erfassung der Verteilungskoeffizienten einer Reihe von Proteinen in verschiedenen Systemen führten HIRS et al. [331, 332] sowie TALLAN und STEIN [843] durch. Die Versuche ergaben keine definierten Verteilungskoeffizienten für Insulin, β-Lactoglobulin, Cytochrom c, Rinderserumalbumin, Hämoglobin, Myoglobin, Ribonuclease und Lysozym. Im gleichen Laboratorium wurden von CRAMPTON, MOORE und STEIN [156] Kalbsthymushistone an schwach sauren Carboxylharzen zu chromatographieren versucht. Die Elution mit den Ausgangspuffern mißlang, so daß Calcium- oder Bariumacetatpuffer (pH 6,2 oder 6,7) mit der Ca- oder Ba-Form des Austauschers verwendet werden mußten. Es zeigte sich, daß der eluierbare Anteil der Histone aus fünf und mehr Proteinen bestand. Durch dieses Verfahren konnten diese Histone aus rohen Kalbsthymusextrakten isoliert und mit anderen weniger basischen Histonen aus verschiedenen Geweben verglichen werden.

PRINS und HUISMAN [680] bearbeiteten die Trennung von vier verschiedenen Arten menschlichen Hämoglobins an Amberlite IRC-50 unter Verwendung von Citratpuffern (pH 6,50, Temperatur 10°C). Sie untersuchten weiterhin das chromatographische Verhalten von verschiedenen abnormen menschlichen Hämoglobinen am gleichen Austauscher [354].

Ebenfalls Amberlite IRC-50 für die Trennung neutraler Proteine verwendeten BOARDMAN und PARTRIDGE [70]. An einer Säule von 5,0×0,9 cm konnten bei 25°C mit Citratpuffern von pH 5,81 bzw. 6,50 Carboxyhämoglobine getrennt und nach der Trennung kristallisiert werden. Von MORRISON und COOK [605] konnte an Amberlite IRC-50 normales Oxyhämoglobin in drei Komponenten durch Gradientenelution mit Phosphat-Citratpuffer von pH 6,3 und steigender Konzentration (von 0,03 m bis 0,2 m) aufgespalten werden. Verschiedene Hämoglobine (A, F, S und C) ergaben verschiedene Chromatogramme.

Ein ionenaustauschchromatographisches Verfahren zur Prüfung der Reinheit von Gelatine als Protein beschrieb RUSSEL [711]. Durch dieses Verfahren konnte Gelatine an Amberlite XE-97 durch Elution mit McILVAIN-Puffer von pH 5,5 (25°C) und n/10 NaOH (35°C) in zwei Fraktionen getrennt werden. Es wird angenommen, daß die durch Reaktion mit Ninhydrin ermittelte erste Bande 15% der insgesamt eingesetzten Gelatine entspricht. SCHMIDT et al. [815] beschreiben eine Methode zur Trennung saurer Proteine an Carboxyl-Ionenaustauschern.

Anionenaustauscher auf Kunstharzbasis sind zum ersten Mal von BOMAN [74] zur Chromatographie von Proteinen herangezogen worden. In den beschriebenen Verfahren wird Dowex 2 (200—400 mesh) in der Chlorid-Form als Adsorbens und

Trihydroxymethylmethylaminhydrochlorid als Elutionsmittel verwendet. Die Proteine werden bei niedriger Ionenstärke an der 18 × 1,5 cm langen Säule bei 4 °C adsorbiert und durch stetiges Ansteigen der Pufferkonzentration von 0,02 bis 1,0 m bei gleichbleibendem pH von 7,2 eluiert. Als Beispiel führt der Autor die Ergebnisse für menschliches Serumalbumin und das Serum eines Krebskranken an. Das Verfahren kann auch für die Reinigung von Phosphatase, Hämoglobin, Phycoerythrin und Phycocyanin angewendet werden. Über ähnliche chromatographische Trennungen von Proteinen berichteten später Boman und Westland [75].

Ehe Kunstharz-Ionenaustauscher und Cellulose-Ionenaustauscher für die Chromatographie von Proteinen zur Verfügung standen, wurden auch anorganische Adsorbentien zur Trennung von Proteinen herangezogen. Der Nachweis, daß es sich hierbei um einen echten Ionenaustausch handelt, ist noch schwerer zu erbringen als bei den erstgenannten Adsorbentien. Aus diesem Grunde soll auf die Besprechung einzelner Arbeiten verzichtet werden. Wer sich speziell dafür interessiert, findet ausführliche Angaben in den Referaten von Kraut [487], Porter [674] und Zechmeister [941].

Es hat darüber hinaus auch nicht an Versuchen gefehlt, ganz spezielle Adsorbentien für Proteine herzustellen. So beschreibt Boardman [71] Celite-Carbonsäureaustauscher und Celite-Sulfonsäureaustauscher für die chromatographische Trennung von Proteinen. Insulin besteht danach aus mehr als einer Komponente, selbst wenn es sich um kristallisierte Präparate handelt. Grubhofer und Schleith [279] entwickelten spezifische Adsorbentien aus Polyaminostyrol durch Diazotieren. Die Proteinkomponente wird durch Kuppeln festgehalten.

Kohlehydrate

Bei der Behandlung der Ionenaustausch-Chromatographie von Kohlehydraten ist es zweckmäßig, zwischen den Zuckern und den Zuckerderivaten zu unterscheiden. Im folgenden soll die Ionenaustausch-Chromatographie der Zucker unter diesem Gesichtspunkt beschrieben werden, wozu noch einige Vorbemerkungen erforderlich sind.

Die Zucker sind auf Grund ihrer sehr schwach sauren alkoholischen Gruppen nur im Grenzfall als Elektrolyte zu bezeichnen. Sie können zwar von stark basischen Ionenaustauschern unter Bildung von Wasser eingetauscht werden, doch erleiden sie unter diesen Bedingungen Umwandlungen, die die Möglichkeit der einfachen Verwendung stark basischer Anionenaustauscher in der OH-Form für ionenaustauschchromatographische Trennungen einschränkt. Um dennoch Trennungen von Zuckern an Ionenaustauschern zu erreichen, ist es also notwendig, entweder die Ionenbildung durch die Bildung saurer Komplexe heraufzusetzen oder durch eine chemische Reaktion in die Zuckermoleküle ionisierbare Gruppen einzuführen. Beide Wege sind beschritten worden. Im ersten Fall erwiesen sich die Additionsverbindungen der Zucker mit Bisulfit und die Zuckerboratkomplexe als geeignet. Für den zweiten Fall kann als Beispiel ein Verfahren von Isbell [370] angeführt werden, nach dem reduzierende Zucker mit markiertem Natriumcyanid umgesetzt und so an Ionenaustauscher gebunden werden, abgesehen davon, daß alle Zuckerderivate in diese Kategorie fallen und unter diesem Gesichtspunkt betrachtet werden müssen, gleichgültig ob sie nun künstlich hergestellt worden sind oder schon in natürlichen Gemischen vorliegen.

Weiter können Zucker auch durch nichtionische Adsorption an Ionenaustauscher gebunden werden oder durch die speziellen Techniken der Ionenaustausch-Chromatographie, wie das Ionenausschluß-Verfahren, getrennt werden.

Zucker. Schon bei der Beschreibung der ionenaustauschchromatographischen Trennungen von Aldehyden und Ketonen ist auf die Möglichkeit der Verwendung von Anionenaustauschern in der Bisulfitform eingegangen worden. Dieses Prinzip kann auch auf Zucker angewendet werden, wie SAMUELSON und SJÖSTRÖM [723] zunächst am Beispiel der Xylose und Mannose zeigten. Da Fructose überhaupt

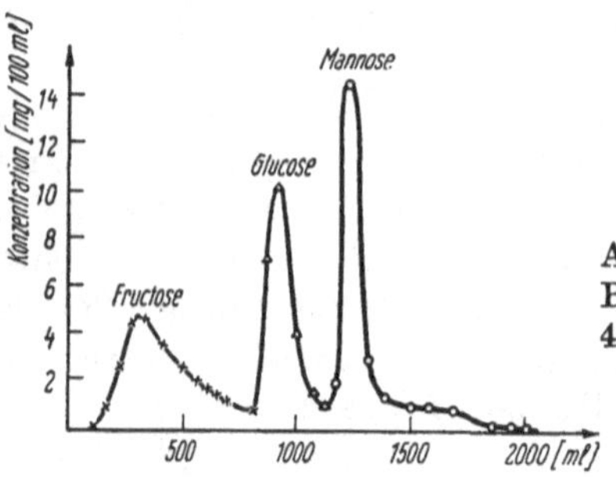

Abb. 126. Trennung von Monosacchariden an Bisulfit-Ionenaustauschern. (Amberlite IRA-400, Säule 150×9 mm, 0,7 ml/min, Elutionsmittel: × — 99,5% Äthanol, △ — 95,0% Äthanol, ○ — Wasser) [723].

nicht mit Bisulfit reagiert, kann es auf einfache Weise von Xylose und Mannose getrennt werden. Glucose bildet eine Bisulfitverbindung und kann deshalb auch von Bisulfitaustauschern zurückgehalten werden. Wegen der geringen Stabilität der Additionsverbindung wird Glucose aber mit Wasser leichter wieder ausgewaschen. Bessere Elutionsbedingungen können noch mit gemischt wäßrigen-alkoholischen Elutionsmitteln erzielt werden. In Abbildung 126 ist die Trennung von Fructose, Glucose und Mannose wiedergegeben. Sogar Fructose kann im wäßrig-alkoholischen Medium von Bisulfit-Ionenaustauschern aufgenommen werden, wie in späteren Arbeiten SAMUELSON und RÜCKERT [724, 709] zeigten. Da sich auch Zucker, die keine freie Carbonylgruppe enthalten, so verhalten, kann geschlossen werden, daß es sich in diesen Fällen nicht um eine Bindung über die α-Hydroxysulfonsäure handelt.

Die Trennung von Zuckern durch Elution ihrer Boratkomplexe an stark basischen Anionenaustauschern mit Borsäure-Borat-Puffern als Elutionsmittel wurde von KHYM und ZILL [433] durchgeführt. Sowohl Disaccharide und Monosaccharide als auch Gemische von Hexosen und Pentosen können auf diese Weise leicht getrennt werden. Die Trennung beruht auf den geringen Unterschieden in den Eigenschaften der Boratkomplexe, für die die folgenden Strukturen angenommen werden:

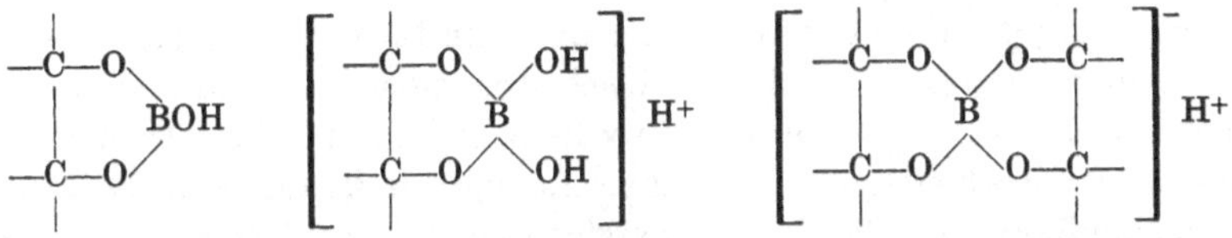

Diese Komplexe werden durch die Puffer vom Austauscher verdrängt, indem Borationen an ihre Stelle treten. Als Austauscher dient in der Regel Dowex 1 (200—400 mesh), der aus der Chlorid-Form durch 0,1 m Natriumtetraborat-lösung in die Borat-Form überführt wurde. Vor der Aufgabe der Probenlösung wurde die Austauscherpackung jeweils mit der Boratlösung, mit der die Elution

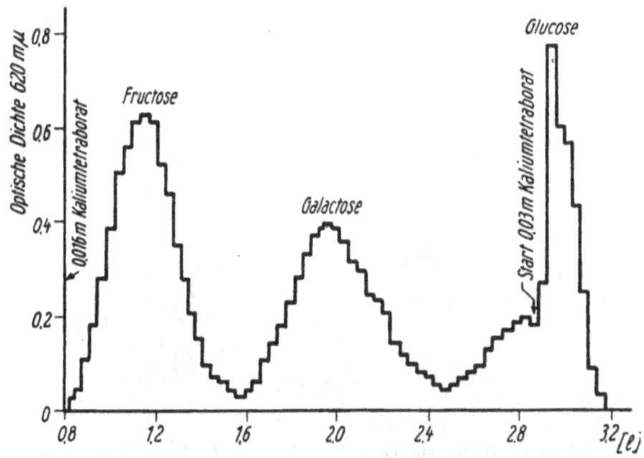

Abb. 127. Trennung von Hexosen als Boratkomplexe [433].

begonnen wurde, gewaschen. In den Abbildungen 127—130 sind einige Beispiele zusammengestellt, denen die weiteren Arbeitsbedingungen entnommen werden können.

In weiteren Studien über die Trennung der Boratkomplexe von Zuckern und verwandter Verbindungen durch Ionenaustausch-Chromatographie untersuchten Zill, Khym und Cheniae [942] die Verbindungen Raffinose, Rhamnose, Stachyose, Sorbose, Gentiobiose, Melibiose, Melzitose, Turanose, Sedoheptulose, Sedoheptulosan, Dulcitol, Sorbitol und Mannitol. Für die Isolierung von 2,7-Anhydro-β-D-altro-heptulofuranose aus der mit Säure behandelten 2,7-Anhydro-β-D-altroheptulopyranose verwendeten Zill und Tolbert [943] ebenfalls die Ionenaustausch-Chromatographie der Boratkomplexe.

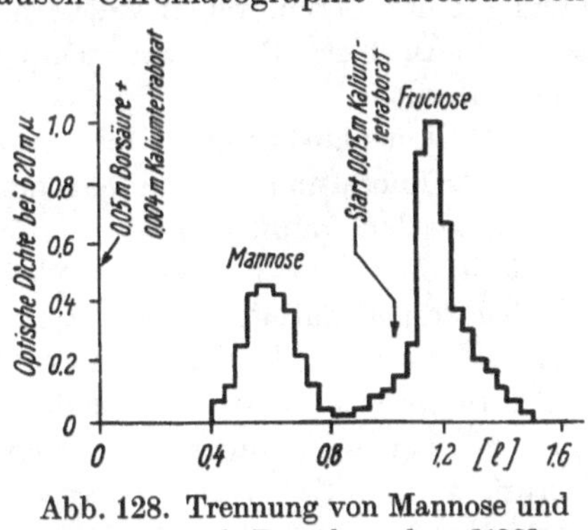

Abb. 128. Trennung von Mannose und Fructose als Boratkomplexe [433].

In Fortführung des Gedankens, Zucker über die Borverbindungen zu trennen, versuchten SOLMS und DEUEL [761] spezifische Ionenaustauscher durch kovalenten Einbau von Borsäuregruppen in ein Harz herzustellen, um an diesem Borsäure-Harz Zucker zu adsorbieren und zu trennen. An den durch saure Kondensation von m-Aminophenylborsäurechlorid, m-Phenylendiamin und Formalin gewonnenen Austauschern werden Zucker adsorbiert, und zwar verschiedene Zucker verschieden stark. Durch Elution mit Wasser ließen sich nach Mitteilung der Autoren Gemische gewisser Zucker trennen. Wenn diese Arbeiten auch noch nicht vollständig ausgebaut sind, so sind sie doch ein interessantes Beispiel für die Anwendung spezifischer Ionenaustauscher in der Ionenaustausch-Chromatographie.

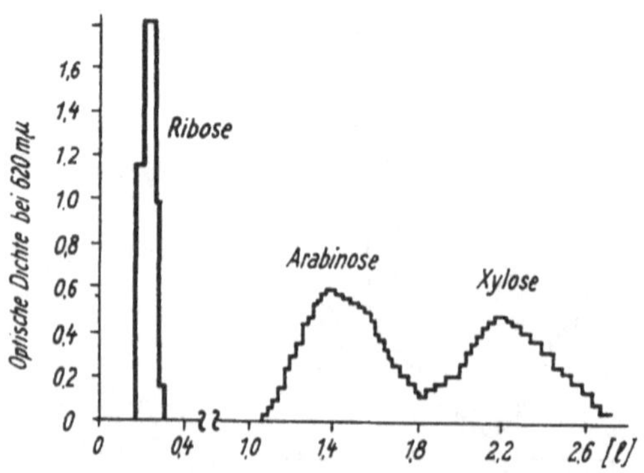

Abb. 129. Trennung von Pentosen als Boratkomplexe (Säule 11 cm × 0,85 cm², 0,015 m Kaliumtetraborat, 1 ml/min) [433].

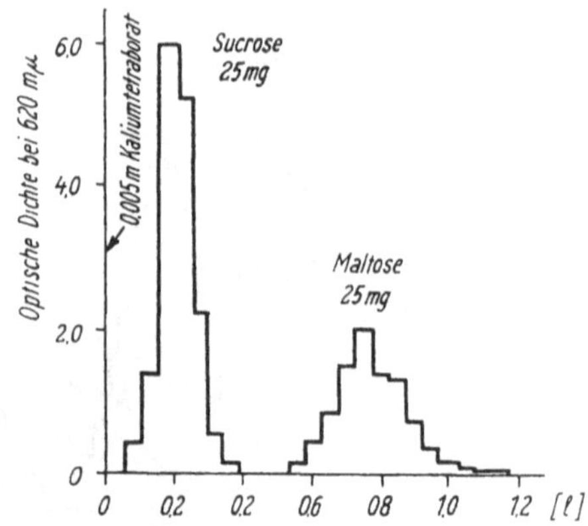

Abb. 130. Trennung von Sucrose und Maltose als Boratkomplexe [433].

Die eingangs schon gestreifte Sorption von Zuckern durch Anionenaustauscher untersuchten auch NAKUMURA et al. [618]. Sie kamen zu demselben Ergebnis, daß Zucker von stark basischen Ionenaustauschern stark adsorbiert werden. Die der Langmuirschen Isotherme folgende Adsorption ist jedoch wenig temperaturabhängig. Unter den einzelnen Zuckern werden die mit größerem Molekulargewicht leichter adsorbiert. Bei Zimmertemperatur können sie mit Wasser oder Säure gut eluiert werden.

An Kationenaustauschern fanden JONES et al. [397], daß ein Gemisch aus Sucrose, Raffinose und Glucose chromatographisch durch Elution mit Wasser getrennt werden kann. Der Dowex 50 W (2% Dinvinylbenzol, 200—400 mesh) wurde in den 100 × 2 cm langen Säulen in der Li-Form eingesetzt. Die Versuche ergaben ferner, daß die Zucker nach abnehmender Molekülgröße eluiert werden. Bei methylierten Zuckern war diese Gesetzmäßigkeit umgekehrt.

Als Beispiel der Vorteilhaftigkeit gekoppelter Säulen beschrieb HAGDAHL [282] die verbesserte Trennung von Glucose, Sucrose und Raffinose mit Ephedrin als Verdrängungsmittel. Von WHEATON und BAUMAN [908] wurden Zuckertrennungen nach dem Ionenausschluß-Verfahren durchgeführt. Die Trennung von Zuckern und Zuckerphosphaten an De-Acidite FF mit Borat und einem NaCl-Gradienten führte PARR [646] durch.

Für Oligosaccharide wurden von WALL et al. [898] ionenaustauschchromatographische Verfahren entwickelt. Die Untersuchungen ergaben, daß kleine Korngrößen und Fließgeschwindigkeiten zwischen 0,1 und 0,5 ml/min die besten Ergebnisse liefern. So wurde zum Beispiel die Trennung eines Arabinosedisaccharids von Arabinose und höheren Oligosacchariden an Amberlite CG-120 (H-Form, 100—200 mesh, 78 × 1 cm) durch Elution mit wässerigem Äthanol durchgeführt.

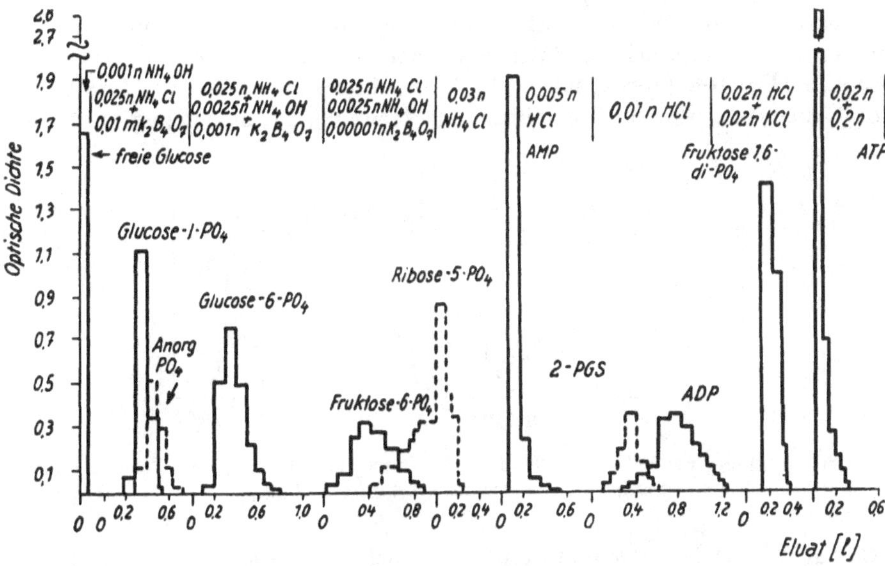

Abb. 131. Trennung von Zuckerphosphaten, anorganischem Phosphat, Adenosinphosphaten und Phosphoglycerinsäure (PGS) (Dowex 1, 300 mesh, Cl-Form, Säule 12 cm × 0,86 cm², 3,5 ml/min) [434].

Diese Verfahren, die eher als Verteilungschromatographie an Ionenaustauschern zu bezeichnen sind, ergeben Chromatogramme, in denen die höher molekularen Verbindungen zuerst eluiert werden.

Mit den Trennungen von Polysacchariden beschäftigten sich DEUEL und Mitarbeiter. Die diesbezüglichen Untersuchungen an Anionenaustauschern [787] sollten Aufschluß darüber geben, ob die Adsorption saurer Polysaccharide an feinkörnigen Anionenaustauschern zu deren Trennung herangezogen werden kann und ob die Trennung neutraler Polysaccharide an Anionenaustauschern in der Boratform möglich ist. Als Austauscher wurden Dowex 1-X10 und Dowex 1-X1 verwendet. Die sauren Polysaccharide werden von den Austauschern in der OH-Form irreversibel adsorbiert. An der Chlorid- oder Sulfat-Form gelingt aber die Trennung von Pentosan, löslicher Stärke, Dextran, Mannan und Glykogen durch Elution mit 0,1 n NaCl- oder Na_2SO_4-Lösung. Der Austauscher in der Borat-form verhielt sich gleich dem in der Cl-Form. Von der Sulfat-Form des Dowex 1-X10 wurde auch Pectin adsorbiert und mit n Natriumsulfat quantitativ eluiert, wodurch die Trennung saurer (Pectin) und neutraler (Glycogen) Polysaccharide durch Elution mit Natriumsulfatlösungen verschiedener Konzentration angezeigt wird. Gleichorientierte Untersuchungen an Cellulose-Anionenaustauschern [628] ergaben, daß neutrale Polysaccharide bei pH 6 und saure Polysaccharide bei niedrigerem pH adsorbiert und eluiert werden können. Durch Borat können die Trennungen verbessert werden.

Zuckerderivate. Zuckerphosphate wurden zuerst von BENSON et al. [43] auf ihre Trennbarkeit an Anionenaustauschern untersucht, doch konnte nur eine Gruppentrennung der hauptsächlich interessierenden Glucose-1-phosphat, Glucose-6-phosphat, Fructose-6-phosphat und Ribose-5-phosphat von Fructose-1,6-diphosphat erreicht werden. Die vollständige Trennung der monophosphorylierten

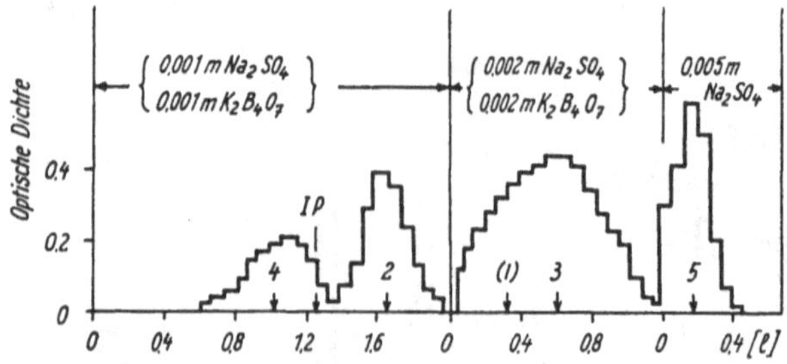

Abb. 132. Trennung von Ribose-2-, -3-, -4- und -5-phosphat (Dowex 1, SO_4-Form, 300 mesh, Säule 12 cm × 0,86 cm², 3,4 ml/min) [435].

Zucker gelingt nach KHYM und COHN [434] auch bei Anwesenheit von Fructose-1,6-diphosphat unter Verwendung von Boratkomplexen. Abbildung 131 zeigt die Trennung der Zuckerphosphate an Dowex 1 im Gemisch mit anderen Phosphorverbindungen.

Über die isomeren Ribosephosphate, ihre Entstehung aus Nucleotiden, ihre ionenaustauschchromatographische Trennung und ihre Charakterisierung berichteten KHYM, DOHERTY und COHN [435]. In Abbildung 132 ist nach diesen Arbeiten die Trennung von Ribose-2-, Ribose-3-, Ribose-4- und Ribose-5-phosphat wiedergegeben.

Weitere Arbeiten über die Ionenaustausch-Chromatographie von Zuckerphosphaten stammen von HORECKER, SMYRNIOTIS und SEEGMILLER [343, 344], die die Trennung von Ribose-5-phosphat und Ribulose-5-phosphat untersuchten. Von JONES und BURT [400] wurde ein Verfahren für die quantitative Trennung von Hexose- und Pentosephosphat beschrieben, unter besonderer Berücksichtigung von Extrakten aus Fischgeweben. Der stark basische Anionenaustauscher wird in der Cl-Form verwendet. Zur Elution dient ein Gradient mit abnehmender Tetraboratkonzentration und steigender Säure- und Chloridkonzentration. Über die Trennung und Isolierung von Glucose-1-phosphat, Fructose-1-phosphat,

Seduheptulose-7-phosphat und Ribulose-5-phosphat neben anderen Verbindungen aus menschlichen Erythrocyten berichtet Bartlett [31]. Aus den Dowex 1-X8-Säulen in der Cl- oder HCOO-Form werden die Komponenten durch Lösungsmittel steigender Acidität eluiert.

Glykoside können wegen des in ihrem Molekül enthaltenen Zuckeranteils nach der Boratkomplexmethode bearbeitet werden, wie Chambers et al. [122] im Fall der synthetischen Glykoside β-Methyl-D-arabinopyranosid und β-Benzyl-D- arabinopyranosid zeigen konnten. Das Benzylglykosid wird dabei später eluiert als das Methylglykosid, was vermutlich auf eine Wechselwirkung zwischen der aromatischen Matrix des Austauschers und der Benzylgruppe zurückgeführt werden kann.

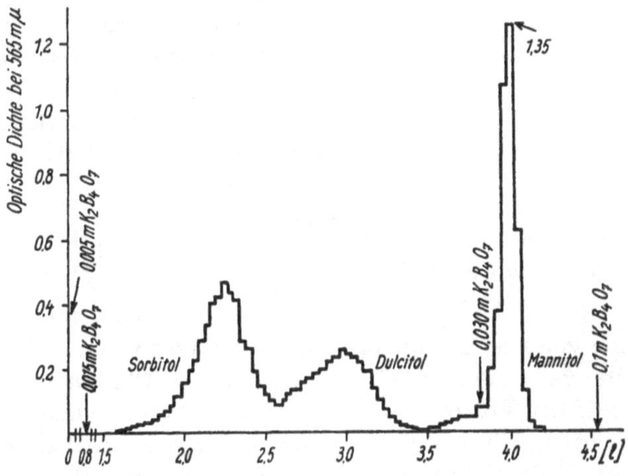

Abb. 133. Trennung von Dulcitol, Mannitol und Sorbitol an einem stark basischen Anionenaustauscher (Borat-Form, Säule 11 cm × 0,85 cm², 1 ml/min) [942].

Zur Reindarstellung von Senfölglucosiden aus entsprechenden Pflanzenextrakten untersuchten Schultz et al. [832] die Anwendbarkeit der Anionenaustauscher Lewatit MI, Amberlite IR-400 und Amberlite IR-4B. Mit allen drei Austauschern gelang bei Auszügen aus Samen von *Lepidium sativum* und *Tropaeolum majus* eine starke Anreicherung des Glucosids, während sich bei Auszügen aus Samen von *Brassica nigra* und *Iberis amara* Amberlite IR-4B als besonders geeignet erwies. Mit seiner Hilfe konnten auf einfache Weise die reinen Glucoside gewonnen werden. In der Originalliteratur wird die Reindarstellung von Sinigrin aus Samen von *Sinapis nigra* an Amberlite IR-4B durch Elution mit 0,1%iger KOH ausführlich beschrieben. Ein bis dahin unbekanntes Senfölglucosid wurde im Samen von *Iberis amara* entdeckt.

Zuckeralkohole können, wie Abbildung 133 zeigt, an Borataustauschern getrennt und analysiert werden [942].

Säuren von Zuckern neben Zuckern zu bestimmen, gelingt nach den Ausführungen von Khym und Doherty [436] nur an Ionenaustauschern. Wie aus Abbildung 134 zu ersehen ist, werden Galacturonsäure und Glucuronsäure an Dowex 1 mit verdünnter Essigsäure als Elutionsmittel getrennt.

Die quantitative Trennung von Mono-, Di-, Tri- und Tetragalakturonsäuren konnte von DERUNGS und DEUEL [175] am schwach basischen Anionenaustauscher Dowex 3 durchgeführt werden. Das entwickelte Verfahren, den Austauscher in der Formiat-Form einzusetzen und verdünnte Ameisensäure (0,1—2,5n) als Elutionsmittel zu verwenden, vermeidet Zersetzungen der Uronsäuren am Austauscher und führt zu scharfen Trennungen. Polyuronsäuren wurden auch von WEISSMANN et al. [904] durch Ionenaustausch-Chromatographie isoliert.

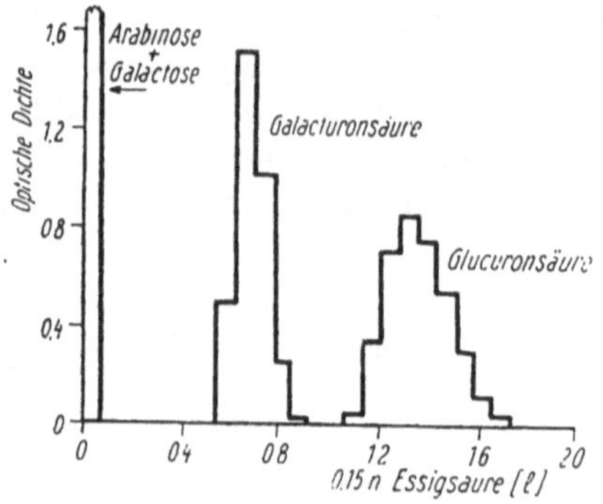

Abb. 134. Trennung von Galacturonsäure und Glucuronsäure neben Zuckern (Dowex 1, Acetat-Form, 300 mesh, Säule 12 cm × 0,85 cm², 2,5 ml/min) [436].

Aminozucker enthalten kationische Gruppen. Diese Zuckerderivate werden deshalb von Kationenaustauschern zurückgehalten und können, wie GARDELL [246] für Glucosamin und Galactosamin zeigte, an Dowex 50 durch Elution mit 0,3n Salzsäure getrennt werden.

Zur Isolierung von Glucosamin aus dem Hydrolysat von käuflichem Eieralbumin verwendete PARTRIDGE [651] die Verdrängungs-Chromatographie an Zeo-Karb 215. Nach einer Vortrennung konnte durch Verdrängung mit verdünnter Natriumchloridlösung Glucosamin von Histidin getrennt und so in reiner Form erhalten werden. Über die Trennung von Chondrosin und Hyalobiuronsäure an Zeo-Karb 225-X8 (Na-Form) berichtet HALLÈN [293]. Die beiden durch Hydrolyse aus Aminopolysacchariden anfallenden Disaccharide lassen sich mit 0,10 bis 0,15 m $NaHSO_4/Na_2SO_4$-Pufferlösung von pH 1,9 trennen. Auch Glucosamin und Galactosamin können unter den mitgeteilten Bedingungen voneinander und von den beiden Disacchariden getrennt werden.

Zum Abschluß sei noch auf eine Arbeit hingewiesen, bei der sich die Ionenaustausch-Chromatographie mit Vorteil für die Isolierung und Identifizierung von Reaktionsprodukten aus Zuckern und Aminosäuren anwenden ließ. Produkte dieser Art werden oft für die Braunfärbung verantwortlich gemacht. Nach ABRAMS und BORSOOK [2] lassen sich Reaktionsprodukte aus D-Glucose und D-Ribose und Leucin an Dowex 50 durch Elution mit Salzsäure steigender Konzentration trennen.

Nucleinsäuren und ihre Bausteine

Nucleinsäuren und Polynucleotide. Für Nucleinsäuren sind wegen ihrer proteinartigen Eigenschaften vor allem Cellulose-Ionenaustauscher zur chromatographischen Trennung geeignet. Besonders die sogenannte ECTEOLA-Cellulose mit einer relativ kleinen Kapazität für Proteine im Vergleich zur DEAE-Cellulose, zeigte einige vielversprechende Anwendungsmöglichkeiten für die ionenaustausch-chromatographische Trennung von Desoxyribonucleinsäuren und Ribonucleinsäuren.

Von Bendich et al. [40] wurde Desoxyribonucleinsäure aus Kalbsthymus durch Elution mit Kochsalzlösungen diskontinuierlich oder kontinuierlich wechselnder Konzentration fraktioniert. Die Ausdehnung dieser Arbeiten auf menschliche leukämische Leukocyten, Echerichia coli, B. cereus, Pneumococcus, (T6r−) und (T6r+)-Phagen, Milz, Darm, Nieren und Hirn von Ratten [41] zeigte, daß

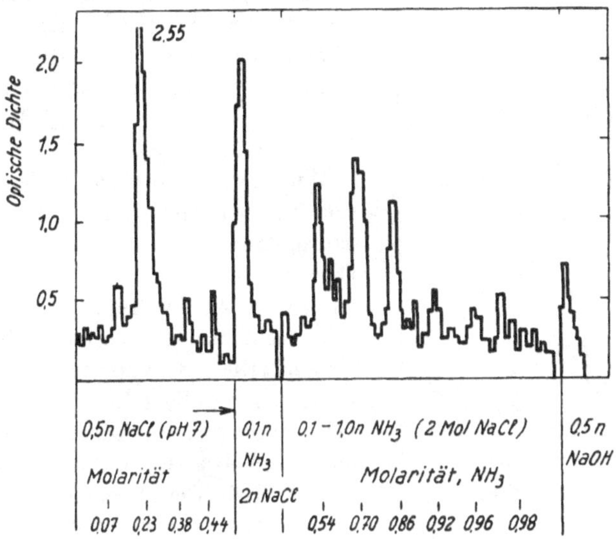

Abb. 135. Chromatogramm von 3 mg Desoxyribonucleinsäure an ECTEOLA-Cellulose durch Gradientenelution [42].

spezielle Eigenschaften wie z. B. die Entwicklung der Resistenz gegen Antibiotica bei Pneumokokken-Desoxyribonucleinsäuren über das ganze Spektrum der DNS-Bruchstücke im Chromatogramm verstreut sind. Aus den reproduzierbaren Ergebnissen wird der Schluß gezogen, daß den *chromatographic profiles* in der Genetik bald die gleiche bedeutsame Rolle zukommen dürfte, wie sie den *fingerprints* der UR-Spektren für chemische Konstitutionsprobleme seit langem zukommt. Das Methodische dieser Fraktionierung von Desoxyribonucleinsäuren an Anionenaustauschern wurde von Bendich und Mitarbeitern [42] noch weiter ausgeführt [643, 707]. Ein Beispiel für die Ionenaustausch-Chromatographie von Desoxyribonucleinsäure an ECTEOLA-Cellulose zeigt Abbildung 135.

Weitere Angaben über die ionenaustauschchromatographische Trennung von Desoxyribonucleinsäure finden sich bei Friedkin und Wood [234] sowie bei Boman [77]. In beiden Arbeiten wird als Adsorbens ECTEOLA-Cellulose verwendet.

Für die Trennung von Ribonucleinsäuren an ECTEOLA-Cellulose-Anionenaustauschern haben BRADLEY und RICH [83] ein Verfahren angegeben. Die Ribonucleinsäuren werden aus 0,01 m neutralen Phosphatpuffern adsorbiert und mit Kochsalzlösungen steigender Konzentration eluiert. Die erhaltenen Elutionsprofile sind verschieden, je nach dem Ausgangsmaterial, aus dem die Ribonucleinsäuren gewonnen wurden. Auch Ribonucleinsäuren aus dem gleichen Material, die nach verschiedenen Methoden isoliert wurden, unterscheiden sich im Chromatogramm. In Abbildung 136 sind zur Veranschaulichung dessen die Chromatogramme verschiedener Ribonucleinsäuren gegenübergestellt.

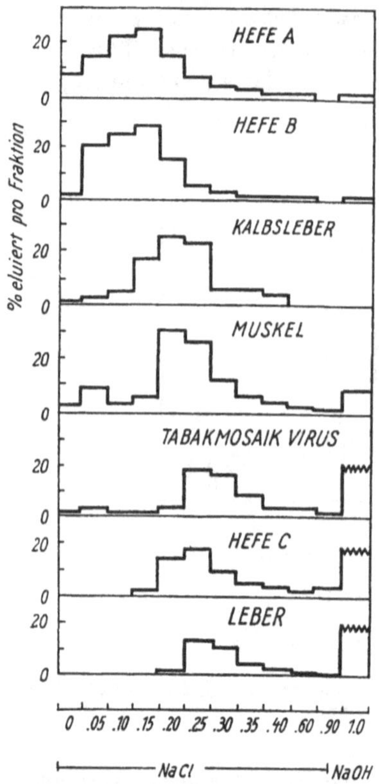

Abb. 136. Fraktionierung verschiedener Ribonucleinsäuren an ECTEOLA-Cellulose (0,5–0,7 mg Ribonucleinsäure pro Fraktionierung) [83].

Einen weiteren Beitrag zur Trennung von Ribonucleinsäuren an ECTEOLA-Cellulose lieferte TANAKA [846].

Wie sich die beiden Nucleinsäurentypen, Desoxyribonucleinsäure und Ribonucleinsäure, trennen lassen, zeigten TAUSSIG und CREASER [848] im Falle von Nucleinsäureextrakten aus drei Bakterienarten an ECTEOLA-Cellulose. Es wurden dabei zwei Fraktionen erhalten, von denen die erste dem durch einstündiges Zentrifugieren des Bakterienextraktes erhaltenen Ribonucleoprotein entsprach. Die zweite Fraktion war heterogen und enthielt Desoxyribonucleinsäure.

Die Ionenaustausch-Chromatographie als Hilfsmittel zum Studium der Hydrolyse von Hefe-Ribonucleinsäure verwendeten DIMROTH und WITZEL [182]. Hydrolysiert man nämlich Hefe-Ribonucleinsäure mit Wismuthydroxyd, so lassen sich bei rechtzeitiger Unterbrechung der Reaktion neben Nucleosiden und Mononucleotiden auch Dinucleotide, Dinucleosidphosphate, Trinucleosiddiphosphate und andere größere Bruchstücke isolieren. In Abbildung 137 ist das an Dowex 1-X2 durch Elution mit wäßriger Ameisensäure steigender Konzentration erhaltene Chromatogramm wiedergegeben, der die weiteren Versuchsbedingungen entnommen werden können. Der Elutionsfolge kann nach Ansicht der Verfasser ein Hinweis auf die Konstitution der zur Elution gelangenden Verbindungen entnommen werden.

Daß die Elutionsfolge von Polynucleotiden, die durch partiellen enzymatischen oder chemischen Abbau aus Nucleinsäuren gewonnen wurden, von den in den Bruchstücken enthaltenen Purin- oder Pyrimidenbasen abhängt, wurde auch von anderen Forschern, die solche Trennungen an Anionenaustauschern durchführten, festgestellt. Dabei erwies sich die Quervernetzung des zur Wahl stehenden Austauschers als wichtig. An mit 2% Divinylbenzol vernetzten Harzen konnten VOLKIN und COHN [891] zufriedenstellende Ergebnisse erzielen. Das mit Ribonuclease abgebaute Ribonucleinsäureprodukt wurde an Dowex 2 (Cl-Form) durch eine Reihe von Elutionsmitteln (0,005n HCl, 0,01n HCl, 0,01n HCl + 0,0125, 0,025, 0,05, 0,1, 0,2, 0,3 und 1n NaCl, 2n HCl) chromatographiert. Allgemein ergab eine Reihe von Arbeiten, daß zur Elution der Polynucleotide höhere Salz- und Säurekonzentrationen erforderlich sind als zur Elution von Mononucleotiden [136, 577, 750, 137].

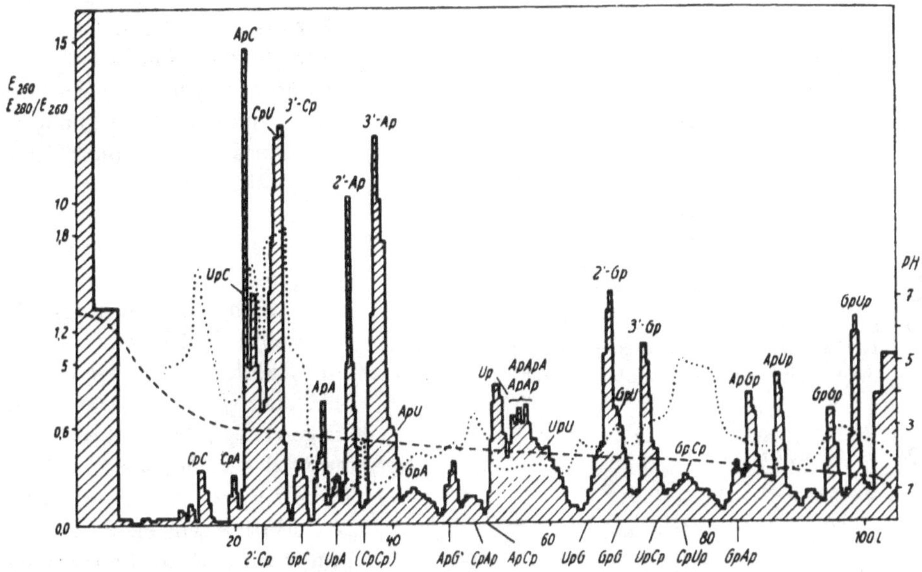

Abb. 137. Trennung der Inhaltsstoffe eines RNS-Hydrolysates (Dowex 1-X 2, 50—100 mesh, Formiat-Form, Säule 2,3 · 55 cm, Elution mit wäßriger Ameisensäure steigender Konzentration, 0,35 cm³/min/cm², ——— bez. auf E_{260}, ····· bez. auf E_{280}/E_{260}, ----- pH-Verlauf) [182].

Die Auftrennung einer gegen Ribonuclease beständigen Fraktion an ECTEOLA-Cellulose führte TANAKA [847] durch. Es konnte dadurch eine Reihe von Oligonucleotiden isoliert werden, die sich bei der Rechromatographie als einheitlich erwiesen.

Nucleotide. Die Nucleotide spielen als Bausteine der Nucleinsäuren, aus denen sie durch Hydrolyse entstehen können, eine wichtige vor allem biochemische Rolle. Wegen ihres Aufbaus aus Base, Kohlehydrat und Phosphorsäure, wobei als Basen Pyrimidine und Purine und als Kohlehydrate Ribose und Desoxyribose auftreten können, ist eine Variationsmöglichkeit und damit für die chemische Praxis ein Trennproblem gegeben, das mit Hilfe der Ionenaustausch-Chromatographie bearbeitet werden kann.

Am eingehendsten beschäftigte sich COHN mit diesem Gebiet. Nach anfänglichen Versuchen zur Trennung von Mononucleotiden an Kationenaustauschern [138] wurden Untersuchungen zur gleichen Trennung an Anionenaustauschern unternommen [139], da hierbei die Hydrolysegefahr geringer war, während eine größere Auswahl an Elutionsmitteln mit Rücksicht auf das Anion und den pH gegeben war. Die Fortführung dieser Versuche [140] unter Verwendung von Ameisensäure anstelle von Salzsäure an Dowex 1 führte zur nahezu vollständigen Trennung der Nucleotide aus Ribonucleinsäure, wie der Abbildung 138 entnommen werden kann. Eine ausgezeichnete Trennung kann aber auch durch Elution mit Salzsäure erreicht werden, wie die Abbildung 139 zeigt. Der pH darf dabei nicht zu hoch liegen (< 4), da sonst die Affinität der Nucleotide zum Austauscher so groß wird, daß die Elution sehr erschwert ist. Im vorliegenden Fall betrug der pH 2,7.

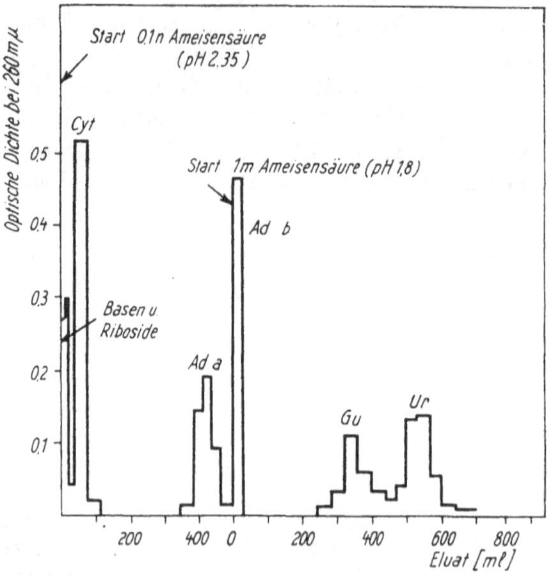

Abb. 138. Trennung von Nucleotiden an Dowex 1 (Säule 13 cm × 0,74 cm², 0,7 ml/min) [140].

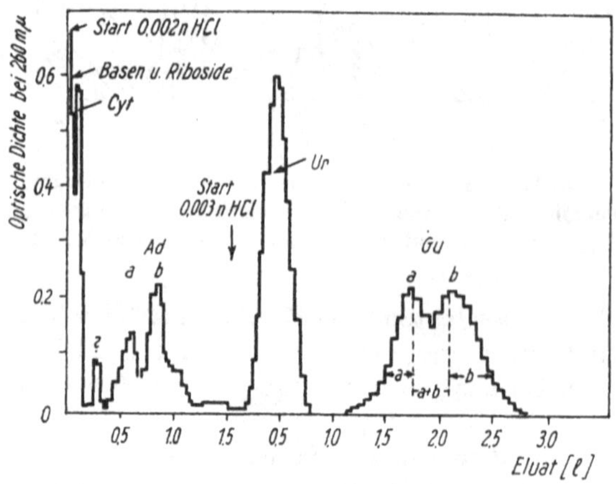

Abb. 139. Trennung von Nucleotiden aus Rattenleber (Dowex 1, Säule 12,5 cm × 0,74 cm², 0,5 ml/min) [140].

Als eines der wichtigsten Ergebnisse dieser Untersuchungen ist auf die doppelte Natur der in den Chromatogrammen auftretenden Adenylsäure und Guanylsäure hinzuweisen. Diese Untersuchungen haben nämlich ergeben, daß es für jedes Nucleotid zwei isomere Formen gibt, die durch *a* und *b* unterschieden werden, so z. B. Adenylsäure *a* und Adenylsäure *b* sowie Guanylsäure *a* und Guanylsäure *b* in Abbildung 139 [141]. Zur präparativen Darstellung von Nucleotiden für derartige Untersuchungen kann auf die Arbeit von COHN und CARTER [142] über die Isolierung von Uridylsäure und Cytidylsäure aus Hefenucleinsäure an Amberlite IR-400 durch Elution mit Ameisensäure und Salzsäure verwiesen werden.

Die Desoxyribonucleotide aus Desoxyribonucleinsäuren stellen das gleiche Trennproblem dar, wenn aus einem Hydrolysat von Desoxyribonucleinsäure die einzelnen Komponenten in reiner Form dargestellt werden sollen. Mit Hinblick auf die Schnelligkeit, die Genauigkeit, die Ausbeuten und die milden Bedingungen, mit denen nach der vorstehend beschriebenen ionenaustauschchromatographischen Methoden zur Gewinnung der Ribonucleotide gearbeitet werden kann, haben VOLKIN, KHYM und COHN [892] dieses Verfahren auch auf die Trennung der Desoxyverbindungen zu übertragen versucht. Das nach diesen Überlegungen schließlich ausgearbeitete Verfahren ist nahezu identisch mit dem der Ribonucleotide. Abbildung 140 zeigt die Trennung der Desoxyribonucleotide einer enzy-

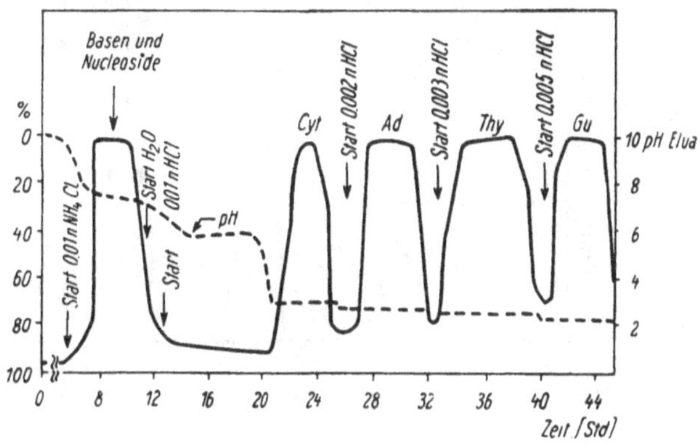

Abb. 140. Trennung von Desoxyribonucleotiden [892].

matisch abgebauten Desoxyribonucleinsäure, wonach die Basen und Nucleoside zuerst mit 0,01 m Ammoniumchlorid entfernt, die Säule mit Wasser gewaschen und schließlich die Auftrennung der Nucleotide mit Salzsäure vorgenommen wird. Die durch Rechromatographie an kleinen Säulen gereinigten Nucleotidfraktionen zeigten außer der Nucleotidkomponente kein ultrarotabsorbierendes Material.

Etwa zur gleichen Zeit wie VOLKIN et al. haben auch SINSHEIMER und KOERNER [751] die von COHN beschriebene Methode zur Trennung der Ribonucleotide auf die Trennung der Desoxyribonucleotide zu übertragen versucht. Die gute Trennleistung der 11 cm langen Dowex 1-Säule (Acetat-Form) und die Elutionsbedingungen können der Abbildung 141 entnommen werden. Mit 2 m Acetatpuffer werden nach den Mononucleotiden vier Polynucleotidfraktionen erhalten, auf die mit 1 n HCl eine weitere unbekannte Bande mit 1% folgt.

Einige andere Arbeitskreise befaßten sich ebenfalls mit der Ionenaustausch-Chromatographie der Nucleotide, wie etwa HURST et al. [362], deren Arbeiten etwa zur gleichen Zeit wie die von SINSHEIMER und KOERNER durchgeführt wurden. Osawa et al. [641] konnten durch Ionenaustausch-Chromatographie an Dowex 1 (Formiat-Form) im Zellkern des Kalbsthymusgewebes die Mononucleotide von Adenin sowie von Guanin, Cytosin, Uracil, Diphosphopyridinucleotid und verschiedene Uridinphosphatderivate nachweisen. Eine Trennung der Nucleotide durch Chromatographie an Dowex 1-X 10 beschrieb auch Bergkvist [48.] Von Pontis und Blumsom [671] wurde die Trennung von Nucleotiden an Dowex 1 oder Dowex 2 nach Adsorption bei pH 7,5 durch Elution mit Calciumchlorid in verdünnter Salzsäure durchgeführt. Koransky [458] beschrieb die Trennung und Bestimmung der Nucleotide des Gehirns.

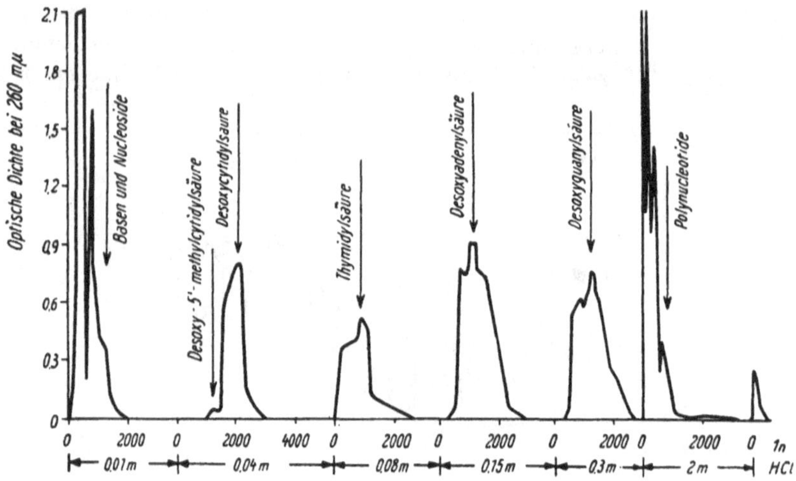

Abb. 141. Trennung von Desoxynucleotiden [751].

Die Verwendung von Cellulose-Ionenaustauschern für die chromatographische Trennung von Nucleotiden ist von Korn [465] unternommen worden. Zur Trennung von Adenin-, Guanin-, Cytosin- und Uracilderivaten wird der Austauscher in die Formiat-Form überführt. Zur Gradientenelution dient eine 0,1 bis 0,5 m Lösung von Ammoniumformiat bei pH 4,2, ein Verfahren, mit dem Eluatfraktionen mit kleinem Flüssigkeitsvolumen erhalten werden.

Im biochemischen Geschehen spielen auch Nucleotide mit zwei Phosphatresten eine Rolle, die als 5'-Pyrophosphate und als 2',5'- und 3',5'-Diphosphate bekannt geworden sind. Ihr Verhalten wurde von Cohn und Volkin [143] an Anionenaustauschern eingehend untersucht mit dem Ergebnis, daß die chromatographischen Unterschiede allein auf die in diesen Substanzen enthaltenen Basen zurückzuführen sind, weshalb sie sich nicht wesentlich von den Mononucleotiden unterscheiden. Ein gleiches Verfahren wurde von Hall und Khorana [292] auf die Trennung der synthetisierten Pyrimidinnucleosid-2'(3'),5'-disphosphate angewendet. Die Adsorption erfolgte an Dowex 2 (Formiat-Form) und die Elution mit 0,01 m Ameisensäure und 0,05 m Natriumformiat. Von Dekker et al. [172]

wurden die entsprechenden Pyrimidindesoxyribonucleosid-diphosphate aus Heringslaich untersucht.

Thymidin-3',5'-disphosphat und Desoxycytidin-3',5'-diphosphat konnten an Dowex 2 (Cl-Form) durch Elution mit 0,008n Salzsäure isoliert werden. Die isolierten Komponenten erwiesen sich als identisch mit synthetischen. Unter den vielen Arbeiten zu diesem Gebiet, die mit den Autoren der Veröffentlichungen von HERBERT et al. [315], HURLBERT et al. [360, 361], SCHMITZ et al. [816, 817, 818], SACKS [718], HECHT et al. [309] und KENNER et al. [425] verbunden sind, sei noch auf die Arbeit von SCHMITZ und WALPURGER [819] näher eingegangen, in

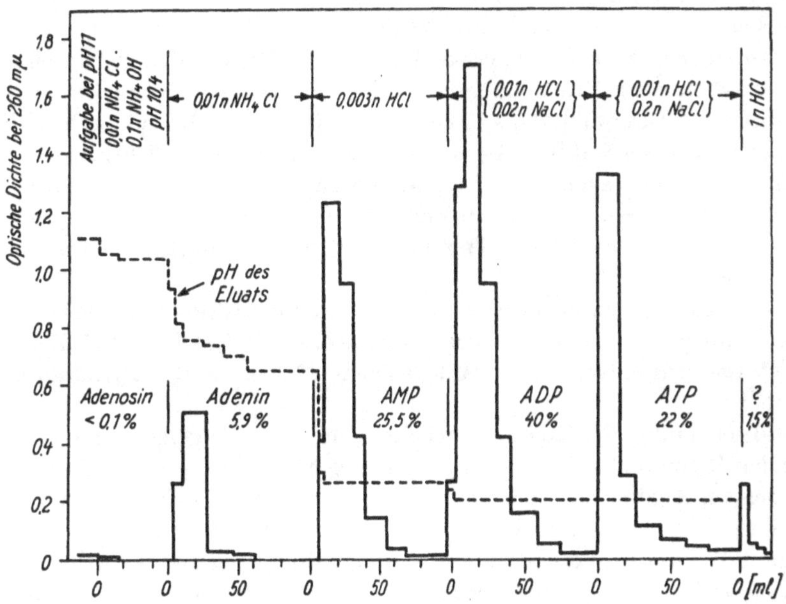

Abb. 142. Trennung von Adenosinphosphaten (Dowex 1, Säule 1 cm × 1 cm², 200—400 mesh) [144].

der die Ionenaustausch-Chromatographie von Nucleotiden und anderen Phosphorsäureestern aus sauren Gewebeextrakten untersucht wurde. Es konnte an Dowex 2-X 10 (HCOO-Form) durch Elution mit Ameisensäure bzw. Gemischen aus Ameisensäure und Ammoniumformiat ein Chromatogramm mit siebenundzwanzig Komponenten erhalten werden. Neben UV-Absorptionsmessungen und Phosphatbestimmungen wurden auch Farbreaktionen mit Orcin, Anthron und Diphenylamid durchgeführt, so daß auch nicht gut trennbare Komponenten doch noch identifiziert und quantitativ erfaßt werden konnten.

Die beim Intermediärstoffwechsel eine Rolle spielenden Adenosinphosphorsäuren, die Adenosinmonophosphorsäure, -disphosphorsäure und -triphosphorsäure (AMP, ADP und ATP) können, wie COHN und CARTER [144] zuerst zeigten, durch Ionenaustausch-Chromatographie auf ihre Reinheit untersucht werden.

Wie aus Abbildung 142 zu ersehen ist, gelingt die Trennung an Dowex 1 mit den darin angegebenen salzsauren Elutionsflüssigkeiten. Dieses Verfahren kann andererseits auch zur präparativen Gewinnung dieser Substanzen verwendet werden. Das gleiche Trennproblem untersuchten KOTELNIKOWA et al. [468] an sowjetischen Anioniten. Die besten Ergebnisse wurden mit dem Anionenaustauscher AW-17 mit ebenfalls salzsauren Elutionsmitteln erzielt. Ein anderer Anionenaustauscher, AW-16 auch AW-17, können auch im Formiatsystem (HCOOH—HCOONa) nach BERGKVIST und DEUTSCH [47] für die Trennung der Adenosinphosphate angewendet werden.

Über ein entsprechendes Verfahren für die Trennung der Inosinphosphate liegt eine Arbeit von DEUTSCH und NILSSON [178] vor.

Nucleoside, Purine und Pyrimidine. Von den vier Nucleosiden, die durch Hydrolyse von Ribonucleinsäure entstehen, wurden die Pyrimidinribonucleoside Cytidin und Uridin von ELMORE [208] an Zeo-Karb 215 getrennt. Bei dem sehr einfachen Verfahren wird die wäßrige Ausgangslösung auf die Säule gegeben, wobei das Cytidin auf Grund einer basischen Aminogruppe zurückgehalten wird. Uridin konnte mit Wasser ausgewaschen und mit einer Ausbeute von 99% gewonnen werden. Versuche zur gleichen Trennung der Pyrimidinnucleoside aus Desoxyribonucleinsäuren wurden angestellt.

Mit dem gleichen Problem beschäftigten sich auch HARRIS und THOMAS [302]. Sie verwendeten zur Trennung Cytidin/Uridin ebenfalls Zeo-Karb 215. Zur Elution des Cytidins wurde von diesen Autoren eine 2%ige wäßrige Pyridinlösung angewendet.

Die Auftrennung der nach den Arbeiten von COHN als gemeinsame Bande auftretenden Basen und Ribosiden (s. Abbildungen 138, 139, 140) wurde von diesem Forscher am Anionenaustauscher Dowex 1 vorgenommen. Bei diesen Versuchen wurde im Elutionsmittel die Formiatkonzentration konstant gehalten und nur der pH durch Wechsel im Verhältnis Ammoniumhydroxyd zu Ameisensäure gesteigert. Dieses Verfahren, das durch genauere Einstellung der Arbeitsbedingungen verbessert werden kann, führt zur Trennung der Purine, Pyrimidine und Nucleoside.

Die Riboside lassen sich an stark sauren Kationenaustauschern nach einer Beobachtung von COHN mit schwächeren Säuren, d. h. mit 0,25 n HCl im Gegensatz zu 2 n HCl, eluieren als die dazugehörigen Basen. Sie erscheinen in der Reihenfolge Guanosin, Cytidin, Adenosin entsprechend den größer werdenden Verteilungskoeffizienten.

Für die Trennung und Bestimmung freier Purine, Pyrimidine und Nucleoside in Fischmuskeln beschrieb JONES [399] ein ionenaustauschchromatographisches Verfahren. Der nucleotidfreie Extrakt wird mit Ammoniak auf pH 11—12 gebracht und dann an einer Säule mit Dowex 1 (Cl-Form) durch Gradientenelution steigender Salzsäurekonzentration aufgetrennt. In einem Extrakt aus 5 g Fischmuskel konnten Cytosin, Uracil, Guanin, Adenin(?), Hypoxanthin und Inosin erfaßt werden. Über die Trennung der Purine und Pyrimidine an Kationenaustauschern hat COHN in der bereits angeführten Arbeit [138] berichtet. Die Elutionsfolge an Dowex 50 (H-Form) mit 2 n HCl als Elutionsmittel zeigt Abbildung 143.

An Anionenaustauschern kann dieselbe Trennung mit umgekehrter Reihenfolge für Uracil und Cytosin durch Elution mit Ammoniumhydroxyd-Ammonchlorid-Puffern durchgeführt werden. Abbildung 144 zeigt ein Chromatogramm von COHN, ausgeführt an Dowex 1 (Cl-Form).

In einer Arbeit über die gleichzeitige Trennung von Purinen, Pyrimidinen, Aminosäuren und anderen stickstoffhaltigen Verbindungen beschrieb WALL [897] ein ionenaustauschchromatographisches Verfahren am Kationenaustauscher Dowex 50. Danach können fünfundzwanzig der genannten Verbindungen in einem Arbeitsgang durch Elution mit Salzsäure steigender Normalität (1,5n, 2,5n, 4,0n und 6,0n) aus einem Bakterienhydrolysat getrennt werden. Von den hier vornehmlich interessierenden Verbindungen wurden Uracil, Thymin, Xanthin, Cyto-

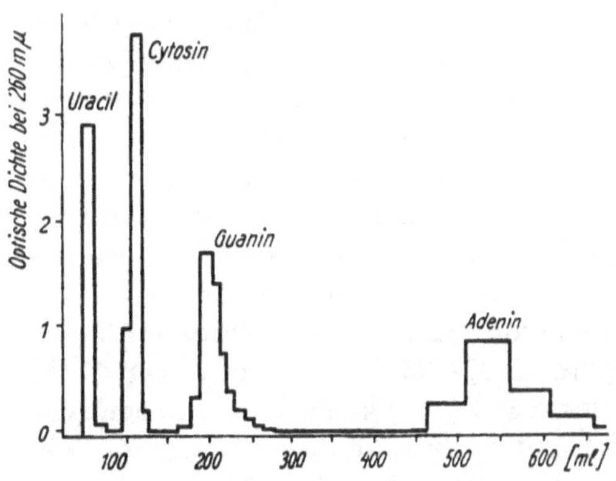

Abb. 143. Trennung von Purin- und Pyrimidinbasen an Kationenaustauschern (Säule 8,1 cm $\times$ 0,74 cm²) [138].

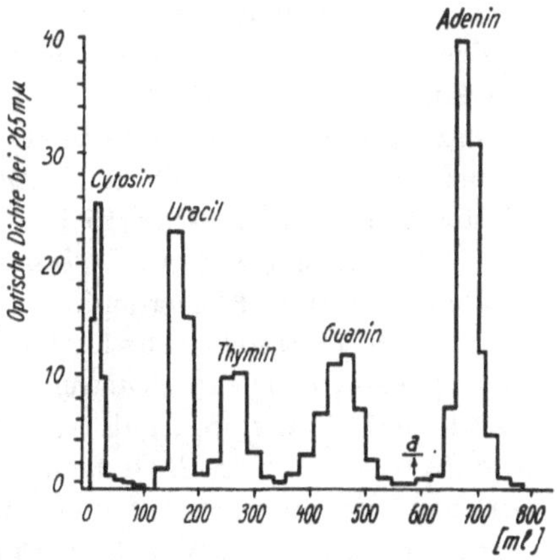

Abb. 144. Trennung von Purinen und Pyrimidinen an Anionenaustauschern (Säule 8,5 cm $\times$ 0,74 cm²) [138].

sin, Guanin und Adenin neben den Aminosäuren und Ammoniumionen erfaßt. Zur praktischen Durchführung: Trennsäule 55 $\times$ 5,5 cm, Fließgeschwindigkeit 100 m*l*/h, Registrierung im Eluat durch UV-Messung und Colorimetrie.

Für die Trennung der Purine Xanthin und Guanin verwenden SMITH und WENDER [755] Amberlite IR-100 in der Na-Form. Nach Adsorption der beiden Komponenten wird Xanthin mit einer Lösung, die aus 950 m*l* Natriumhydroxyd von pH 9, 25 m*l* NaOH $-H_3BO_4$-Puffer und 25 m*l* 0,1 n Zitronensäure hergestellt wurde, eluiert. Guanin verbleibt unter diesen Bedingungen an der Säule.

Über die Verwendung der Ionenaustausch-Chromatographie zum Studium der enzymatischen Bildung von Barbitursäure aus Thymin berichteten HAYAISHI und KORNBERG [306].

Die chromatographische Trennung von Cytosin enthaltenden Verbindungen, und zwar Cytidin-5'-phosphat, Desoxycytidin-5'-phosphat, Cytidin, Desoxycytidin und Cytosin, die alle voneinander getrennt werden können, führte REICHARD [692] an Dowex 50 durch. Zur Elution dienten 0,2n Essigsäure und dann 1n Salzsäure. Die Verbindungen werden zu 95 bis 100% wiedergefunden.

Sterine und Steroide

Für Sterine und Steroide hat die Ionenaustausch-Chromatographie kaum Anwendung gefunden. Es handelt sich bei diesen Stoffklassen in der Hauptsache um neutrale Verbindungen, für die andere chromatographische Verfahren sehr gut geeignet sind und befriedigende Ergebnisse liefern, weshalb auch bei den sauren und basischen Vertretern dieser Stoffe Ionenaustauscher nicht zur Anwendung kamen. Eine ausführliche und ausgezeichnete Übersicht über die Chromatographie von Sterinen, Steroiden und verwandten Verbindungen unter Ausschluß der Ionenaustausch-Chromatographie gibt NEHER [620].

Von SEKI wurde versucht, durch teilweise Veresterung von Amberlite IRC-50 ein Adsorbens zu schaffen, an dem Steroide chromatographisch getrennt werden können. Zur Herstellung des teilweise veresterten Kationenaustauschers werden 50 ml Amberlite IRC-50 (H-Form) mit 500 ml eines Gemisches aus Äthanol, Methanol und 2n Salzsäure (15:5:6) 40 Stunden gekocht, mit einem Lösungsmittel aus Äthanol, Methanol und Wasser (15:5:11) gewaschen und in die Säule geschlämmt. Durch Elution mit dem gleichen Äthanol-Methanol-Wassergemisch lassen sich 17-Hydroxycorticosteron, 11-Dehydro-17-hydroxycorticosteron, 11-Desoxy-17-hydroxycorticosteron, Corticosteron, 11-Desoxycorticosteron, Testosteron und Progesteron gut trennen und zu 87—95% wieder gewinnen [738]. Die Oestrogene Oestriol, Oestron und Oestradiol-(17β) können am gleichen Austauscher, der mit einem Gemisch aus Äthanol und verdünnter Salzsäure teilweise verestert wurde, ebenfalls chromatographisch getrennt werden [739].

Vitamine

Die Vitamine bilden keine einheitliche Stoffklasse. Entsprechend ihren verschiedenen Konstitutionen können sie, soweit sie dissoziierbare Gruppen enthalten, von Kationen- oder Anionenaustauschern aufgenommen werden. Ionenaustauscher haben demgemäß auch verschiedene Anwendungen auf dem Vitamingebiet gefunden, die sich insbesondere auf die Reinigung durch Austausch des betreffenden Vitamins selbst oder durch Austausch der das Vitamin begleitenden Verunreinigungen beziehen. Die eine oder die anderen Komponenten des jeweiligen Gemisches werden am Austauscher abgetrennt und der Rest erscheint im Eluat. Auch Konzentrierungen von Vitaminen können auf diese Weise vorgenommen werden.

Solche Verfahren sind jedoch nicht als ionenaustauschchromatographisch zu bezeichnen und sollen deshalb der Behandlung in anderen dieses Gebiet betreffenden Aufsätzen und Monographien vorbehalten bleiben. Im folgenden werden nur einige Arbeiten angeführt, in denen von den Prinzipien und der Methode der Ionenaustausch-Chromatographie auf dem Vitamingebiet Gebrauch gemacht wurde.

Die chromatographische Trennung und Bestimmung von Thiamin und Thiaminphosphorsäureestern führten GIUSEPPE und RINDI [258] am stark basischen Anionenaustauscher Dowex 1-X8 durch. Der Austauscher wird in zwei übereinandergeschalteten Säulen in der Acetat-Form und in der Borat-Form verwendet. Nach Aufgabe der Probe wird mit 0,03 m H_3BO_3 gewaschen, wobei der Pyro- und Triphosphorsäureester an der oberen Acetatpackung zurückgehalten werden und der Orthophosphorsäureester und das Thiamin an der unteren Boratpackung. Die Boratsäule wird daraufhin getrennt mit 0,1 n NaCl in 0,1 n HCl und die Acetatsäule mit 0,2 n Natriumacetat in 0,04 n Essigsäure eluiert und die Komponenten UV-spektroskopisch untersucht.

Die Trennung des Pyridoxins (Vitamin B_6) von Ascorbinsäure gelingt nach JINDRA [390], indem die zu untersuchende Lösung durch eine Säule mit Amberlite IR-4 B in der Hydroxyl-Form geschickt und mit Wasser nachgewaschen wird. Die Ascorbinsäure wird quantitativ gebunden. Das Eluat fließt durch eine nachgeschaltete Säule mit dem stark basischen Anionenaustauscher Amberlite IRA-401, der das Pyridoxin eintauscht. Das Pyridoxin wird mit 0,1 n Salzsäure eluiert und photometrisch bestimmt.

Zur Abtrennung des Pyridoxaminphosphat aus einem Reaktionsgemisch verwendeten PETERSON et al. [660, 661] Amberlite XE-64 unter Elution mit Wasser.

Beim Vitamin B_{12} (Cobalamine) zeigte sich nach den Untersuchungen von MENKE [576], daß eine Adsorption an sauren Austauschern in Gegenwart von Chlor-, Formiat-, Acetat- und Citrationen nicht stattfindet. Der schwach saure Amberlite XE-97 hält das Vitamin bis zum pH 4,7 fest. Durch Equilibrierung des Austauschers mit H^+- und NH_4^--Ionen kann bei Elution mit Wasser eine Trennung erreicht werden. So wurden aus Faeces von Hühnern, denen $^{60}CoCl_2$ per os verabreicht wurde, 10 Cobalamine aufgetrennt. RICKES und WOOD [701] trennten zur Isolierung des Vitamins B_{12} aus Kulturen von Streptomyces friseus das Streptomycin an einem Carboxylaustauscher ab. Über die Isolierung von 5,6-Dimethyl-1-(α-D-ribofuranosyl)benzimidazol-2'(oder 3')phosphat aus dem sauren Hydrolysat von Vitamin B_{12} an Amberlite IR-4 B oder Dowex 2-X 10 berichteten ARMITAGE et al. [16].

Innerhalb der Folsäuregruppe ist von PFIFFNER et al. [664] die Abtrennung des Lactobacillus casei-Faktor an alkalifreiem Amberlite IR-4 durch Elution mit Ammoniakwasser beschrieben worden. Die Trennung von Vitamin K_1 und K_2 gelang DOISY et al. [58, 567] chromatographisch an den synthetischen anorganischen Austauschern Decalso und Permutit. Das Substrat wird zur Bildung des Dihydrovitaminacetat reduzierend acetyliert und in Petroläther auf die Säule gegeben. Durch Elution mit einem Petroläther- und Benzol-Gemisch, bei dem die Benzolkonzentration langsam ansteigt, wird die Anreicherung von K_1 und K_2 in den Eluatfraktionen erreicht. Je nach dem Ausgangsmaterial, Alfalfa-Heu oder verfaultes Fischmehl, wurde mehr K_1 oder K_2 gefunden. Durch Rechromatographie kann die Anreicherung und Reinigung gesteigert werden.

Enzyme

Für die Enzyme gelten wegen ihrer Proteinnatur die gleichen grundsätzlichen Überlegungen wie bei den Proteinen bezüglich der allgemeinen Durchführbarkeit und der Leichtigkeit ionenaustauschchromatographischer Trennungen. Diesbezüglich sei auf das bei den Proteinen Gesagte verwiesen. Im folgenden wird, da besonders zwischen diesen beiden Gebieten sehr häufig Überschneidungen vorliegen, die gleiche Gliederung beibehalten, wonach zuerst die Trennungen an Cellulose-Ionenaustauschern, dann an Harz-Kationenaustauschern und Harz-Anionenaustauschern behandelt werden. Arbeiten, in denen sowohl auf Proteine wie auch auf Enzyme eingegangen wird, sind je nach dem Hauptgewicht in den einen oder den anderen Abschnitt aufgenommen worden.

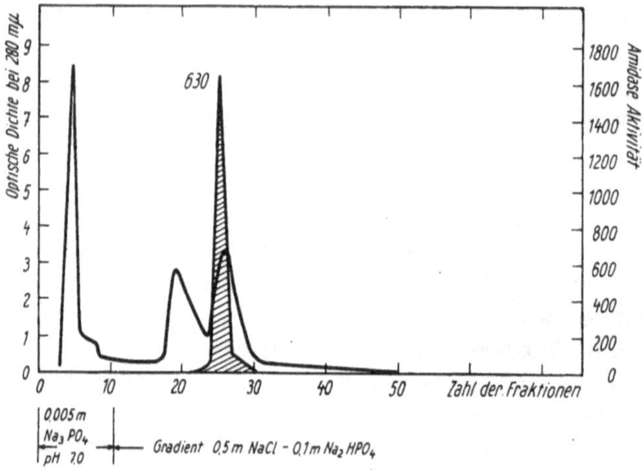

Abb. 145. Chromatogramm von Amidase an DEAE-Cellulose [760].

Es sei noch ausdrücklich darauf hingewiesen, daß in der Enzymforschung Ionenaustauscher auf verschiedene Weise eingesetzt werden können. An dieser Stelle wird jedoch nur die Ionenaustausch-Chromatographie der Enzyme behandelt.

Die neuen Cellulose-Ionenaustauscher wurden von Sober und Peterson [760] nach ihren grundlegenden Arbeiten über die Herstellung solcher Austauschadsorbentien und ihre Verwendung zur Trennung von Proteinen auch für Enzyme eingesetzt. An DEAE-Cellulose wurde die Reinigung und Fraktionierung von Amidase vorgenommen. Abbildung 145 zeigt das Chromatogramm, das durch Anwendung eines pH-Gradienten erhalten wurde. 5,0 g DEAE-Cellulose wurden mit 0,005 m Natriumphosphat auf pH 7,0 abgepuffert und 270 mg der dialysierten Enzymfraktion in 2,7 m*l* des gleichen Puffers eingesetzt. Das Volumen der einzelnen Fraktionen betrug 6 m*l*. Zur Erzeugung des Gradienten wurde eine Lösung von 0,1 m Na_2HPO_4—0,5 m NaCl kontinuierlich in ein Vorratsgefäß mit 100 m*l* 0,005 m Natriumphosphat pH 7 gegeben. Die Gradientenelution begann mit der elften Fraktion. Wie aus der Abbildung zu ersehen ist, ist die durch die schattierte Fläche dargestellte Amidaseaktivität ein Teil einer größeren nichtspezifischen Proteinbande. Eine weitere Auftrennung mit einem anderen Gradienten führte schließlich zu zwei Fraktionen mit Enzymaktivität, die sich in ihrem spezifischen Verhalten gegenüber Leucinamid und Alaninamid verschieden verhielten. Auch Asparaginsäure-Glutaminsäure-Transaminase konnte, wie in der gleichen Arbeit angeführt wird, an CM-Cellulose mit 0,02 m Natriumphosphat chromatographisch aufgespalten werden, wobei die Enzymaktivität wiederum mit einer Bande verknüpft blieb. Versuche an der DEAE-Cellulose mit Ribonuclease, Desoxyribonuclease und Cathepsin führten zu einer zwölffachen Reinigung der Ribonuclease und zu einer Trennung von den anderen Aktivitäten.

Die chromatographische Reinigung und Fraktionierung von Enzymen an Cellulose-Ionenaustauschern hat seitdem immer mehr Bedeutung gewonnen und wurde immer mehr angewendet. Aus Platzmangel können die einzelnen Arbeiten nicht besprochen werden. Um dem Leser weiterzuhelfen, soll anschließend nur eine Literaturübersicht gegeben werden.

An DEAE-Cellulose wurden bearbeitet: Nuclease von Maver und Greco [561], Acetessigsäuredecarboxylase von Hamilton und Westheimer [295], Alkoholdehydrogenase von Dalziel [161], Brenztraubensäurekinase von Washio [900], Carbohydrase von Pazur und Ando [654], Cathepsin von Mitz und Yanari [588], proteolytisches Enzym von Mitz und Schlueter [589], Tyrosinase von Brown und Ward [91], Cysteinglycinase von Semenza [740], Diphosphogalaktose-4-epimerase von Maxwell et al. [562], DNS-Polymerase von Lehman et al. [504], Farnesylpyrophosphatsynthetase von Lynen et al. [539], Galaktosidase von Hu et al. [348], Glucosidase von Duerkson und Halvorson [196], Glycerindehydrogenase von Moore [593], Histaminase von Swedin [807], Isozitronensäurelyase von Olson [639], Katalase von Clayton [131], Kreatinindesimidase von Szulmajster [810], Lactonase von Yamada [930], Milchsäuredehydrogenase von Snoswell [756] und Tubbs und Greville [872], Nucleosidpolyphosphatase von Laskowski und Filipowicz [498], Nucleotidase von Herman und Wright [317], Ornithin-Citrullin-Enzym von Ravel et al. [690], Peptidasen von Matheson und Hanes [557], Phenoloxydase von Frieden und Ottesen [233], Phosphodiesterase von Laskowski et al. [499], Phosphoserinphosphatase von Schramm [827], Procarboxypeptidase von Keller et al. [421] sowie Pechère et al. [655], Proteinase von Salter [720], Renin von Jirgensons et al. [391], Transphosphorylase von Smith [754], Tyrosin-α-ketoglutarsäuretransaminase von Kenney [426], Uridindiphosphatglucosepyrophosphatase von Ginsberg [257], Xanthosin-5'-phosphataminase von Lagerkrist [494], Xylitdehydrogenase von Hollmann [339], eine Insulinase aus Elastase von Lewis und Thiele [511].

An CM-Cellulose wurden bearbeitet: Cytochrom c von Paleus und Tuppi [644], Glutaminsäure-Asparaginsäure-Transaminase von Lis [526], Nucleosidpolyphosphatase von LASKOWSKI und FILIPOWICZ [498] und Ribonuclease von AQUIST und AFINSEN [15] sowie von TABORSKY [835].

An ECTEOLA-Cellulose wurde Peptidase von BINKLEY [59] bearbeitet.

Harz-Kationenaustauscher wurden dagegen schon 1950 durch PALEUS und NEILANDS [645] in die Chromatographie von Enzymen eingeführt. Die beiden Forscher trennten an Amberlite IRC-50 Cytochrom c durch Adsorption bei pH 9 an die Ammonium-Form des Austauschers. Durch Erhöhen des pH auf 10,8 mit 0,1n Ammoniumhydroxyd-Ammoniumacetat konnte eine Auftrennung in vier

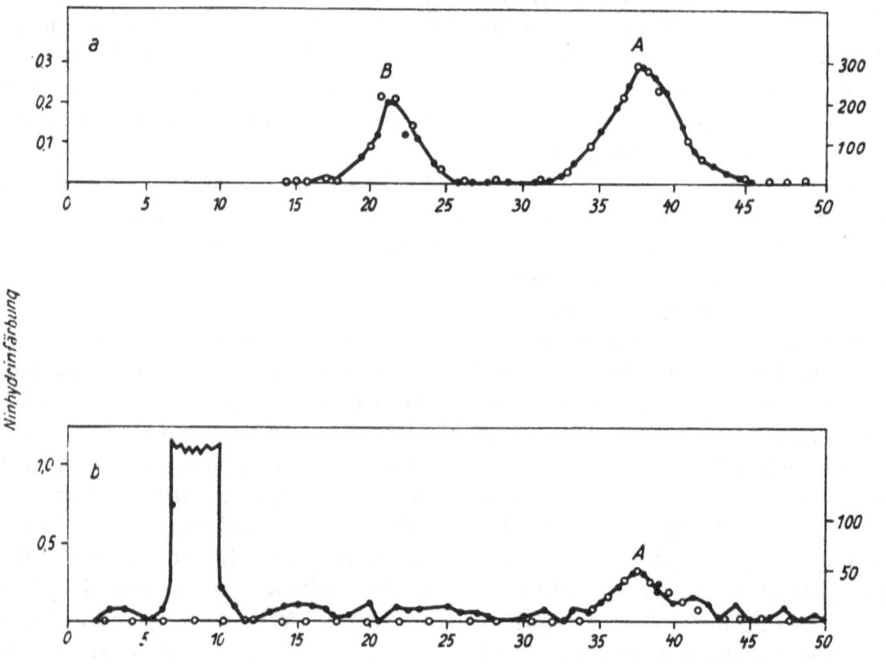

Abb. 146. Chromatographie von Lysozym an Amberlite IRC-50 (Erläuterungen im Text) [843].

Bestandteile erreicht werden, und zwar in eine schnell wandernde, die kein Häm enthielt, in reduziertes Cytochrom, in oxydiertes Cytochrom und in eine vierte, fest haftende Komponente.

Wie schon im Abschnitt über Proteine angeführt wurde, haben HIRS, STEIN, MOORE und TALLAN [331, 332, 843] später wichtige grundlegende Arbeiten über die Ionenaustausch-Chromatographie von Enzymen an Harz-Austauschern und anderen Adsorbentien an den Beispielen der Ribonuclease und des Lysozyms durchgeführt. An Amberlite IRC-50 konnten in wäßrigen Puffern von pH 6 bis 7 definierte Verteilungskoeffizienten für Ribonuclease, Lysozym und Cytochrom c ermittelt werden.

In Abbildung 146 ist das Chromatogramm von Lysozym wiedergegeben. Es enthält (*a*) die beiden Banden *A* und *B* mit etwa 60% der ursprünglich eingesetzten

Enzymaktivität in *A* und etwa 40% in *B*. Im Gegensatz zu diesem durch Kristallisation hergestellten Lysozym aus Hühnereiweiß zeigt Teil *b* der Abbildung das Chromatogramm von Hühnereiklar direkt, in dem neben der großen inaktiven Proteinkomponente wieder die Enzymkomponente *A* auftritt, die, wie durch Zumischen von vorher chromatographiertem *A* nachgewiesen werden kann, mit der Komponente *A* aus dem Teil *a* der Abbildung identisch ist. Durch weitere ionenaustauschchromatographische Versuche konnte gezeigt werden, daß Lysozymkarbonat, das vorher chromatographisch einheitlich war, sich nach Lagerung von etwa fünf Monaten im trockenen Zustand bei Raumtemperatur in die beiden Komponenten *A* und *B* der Abbildung 146*a* auftrennen ließ. Weitere Untersuchungen über Chymotrypsinogen führte Hirs [333] durch.

Bei weitem am häufigsten wurde der Kationenaustauscher Amberlite IRC-50 (XE-64) für die Ionenaustausch-Chromatographie von Enzymen verwendet. Margoliash [548] untersucht daran Cytochrom c. Högberg [335] konnte eine hundertfache Reinigung von Hyaluronidase durch Elution mit 0,1 n KCl-HCl-Lösung von pH 1,5 erreichen. Hyaluronidase wurde auch von Rasmussen [689] durch Elution mit 0,12 m Natriumphosphat von pH 7,4 in fünfundzwanzigfacher Form gereinigt. Zwei enzymatisch aktive Komponenten von Lysozym wurden von Jollès und Fromageot [395] durch Elution mit 0,2 m Natriumphosphat von pH 6,4 erhalten. Von Noda und Kuby [632] wurde Myokinase durch Gradientenelution gereinigt. Pectinase ließ sich nach Talboys [840] bei pH 7,6 nach Elution mit 0,1 n HCl in gereinigter Form erhalten. Über die chromatographische Trennung von trans-α-Glucosydase und Prothrombin aus Plasma an Amberlite IRC-50 durch Elution mit 0,1 m Natriumphosphatpuffer von pH 5,6 berichtete schließlich Miller [581].

Aber auch stark saure Kationenaustauscher wie etwa Dowex 50, der von Boman [76] zur Ionenaustausch-Chromatographie von Phosphatase verwendet wurde, sind geeignet. Das genannte Enzym konnte durch Gradientenelution sechzigfach gereinigt werden.

Harz-Anionenaustauscher wurden nur in einigen vereinzelten Fällen zur Trennung von Enzymen verwendet. Nichtsdestoweniger sind die erzielten Ergebnisse beachtenswert. Wie Haworth et al. [305] mitteilten, kann aus Aspergillus niger ein Enzympulver gewonnen werden, das nach Adsorption an Dowex 2 und Elution mit 0,2 n Essigsäure (pH 3,5) und 0,75 n Essigsäure (pH 2,5) in eine Maltase, eine Saccharase und zwei β-Glucosidasen getrennt werden kann. De Garithe und Laskowski [247] erzielten bei Phosphtodiesterase die teilweise Reinigung und Trennung von 5-Nucleotidase an Dowex 1-X2 durch Elution mit 1 n Acetat von pH 6,5. Von Malmström et al. [542] wurde das chromatographische Verhalten von Serumcholinesterase an Dowex 2 unter Verwendung von Tris-(hydroxymethyl) aminomethan-HCl-Puffern, pH 7,3 untersucht.

Hormone

Die Hormone gehören wie die Vitamine verschiedenen Stoffklassen an. Es gibt unter ihnen Abkömmlinge von Aminosäuren, Derivate von Sterinen und peptidartige und proteinartige Substanzen. Soweit sie hier unter dem Gesichtspunkt der Ionenaustausch-Chromatographie betrachtet werden sollen, sind die steroiden Verbindungen in den Abschnitt Sterine und Steroide zusammengefaßt worden. Die übrigen werden im folgenden in der Reihenfolge der endokrinen Drüsen, in denen sie gebildet werden, behandelt.

Soweit es sich um peptidartige und proteinartige Hormone handelt, werden sich Analogien und auch Überschneidungen mit den entsprechenden Abschnitten über Peptide, Proteine und auch Enzyme ergeben, die sich naturgemäß nicht vermeiden lassen. Es sind bezüglich des chromatographischen Vorganges auch dieselben Einschränkungen zu machen, wie sie schon bei den Proteinen angeführt wurden. Dies bezieht sich vor allem auf den Mechanismus der Adsorption und auf die Gleichgewichtseinstellung. Wenn dadurch die zu beschreibenden Verfahren den Anschein geringer Brauchbarkeit erwecken, so darf dabei nicht außer acht gelassen werden, daß die praktische Bedeutung ionenaustauschchromatographischer Verfahren für die Hormonforschung auch dann groß ist, wenn nur eine relativ grobe Trennung oder eine Vorreinigung für eine weitere Untersuchungsmethode erzielt wird.

Schilddrüsenhormone. Für Untersuchungen an Trypsinhydrolysat der Schilddrüsen von Mäusen, denen einige Stunden vorher radioaktives Jodid injiziert wurde, sowie an Serum und Nierenhomogenat, denen markierte Jodverbindungen zugesetzt wurden, verwendeten Galton und Pitt-Rivers [244] die Ionenaustausch-Chromatographie am Anionenaustauscher Dowex 1-R1-X2 in der Chloridform. Die Thyroidhorme werden an dem mit einem Essigsäure-Natriumacetat-Puffer, pH 5,6, ins Gleichgewicht gesetzten Austauscher adsorbiert. Durch Essigsäure steigender Konzentration als Elutionsmittel werden Thyreoglobulin bei pH 3,6, Monojodtyrosin bei pH 3,0, Dijodtyrosin bei 2,2, Thyroxin und Trijodthyronin bei pH 1,4 quantitativ eluiert. Das Jodid verbleibt am Austauscher. Im Vergleich zu ähnlichen Verfahren, in denen Salzsäure als Elutionsmittel verwendet wird, bietet dieses einige Vorteile. Die Jodverbindungen werden von Proteinen und Lipoiden getrennt und das Elutionsmittel kann leicht aus den einzelnen Fraktionen entfernt werden.

Sekretin. Das Sekretin, das die Sekretionstätigkeit des Pankreas anregt, wurde von Mutt [612] an Carboxymethylcellulose chromatographiert. 12000 HK-E wurden aus 0,02 mol $(NH_4)HCO_3$-Lösung zu Präparaten mit 150000 HK-E gereinigt.

Nebennierenmarkhormone. Adrenalin, Noradrenalin und Hydroxytyramin können, wie Richter [699], Holtz et al. [341] und v. Euler und Hellner [215] zeigten, aus Urin durch Adsorption an Aluminiumhydroxyd oder Amberlite IRC-50 gebunden werden. Beim amphoteren Aluminiumhydroxyd kann hierbei ein Ionenaustauschmechanismus angenommen werden. Die Komponenten können mit Säure oder Alkali wieder eluiert werden.

Nach BERGSTROM und HANSSON [49] werden Adrenalin und Noradrenalin am Kationenaustauscher Amberlite IRC-50 aus einem Phosphatpuffer von pH 6,5 aufgenommen. Als Elutionsmittel dient verdünnte Salzsäure. Zur Reinigung der beiden Hormone von Serumproteinen wird der Austauscher in der Na-Form verwendet und nach Waschen der Säule mit 0,2 n NaCl mit verdünnter Schwefelsäure eluiert.

KIRSHNER und GOODALL [445] führen die Trennung von Adrenalin. Noradrenalin und Hydroxytyramin ebenfalls an Amberlite IRC-50 durch und erreichen Ausbeuten von 85–95% Adrenalin, 95–97% Noradrenalin und 83–95% Hydroxytyramin beim Einsatz reiner Lösungen.

Insulin. Über Insulin siehe die bei den Proteinen gemachten Angaben, nach denen Insulin an speziellen Celite-Ionenaustauschern in mehr als eine Komponente aufgetrennt werden kann.

Hypophysenhormone. Das Follikelreifungshormon wurde von McSHAN et al. [572] an Amberlite XE-59 (Cl-Form) in einem batsch-Verfahren aus Rohrextrakten von Schafsdrüsen konzentriert. Die Adsorption fand bei pH 5,8 statt. Bei der Elution mit 3,72%iger Natriumacetatlösung konnten 80% des inerten Proteins entfernt werden. Später haben McSHAN und MEYER [573] die am Anionenaustauscher erhaltenen Fraktionen an Säulen mit dem Kationenaustauscher Amberlite XE-97 weiter fraktioniert. Durch Elution mit verdünntem Acetatpuffer von pH 6,0 konnte ein hochwirksames Präparat erhalten werden.

Nach ELLIS [207] gelingt die Trennung und wirksame Reinigung des Follikelreifungshormon und anderer Hormone (Thyreotropes Hormon, Luteinisierendes Hormon, Wachstumshormon und Proteinase I) an DEAE-Cellulose unter Verwendung von Phosphatpuffern. Thyreotropes Hormon kann auch an Amberlite IRC-50 chromatographiert werden.

Choriongonadotrophin wurde bereits 1932 durch LEJWA [505] an synthetischen Zeolithen gereinigt. Das Verfahren wurde 1943 von KATZMAN et al. [414] unter Verwendung von synthetischen anorganischen Permutiten verbessert. Nach dem verbesserten Verfahren wird das Hormon aus Urin unmittelbar in der Säule adsorbiert und nach mehreren Waschungen mit Wasser, 76%igem Äthanol und dem Gemisch 76% Äthanol-10% Ammoniumacetat schließlich mit 38% Äthanol-10% Ammoniumacetat quantitativ aus der Säule eluiert.

Zur Reinigung von Corticotropin (adrenocorticotropes Hormon) wurde eine ganze Reihe ionenaustauschchromatographischer Arbeiten durchgeführt. Das Hormon, das spezifisch auf die Nebennierenrinde wirkt, wurde zunächst durch YACKEL und KENYON [927] im batch-Verfahren an Oxycellulose gebunden und mit 0,1 n HCl eluiert, wodurch eine 40fache Aktivitätssteigerung erzielt werden konnte. Im Laboratorium von LI [512] wurde ebenfalls mit Oxycellulose als Austauscher gearbeitet, und zwar auf folgende Weise: aus Schafsdrüsen wird mit Säure-Aceton ein Extrakt gewonnen, in dem mit NaCl ein Rohsubstrat gefällt wird. 10 g von diesem Rohsubstrat werden in 250 ml 0,1 n Essigsäure gelöst und mit

1 g Oxycellulose 24 Stunden gerührt. Der Austauscher wird dann mit Essigsäure und Wasser gewaschen und schließlich das Hormon mit 150 m*l* 0,1 n Salzsäure eluiert. Eine weitere Fraktionierung gelingt ebenfalls an Oxycellulose durch Elution mit einem diskontinuierlichen pH-Gradienten mit 0,3 n Monochloressigsäure, 0,7 n Monochloressigsäure und 0,1 n Salzsäure [252]. Ähnliche Versuche mit Salzsäure steigender Konzentration unternahmen RICHTER et al. [700]. Bessere Ergebnisse als mit Oxycellulose werden mit Harz-Ionenaustauschern erzielt, wie DIXON et al. [183] unter Verwendung von Amberlite IRC-50 zeigten. Durch Elution mit 0,2 m Phosphatpuffer von pH 6,65 konnte das überraschende Ergebnis nachgewiesen werden, daß weniger als 5% der ninhydrinpositiven Substanz biologische Aktivität aufwies, d. h., daß der weitaus größte Anteil des Proteins

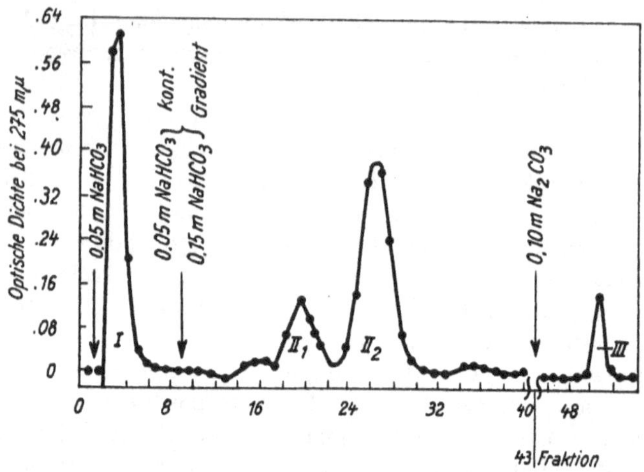

Abb. 147. Trennung von ACTH Fraktion *F* an Amberlite IRC-50 [514].

inaktiv ist. Versuche von WHITE und FIERCE [910, 911] führten zu ähnlichen Befunden. Das Verfahren von LI et al. [513, 514] zur Isolierung von einem a-Corticotropin an Amberlite XE-97 soll noch näher beschrieben werden. Der Austauscher wird mit 0,05 $NaHCO_3$ 1 Stunde gerührt, dekantiert und mit frischer Bikarbonatlösung in die 25 × 2,4 cm lange Säule geschlämmt. Nach Waschen mit 250 m*l* der gleichen Birkarbonatlösung wird die Probe auf die Säule gegeben und nochmal mit 200 m*l* 0,05 m $NaHCO_3$ gewaschen. Zur weiteren Elution wird eine Gradientenelution aus einem magnetisch gerührten Mischgefäß mit 250 m*l* 0,05 m $NaHCO_3$ durchgeführt, in das 350 m*l* 0,15 m $NaHCO_3$ zutropfen, wodurch die Na^+-Konzentration langsam ansteigt. Zuletzt werden 300 m*l* 0,1 m $NaHCO_3$ perkoliert, um das am Austauscher verbliebene Material zu entfernen. Ein nach diesem Verfahren erhaltenes Chromatogramm zeigt Abbildung 147. Die Banden II_1 und II_2 besitzen die höchste biologische Aktivität, die Banden I und III sind inaktiv.

Für das thyreotrope Hormon fand HEIDEMAN [310] nach negativen Versuchen an Amberlite XE-67 und an Kationenaustauschern in der H-Form, daß Amberlite

IRC-50 in der Na-Form bei pH 7—8 das Hormon quantitativ aufnimmt. Es kann mit 1 n Natrium- oder Calciumchlorid wieder quantitativ eluiert werden. Über ähnliche Ergebnisse berichten CRIGLER und WAUGH [158]. Weitere Versuche am gleichen Hormon führten PIERCE und Mitarbeiter [666, 667] sowie COUDCLIFFE und BATES [153] durch.

Über das Melanophorenhormon, das sich ionenaustauschchromatographisch ähnlich dem Corticotropin verhält, führten GESCHWIND et al. [252] und LERNER und LEE [509] Untersuchungen zur Reinigung und zur Trennung von Corticotropin durch.

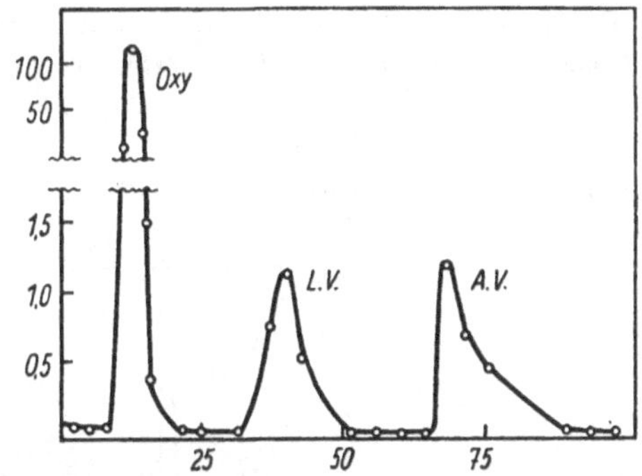

Abb. 148. Trennung von Oxytocin, Lysin-Vasopressin und Arginin-Vasopressin an Amberlite IRC-50 durch Elution mit 0,2 m Natriumphosphat pH 6,95 (Säule 30 cm × 0,9 cm) [850].

Auch für Untersuchungen der Hormone Vasopressin und Oxytocin des Hypophysenhinterlappens wurden die ionenaustauschchromatographischen Methoden angewandt. Nach POTTS und GALLAGHER [675] wird an Decalso Vasopressin stärker adsorbiert als Oxytocin, wodurch eine teilweise Trennung bei Elution mit verdünnter Essigsäure erreicht werden kann. Von TAYLOR [850] wurden die bekannten Verfahren für Proteintrennungen auf die beiden Hormone angewandt. Am Amberlite IRC-50 konnte so eine Trennung von Oxytocin, Lysin-Vasopressin und Arginin-Vasopressin erreicht werden, wie aus Abbildung 148 zu ersehen ist. Auch in den Arbeiten von DU VIGNEAUD und Mitarbeitern über Oxytocin und Vasopressin fanden Amberlite IRC-50 zur Trennung von Oxytocin und Vasopressin wie auch zur chromatographischen Identifizierung der synthetischen Hormone Anwendung [517, 3].

An Carboxymethylcellulose führten SCHALLY et al. [811] die Trennung von Vasopressin und Oxytocin durch. Der Austauscher wird mit 0,01 n Ammoniumacetat von pH 4,5 ins Gleichgewicht gesetzt. Zur Gradientenelution wird Ammoniumacetat von 0,02 n (pH 6) bis 0,2 n (pH 7) verwendet.

Viren

Die Bearbeitung von Problemen der Virusforschung mit Hilfe der Ionenaustausch-Chromatographie steht noch in ihren Anfängen. In der Hauptsache handelt es sich in den bisher bekanntgewordenen Forschungsergebnissen um Versuche zur Reinigung durch Adsorption an Ionenaustauscher.

Am Kationenaustauscher Amberlite XE-64 untersuchte MULLER [608] die Reinigung einer Reihe von Viren. Der Austauscher wurde in Glassäulen in gemischter Salz- und H-Form angewendet. Die Virussuspensionen wurden unter Saugen über den Austauscher geschickt, wobei ein inertes N-haltiges Material am Austauscher verblieb und die teilweise gereinigten Viren im Eluat erschienen. Am gleichen Austauscher konnte auch eine rasche Konzentrierung und teilweise Reinigung von Influenzavirus vorgenommen werden [609]. Von Lo Grippo und Berger [530, 529] wurde zur Reinigung von Poliomyelitisvirus der stark basische Anionenaustauscher Amberlite XE-67 in der Cl-Form verwendet. In dem hier benutzten batch-Verfahren konnte durch Elution des adsorbierten Virus mit 10% Na_2HPO_4 eine 10fache Reinigung erzielt werden. Puck und Sagik [683] untersuchten das Verhalten von Bakteriophagen T_1 und T_2 gegenüber den Austauschern Nalcite HCR und Dowex 1. Am Kationenaustauscher Diaion K, dem Anionenaustauscher Diaion A und den Amberlitetypen IR-4B, IRA-400 und IRA-410 wurde durch Nakagawa und Akashi [617] der Virus Influenza PR 8 bearbeitet. Zur Isolierung von menschlichen Influenzavirus verwendete Takemoto [837] Nalcite HCR-X 12 im batch-Verfahren. Über die Reinigung von Southern Bean Mocaic Virus an Amberlite XE-6 berichteten Shainoff und Lauffer [741].

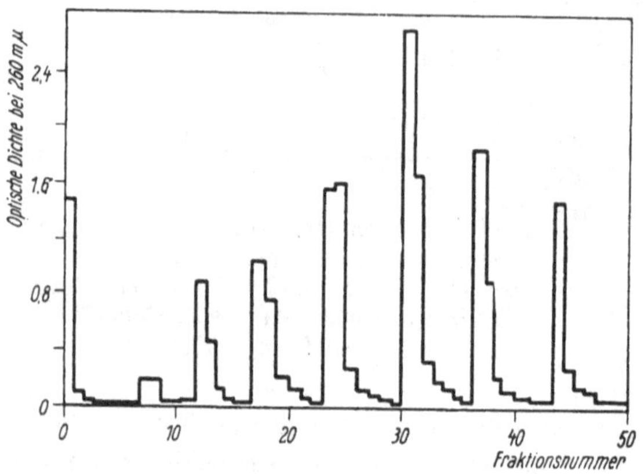

Abb. 149. Fraktionierung von Tabakmosaikvirus an ECTEOLA-Cellulose durch Elution mit Natriumchloridlösung steigender Molarität [146].

Cellulose-Ionenaustauscher zur Säulenchromatographie verschiedener Virusarten aus Säugetieren wurden erfolgreich durch Hoyer et al. [347] angewendet. Die Versuche ergaben, daß Virusarten aus Säugetieren an ECTEOLA- und DEAE-Cellulose adsorbiert und wieder selektiv desorbiert werden können. Die Desorption ist auf die eingesetzte Virusmenge bezogen quantitativ; sie erlaubt im wesentlichen die Trennung von allen nicht viruseigenen Substanzen. Am Beispiel des Q-Fiebervirus konnte durch elektronenmikroskopische Aufnahmen der Grad der Reinigung augenscheinlich dargelegt werden. Es erscheint danach zusammenfassend gesehen, daß das chromatographische Verhalten tierischer Virusarten mehr von der chemischen Natur der Oberfläche dieser Infektionsbildner als von ihrer Größe abhängt. Zeitlich vor diesen Arbeiten liegen die Untersuchungen von Commoner [146] über die Rekonstitution der Komponenten des Tabakmosaikvirus, in denen die Ionenaustausch-Chromatographie von Tabakmosaikvirus an ECTEOLA-Cellulose durch Elution mit Phosphatpuffer pH 7 mit steigender Natriumchloridkonzentration durchgeführt wurde. Wie aus der Abbildung 149 zu ersehen ist, ist der Tabakmosaikvirus in eine Reihe von Komponenten auftrennbar.

Antibiotika

Bei den Antibiotika finden Ionenaustauscher ihre hauptsächliche Anwendung zur Isolierung und Reinigung der einzelnen Vertreter dieser Stoffklasse. Die ausgearbeiteten und verschiedentlich bis zur technischen Reife durchgeführten Verfahren können als chromatographisch bezeichnet werden, wenn das Substanzgemisch adsorbiert und zur Entfernung der Ballaststoffe oder Verunreinigungen mit einer Flüssigkeit eluiert wird. Ob diese Verunreinigungen aufgetrennt werden oder nicht, spielt in diesem Falle keine Rolle, da sie analytisch nicht erfaßt werden müssen.

Von den einzelnen Ionenaustauschertypen sind für die basischen Antibiotika die Carboxyl-Kationenaustauscher zu verwenden, die über eine genügend hohe

Tab. 14 Übersicht über Ionenaustauscher-Verfahren von Antibiotika

Antibiotikum	Verfahren	Literatur
Streptomycin	Decalso; 5% NaCl eluiert	[150]
	Phenolsulfonsäure Kationenaustauscher	[22]
	Phenolsulfonsäure Kationenaustauscher	[697]
	Amberlite IRC-50, Na-Form; 0,2 n HCl eluiert	[185]
	Amberlite IRC-50, Na-Form; Trennung von Mannisidostreptomycin	[791]
	Cellulosesuccinat; Analyse von Streptomycin und Mannisidostreptomycin	[812]
	Amberlite MB-3., Bestimmung von Mannisodostreptomycin und Dihydromannisidostreptomycin	[510]
	Permutit; 20% NaCl eluiert, Reinigung	[86]
Neomycin	Decalso; Reinigung durch Elution	[806]
	Duolite C-25, Amberlite IRC-50., NH_3-Lösung eluiert	[173]
	Kohle, Amberlite IRC-50; chromatographische Isolierung	[501]
Aureomycin	Decalso; 5% Na_2CO_3 bei 60 °C eluiert	[721]
Clavacin	Permutit; Chloroform mit 0,25–0,50% Äthanol eluiert	[413]
Pyo Antibiotika	Permutit; Pyo Ib, Ic, II und IV chromatographisch getrennt	[308]
Streptoerythrin	Decalso; 10% NH_4Cl eluiert	[363]
Viomycin	Zeo-Rex; Trennung der Hydrolyseprodukte	[303]

Kapazität verfügen. Ihr Elutionsverhalten erwies sich am günstigsten, so daß die adsorbierten Verbindungen bis zu 100% wieder eluiert werden konnten. Bei den Phenolsulfonsäureaustauschern ist dies nicht der Fall. Andererseits besitzen diese Austauscher eine zu geringe Kapazität für die meisten Antibiotika und adsorbieren in vielen Fällen aus den Gärbrühen andere organische Komponenten, die nicht mehr abgetrennt werden können. Neben den synthetischen Ionenaustauschern auf Harzbasis sind auch Kohle, Kohleaustauscher und synthetische anorganische Ionenaustauscher zur Isolierung und Reinigung von Antibiotika verwendet worden.

Als Elutionsmittel verwendet man wäßrige Salzsäure, methanolische oder wäßrige methanolische Säuren oder Salzlösungen. In anderen Fällen sind auch starke Basen, wäßriger Ammoniak und Natriumkarbonatlösungen verwendet worden.

Da jedoch über den ionenaustauschchromatographischen Charakter der einzelnen bekannt gewordenen Verfahren einige Einschränkungen zu machen sind, soll von einer eingehenden Beschreibung abgesehen und nur in der Tabelle 14 eine allgemeine Übersicht gegeben werden.

Spezielle Trennungen organischer Substanzgemische

Zum Schluß dieses Kapitels über die Anwendung der Ionenaustausch-Chromatographie in der organischen Chemie werden noch einzelne Arbeiten beschrieben, die sich nicht in die vorhergehenden Abschnitte einordnen ließen, die aber andererseits als weitere Beispiele von einigem Interesse sind.

Organische *Phosphor-Insekticide* unterliegen als Ester der Phosphorsäure in vivo und in vitro der Hydrolyse, deren Produkte als Maß für die Wirksamkeit von Bedeutung sind. Nach PLAPP und CASIDA [668] können Gemische der Hydrolyseprodukte ionenaustauschchromatographisch an Dowex 1-X8 (Cl-Form) durch Gradientenelution getrennt und die Komponenten durch Phosphorbestimmungen quantitativ ermittelt werden. Phosphorsäure, Thiophosphorsäure und Mono- und Di-alkyl-phosphorsäuren werden mit HCl-Gradienten eluiert. Zur Elution von Thio-dialkyl-phosphorsäuren, Dithio-dialkyl-phosphorsäuren, Monoalkyl-phenyl-phosphorsäuren und Thio-monoalkyl-phenyl-phosphorsäure sind salzsaure Gradienten im Gemisch mit Methanol und Aceton erforderlich. Das Verfahren kann bei Untersuchungen des in vivo und in vitro Abbaues organischer Phosphor-Insekticide angewendet werden.

Über das chromatographische Verhalten von *Wespengift-Kinin*, *Kallidin* und *Bradykinin* berichten MATHIAS und SCHACHTER [558]. Das durch Essigsäureextraktion der Giftdrüsen von Vespa vulgaris erhaltene Wespengift-Kinin konnte an Amberlite XE-64 in eine Haupt- und zwei Nebenkomponenten getrennt werden. Kallidin und Bradykinin zeigten an Amberlite XE-64 keine chromatographischen Unterschiede.

Die Ionenaustausch-Chromatographie von Biopterin, Leukopterin, Xanthopterin, Pteroylglutaminsäure, Leucovorin, N^{10}-Formylpteroyl-glutaminsäure, Aminopterin, Amethopterin und Methopterin untersuchten HEINRICH et al. [311] an den Austauschern Dowex 1, Dowex 2 und Dowex 50. Dowex 1-X4 erwies sich am geeignetsten (Cl-Form). Zur Elution wurde Salzsäure oder Natriumchloridlösung verwendet; der Zusatz von 20% Äthanol verbesserte die Ergebnisse bei Salzsäure vor allem dann, wenn die Substrate in der Säure schwer löslich waren. Verwendet man den Austauscher in der Formiat-Form und eluiert mit Ameisensäure, dann wird Pteroylglutaminsäure zu N^{10}-Formylpteroyl-glutaminsäure umgesetzt. Das Verfahren der Gradientenelution brachte keine Vorteile.

Die Verwendung ionenaustauschchromatographischer Verfahren zur Reinigung von *Flavonen* zeigten GAGE et al. [243] am Beispiel des Rutins, das üblicherweise eine kleine Menge Quercetin enthält. Das handelsübliche Rutin wird aus wäßriger Lösung an Amberlite IRC-50 (H-Form) adsorbiert und mit einem Gemisch von 20% Isopropylalkohol-80% Wasser eluiert. Es erweist sich gegenüber der Ausgangssubstanz papierchromatographisch frei von Quercetin. Das Quercetin, das bei der ersten Elution an der Säule haften bleibt, kann anschließend mit 95%-igem Äthanol eluiert werden. Nach einem ähnlichen Verfahren kann Homoeryodictyol von Eriodictyol und anderen Flavonen gereinigt werden.

In der *Plastanalyse* können nach den Mitteilungen von SCHRÖDER [830] ionenaustauschchromatographische Verfahren mit Vorteil zur Analyse der auf Ester- und Polyamidbasis aufgebauten Verbindungen eingesetzt werden. Die Verseifungsprodukte sind meist Verbindungen, die mit Kationenaustauschern oder Anionenaustauschern leicht isoliert werden können. Dadurch können erhebliche Vereinfachungen in der Plastanalyse erzielt werden, die die Bearbeitung bis dahin ungelöster analytischer Probleme ermöglichte..

Agglutinine aus Stangenbohnenextrakten wurden von PRAGER und SPEER [678] an DEAE-Cellulose chromatographiert unter Verwendung verschiedener Puffer mit fallendem pH als Elutionsmittel. Unter den 140 Fraktionen befanden sich in drei Fraktionsgruppen Agglutinine bei einer Elutionsausbeute von 85 bis 90%.

Über die Ionenaustausch-Chromatographie von *Kohle-Teer* und *-Pech* zur Isolierung der Phenole und Basen berichtet BROOKS [88]. An den Austauschern Zeo-Karb 225 und De-Acidite FF werden die Basen und Phenole eingetauscht. Die Basen werden aus dem Sulfonsäureaustauscher mit einem Gemisch aus Äthanol, Benzol und 5 n HCl (57:37:7) eluiert; zur Elution der Phenole aus dem stark basischen Austauscher dient ein Gemisch aus Äthanol, Benzol und 8 n Natronlauge.

LITERATUR

[1] ABDERHALDEN, E. und A. FODOR, Fermentforsch. **2**, 74 (1919)
[2] ABRAMS, A. und H. BORSOOK, J. Am. Chem. Soc. **75**, 6299 (1953)
[3] ACHER, R., A. LIGHT und V. DU VIGUEAUD, J. Biol. Chem. **233**, 116 (1958)
[4] ACKI, F., Bull. Chem. Soc. Japan **26**, 480 (1953)
[5] ALIMARIN, J. P., T. A. BELYAVSKAYA und L. A. BAZHANOVA, Zhur. Anal. Chem. **12**, 377 (1957); Anal. Abstr. **5**, 439 (1958)
[6] ALIMARIN, J. P., T. A. BELYAVSKAYA und N. M. ROSTOTSKAYA, Vestnik Moskov. Univ. **11**, Nr. 3; Ser. Fiz-Mat.
[7] ALIMARIN, J. P. und A. M. MEDVEDEVA, Zavod. Lab. **21**, 1416 (1955); Anal. Abstr. **3**, 2074 (1956)
[8] ALIMARIN, J. P. und A. M. MEDVEDEVA, Trud. Komiss. Anal. Khim. Akad. Nauk. SSSR **6**, 351 (1955); Anal. Abstr. **4**, 1196 (1957)
[9] ALLEN, R. R. und D. N. EGGENBERGER, Anal. Chem. **27**, 476 (1955)
[10] ALM, R. S., R. I. P. WILLIAMS und A. TISELIUS, Acta Chem. Scand. **6**, 826 (1952)
[11] ALTSCHULER, O. W., J. A. SSUBBOTINA und A. F. AFANASSJEWA, J. anorg. Chem. (russisch) **3**, 1192 (1958); Chem. Zbl. 1959, 16 256
[12] ANASTASI, A., E. MECARELLI und L. NOVACIC, Compt. rend. congr. intern. chim. ind., 27e Congr., Brüssel 1954, 3
[13] ANDO, T., S. ISHII und M. KIMURA, Biochem. Biophys. Acta **31**, 255 (1959)
[14] ANGOT, J., Mikrochim. Acta 1959, 346
[15] AQUIST, S. G. und C. B. AFINSEN, J. Biol. Chem. **234**, 1112 (1959)
[16] ARMITAGE, J. B., J. R. CANNON, A. W. JOHNSON, L. F. J. PARKER, E. L. SMITH, W. H. STAFFORD und A. R. TODD, J. Chem. Soc. 1953, 3849
[17] ARONS, W. L. und A. J. SALOMON, J. Clin. Invest. **33**, 995 (1954)
[18] ASARO, F., F. S. SREPHENS und I. PERLMAN, Phys. Rev. **92**, 1495 (1953)
[19] ATHAVALE, V. T., M. N. NADKARNI und Ch. VENKATESWARLU, Anal. Chim. Acta **23**, 438 (1960)
[20] ATTEBERVY, R. W. und G. E. BOYD, J. Am. Chem. Soc. **72**, 4805 (1950)
[21] AWAPARA, J., V. E. DAVIS und O. GRAHAM, J. Chromatog. **3**, 11 (1960)
[22] AYERST, MCKEMA und HARRISON, Ltd., Brit. Pat. 638664 v. 14. 6. 1950
[23] BAGGOTT, E. R. und R. G. W. WILLCOCKS, Analyst **80**, 53 (1955)
[24] BAILES, R. H., D. A. ELLIS und R. S. LONG, US-Patent 2864667 v. 16. 6. 53/16. 12. 58
[25] BAKER, R. W. R. und G. PORCELLATI, Biochem. J. **73**, 561 (1959)
[26] BANE, R. W., US Atomic Energy Comm. CC-3336 Nov. 1945
[27] BANERJEE, G. und A. H. A. HEYN, Anal. Chem. **30**, 1795 (1958)
[28] BANKS, C. V., J. A. THOMPSON und J. W. O'LAUGHLIN, Anal. Chem. **30**, 1792 (1958)
[29] BARRER, R. M., Quart. Reviws **3**, 293 (1949)

[30] BARRER, R. M. und L. BELCHETZ, J. Soc. Chem. Ind. **64**, 131 (1945)
[31] BARTLETT, G. R., J. Biol. Chem. **234**, 459 (1959)
[32] BARTON, C. J., Anal. Chem. **20**, 1068 (1948)
[33] BAUMANN, F. und W. J. BLAEDEL, Anal. Chem. **28**, 2 (1956)
[34] BAUMSTARK, J. S., Anal. Chem. **29**, 303 (1957)
[35] BELYAVSKAYA, T. A. und E. P. SHKROBOT, Trudy Komissii Anal. Khim. Akad. Nauk SSSR, **6**, 343 (1955), Anal. Abstr. **3**, 3538 (1956)
[36] BELYAVSKAYA, T. A. und F. I. FADEEVA, Vestn. Moskau Univ. 1956, (6), 73; Anal. Abstr. **5**, 37 (1958)
[37] BELYAVSKAYA, T. A., I. P. ALIMARIN und I. F. KOLOSOVA, Zhur. Anal. Khim. **13**, 668 (1958)
[38] BELYAVSKAYA, T. A. und M. K. CHMUTOVA, Nauch. Dokl. Vyssh. hkoly. Khim. i Khim. Tekhnol. 1958, 305; Anal. Abstr. **6**, 1681 (1959)
[39] BENDALL, I. R., S. M. PARTRIDGE und R. G. WESTALL, Nature **160**, 374 (1947)
[40] BENDICH, A., J. R. FRESCO, H. S. ROSENKRANZ und S. M. BEISER, J. Am. Chem. Soc. **77**, 3671 (1955)
[41] BENDICH, A., H. B. PAHL, S. M. BEISER, Cold Spring Harbor Symp. quantitat., Biol. **21**, 31 (1956)
[42] BENDICH, A., H. B. PAHL, G. C. KORNGOLD, H. S. ROSENKRANZ und J. R. FRESCO, J. Am. Chem. Soc. **80**, 3949 (1958)
[43] BENSON, A. A., J. A. BASSHAM, M. CALVIN, T. C. GOODALE, V. A. HAAS und W. STEPKA, J. Am. Chem. Soc. **72**, 1716 (1950)
[44] BERG, E. W. und J. T. TRUEMPER, Anal. Chem. **30**, 1827 (1958)
[45] BERG, E. W. und W. L. SENN jr., Anal. Chem. **27**, 1255 (1955)
[46] BERGERET, B. und F. CHATAGNER, Biochem. Biophys. Acta **14**, 543 (1954)
[47] BERGKVIST, R. und A. DEUTSCH, Acta Chem. Scand. **8**, 1877 (1954)
[48] BERGKVIST, R., Acta Chem. Scand. **11**, 1457 (1957)
[49] BERGSTROM, S. und G. HANSSON, Acta Physiol. Scand. **22**, 87 (1950)
[50] BERMAN, S. S., L. E. MCKINNEY und M. E. BEDNAS, Talanta **4**, 153 (1960)
[51] BERMAN, S. S. und W. A. E. MCBRYDE, Canad. J. Chem. **36**, 845 (1958)
[52] BERMAN, S. S. und W. A. E. MCBRYDE, Canad. J. Chem. **36**, 835 (1958)
[53] BERNTSSON, S. und O. SAMUELSON, Acta Chem. Scand. **9**, 277 (1955)
[54] BETTS, R. H., W. E. HARRIS und M. D. STEVENSON, Canad. J. Chem. **34**, 65 (1956)
[55] BEUKENKAMP, J. und W. RIEMAN III, Anal. Chem. **22**, 582 (1950)
[56] BEUKENKAMP, J., W. RIEMAN III und S. LINDENBAUM, Anal. Chem. **26**, 505 (1954)
[57] BHATNAGAR, R. P. und R. P. SHUKLA, Anal. Chem. **32**, 777 (1960)
[58] BINKLEY, S. B., D. W. MCCORQUODALE, S. A. TAYER und E. A. DOISY, J. Biol. Chem. **130**, 219 (1939)
[59] BINKLEY, F., J. Am. Chem. Soc. **81**, 1257 (1959)
[60] BISERTE, G. und P. BOULANGER, Compt. rend. **230**, 583 (1950)
[61] BISHOP, J. H., J. Phys. Chem. **50**, 6 (1946)
[62] BLACKBURN, S. und G. R. LEE, Proc. int. Wool Textile Res. Conf., Australia, Vol C 1955, C-137: Analyst. **80**, 875 (1955)
[63] BLAEDEL, W. J. und J. W. TODD, Anal. Chem. **30**, 1821 (1958)
[64] BLASIUS, E. und M. NEGWER, Z. anal. Chem. **143**, 257 (1954)
[65] BLASIUS, E., Angew. Chem. **65**, 348 (1953)
[66] BLASIUS, E. und M. NEGWER, Naturwiss. **39**, 257 (1952)
[67] BLASIUS, E. und U. WACHTEL, Z. anal. Chem. **142**, 341 (1954)
[68] BLASIUS, E., H. PITTACK und M. NEGWER, Angew. Chem. **68**, 671 (1956)
[69] BLOCK, R. J., J. exper. Biol. Med. **51**, 252 (1942)
[70] BOARDMAN, N. K. und S. M. PARTRIDGE, Nature **171**, 208 (1953); J. Polymer Sci **12**, 281 (1954); Biochem. J. **59**, 543 (1955)
[71] BOARDMAN, N. K., J. Chromatog. **2**, 388, 398 (1959)
[72] BOCK, R. M. und N.-S. LING, Anal. Chem. **26**, 1543 (1954)

[73] BOMAN, H. G., Biochim. Biophys. Acta **16**, 245 (1955)
[74] BOMAN, H. G., Nature **175**, 898 (1955)
[75] BOMAN, H. G. und E. WESTLAND, Arch. Biochem. Biophys. **64**, 217 (1956)
[76] BOMAN, H. G., Biochim. Biophys. Acta **16**, 245 (1955)
[77] BOMAN, H. G., Arkiv Kemi **12**, 467 (1958)
[78] BOUCHEZ, R. und G. KAYAS, Compt. rend. **228**, 1222 (1959)
[79] BOVY, M. R. und G. DUYCKAERTS, Anal. Chim. Acta **11**, 134 (1954)
[80] BOX, G. F. H. und R. B. BRADBURY, J. Sci. Instr. **34**, 183 (1957)
[81] BOYD, G. E., L. S. MYERS jr. und A. W. ADAMSON, J. Am. Chem. Soc. **69**, 2849 (1947)
[82] BRADLEY, I. E. S., Biochem. J. **56**, XLVIII (1954)
[83] BRADLEY, D. F. und A. RICH, J. Am. Chem. Soc. **78**, 5898 (1956)
[84] BRAHMS, J., J. Am. Chem. Soc. **81**, 4997 (1959)
[85] BRENNER, M. und C. H. BURCKHARDT, Helv. Chim. Acta **34**, 1070 (1951)
[86] BRESLER, S. E. und G. V. SAMSONOV, Kolloid Zhur. (russisch) **18**, 155 (1956)
[87] BRIMLEY, R. C. und A. SNOW, J. Sci. Instr. **26**, **73** (1949)
[88] BROOKS, J. D. Chem. and Ind. 1956, 316
[89] BROOKSBANK, W. A. und G. W. LEDDICOTTE, J. Phys. Chem. **57**, 819 (1953)
[90] BROWN, W. E. und W. RIEMAN III, J. Am. Chem. Soc. **74**, 1278 (1952)
[91] BROWN, F. C. und D. N. WARD, J. Biol. Chem. **233**, 77 (1958)
[92] BRUNISHOLZ, G., Chimia **12**, 180 (1958)
[93] BRUNISHOLZ, G., Chimia **14**, 343 (1960)
[94] BRUNO, M. und M. BELLUCO, Ric. Sci. **26**, 3337 (1956)
[95] BRYANT, E. A., J. E. SATTIZAHN und B. WARREN, Anal. Chem. **31**, 334 (1959)
[96] BRYANT, F. und B. T. OVERELL, Nature **167**, 361 (1951)
[97] BUCHANAN, R. F., J. P. HUGHES und C. A. A. BLOOMQUIST, Talanta **6**, 100 (1960)
[98] BUCHANAN, D. L., J. Biol. Chem. **229**, 211 (1957); Anal. Chem. **31**, 833 (1959)
[99] BUCHANAN, D. L. und R. T. MARKIW, Anal. Chem. **32**, 1400 (1960)
[100] BULEN, W. A., J. E. VARNER und R. C. BURRELL, Anal. Chem. **24**, 187 (1952)
[101] BURD, R. M., G. W. GOWARD, M. D. HARTMANN, M. A. MCCRACKEN und B. B. WILSON, US Atomic Energy Comm. Rep. WAPD-C(AR)-143, 1957, 7
[102] BURNER, L. R., R. PHILLIPS und E. C. FREILING, Anal. Chem. **31**, 968 (1959)
[103] BURSTALL, F. H., P. J. FORREST, H. F. KEMBER und R. A. WELLS, Ind. Eng. Chem. **45**, 1648 (1953)
[104] BUSCH, H., R. B. HURLBERT und V. R. FIELDS, J. Biol. Chem. **196**, 717 (1952)
[105] BUSCH, D. D., J. M. PROSPERO und R. A. NAUMANN, Anal. Chem. **31**, 884 (1959)
[106] BUSCH, H., R. HURLBERT und B. POTTER, J. Biol. Chem. **196**, 717 (1952)
[107] BUSER, W., Helv. Chim. Acta **34**, 1635 (1951)
[108] BUSSON, F. und P. GUTH, Med. trop. **16**, 833 (1956)
[109] CABELL, M. J., A. E. R. E. Report C/M **233**, 1957, 8 pp.
[110] CABELL, M. J. und I. MILNER, Anal. Chim. Acta **13**, 258 (1955); J. appl. Chem. **5**, 482 (1955)
[111] CAMPBELL, D. N. und Ch. T. KENNER, Anal. Chem. **26**, 560 (1954)
[112] CAMPBELL, P. N., S. JACOBS und T. S. WORK, Chem. and Ind. 1955, 117
[113] CAMPBELL, P. N., Biochim. Biophys. Acta **21**, 167 (1956)
[114] CANNAN, R. K., J. Biol. Chem. **152**, 401 (1944)
[115] CARROLL, K. K., Nature **176**, 398 (1955)
[116] CARSTEN, M. E., J. Am. Chem. Soc. **74**, 5954 (1952)
[117] CARSWELL, D. J., J. Inorg. Nuclear Chem. **3**, 384 (1957)
[118] CASSIDY, H. G. und S. E. WOOD, J. Am. Chem. Soc. **63**, 2628 (1941)
[119] CASSIDY, H. G., J. Am. Chem. Soc. **63**, 2735 (1941)
[120] CERLETTI, P., G. MONTESI und N. SILIPRANDI, Arch. Scienze biol. **11**, 554 (1957)
[121] CERNESCU, N., Dissertation, Zürich 1933
[122] CHAMBERS, M. A., L. P. ZILL und G. R. NOGGLE, J. Am. Pharm. Assoc., Sci. Ed. **41**, 461 (1952)

[123] Chen, Ying-Mao, J. Chinese Chem. Soc., Taiwan **4**, 47 (1957)
[124] Chen, Ying-Mao, J. Chinese Chem. Soc., Ser. II **1**, 46 (1954); Chem. Abstr. **49**, 6773 (1955)
[125] Cherkin, A., F. E. Martinez und M. S. Dunn, J. Am. Chem. Soc. **75**, 1244 (1953)
[126] Childs, R. F. und A. L. Picchioni, J. Am. Pharm. Assoc., Sci. Ed. **47**, 533 (1958)
[127] Choppin, G. R. und R. J. Silva, J. Inorg. Nuclear Chem. **3**, 153 (1956)
[128] Christianson, D. D., J. S. Wall, R. J. Dimler und F. R. Senti, Anal. Chem. **32**, 874 (1960)
[129] Claesson, S., Arkiv Kemi **23**, 133 (1946)
[130] Claxton, G., J. Chromatog. **2**, 136 (1959)
[131] Clayton, R. K., Biochim. Biophys. Acta **36**, 40 (1959)
[132] Cluett, M. L., S. S. Berman und W. A. E. McBryde, Analyst **80**, 204 (1955)
[133] Coburn, H. G., F. E. Beamish und C. L. Lewis, Anal. Chem. **28**, 1297 (1956)
[134] Cohn, W. E. und H. W. Kohn, J. Am. Chem. Soc. **70**, 1986 (1948)
[135] Cohn, W. E., Ann. N. Y. Acad. Sci. **57**, 204 (1953)
[136] Cohn, W. E., E. Volkin und D. G. Doherty, in W. D. McElroy und B. Glass, Phosphorus Metabolism, Vol. II, Johns Hopkins Press, Baltimore, 1952
[137] Cohn, W. E., in F. R. N. Gurd, Chemical Specifity in Biological Interaction, Academic Press, New York, 1954
[138] Cohn, W. E., Science **109**, 377 (1949)
[139] Cohn, W. E., J. Am. Chem. Soc. **71**, 2275 (1949)
[140] Cohn, W. E., J. Am. Chem. Soc. **72**, 1471 (1950)
[141] Cohn, W. E., J. Am. Chem. Soc. **72**, 2811 (1950)
[142] Cohn, W. E. und C. E. Carter, J. Am. Chem. Soc. **72**, 2606 (1950)
[143] Cohn, W. E. und E. Volkin, Nature **167**, 483 (1951); Arch. Biochem. Biophys. **35**, 465 (1952); J. Biol. Chem. **203**, 319 (1953)
[144] Cohn, W. E. und C. E. Carter, J. Am. Chem. Soc. **72**, 4273 (1950)
[145] Coleman, J. S., R. A. Penneman, T. K. Keenan und L. E. Lamar, J. Inorg. Nuclear Chem. **3**, 327 (1956)
[146] Commoner, B., Nature **178**, 767 (1956)
[147] Consden, R., A. H. Gordon und A. J. P. Martin, Biochem. J. **38**, 224 (1944)
[148] Consden, R., A. H. Gordon und A. J. P. Martin, Biochem. J. **44**, 548 (1949)
[149] Consden, R. und A. H. Gordon, Biochem. J. **46**, 8 (1950)
[150] Coppock, P. D., T. Henshall, G. R. Primavesi und J. F. Short, Brit. Pat. 625146 v. 22. 6. 1949
[151] Cornet, C., J. Coursier und J. Hure, Anal. Chim. Acta **18**, 272 (1958); **19**, 259 (1958)
[152] Coryn, G., A. Speecke und J. Hoste, Bull. Soc. Chim. belges **66**, 650 (1957)
[153] Coudcliffe, P. G. und R. W. Bates, Arch. Biochem. Biophys. **68**, 229 (1957)
[154] Coursier, J. und J. Hure, Anal. Chim. Acta **18**, 272 (1958)
[155] Coursier, J. und J. Saulnier, Anal. Chim. Acta **14**, 62 (1956)
[156] Crampton, C. F., S. Moore und W. H. Stein, Federation Proc. **14**, 198 (1955); J. Biol. Chem. **215**, 787 (1955)
[157] Cremer, E. und R. Müller, Mikrochim. Acta **36/37**, 553 (1951); Z. Elektrochem. **55**, 65, 217 (1951)
[158] Crigler jr., J. F. und D. F. Waugh, J. Am. Chem. Soc. **77**, 4407 (1955)
[159] Cummings, T., H. C. Carren, C. H. Giles, S. M. K. Rahman, J. G. Sneddon und C. E. Stewart, J. Chem. Soc. **1959**, 535
[160] Cuninghame, J. G., M. L. Sizeland, H. H. Willis, J. Eakins und E. R. Mercer, J. Inorg. Nucl. Chem. **1**, 163 (1955)
[161] Dalziel, K., Acta Chem. Scand. **12**, 459 (1958)
[162] Damköhler, G. und H. Theile, Angew. Chem. **56**, 353 (1943), Beih. Z. Ver. dtsch. Chemiker Nr. 49
[163] Danon, J., J. Inorg. Nuclear Chem. **5**, 237 (1958)
[164] Danon, J., J. Inorg. Nuclear Chem. **7**, 422 (1958)

[165] DAVEY, C. L., Nature **179**, 209 (1957)
[166] DAVIE, E. W. und H. Neurath, J. Biol. Chem. **212**, 515 (1955)
[167] DAVIES, C. W., Biochem. J. **45**, 38 (1949)
[168] DAVIES, C. W. und B. D. R. OWEN, J. Chem. Soc. 1956, 1676
[169] DAVIS, P. S., Nature **183**, 674 (1959)
[170] DAWSON, J. und R. J. MAGEE, Mikrochim. Acta 1958, 325
[171] DAWSON, J. und R. J. MAGEE, Mikrochim. Acta 1958, 330
[172] DEKKER, C. A., A. M. MICHELSON und A. R. Todd, J. Chem. Soc. 1953, 947
[173] DENKEWALTER, R. G. und J. GILLIN, D. A. S. 1062 891 v. 6. 8. 1959
[174] DENT, C. E., D. I. FOWLER und J. M. WALSHE, Biochem. J. **48**, XIII (1951)
[175] DERUNGS, R. und H. DEUEL, Helv. Chim. Acta **37**, 657 (1954)
[176] DEUEL, H., J. SOLMS und L. ANYAS-WEISZ, Helv. Chim. Acta **33**, 2171 (1950)
[177] DEUTSCH, H. F., Arch. Biochem. Biophys. **89**, 225 (1960)
[178] DEUTSCH, A. und R. NILSSON, Acta Chem. Scand. **7**, 1288 (1953)
[179] DIAMOND, R. M., J. Am. Chem. Soc. **77**, 2978 (1955)
[180] DIAMOND, R. M., K. STREET und G. T. SEABORG, J. Am. Chem. Soc. **76**, 1461 (1954)
[181] DICKEL, G., Z. Elektrochem. **54**, 353 (1950)
[182] DIMROTH, K. und H. WITZEL, Liebigs Ann. Chem. **620**, 109 (1959)
[183] DIXON, H. B. F., M. P. STACK-DUMNE und F. G. YOUNG, Nature **168**, 1044 (1951)
[184] DIZDAR, Z., Rec. Trav. Inst. Rech. Structure Mat. **2**, 85 (1953)
[185] DOERY, H. M., E. C. MASON und D. E. WEISS, Anal. Chem. **22**, 1038 (1950)
[186] DOLAR, D. und Z. DRAGANIE, Rec. Trav. Inst. Rech. Strukture Mat. **2**, 77 (1953)
[187] DONALDSON, K. O., V. J. TULANE und L. M. MARSHALL, Anal. Chem. **24**, 185 (1952)
[188] DORFNER, K., Dissertation, Marburg/Lahn, 1959
[189] DORFNER, K. und B. SANSONI, unveröffentlicht
[190] DORFNER, K., Chem. Ztg. **85**, 80, 113 (1961)
[191] DRAGANIC, I. G., Z. D. DRAGANIC und Z. I. DIZDAR, Bull. Inst. Nuclear Sci. Belgrad **4**, 37 (1954); Anal. Abstr. 2, **76** (1955)
[192] DRAKE, B., Arkiv. Kemi **8**, **1** (1955)
[193] DRAKE, B., Nature **160**, 602 (1947)
[194] DRÈZE, A., S. MOORE und E. J. BIGWOOD, Anal. Chim. Acta **11**, 554 (1954)
[195] DRYSCH, H., U. STRÖLE und H. WATTENDORF, D. A. S. 1044 592 v. 20. 11. 1958
[196] DUERKSON, J. D. und H. HALVORSON, J. Biol. Chem. **133**, 1113 (1958)
[197] DUSTIN, J. P., E. SCHRAM, S. MOORE und E. J. BIGWOOD, Bull. Soc. Chim. Biol. (Paris) **35**, 1137 (1953)
[198] DUSTIN, J. P., C. CZAIKOWSKA, S. MOORE und E. J. BIGWOOD, Anal. Chim. Acta **9**, 256 (1953)
[199] DUTTON, H. J., J. Phys. Chem. **48**, 179 (1944)
[200] DUYCKAERTS, G. und R. LEJEUNE, J. Chromatog. **3**, 58 (1960)
[201] DYRSSON, D., Svensk Kem. Tidskr. **62**, 153 (1950)
[202] EASTOE, J. E., Biochem. J. **74**, 8 P (1960)
[203] EBEL, J. P. und N. BUSCH, XV. IUPAC-Kongreß, Lissabon, 1959
[204] EGER, C. und J. LIPKE, Anal. Chim. Acta **20**, 548 (1959)
[205] EGGENBERGER, D. N. und E. F. CAVANAUGH, Anal. Chem. **29**, 1116 (1957)
[206] EIDINOFF, M. L., J. Chem. Phys. **15**, 527 (1947)
[207] ELLIS, S., J. Biol. Chem. **233**, 63 (1958)
[208] ELMORE, D. T., Nature **161**, 931 (1948)
[209] ELOVICH, S. Y. und N. N. MATORINA, Primenemie Mechenykh Atomer v. Anal. Khim., Akad. Nauk SSSR, Inst. Geokhim. i Anal. Khim. 1955, 83; Chem. Abstr. **50**, 3945 (1956)
[210] ENGLIS, D. T. und H. A. FIESS, Ind. Eng. Chem. **36**, 604 (1944)
[211] ERÄMETSÄ, O., Ann. Acad. Sc. fenn. **57**, 3 (1940)
[212] ERLER, K., Z. anal. Chem. **131**, 106 (1950)
[213] ES VAN, W. L. und L. BOSCH, Chem. Weekbl. **55**, 246 (1959)
[214] ETTEN VAN, C. H. und C. E. MCGREW, Anal. Chem. **29**, 1506 (1957)

[215] Euler, U. S. v. und S. Hellner, Acta Physiol. Scand. **22**, 161 (1951)
[216] Evered, D. F., Biochem. J. **62**, 416 (1956)
[217] Fahey, J. L. und J. L. Steinfeld, Proc. Soc. exper. Biol. Med. **97**, 281 (1958)
[218] Feitelson, J. und S. M. Partridge, Biochem. J. **64**, 607 (1956)
[219] Fields, P. R., M. H. Studier, J. F. Mech, H. Diamond, A. M. Friedman, L. B. Magnusson und J. R. Huizenga, Svensk Kem. Tidskr. **65**, 79 (1953); Phys. Rev. **94**. 209 (1954)
[220] Fisher, S. A. und V. W. Meloche, Anal. Chem. **24**, 1100 (1952)
[221] Fishman, W. H. und C. Artom, Proc. Soc. exeptl. Biol. Med. **78**, 135 (1951)
[222] Fitch, F. T. und D. S. Russel, Anal. Chem. **23**, 1469 (1951)
[223] Flavin, M. und C. B. Afinsen, J. Biol. Chem. **211**, 375 (1954)
[224] Fleps, V. und J. Inczedy, Magyar Kemiai Folyoirat **62**, 322 (1956); Chem. Zbl. 1957, 7446
[225] Folin, O. und Bell, J. Biol. Chem. **29**, 329 (1917)
[226] Folin, O. und Youngberg, J. Biol. Chem. **48**, 557 (1924)
[227] Forbes, G. B. und M. D'Ambruso, J. Biol. Chem. **212**, 655 (1955)
[228] Forsling, W., Arkiv Kemi **5**, 503 (1952)
[229] Forsling, W., Arkiv Kemi **5**, 489, 503 (1952)
[230] Freiling, E. C. und L. R. Bunney, J. Am. Chem. Soc. **76**, 1021 (1954)
[231] Freudenberg, K., H. Walch und H. Molter, Naturwiss. **30**, 87 (1942)
[232] Freund, H. und F. J. Miner, Anal. Chem. **25**, 564 (1953)
[233] Frieden, E. und M. Ottesen, Biochim. Biophys. Acta **34**, 248 (1959)
[234] Friedkin, M. und H. Wood, J. Biol. Chem. **220**, 639 (1956)
[235] Friedman, S., J. E. McFarlane, P. K. Bhaitacharya und G. Fraenkel, Arch. Biochem. Biophys. **59**, 484 (1955)
[236] Fritz, J. S. und S. K. Karraker, Anal. Chem. **31**, 921 (1959)
[237] Fuger, J., Bull. Soc. Chim. Belg. **66**, 151 (1957)
[238] Fuger, J., J. Inorg. Nucl. Chem. **5**, 332 (1958)
[239] Funasaka, W., M. Kawane und T. Kojima, Mem. Fac. Eng., Kyoto Univ. **18**, 44 (1956)
[240] Funasaka, W., T. Kijima, M. Ishibashi und H. Kita, Japan Analyt. **7**, 69 (1958)
[241] Gabrielson, G. und O. Samuelson, Acta Chem. Scand. **6**, 729 (1952)
[242] Gabrielson, G. und O. Samuelson, Svensk. Kem. Tidskr. **62**, 214 (1950)
[243] Gage, T. B., G. L. Morris, W. E. Detty und S. H. Wender, Science **113**, 522 (1951)
[244] Galton, V. A. und R. Pitt-Rivers, Biochem. J. **72**, 310 (1959)
[245] Gapon, T. B. und E. N. Gapon, Zhur. Anal. Chem. **4**, 131 (1949)
[246] Gardell, S., Acta Chem. Scand. **7**, 207 (1953)
[247] Garithe, M. P. de und M. Laskowski, Federation Proc. **14**, 200 (1955)
[248] Geerinck, G. und J. Hoste, Talanta **2**, 319 (1959)
[249] Geiso, R. C. de, W. Reiman III und S. Lindenbaum, Anal. Chem. **26**, 1840 (1954)
[250] Geiss, E., Hoppe-Seylers Z. physiol. Chem. **308**, 74 (1957)
[251] Genge, J. A. R. und J. E. Salmon, J. Chem. Soc. 1957, 256
[252] Geschwind, I. I., J. O. Porath und C. H. Li, J. Am. Chem. Soc. **74**, 2121 (1952)
[253] Gevantman, L. H., R. K. Main und L. M. Bryant, Anal. Chem. **29**, 170 (1957)
[254] Gierst, L. und L. Dubru, Bull. Soc. Chim. belg. **63**, 379 (1954)
[255] Gillis, J., J. Hoste, P. Cornand und A. Speecke, Mededel. Vlaam. Chem. Ver. **15**, 63 (1953); Chem. Abstr. **47**, 12144 (1953)
[256] Ginsberg, V., Anal. Chem. **28**, 279 (1956)
[257] Ginsberg, V., J. Biol. Chem. **232**, 55 (1958)
[258] Giuseppe, L. de und G. Rindi, J. Chromatog. **1**, 545 (1958)
[259] Glass, R. A., J. Am. Chem. Soc. **77**, 807 (1955)
[260] Glenn, R. A., J. S. Wolfarth und C. W. DeWalt jr., Anal. Chem. **24**, 1138 (1952)
[261] Glueckauf, E., Trans. Faraday Soc. **51**, 34 (1955)
[262] Glueckauf, E., „Ion Exchange and its Applications", Society of Chemical Industry, London **1954**, S. 34; Vgl. auch D. H. Desty, editor, „Vapour Phase Chromatography", Butterworths Scientific Publications, London **1957**, S. XIII und 31

[263] Glueckauf, E., J. Chem. Soc. **1947**, **1302**
[264] Glueckauf, E., J. Am. Chem. Soc. **81**, 5262 (1959)
[265] Golovatyi, R. N., Uk. Khim. Zhur. **24**, 379 (1958); Anal. Abstr. **6**, 4405 (1959)
[266] Good, M. L., M. B. Purdy und Th. Hoering, J. Inorg. Nucl. Chem. **6**, 73 (1958)
[267] Goodban, A. E. und J. B. Stark, Anal. Chem. **29**, 283 (1957)
[268] Gorski, A. und E. Kloczko, J. Chromatog. **2**, 634 (1959)
[269] Gorskov, V. J., I. A. Kuznecov und G. M. Pancenkov, Z. anal. Chem. (russisch) **14**, 417 (1959)
[270] Gorsuch, T. T., Analyst. **85**, 225 (1960)
[271] Grande, J. A. und J. Beukenkamp, Anal. Chem. **28**, 1497 (1956)
[272] Grant, R. A., J. appl. Chem. **8**, 136 (1958)
[273] Gregor, H. P., J. Am. Chem. Soc. **73**, 649 (1951)
[274] Griessbach, R., Angew. Chem. **67**, 606 (1955)
[275] Griessbach, R., Melliands Textilberichte **20**, 577 (1939)
[276] Griessbach, R., Austauschadsorption in Theorie und Praxis, Akademie-Verlag, Berlin 1957
[277] Gröger, D., Arch. Pharmaz. **291/63**, 106 (1958)
[278] Grubhofer, N. und L. Lwowski, Chemie-Ing.-Techn. **28**, 579 (1956)
[279] Grubhofer, N. und L. Schleith, Naturwiss. **40**, 508 (1953)
[280] Gualandi, C., I. Mazze und G. Burana, Ann. Chimica **49**, 1941 (1959)
[281] Gulter, F. J., E. A. Peterson und H. A. Sober, Arch. Biochem. Biophys. **80**, 353 (1959)
[282] Hagdahl, L., Science Tools **1**, 21 (1954)
[283] Hagemann, F. T., Vol. 14A, Div. IV, National Nuclear Energy Series, McGraw-Hill Book Company, Inc. New York 1954
[284] Hague, J. L., E. D. Brown und H. A. Bright, J. Res. Nat. Bur Stand. **53**, 261 (1954)
[285] Hague, J. L. und L. A. Machlan, J. Res. Nat. Bur. Stand. **62**, 11 (1959)
[286] Hague, J. L., E. E. Maczkowske und H. A. Bright, J. Res. Nat. Bur. Stand. **53**, 353 (1954); Anal. Abstr. **2**, 1538 (1955)
[287] Hahn, J. W. und M. Nyman, Anal. Chem. **27**, 330 (1955)
[288] Haissinsky, M., J. Chim. phys. **49**, C 133 (1952)
[289] Hale, D. K., A. R. Hawdon, J. I. Jones und D. I. Packham, J. Chem, Soc. **1952**, 3503
[290] Halfhide, P. F., Lab. Practice **4**, 168 (1955)
[291] Hall, N. F. und D. H. Johns, J. Am. Chem. Soc. **75**, 5787 (1953)
[292] Hall, R. H. und H. G. Khorana, J. Am. Chem. Soc. **77**, 1871 (1955)
[293] Hallen, A., Acta chem. Scand. **13**, 1919 (1959)
[294] Hamdy, M. K., W. J. Harper und H. H. Weiser, J. Dairy Sci. **38**, 147 (1955)
[295] Hamilton, G. A. und F. H. Westheimer, J. Am. Chem. Soc. **81**, 2277 (1959)
[296] Hamilton, P. B., Anal. Chem. **30**, 914 (1958)
[297] Hamilton, P. B. und R. A. Anderson, Anal. Chem. **31**, 1504 (1959)
[298] Hamilton, P. B., Anal. Chem. **32**, 1779 (1960)
[299] Hamilton, P. B., D. C. Bogue und R. A. Anderson, Anal. Chem. **32**, 1782 (1960)
[300] Hannig, K., Clin. Chim. Acta **4**, 51 (1959)
[301] Harris, D. H. und E. R. Tompkins, J. Am. Chem. Soc. **69**, 2792 (1947)
[302] Harris, R. J. C. und J. F. Thomas, Nature **161**, 931 (1948)
[303] Haskell, T. H., S. A. Fusari, R. P. Fronardt und Q. R. Bartz, J. Am. Chem. Soc. **74**, 599 (1952)
[304] Hatch, M. J., J. A. Dillon und H. B. Smith, Ind. Eng. Chem. **49**, 1812 (1957)
[305] Haworth, R. D., K. Jones und H. J. Rogers, Proc. Chem. Soc. (London) 1958, 8
[306] Hayaishi, O. und A. Kornberg, J. Am. Chem. Soc. **73**, 2975 (1951)
[307] Hayeck, E., J. Chromatog. **2**, 334 (1959)
[308] Hayes, E. E., J. C. Wells, P. A. Katzman, C. K. Cain, E. A. Jacobs, S. A. Thayer, E. A. Doisy, W. L. Gaby, E. C. Roberts, R. D. Muir, C. J. Carroll, L. R. Jones und N. J. Wade, J. Biol. Chem. **159**, 725 (1945)

[309] HECHT, L. I., R. VAN POTTER und E. HERBERT, Biochim. Biophys. Acta **15**, 134 (1954)
[310] HEIDEMAN, M. L., Endocrinology **53**, 640 (1953)
[311] HEINRICH, M. R., V. C. DEWEY und G. W. KIDDER, J. Chromatog. **2**, 296 (1959)
[312] HELLSTRÖM, N., Acta Chem. Scand. **7**, 329 (1953)
[313] HELWIG, H. L., J. K. ASHIKAWA und E. R. SMITH, US Atomic Energy Comm. UCRL-2655, 1954
[314] HERBER, R. H., K. TONGUC und J. W. IRVINE jr., J. Am. Chem. Soc. **77**, 5840 (1955)
[315] HERBERT, E., R. VAN POTTER und Y. TAGAKI, J. Biol. Chem. **213**, 923 (1955)
[316] HERING, H., Anal. Chim. Acta **6**, 340 (1952)
[317] HERMAN, E. C. und B. E. WRIGHT, J. Biol. Chem. **234**, 122 (1959)
[318] HESSE, G. und Mitarbeiter, Ann. **546**, 233 (1941); Adsorptionsmethoden im chemischen Laboratorium, Berlin 1943; Naturwiss. **30**, 387 (1942)
[319] HETTEL, H. J. und V. A. FASSEL, US Atomic Energy Comm. Rep. ISC-851, 1956
[320] HETTEL, H. J. und V. A. FASSEL, Anal. Chem. **27**, 1311 (1955)
[321] HEWITT, C. A., Anal. Chem. **27**, 865 (1955)
[322] HIBBS, L. E. und D. H. WILKINS, Talanta **2**, 16 (1959)
[323] HIGGINS, G. H. und K. STREET, J. Am. Chem. Soc. **72**, 5321 (1950)
[324] HIGGINS, C. E. und W. H. BALDWIN, Anal. Chem. **27**, 1780 (1955)
[325] HILDEBRAND, D. und H. KERSTEN, Biochem. Z. **332**, 67 (1959)
[326] HINTZSCHE, E., VEB Chemische Werke Buna, Schkopau; Vortrag Chem. Ges. der DDR 1959
[327] HIPP, N. J., A L. GROVES und T. T. MCMEEKIN, J. Am. Chem. Soc. **79**, 2559 (1957)
[328] HIRS, C. H. W., S. MOORE und W. H. STEIN, J. Biol. Chem. **195**, 669 (1952)
[329] HIRS, C. H. W., W. H. STEIN und S. MOORE, J. Biol. Chem. **211**, 941 (1954)
[330] HIRS, C. H. W., S. MOORE und W. H. STEIN, J. Am. Chem. Soc. **76**, 6063 (1954)
[331] HIRS, C. H. W., S. MOORE und W. H. STEIN, J. Biol. Chem. **200**, 493 (1953)
[332] HIRS, C. H. W., W. H. STEIN und S. MOORE, J. Am. Chem. Soc. **73**, 1893 (1951)
[333] HIRS, C. H. W., J. Biol. Chem. **205**, 93 (1953)
[334] HIRS, C. H. W., W. H. STEIN und S. MOORE, J. Biol. Chem. **219**, 623 (1956)
[335] HÖGBERG, B., Acta Chem. Scand. **8**, 1098 (1954)
[336] HOLLBACH, N. und L. YAFFE, Canad. J. Chem. **34**, 1508 (1956)
[337] HOLLECK, L. und L. HARTINGER, Angew. Chem. **66**, 586 (1954); **67**, 648 (1955); **68**, 411 (1956); **68**, 412 (1956)
[338] HOLLECK, L. und D. ECKARDT, Z. Naturforsch. 8A, 660 (1953); 9A, 348 (1954)
[339] HOLLMANN, S., Hoppe-Seylers Z. physiol. Chem. **317**, 193 (1959)
[340] HOLMAN, R. T. und L. HAGDAHL, Anal. Chem. **23**, 794 (1951)
[341] HOLTZ, P., K. CREDNER und W. KOPP, Arch. Exptl. Pathol. Pharmakol. **200**, 356 (1942)
[342] HONDA, M., Japan Analyst. **3**, 122 (1954)
[343] HORECKER, B. L. und P. Z. SMYRNIOTIS, Arch. Biochem. Biophys. **29**, 232 (1950)
[344] HORECKER, B. L., P. Z. SMYRNIOTIS und S. E. SEEGMILLER, J. Biol. Chem. **193**, 383 (1951)
[345] HORTON, A. D., P. F. THOMASON und M. T. KELLEY, Anal. Chem. **29**, 389 (1957)
[346] HOSHINO, Y., J. Chem. Soc. Japan, Pure Chem. Sect. **80**, 393 (1959)
[347] HOYER, B. H., E. T. BOLTON, R. A. ORMSBEE, G. LEBOUVIER, D. B. RITTER und C. L. LARSON, Science **127**, 859 (1958)
[348] HU, A. S. L., R. G. WOLFE und F. J. REITHEL, Arch. Biochem. Biophys. **81**, 500 (1959)
[349] HUFFMANN, E. H., G. M. IDDINGS und R. C. LILLY, J. Am. Chem. Soc. 73, 4474 (1951); **74**, 4714 (1952)
[350] HUFFMANN, E. H. und R. C. LILLY, J. Am. Chem. Soc. **71**, 4147 (1949)
[351] HUFFMANN, E. H. und R. C. LILLY, J. Am. Chem. Soc. **73**, 2902 (1951)
[352] HUFFMANN, E. H., R. L. OSWALT und L. A. WILLIAMS, J. Inorg. Nucl. Chem. **3**, 49 (1956)
[353] HUISMANN, T. H. J. und H. K. PRINS, J. Lab. and Clin. Med. **46**, 255 (1955)
[354] HUISMANN, T. H. J. und H. K. PRINS, Clin. Chim. Acta **2**, 307 (1957)
[355] HUISMANN, T. H. J., Chem. Weekbl. **53**, 553 (1957)
[356] HUME, A. C. und T. SWAIN, Nature **168**, 254 (1951)

[357] Hume, D. N. Natl. Nucl. Energy Ser. Div. IV, 9, Radiochemical Studies: The Fission Products Book 3, 1521 (1951)
[358] Huq, A. K. M. A., S. K. Deb und M. H. Khundkar, J. Indian Chem. Soc., Ind. Ed. **20**, 127 (1958); Anal. Abstr. **6**, 25 (1959)
[359] Hurlbert, R. B., H. Schmitz, A. F. Brumm und R. van Potter, J. Biol. Chem. **209**, 28 (1954)
[360] Hurlbert, R. B. und R. van Potter, J. Biol. Chem. **209**, 1 (1954)
[361] Hurlbert, R. B., H. Schmitz, A. F. Brumm und R. van Potter, J. Biol. Chem. **209**, 23 (1954)
[362] Hurst, R. O., J. A. Little und G. C. Butler, J. Biol. Chem. **188**, 705 (1951)
[363] Hutchinson, D., E. A. Swart und S. A. Waksman, Arch. Biochem. **22**, 16 (1949)
[364] Hyde, E. K., Proc. Intern. Conf. Peaceful Uses Atomic Energy, Genf (1955), **7**, 296 (1956)
[365] Ichikawa, F., Bull. Chem. Soc. Japan **32**, 1126 (1959)
[366] Iguchi, A., Bull. Chem. Soc. Japan **31**, 600 (1958)
[367] Iguchi, A., Bull. Chem. Soc. Japan **31**, 597 (1958)
[368] Iguchi, A., Bull. Chem. Soc. Japan **31**, 748 (1958)
[369] Inarida, M., J. Chem. Soc. Japan, Pure Chem. Sect. **80**, 399 (1959)
[370] Isbell, H. S., Science **113**, 532 (1951)
[371] Ishimori, T., Bull. Chem. Soc. Japan **28**, 432 (1955)
[372] Ishimori, T. und H. Okuno, Bull. Chem. Soc. Japan **29**, 78 (1956)
[373] Jackson, E., Metallurgia **56**, 307 (1957)
[374] Jackson, N. und F. J. Short, Report A. E. R. E.-M. 444, 6 (1959)
[375] Jacobson, N. W. und J. Miller, Chem. and. Ind. 1957, 1621
[376] Jakubovic, A. O., Nature **184**, 1065 (1959)
[377] James, R. A. und W. P. Bryan, J. Am. Chem. Soc. **76**, 1982 (1954)
[378] Jangg, G. und A. Burker, Öst. Chem.-Ztg. **61**, 7 (1960)
[379] Jeffrey, R. N., Anal. Chem. **23**, 936 (1951)
[380] Jeng-Tsong, Y., Anal. Chim. Acta **4**, 59 (1950)
[381] Jeng-Tsong, Y. und M. Haissinsky, Bull. Soc. Chim. France **16**, 546 (1949)
[382] Jeng-Tsong, Y., J. Chim. Phys. **47**, 805 (1950)
[383] Jeng-Tsong, Y., Compt. rend. **231**, 1059 (1950)
[384] Jentzsch, D. und I. Frotscher, Z. anal. Chem. **144**, 1 (1955)
[385] Jentzsch, D. und I. Pawlik, Z. anal. Chem. **146**, 88 (1955)
[386] Jentzsch, D., I. Frotscher, G. Schwerdtfeger und G. Sarfert, Z. anal. Chem. **144**, 8 (1955)
[387] Jentzsch, D. und I. Pawlik, Z. anal. Chem. **147**, 20 (1955)
[388] Jentzsch, D. und I. Frotscher, Z. anal. Chem. **144**, 17 (1955)
[389] Jentzsch, D., Z. anal. Chem. **152**, 134 (1956)
[390] Jindra, A., Českoslov. Farmacie **8**, 15 (1959)
[391] Jirgensons, B., T. Igenaka und V. Gorguraki, Makromolekulare Chem. **28**, 96 (1958)
[392] Johansson, G., K. J. Karrman und A. Norman, Anal. Chem. **30**, 1397 (1958)
[393] Johnson, W. C., L. L. Quill und F. Daniels, Chem. Eng. News **25**, 2494 (1957)
[394] Jolles-Thaureause, J., P. Jolles und C. Fromageot, Biochim. Biophys. Acta **27**, 298 (1958)
[395] Jolles, P. und C. Fromageot, Biochim Biophys. Acta **11**, 95 (1953)
[396] Jones, J. I., J. Chem. Soc. 1950, 1392
[397] Jones, J. K. N., R. A. Wall und A. O. Pittet, Chem. and Ind. 1959, 1196
[398] Jones, M. E., L. E. Ashman und E. E. Stahly, Anal. Chem. **21**, 1470 (1949)
[399] Jones, N. R., Analyst **85**, 111 (1960)
[400] Jones, N. R. und J. R. Burt, Analyst **85**, 810 (1960)
[401] Jones, St. L., Anal. Chim. Acta **21**, 532 (1959)
[402] Jouy, A. D. und J. Coursier, Bull. Soc. Chim. France 1958, 323
[403] Jungblut, P. W., N. Heimburger und F. Turba, Hoppe-Seylers Z. physiol. Chem. **314**, 250 (1959)

[404] KADOMTZEFF, J., J. Chim. Phys. **51**, 197 (1954)
[405] KÄRKELÄ, A. und E. KULONEN, Acta Chem. Scand. **11**, 1434 (1957)
[406] KAHN, S. und D. E. HAWKINSON, J. Inorg. Nucl. Chem. **3**, 155 (1956); Anal. Abstr. **4**, 2557 (1957)
[407] KAKIHANA, H. und S. KOJIMA, Japan Analyst. **2**, 421 (1953)
[408] KALLMANN, S., C. G. STEELE und N. Y. CHU, Anal. Chem. **28**, 230 (1956)
[409] KALLMANN, S., H. K. OBERTHIN und J. O. HIBBITS, Anal. Chem. **32**, 1278 (1960)
[410] KAPATSINSKAYA, L. A. und N. G. SYROMYATNIKOV, Vestn. Akad. Nauk, KazSSR, 1958, 66; Anal. Abstr. **6**, 2022 (1959)
[411] KARRMANN, K. J. und G. JOHANSSON, Mikrochim. Acta 1956, 1573
[412] KARTTUNEN, J. O. und H. B. EVANS, Anal. Chem. **32**, 917 (1960)
[413] KATZMAN, P. A., E. E. HAYES, C. K. CAIN, J. J. VAN WYK, F. J. REITHEL, S. A. THAYER, E. A. DOISY, W. L. GABY, C. J. CARROLL, R. D. MUIR, L. R. JONES und N. J. WADE, J. Biol. Chem. **154**, 475 (1944)
[414] KATZMAN, P. A., M. GODFRID, C. K. CAIN und E. A. DOISY, J. Biol. Chem. **148**, 501 (1943)
[415] KAUTSKY, H. und H. WESLAU, Z. Naturforsch. **9B**, 569 (1954)
[416] KAY, L. M. und W. A. SCHROEDER, J. Am. Chem. Soc. **76**, 3564 (1954)
[417] KAY, L. M., W. A. SCHROEDER, N. MUNGER und N. BURT, J. Am. Chem. Soc. **78**, 2430 (1956)
[418] KAYAS, G., Compt. rend. **228**, 1002 (1949); J. Chim. Phys. **47**, 408 (1950)
[419] KEGELES, G. und H. A. SOBER, Anal. Chem. **24**, 654 (1952)
[420] KEIL, B., Chem. Listy **51**, 1927 (1957)
[421] KELLER, P. J., E. COHEN und H. NEURATH, J. Chem. Soc. 1958, 638; J. Biol. Chem. **230**, 905 (1958)
[422] KEMBER, N. F., P. J. MCDONALD und R. A. WELLS, J. Chem. Soc. 1955, 2273
[423] KEMULA, W., Roczniki Chem. **29**, 1153 (1955)
[424] KENNEDY, J., R. V. DAVIES und B. K. ROBINSON, A. E. R. E. Report C/R 1896, 1956, 5; Anal. Abstr. **4**, 2501 (1957)
[425] KENNER, G. W., A. R. TODD, R. F. WEBB und F. J. WEYMOUTH, J. Chem. Soc. 1954, 2228
[426] KENNEY, F. T., J. Biol. Chem. **234**, 2707 (1959)
[427] KETELLE, B. H. und G. E. BOYD, J. Am. Chem. Soc. **69**, 2800 (1947); **73**, 1862 (1951)
[428] KHOPKAR, S. M. und A. K. DE, Anal. Chim. Acta **23**, 441 (1960)
[429] KHOPKAR, S. M. und A. K. DE, Anal. Chim. Acta **23**, 147 (1960)
[430] KHOPKAR, S. M. und A. K. DE, Anal. Chim. Acta **22**, 153 (1960)
[431] KHOPKAR, S. M. und A. K. DE, Talanta **7**, 7 (1960)
[432] KHORASANI, S. S. M. A. und M. H. KHUNDKAR, Anal. Chim, Acta **21**, 406 (1959)
[433] KHYM, J. X. und L. P. ZILL, J. Am. Chem. Soc. **74**, 2090 (1952)
[434] KHYM, J. X. und W. E. COHN, J. Am. Chem. Soc. **75**, 1153 (1953)
[435] KHYM, J. X., D. G. DOHERTY und W. E. COHN, J. Am. Chem. Soc. **76**, 5523 (1954)
[436] KHYM, J. X. und D. G. DOHERTY, J. Am. Chem. Soc. **74**, 3199 (1952)
[437] KIKINDAI, M., Compt. rend. **237**, 250 (1953); **240**, 1100 (1955)
[438] KIKINDAI-CASSEL, M., Ann. Chim. (Paris) **3**, 5 (1958)
[439] KIMURA, K., Y. YOKAYAMA, H. SANO und H. MABUCHI, Japan Analyst **6**, 637 (1957)
[440] KIMURA, K., N. SAITO, H. KAKIHANA und T. ISHIMORI, J. Chem. Soc. Japan, Pure Chem. Sect. **74**, 305 (1953); Chem. Abstr. **47**, 9850 (1953)
[441] KIMURA, K., N. IKEDA und K. YOSHIHARA, Bull. Elektrotech. Lab (Tokio) **19**, 913 (1955)
[442] KING, E. L. und E. B. DISMUKES, J. Am. Chem Soc. **74**, 1674 (1952)
[443] KING, E. L. uhd R. R. WALTERS, J. Am. Chem. Soc. **74**, 4471 (1952)
[444] KIRCHNER, J. G. und W. L. STANLEY, Anal. Chem. **28**, 180 (1956)
[445] KIRSHNER, N. und M. GOODALL, J. Biol. Chem. **226**, 207 (1957)
[446] KLEEMANN, E. und G. HERMANN, J. Chromatog. **3**, 275 (1960)
[447] KLEMENT, R. und H. SANDMANN, Z. anal. Chem. **145**, 325 (1955)

[448] Klement, R. und A. Kühn, Z. anal. Chem. **152**, 146 (1956)
[449] Klement, R., Angew. Chem. **63**, 494 (1951)
[450] Klement, R., Z. anal. Chem. **145**, 9 (1955)
[451] Knorr, C. A., G. Münster und H. Feigl, Z. Elektrochem. **63**, 59 (1959)
[452] Ko, R., US Atomic Energy Comm. Rep. HW-51831, Hanford Atomic Products Operation, Richland, Washington, 1957
[453] Kodama, K. und T. Kanie, Res. Repts. Nagoya Munic. Ind. Res. Inst. **12**, 79 (1954); Chem. Abstr. **50**, 5459d (1956)
[454] Kohlschütter, H. W., Chimia **14**, 285 (1960)
[455] Kojima, M. und A. Iguchi, Japan Analyst **7**, 514 (1958)
[456] Kojima, M., Japan Analyst **7**, 177 (1958)
[457] Komlev, A. I. und A. A. Chomackaja, Ukrain. Chim. Z. **26**, 113 (1960)
[458] Koransky, W., Naunyn-Schmiedebergs Arch. Exp. Pathol. Pharmacol. **234**, 46 (1958)
[459] Korkisch, J. und F. Hecht, Mikrochim. Acta 1956, 1230
[460] Korkisch, J. und A. Farag, Mikrochim. Acta 1958, 646
[461] Korkisch, J., P. Autal und F. Hecht, Z. anal. Chem. **172**, 401 (1960)
[462] Korkisch, J. und A. Farag, Mikrochim. Acta 1958, 659
[463] Korkisch, J. und A. Farag, Z. anal. Chem. **166**, 6 (1959)
[464] Korkisch, J. und A. Farag, Z. anal. Chem. **166**, 170 (1959)
[465] Korn, E. D., Biochim. Biophys. Acta **32**, 554 (1959)
[466] Korsunov, I. A., A. I. Subbotina und V. I. Gnezdov, Z. anorg. Chem. (russisch) **3**, 2128 (1958)
[467] Koshy, K. T. und J. L. Lach, Drug Standards **28**, 53 (1960)
[468] Kotelnikowa, A. W., J. L. Dowedowa und W. W. Ssolomatina, Biochemie **24**, 215 (1959)
[469] Krampitz, G. und W. Albersmeyer, Experientia **15**, 375 (1959)
[470] Krampitz, G., R. Müller und M. Vollmers, Z. Tierphysiol. Tierernähr. **14**, 311 (1959)
[471] Krapp, H., Arch. Eisenhüttenw. **27**, 103 (1956)
[472] Kraus, K. A. und F. Nelson, Proc. Intern. Conf. Peaceful Uses Atomic Energy, Genf 1955; **7**, 113 (1956)
[473] Kraus, K. A. und F. Nelson, J. Am. Chem. Soc. **75**, 3273 (1953)
[474] Kraus, K. A., F. Nelson und G. W. Smith, J. Phys. Chem. **58**, 11 (1954)
[475] Kraus, K. A. und G. E. Moore, J. Am. Chem. Soc. **73**, 9 (1951)
[476] Kraus, K. A. und G. E. Moore, J. Am. Chem. Soc. **73**, 13 (1951)
[477] Kraus, K. A. und G. E. Moore, J. Am. Chem. Soc. **73**, 2900 (1951)
[478] Kraus, K. A. und G. E. Moore, J. Am. Chem. Soc. **71**, 3855 (1949)
[479] Kraus, K. A., G. E. Moore und F. Nelson, J. Am. Chem. Soc. **78**, 2692 (1956)
[480] Kraus, K. A. und G. E. Moore, J. Am. Chem. Soc. **72**, 4293 (1950)
[481] Kraus, K. A., F. Nelson und G. E. Moore, J. Am. Chem. Soc. **77**, 3972 (1955)
[482] Kraus, K. A. und G. E. Moore, J. Am. Chem. Soc. **71**, 3263 (1949)
[483] Kraus, K. A. und G. E. Moore, J. Am. Chem. Soc. **75**, 1460 (1955)
[484] Kraus, K. A., F. Nelson, F. B. Clough und E. C. Carlston, J. Am. Chem. Soc. **77**, 1391 (1955)
[485] Kraus, K. A. und G. E. Moore, J. Am. Chem. Soc. **72**, 5792 (1950)
[486] Kraus, K. A., D. C. Michelson und F. Nelson, J. Am. Chem. Soc. **81**, 3204 (1959)
[487] Kraut, K., in C. Oppenheimer „Die Fermente", Thieme-Verlag, Leipzig 1929, Bd. III, S. 445
[488] Krepelka, J. H., K. Vetejska und J. Mazacek, Coll. czechoslov. chem. Comm. **24**, 198 (1959)
[489] Kreshkov, A. P. und E. N. Sayushkina, Zhur. Anal. Khim. **12**, 559 (1957); Anal. Abstr. **5**, 1123 (1958)
[490] Kruger, P. und Ch. D. Coryell, J. Chem. Educ. **32**, 280 (1955)
[491] Kuhn, R., A. Winterstein und E. Lederer, Hoppe-Seylers Z. physiol. Chem. **197**, 141 (1931); Naturwiss. **19**, 306 (1931), Ber. **64**, 1349 (1931)

[492] Kuk-Meiri, S. und N. Lichtenstein, Anal. Chim. Acta **14**, 266 (1956)
[493] Kunin, R. und R. J. Myers, J. Am. Chem. Soc. **69**, 2874 (1948)
[494] Lagerkvist, U., J. Biol. Chem. **233**, 143 (1958)
[495] Laksmanan, T. K. und S. Lieberman, Arch. Biochem. Biophys. **45**, 235 (1953)
[496] Larsen, E. M. und W. Wang, J. Am. Chem. Soc. **76**, 6223 (1954)
[497] Laskowski, D. E. und R. E. Putscher, Anal. Chem. **24**, 965 (1952)
[498] Laskowski, M. und B. Filipowicz, Bull. Soc. Chim. biol. **40**, 1865 (1959)
[499] Laskowski, M., G. Hagerty und M. Laurila, Nature **180**, 1181 (1957)
[500] Lavrukhina, A. K., F. I. Pavlotskaya, A. A. Pozdnyakov und I. M. Grechishcheva, Zhur. neorg. Khim. **3**, 82 (1958); Anal. Abstr. **6**, 88 (1959)
[501] Leach, B. E. und C. M. Teeters, J. Am. Chem. Soc. **73**, 2794 (1951)
[502] Leaf, A. C., Talanta **6**, 265 (1960)
[503] Lee, D. A. und G. M. Begun, J. Am. Chem. Soc. **81**, 2332 (1959)
[504] Lehman, I. R., M. J. Bessman, E. S. Simms und A. Kronberg, J. Biol. Chem. **233**, 163 (1958)
[505] Lejwa, A., Biochem. Z. **256**, 236 (1932)
[506] Lerner, M. und W. Rieman III, Anal. Chem. **26**, 610 (1954)
[507] Lerner, M. und W. Rieman III, Anal. Chim. Acta **13**, 439 (1955)
[508] Lerner, M. W. und L. J. Pinto, Anal. Chem **31**, 549 (1959)
[509] Lerner, A. B. und T. H. Lee, J. Am. Chem. Soc. **77**, 1066 (1955)
[510] Levine, J., C. Selzer und W. W. Wright, Anal. Chem. **25**, 671 (1953)
[511] Lewis, U. J. und E. H. Thiele, J. Am. Chem. Soc. **79**, 755 (1957)
[512] Li, C. H., Acta Endocrinol. **10**, 255 (1952)
[513] Li, C. H., I. I. Geschwind, A. L. Levy, J. I. Harris, J. S. Dixon, N. G. Pon und J. O. Porath, Nature **173**, 251 (1954)
[514] Li, C. H., I. I. Geschwind, J. S. Dixon, A. L. Levy und J. I. Harris, J. Biol. Chem. **213**, 171 (1955)
[515] Liberman, A., Analyst **80**, 595 (1955)
[516] Liebl, V. und O. Mikes, Chem. Listy **52**, 2153 (1958); Coll. Czechoslov. Chem. Comm. **24**, 809 (1959)
[517] Light, A., R. Acher und V. du Vigneand, J. Biol. Chem. **228**, 633 (1957)
[518] Lindenbaum S., T. V. Peters jr. und W. Rieman III, Anal. Chim. Acta **11**, 530 (1954)
[519] Lindner, R., Z. Naturforsch. **3B**, 219 (1948)
[520] Lindner, R., Z. Elektrochem. **54**, 421 (1950)
[521] Lindner, R., Naturwiss. **33**, 369 (1946)
[522] Lindner, R., Z. Naturforsch. **2A**, 333 (1947)
[523] Lindner, R., Z. Naturforsch. **2A**, 329 (1947)
[524] Lindner, R., Z. Naturforsch. **1**, 67 (1946)
[525] Lindner, R., Z. Naturforsch. **9A**, 798 (1954)
[526] Lis, H., Biochem. Biophys. Acta, **28**, 191 (1958); **33**, 567 (1959)
[527] Lister, B. A. J., J. Chem. Soc. 1951, 3123
[528] Logie, D., Analyst **82**, 563 (1957)
[529] LoGrippo, G. A. und B. Berger, J. Lab. Clin. Med. **39**, 970 (1952)
[530] LoGrippo, G. A., Proc. Soc. Exptl. Biol. Med. **74**, 208 (1950)
[531] Loriers, J. und D. Carminati, Compt. rend. **237**, 1328 (1953)
[532] Loveridge, B. A., R. K. Webster, J. W. Morgan, A. M. Thomas und A. A. Smales, Anal. Chim. Acta **23**, 154 (1960)
[533] Lowen, J. und A. L. Carney, Anal. Chem. **27**, 1965 (1955)
[534] Luck, J. N. und A. Wilcox, J. Biol. Chem. **205**, 859 (1953)
[535] Lundgren, D. P. und N. P. Loeb, Vortrag 136th Meeting Am. Chem. Soc., Atlantic City 13.—18. 9. 1959
[536] Lundquist, F., Clin. chim. Acta **4**, 784 (1959)
[537] Lure, Y. Y. und N. A. Filippova, Zavods. Lab. **14**, 159 (1948); Chem. Abstr. **42**, 8696 (1948)

[538] LURE, Y. Y. und N. A. FILIPPOVA, Zavads. Lab. **13**, 539 (1947)
[539] LYNEN, F., B. W. AGRANOFF, H. EGGERER, U. HENNING und E. M. MÖSLEIN, Angew. Chem. **71**, 657 (1959)
[540] MADDOCK, A. G. und W. PUGH, J. Inorg. Nuclear Chem. **2**, 114 (1956)
[541] MAIER, R. H. und J. S. BULLOCK, Anal. Chim. Acta **19**, 354 (1958)
[542] MALMSTRÖM, B., G. LEVIN und H. G. BONON, Acta Chem. Scand. **10**, 1077 (1956)
[543] Mandeles, S., J. Chromatog. **3**, 256 (1960)
[544] MANN, C. K., Anal. Chem. **29**, 1385 (1957)
[545] MARCENZKO, Z., Chem. anal. **2**, 255 (1957)
[546] MARCENZKO, Z., Chem. anal. (Warschau), **4**, 437 (1959), Anal. Abstr. 6, 4699 (1959)
[547] MARCUS, Y. und F. NELSON, J. Phys. Chem. **63**, 77 (1959)
[548] MARGOLIASH, E., Nature **170**, 1014 (1952)
[549] MARINSKY, J. A., L. E. GLENDENIN und C. D. CORYELL, J. Am. Chem. Soc. **69**, 2781 (1947)
[550] MARKS, A. G. und F. E. BEAMISH, Anal. Chem. **30**, 1464 (1958)
[551] MARQUARDT, I., Vortrag Chem. Ges. DDR 1959
[552] MARTIN, A. J. P. und R. L. M. SYNGE, Biochem. J. **35**, 1358 (1941)
[553] MARTIN, W. J. und G. W. PARKER, J. Tenn. Acad. Sci. **29**, 132 (1954)
[554] MASLOVA, G. B., E. A. SUSLOVA und K. V. CHMUTOV, Zhur. Anal. Khim. **12**, 359 (1957); Anal. Abstr. **5**, 357 (1958)
[555] MASLOVA, G. B., P. P. NAZAROV und K. V. CHMUTOV, Z. neorg. Chim. (russisch) **5**, 359 (1960)
[556] MASSONNE, J., Österr. Chem.-Ztg. **60**, 16 (1959)
[557] MATHESON, A. T. und C. S. HANES, Biochim. Biophys. Acta **33**, 292 (1959)
[558] MATHIAS A. P. und M. SCHACHTER, Brit. J. Pharmacol. Chemother. **13**, 326 (1958)
[559] MATSUO, T. und A. IWASE, Japan Analyst. **4**, 148 (1955); Anal. Abstr. **3**, 101 (1956)
[560] MAURY-BOUET, P., Bull Soc. Chim. France, **20**, 1066 (1953)
[561] MAVER, M. E. und A. E. GRECO, Federation Proc. **13**, 261 (1954)
[562] MAXWELL, E. S., H. DE ROBICHON-SZULMAJSTER und H. M. KALCKAR, Arch. Biochem. Biophys. **78**, 407 (1958)
[563] MAYER, S. W. und E. C. FREILING, J. Am. Chem. Soc. **75**, 5647 (1953)
[564] MAYER, S. W. und E. R. TOMKINS, J. Am. Chem. Soc. **69**, 2866 (1947)
[565] McCORMICK, H., Analyst. **78**, 562 (1953)
[566] McINTIRE, F. C. und J. R. SCHENK, J. Am. Chem. Soc. **70**, 1193 (1948)
[567] McKEE, R. W., S. B. BINKLEY, S. A. THAYER, D. W. McCORQUODALE und E. A. DOISY J. Biol. Chem. **131**, 327 (1939)
[568] McLANE, C. K. und S. PETERSON, Res. Papers Vol. 14B, Div. IV, National Nuclear Energy Series, Mc Graw-Hill Book Company, Inc. New York 1949
[569] McNEVIN, W. M. und W. B. CRUMMETT, Anal. Chem. **25**, 1628 (1953)
[570] McNEVIN, W. M. und W. B. CRUMMETT, Anal. Chim. Acta **10**, 323 (1954)
[571] McNEVIN, W. M. und E. S. McKAY, Anal. Chem. **29**, 1220 (1957)
[572] McSHAN, W. H., C. M. KAGAWA und R. K. MEYER, Proc. Soc. Exptl. Biol. Med. **85**, 393 (1954)
[573] McSHAN, W. H. und R. K. MEYER, Proc. Soc. Exptl. Biol. Med. **88**, 278 (1955)
[574] MEINKE, W. W., US Atomic Energy Comm. Declassified Document AECD-2738, 1949
[575] MELOCHE, V. W. und A. F. PREUSS, Anal. Chem. **26**, 1911 (1954)
[576] MENKE, K. H., Naturwiss. **45**, 263 (1958)
[577] MERRIFIELD, R. B. und D. W. WOOLLEY, J. Biol. Chem. **197**, 521 (1952)
[578] MERRIFIELD, R. B. und D. W. WOOLLEY, Arch. Biochem. Biophys. **56**, 265 (1955)
[579] METCALFE, L. D., Anal. Chem. **32**, 70 (1960)
[580] MILLER, C. C. und J. A. HUNTER, Analyst **79**, 483 (1954); **81**, 79 (1956); Chemist Analyst **44**, 62 (1955)
[581] MILLER, K. D., J. Biol. Chem. **231**, 987 (1958)

[582] MILTON, G. M. und W. E. GRUMMITT, Canad. J. Chem. **35**, 541 (1957)
[583] MILSTEAD, J. und A. B. BEADLE, J. Inorg. Nuclear Chem. **3**, 248 (1956)
[584] Minder, A. B., M. E. GILWOOD und G. H. SAUNDERS, Ind. Eng. Chem., Anal. Ed. **43**, 1079 (1951)
[585] MISUMI, S. und T. TAKETATSU, Japan Analyst **8**, 673 (1959)
[586] MISUMI, S. und T. TAKETATSU, Bull. Chem. Soc. Japan **32**, 876 (1959)
[587] MITZ, M. A. und S. S. YANARI, J. Am. Chem. Soc. **78**, 2649 (1956)
[588] MITZ, M. A. und S. S. YANARI, J. Am. Chem. Soc. **78**, 2650 (1956)
[589] MITZ, M. A. und R. J. SCHLUETER, J. Am. Chem. Soc. **81**, 4024 (1959)
[590] MIZUIKE, A., Y. IIDA und S. HIRANO, J. Chem. Soc. Japan, Ind. Chem. Sect. **61**, 1459 (1958)
[591] MOLNAR, F. und G. TOTH, Acta Chim. Acad. Sci. Hung. **19**, 75 (1959); Anal. Abstr. **6** 3937 (1959)
[592] MOLNAR, F. und G. TOTH, Magyar Tudomanyos Akad. Központi Fiz. Kutató Inst. Köz. **6**, 66 (1958); Chem. Abstr. **53**, 9883 (1959)
[593] MOORE, B. W., J. Am. Chem. Soc. **81**, 5837 (1959)
[594] MOORE, G. E. und K. A. KRAUS, J. Am. Chem. Soc. **72**, 5792 (1950)
[595] MOORE, S. und W. H. STEIN, Ann. N. Y. Acad. Sci. **49**, 265 (1948), J. Biol. Chem. **176**, 337 (1948)
[596] MOORE, S. und W. H. STEIN, J. Biol. Chem. **192**, 663 (1951)
[597] MOORE, G. E. und K. A. KRAUS, J. Am. Chem. Soc. **74**, 843 (1952)
[598] MOORE, S. und W. H. STEIN, J. Biol. Chem. **211**, 893 (1954)
[599] MOORE, S. und W. H. STEIN, J. Biol. Chem. **211**, 907 (1954)
[600] MOORE, S., D. H. SPACKMANN und W. H. STEIN, Anal. Chem. **30**, 1185 (1958)
[601] MORACHEVSKII, Y. V., M. N. ZVEREVA und V. S. PCHELINA, Anal. Abstr. **5**, 532 (1958)
[602] MORACHEVSKII, Y. V. und M. N. GORDEEVA, Vestn. Leningr. Univ. 1957, No. 10, 148
[603] MOREAU, C. und G. RODIER, Bull. Soc. Chim. France 1956, 1253
[604] MORI, M., M. SHIBATA und J. AZAMI, J. Chem. Soc. Japan, Pure Chem. Sect. **76**, 1003 (1955); Anal. Abstr. **3**, 1733 (1956)
[605] MORRISON, M. und J. L. COOK, Federation Proc. **14**, 258 (1955); Science **122**, 920 (1955), Federation Proc. **16**, 763 (1957)
[606] MOWERY, D. F., J. Am. Chem. Soc. **73**, 5047 (1951)
[607] MÜLLER, R. und G. KRAMPITZ, Z. Tierernähr. **11**, 227 (1956)
[608] MULLER, R. H., Proc. Soc. Exptl. Biol. Med. **80**, 27 (1952)
[609] MULLER, R. H., Proc. Soc. Exptl. Biol. Med. **73**, 239 (1950)
[610] MURTHY, T. K. S., Anal. Chim. Acta **16**, 25 (1957)
[611] MUTO, G., M. MAMIYA und T. AMEMIYA, J. Chem. Soc. Japan, Ind. Chem. Sect. **62**, 626 (1959)
[612] MUTT, V., Acta Chem. Scand. **13**, 1247 (1959)
[613] MYERS, N. A., Nature **183**, 1807 (1959)
[614] MYERS, R. J., J. W. EASTES und F. J. MYERS, Ind. Eng. Chem. **33**, 697 (1941)
[615] NABIVANETS, B. I., Ukr. Khim. Zhur. **22**, 816 (1956); Anal. Abstr. **5**, 508 (1958)
[616] NAGLE, R. A. und T. K. S. MURTHY, Analyst **84**, 37 (1959)
[617] NAKAGAWA, Y. und A. AKASHI, Kurume Med. J. 1, 61 (1954); Chem. Abstr. **48**, 12859b (1954)
[618] NAKUMURA, M., Y. YOSHIHIRO und K. HIGURASHI, J. Chem. Soc. Japan, Ind. Chem. Sect. **61**, 1150 (1958)
[619] NARITA, K., Biochim. Biophys. Acta **31**, 372 (1959)
[620] NEHER, R., J. Chromatog. **1**, 122, 205 (1958)
[621] NELSON, C. J., Anal. Chem. **32**, 1724 (1960)
[622] NELSON, F., J. Am. Chem. Soc. **77**, 813 (1955)
[623] NELSON, F. und K. A. KRAUS, J. Am. Chem. Soc. **77**, 801 (1955)
[624] NELSON, F. und K. A. KRAUS, J. Am. Chem. Soc. **76**, 5916 (1954)
[625] NELSON, F. und K. A. KRAUS, J. Am. Chem. Soc. **77**, 4508 (1955)

[626] NELSON, F. und K. A. KRAUS, J. Am. Chem. Soc. **77**, 329 (1955)
[627] NERVIK, W. E., J. Phys. Chem. **59**, 690 (1955)
[628] NEUKOM, H., H. DEUEL, W. J. HERI und W. KUNDIG, Helv. Chim. Acta **43**, 64 (1960)
[629] NEWMAN, A. C. D., Anal. Chim. Acta, **19**, 471 (1958)
[630] NEWNHAM, I. E., J. Am. Chem. Soc. **73**, 5899 (1951)
[631] NISI, T., III. Atomic Energy Symposium (Abstr.) Japan, 69 (1959)
[632] NODA, L. und S. A. KUBY, Federation Proc. **14**, 261 (1955)
[633] NODDACK, W., Chem. Technik **10**, 586 (1958)
[634] NODDACK, W. und G. OERTEL, Z. Elektrochem. **62**, 56 (1958)
[635] NOZAKI, T. und K. MANABE, Japan Analyst **9**, 316 (1960)
[636] NOZAKI, T., J. Chem. Soc. Japan, Pure Chem. Sect. **76**, 996 (1955)
[637] OEHLMANN, F., Chem. Technik **8**, 544 (1956)
[638] OKUNO, H., M. HONDA und T. ISHIMORI, Japan Analyst **2**, 428 (1953)
[639] OLSON, J. A., J. Biol. Chem. **234**, 5 (1959)
[640] ORLOVA, L. M., Zavods. Lab. **21**, 29 (1955)
[641] OSAWA, S., V. G. ALLFREY und A. E. MIRSKY, J. Gen. Physiol. **40**, 491 (1947)
[642] OWENS, H. S., A. E. GOODBAN und J. B. STARK, Anal. Chem. **25**, 1507 (1953)
[643] PAHL, H. B., S. M. BEISER und A. BENDICH, Federation Proc. **16**, 230 (1956)
[644] PALEUS, S. und H. TUPPI, Acta Chem. Scand. **18**, 641 (1959)
[645] PALEUS, S. und J. B. NEILANDS, Acta Chem. Scand. **4**, 1024 (1950)
[646] PARR, C. W., Biochem. J. **56**, XXVII (1954)
[647] PARTRIDGE, S. M. und R. G. WESTALL, Biochem. J. **44**, 422 (1949)
[648] PARTRIDGE, S. M. und R. G. WESTALL, Biochem. J. **44**, 418 (1949)
[649] PARTRIDGE, S. M. und Mitarbeiter, Biochem. J. **44**, 513 (1949); **44**, 521 (1949); **45**, 459 (1949); **46**, 334 (1950); **48**, 313 (1951); **49**, 153 (1951)
[650] PARTRIDGE, S. M. und R. C. BRIMLEY, Biochem. J. **51**, 628 (1951)
[651] PARTRIDGE, S. M., Biochem. J. **45**, 459 (1949)
[652] PASCHKOW, A. B. und W. S. TITOW, Chimiceskaja Promyslennostij **5**, 10 (270) (1958)
[653] PAYNE, S. T., Analyst **85**, 698 (1960)
[654] PAZUR, J. H. und T. ANDO, J. Biol. Chem **234**, 1966 (1959)
[655] PECHERE, J. F., G. H. DIXON, R. N. NAYBURG und H. NEURATH, J. Biol. Chem. **233**, 1364 (1958)
[656] PELZER, H., Chemie-Ing.-Techn. **31**, 527 (1959)
[657] PEPPER, K. W., D. W. REICHENBERG und D. K. HALE, J. Chem. Soc. **1952**, 3135
[658] PETERS jr., T. V. und W. RIEMAN III, Anal. Chim. Acta **14**, 131 (1956)
[659] PETERSON, E. A. und H. A. SOBER, J. Am. Chem. Soc. **78**, 751 (1956); **76**, 1711 (1954)
[660] PETERSON, E. A., H. A. SOBER und A. MEISTER, J. Am. Chem. Soc. **74**, 570 (1952)
[661] PETERSON, E. A. und H. A. SOBER, J. Am. Chem. Soc. **76**, 169 (1954)
[662] PETERSON, S., J. Chem. Educ. **28**, 22 (1951)
[663] PETROW, H. G., Anal. Chem. **26**, 1514 (1954)
[664] PFIFFNER, J. J., S. B. BINKLEY, E. S. BLOOM und A. D. EMMETT, US Pat. 2407096 v. 3. 10. 1946
[665] PHILLIPS, D. M. P. und E. W. JOHNS, Biochem. J. **71**, 17P (1959)
[666] PIERCE, J. G. und J. F. NYC, J. Biol. Chem. **222**, 777 (1956)
[667] PIERCE, J. G., L. K. WYNSTON und M. E. CARSTON, Biochim. Biophys. Acta **28**, 434 (1958)
[668] PLAPP, F. W. und J. E. CASIDA, Anal. Chem. **30**, 1622 (1958)
[669] POLACEK, J., Chem. Listy **54**, 74 (1960)
[670] POLLARD, F. H., J. F. M. McOMIE, G. NICKLESS und P. HANSON, J. Chromatog. **4**, 108 (1960)
[671] PONTIS, H. G. und N. L. BLUMSON, Biochim. Biophys. Acta **27**, 618 (1958)
[672] PORATH, J., Arkiv Kemi **11**, 259 (1957)
[673] PORATH, J., Nature **175**, 478 (1955)
[674] PORTER, R. R., Brit. Med. Bull. **10**, 237 (1954)

[675] POTTS, A. M. und T. F. GALLAGHER, J. Biol. Chem. **140**, CIII (1940); **154**, 349 (1944)
[676] Power, W. H., H. W. KIRBY, W. C. MCCLUGGAGE, G. D. NELSON und J. H. PAYNE jr., Anal. Chem. **31**, 1077 (1959)
[677] POZDNYAKOV, A. A. und A. K. LAVRUKHINA, Trudy Komiss. Anal. Khim. **9**, 161 (1958); Anal. Abstr. **6**, 3865 (1959)
[678] PRAGER, M. D. und R. J. SPEER, Proc. Soc. Exptl. Biol. Med. **100**, 68 (1959)
[679] PREVOT, I. und R. REGNAUT, Energie Nucleaire **1**, 207 (1957)
[680] PRINS, H. K. und T. H. J. HUISMAN, Nature **175**, 903 (1955)
[681] PRINS, H. K. und T. H. J. HUISMAN, Nature **177**, 840 (1956)
[682] PSHENITSYN, N. K., K. A. GLADYSHEVSKAYA und L. M. RYAKHOVA, Zhur. neorg. Khim. **2**, 1057 (1957)
[683] PUCK, T. T. und B. SAGIK, J. Exptl. Med. **97**, 807 (1953)
[684] QUENTIN, K.-E., Z. Lebensmittel-Untersuch. **99**, 85 (1954)
[685] RADHAKRISHNA, P., Anal. Chim. Acta **8**, 140 (1953)
[686] RADHAKRISHNA, P., J. Chim. Phys. **51**, 354 (1954)
[687] RADHAKRISHNA, P., Anal. Chim. Acta **6**, 351 (1952)
[688] RAJAN, K. S. und J. GUPTA, J. Sci. Ind. Res. B, India, **14**, 453 (1955)
[689] RASMUSSEN, P. S., Biochim. Biophys. Acta **14**, 567 (1954)
[690] RAVEL, J. M., M. L. GRONA, J. S. HUMPHREYS und W. SHIVE, J. Biol. Chem. **234**, 1452 (1959); J. Am. Chem. Soc. **80**, 2344 (1958)
[691] REBERTUS, R. L., R. J. CAPPELL und G. W. BOND, Anal. Chem. **30**, 1825 (1958)
[692] REICHARD, P., Acta Chem. Scand. **12**, 2048 (1958)
[693] REICHENBERG, D. und D. J. MCCAULEY, unveröffentlicht; D. REICHENBERG, in C. Calmon und T. R. E. KRESSMANN, Ion-Exchangers in organic and Biochemistry, New York 1957
[694] REICHSTEIN, T. und M. STEIGER, Helv. Chim. Acta **21**, 546 (1938)
[695] REINBOTHE, H., Pharmazie **12**, 812 (1957)
[696] RHODES, M. B., P. R. AZARI und R. E. FEENEY, J. Biol. Chem. **230**, 399 (1958)
[697] RICHARDSON, E. M. und G. A. GRANT, US Pat. 2550939 v. 1. 5. 1951
[698] RICHARDSON, R. W., J. Chem. Soc. **1951**, 910
[699] RICHTER, D., J. Physiol. (London) **98**, 361 (1940)
[700] RICHTER, J. W., D. E. AYER, A. W. BAZEMORE, N. G. BRINK und K. FOLKERS, J. Am. Chem. Soc. **75**. 1952 (1953)
[701] RICKES, E. L. und T. R. WOOD, US Pat. 2563794 v. 7. 8. 1951
[702] RIEMAN III, W. und S. LINDENBAUM, Anal. Chem. **24**, 1199 (1952)
[703] RIGGLE, G. C. und L. R. CRISP, Anal. Chem. **28**, 1799 (1956)
[704] ROBERTS, F. P., US Atomic Energy Comm., Rep. HW-59032, 14, 1959
[705] ROBERTS, M. und H. M. ADAM, Brit. J. Pharmacol. **5**, 526 (1950)
[706] ROBINSON, D. A. und G. F. MILLS, Ind. Eng. Chem. **41**, 2221 (1949)
[707] ROSENKRANZ, H. S. und A. BENDICH, J. Am. Chem. Soc. **81**, 902 (1959)
[708] ROVERY, M., M. POLROUX, A. CURNIER und P. DESNUELLE, Biochim. Biophys. Acta **17**, 565 (1955)
[709] RÜCKERT, H. und O. SAMUELSON, Svensk Kem. Tidskr. **66**, 337 (1954)
[710] RUFF, E., Anal. Chem. **31**, 1626 (1959)
[711] RUSSEL, G., Nature **181**, 102 (1958)
[712] RYABCHIKOV, D. I., P. N. PALEI und Z. K. MIKHAILOVA, Zhur. Anal. Khim. **15**, 88 (1960)
[713] RYABCHIKOV, D. I. und A. I. LAZAREV, Dokl. Akad. Nauk SSSR **92**, 777 (1953); Chem. Abstr. **48**, 57 22d (1954)
[714] RYABCHIKOV, D. I. und L. W. BORISSOWA, J. anal. Chem. (russisch) **13**, 492 (1958)
[715] RYABCHIKOV, D. I. und L. W. BORISSOWA, J. anal. Chem. (russisch) **13**, 340 (1958)
[716] RYABCHIKOV, D. I. und A. I. LAZAREV, Trud. Komiss. Anal. Khim. Akad. Nauk SSSR, **7**, 64 (1956); Anal. Abstr. **4**, 2977 (1957)
[717] SABEL, A. und W. KERN, Chem.-Ztg. **81**, 524 (1957)

[718] SACKS, J., Biochim. Biophys. Acta **16**, 436 (1955)
[719] SAITO, N. und T. SEKINE, Bull. Chem. Soc. Japan **30**, 561 (1957)
[720] SALTER, D. N., Biochem. J. **72**, 23 P (1959)
[721] SALTZMANN, A., J. Lab. Clin. Med. **35**, 123 (1950)
[722] SAMUELSON, O. und K.-A. SANDE, unveröffentlicht
[723] SAMUELSON, O. und E. SJÖSTRÖM, Svensk Kem. Tidskr. **64**, 305 (1952)
[724] SAMUELSON, O. und H. RÜCKERT, Svensk Kem. Tidskr. **65**, 275 (1953)
[725] SANNIE, C., Analyst **75**, 109 (1950)
[726] SANO, H. und R. SHIOMI, J. Inorg. Nuclear Chem. **5**, 251 (1958)
[727] SANSONI, B., Dissertation, München 1956
[728] SARGENT, R. und W. RIEMAN III, J. Org. Chem. **21**, 594 (1956)
[729] SARGENT, R. und W. RIEMAN III, J. Phys. Chem. **61**, 354 (1957). Anal. Chim. Acta **17**, 408 (1951)
[730] SARGENT, R. und W. RIEMAN III, Anal. Chim. Acta **18**, 197 (1958)
[731] SARGENT, R., Dissertation, Rutgers University, 1956; Dissert. Abst. **16**, 1809 (1956)
[732] SARGENT, R. und W. RIEMAN III, Anal. Chim. Acta **16**, 144 (1957)
[733] SASAKI, Y., Bull. Chem. Soc. Japan **28**, 89 (1955)
[734] SAUTIER, C., Chim. anal. **41**, 368 (1959)
[735] SEIBOLD, M., Klin. Wochschr. **38**, 117 (1960)
[736] SEKI, T., J. Chem. Soc. Japan, Pure Chem. Sect. **75**, 1297 (1954)
[737] SEKI, T., J. Biochem. (Tokio) **45**, 855 (1958)
[738] SEKI, T., J. Biochem. (Tokio) **45**, 855 (1958); J. Chromatog. **2**, 667 (1959)
[739] SEKI, T., Nature **181**, 768 (1958)
[740] SEMENZA, G., Biochim. Biophys. Acta **24**, 401 (1957)
[741] SHAINOFF, R. J. und M. A. LAUFFER, Arch. Biochem. Biophys. **64**, 315 (1956)
[742] SHEHYN, H., Anal. Chem. **29**, 1466 (1957)
[743] SHELINE, R. K. und R. W. STOUGHTON, Phys. Rev. **87**, 1 (1952)
[744] SHELLEY, R. N. und C. J. UMBERGER, Anal. Chem. **31**, 593 (1959)
[745] SHERMA, J. und W. RIEMAN III, Anal. Chim. Acta **18**, 214 (1958)
[746] SHERMA, J. und W. RIEMAN III, Anal. Chim Acta **19**, 134 (1958)
[747] SHUKLA, R. P. und R. P. BHATNAGAR, Agna Univ. J. Res. **3**, 9 (1954); Anal. Abstr. **2**, 12 (1955)
[748] SIMANEK, U. und J. JANAK, Chem. Listy **48**, 1623 (1954); Anal. Abstr. **3**, 604 (1956)
[749] SIMMONDS, D. H. und R. J. ROWLANDS, Anal. Chem. **32**, 259 (1960)
[750] SINSHEIMER, R. L., J. Biol. Chem. **208**, 445 (1954)
[751] SINSHEIMER, R. L. und J. F. KOERNER, Science **114**, 42 (1951)
[752] SMITH, G. W. und S. A. REYNOLDS, Anal. Chim. Acta **12**, 151 (1955)
[753] SMITH, H. L. und D. C. HOFFMANN, J. Inorg. Nuclear Chem. **3**, 243 (1956)
[754] SMITH, R. A., J. Am. Chem. Soc. **81**, 4758 (1959)
[755] SMITH, S. C. und S. H. WENDER, J. Am. Chem. Soc. **70**, 3719 (1948)
[756] SNOSWELL, A. M., Biochim. Biophys. Acta **35**, 574 (1959)
[757] SOBER, H. A., F. J. GUTTER, M. M. WYCKOFF und E. A. PETERSON, J. Am. Chem. Soc. **78**, 756 (1956)
[758] SOBER, H. A., G. KEGELES und F. J. GULTER, Science **110**, 564 (1949)
[759] SOBER, H. A., G. KEGELES und F. J. GULTER, J. Am. Chem. Soc. **74**, 2734 (1952)
[760] SOBER, H. A. und E. A. PETERSON, J. Am. Chem. Soc. **76**, 1711 (1954)
[761] SOLMS, J. und H. DEUEL, Chimia **11**, 311 (1957)
[762] SOLOVEV, L. T. und S. S. SALAZKINA, Khim. Akad. Nauk SSSR, **3**, 96 (1956)
[763] SORCINA, M. D., Chim. anal. **37**, 172 (1955)
[764] SPACKMAN, D. H., W. H. STEIN und S. MOOEE, Anal. Chem. **30**, 1190 (1958)
[765] SPANGLER, W. G., D. E. HOWES jr. und J. A. KISH, Bull. ASTM 1958, (228), 61; Chem. Zbl. 1959, 233.
[766] SPEDDING, F. H., A. F. VOIGT, E. M. GLADROW und N. R. SLEIGHT, J. Am. Chem. Soc. **69**, 2777 (1947)

[767] Spedding, F. H., A. F. Voigt, E. M. Gladrow, N. R. Sleight, J. E. Powell, J. M. Wright, T. A. Butler und P. Frigard, J. Am. Chem. Soc. **69**, 2786 (1947)
[768] Spedding, F. H., E. I. Fulmer, T. A. Butler, E. M. Gladrow, M. Gobush, P. E. Porter, J. E. Powell und J. M. Wright, J. Am. Chem. Soc. **69**, 2812 (1947)
[769] Spedding, F. H., E. I. Fulmer, B. Ayers, T. A. Butler, J. E. Powell, A. D. Tevebauch und R. Thompson, J. Am. Chem. Soc. **70**, 1671 (1948)
[770] Spedding, F. H., E. I. Fulmer, J. E. Powell und T. A. Butler, J. Am. Chem. Soc. **72**, 2354 (1950)
[771] Spedding, F. H., E. I. Fulmer, T. A. Butler und J. E. Powell, J. Am. Chem. Soc. **72**, 2349 (1950)
[772] Spedding, F. H. und J. L. Dye, J. Am. Chem. Soc. **72**, 5350 (1950)
[773] Spedding, F. H., E. I. Fulmer, J. E. Powell, T. A. Butler und I. E. Yaffe, J. Am. Chem. Soc. **73**, 4840 (1951)
[774] Spedding, F. H. und J. E. Powell, J. Am. Chem. Soc. **74**, 856 (1952)
[775] Spedding, F. H. und J. E. Powell, J. Am. Chem. Soc. **74**, 857 (1952)
[776] Spedding, F. H., J. E. Powell und E. J. Wheelwright, J. Am. Chem. Soc. **76**, 612 (1954)
[777] Spedding, F. H. und J. E. Powell, J. Am. Chem. Soc. **76**, 2545 (1954)
[778] Spedding, F. H. und J. E. Powell, J. Am. Chem. Soc. **76**, 2550 (1954)
[779] Spedding, F. H., J. E. Powell und E. J. Wheelwright, J. Am. Chem. Soc. **76**, 2557 (1954)
[780] Spedding, F. H., J. E. Powell und H. J. Svec, J. Am. Chem. Soc. **77**, 1393 (1955)
[781] Speecke, A. und J. Hoste, Talanta **2**, 332 (1959)
[782] Stanley, Ch. W. und P. Kruger, Nucleonics **14**, 114 (1956)
[783] Stegemann, H., Naturwiss. **46**, 110 (1959)
[784] Stein, W. H. und S. Moore, Cold Spring Harbor Symp. Quant. Biol. **14**, 179 (1950)
[785] Stein, W. H. und S. Moore, J. Biol. Chem. **211**, 915 (1954)
[786] Stein, W. H., J. Biol. Chem. **201**, 45 (1953)
[787] Steiner, K., H. Neukom und H. Deuel, Chimia **12**, 150 (1958)
[788] Stepin, V. V., V. J. Posnosov und E. V. Silaeva, Zavods. Lab. **24**, 934 (1958); Z. anal. Chem. **167**, 287 (1959)
[789] Stevenson, P. C., A. A. Franke, R. Borg und W. Nervik, J. Am. Chem. Soc. **75**, 4876 (1953)
[790] Stewart, D. C., Anal. Chem. **27**, 1279 (1955); Proc. Intern. Conf. Peaceful Uses Atomic Energy, Genf 1955, **7**, 321 (1956)
[791] St. John, C. V., D. E. Flick und J. B. Tepe, Anal. Chem. **23**, 1289 (1951)
[792] Stokes, R. H. und H. F. Walton, J. Am. Chem. Soc. **76**, 3327 (1954)
[793] Street, K., S. G. Thompson und G. T. Seaborg, J. Am. Chem. Soc. **72**, 4832 (1950)
[794] Street, K. und G. T. Seaborg, J. Am. Chem. Soc. **70**, 4268 (1948)
[795] Strelnikova, N. P. und G. G. Lystsova, Zavods. Lab. **26**, 142 (1960)
[796] Strelow, F. W. E., Anal. Chem. **31**, 1201 (1959)
[797] Strelow, F. W. E., Anal. Chem. **31**, 1974 (1959)
[798] Strelow, F. W. E., Anal. Chem. **32**, 363 (1960)
[799] Stronski, I. und W. N. Rybakow, Chem. anal. (Warschau) **4**, 877 (1959)
[800] Subbaraman, P. R., K. S. Rajan und J. Gupta, Z. anorg. allg. Chem. **301**, 261 (1959)
[801] Sunderman, D. N., J. B. Ackermann und W. W. Meinke, Anal. Chem. **31**, 40 (1959)
[802] Surls jr., J. P. und G. R. Choppin, J. Inorg. Nuclear Chem. **4**, 62 (1957)
[803] Susic, M. V., Bull. Inst. Nucl. Sci. (Belgrad) **7**, 39 (1957)
[804] Susic, M. V., Bull. Inst. Nucl. Sci. (Belgrad) **7**, 35 (1957); Anal. Abstr. **5**, 829 (1958)
[805] Sutton, W. J. L. und E. F. Almy, J. Dairy Sci. **36**, 1248 (1953); Anal. Abstr. **1**, 812 (1954)
[806] Swart, E. A., D. Hutchinson und S. A. Waksman, Arch. Biochem. **4**, 92 (1949)
[807] Swedin, B. Acta Physiol. Scand. **42**, 1 (1958)
[808] Sweenly, J. P. und L. Hall, J. Ass. Off. Agric. Chemists **36**, 1018 (1953)

[809] SWEET, R. C., W. RIEMAN III und J. BEUKENKAMP, Anal. Chem. **24**, 952 (1952)
[810] SZULMAJSTER, J., Biochim. Biophys. Acta **30**, 154 (1958)
[811] SCHALLY, A. V., H. S. LIPSCOMB und R. GUILLEMIN, Biochim. Biophys. Acta **31**, 252 (1959)
[812] SCHENCK, I. R., L. J. SHAW und M. P. HARGIE, Abstr. of Papers 113th Mtg., ACS 1948, 80
[813] SCHENKER, H. H. und W. RIEMAN III, Anal. Chem. **25**, 1637 (1953)
[814] SCHLÖGEL, K. und A. SIEGEL, Z. Naturforsch. **9 B**, 570 (1954)
[815] SCHMIDT, K., M. B. MCNAIR und A. F. BÜRGI, J. Biol. Chem. **230**, 853 (1958)
[816] SCHMITZ, H., Biochim. Biophys. Acta **14**, 160 (1954)
[817] SCHMITZ, H., R. B. HURLBERT und R. VAN POTTER, J. Biol. Chem. **209**, 41 (1954)
[818] SCHMITZ, H., W. HART und W. RIED, Z. Krebsforschung **60**, 301 (1955)
[819] SCHMITZ, H. und G. WALPURGER, Angew. Chem. **71**, 549 (1959)
[820] SCHORMÜLLER, J., H.-D. BELITZ und G. ADLER, Z. Lebensmittel-Untersuch. **109**, 129 (1959)
[821] SCHORMÜLLER, J., H.-D. BELITZ und K. LEHMANN, Z. Lebensmittel-Untersuch. **105**, 474 (1957)
[822] SCHORMÜLLER, J. und E. HOFMEISTER, Z. Lebensmittel-Untersuch. **111**, 20 (1959)
[823] SCHRAM, E., J. P. DUSTIN, S. MOORE und E. J. BIGWOOD, Anal. Chim. Acta **9**, 149 (1953)
[824] SCHRAM, E. und R. CROKAERT, Bull. Soc. Chim. Biol. **39**, 561 (1957)
[825] SCHRAMM, G. und J. PRIMOSIGH, Ber. **76**, 373 (1943)
[826] SCHRAMM, G. und J. PRIMOSIGH, Ber. **77**, 417 (1944)
[827] SCHRAMM, M., J. Biol. Chem. **233**, 1169 (1958)
[828] SCHROEDER, W. A., L. M. KAY, J. LEGRETTE, L. HONNEN und F. C. GREEN, J. Am. Chem. Soc. **76**, 3556 (1954)
[829] SCHROEDER, W. A., L. M. KAY, N. MUNGER, N. MARTIN und J. BALOG, J. Am. Chem. Soc. **79**, 2769 (1957)
[830] SCHRÖDER, E., Plaste und Kautsch. **6**, 325 (1959)
[831] SCHULER, R. H., A. C. BOYD jr. und D. J. KAY, J. Chem. Educ. **28**, 192 (1951)
[832] SCHULTZ, O.-E., R. GMELIN und A. KELLER, Z. Naturforsch. **8 B**, 14 (1953)
[833] SCHWAB, G.-M. und K. JOCKERS, Angew. Chem. **50**, 546 (1937)
[834] SCHWARZENBACH, G., Helv. Chim. Acta **19**, 364 (1946)
[835] TABORSKY, G., J. Biol. Chem. **234**, 2915 (1959)
[836] TAKAHASHI, T. und S. MIYAKE, Bull. Chem. Soc. Japan **32**, 878 (1959)
[837] TAKEMOTO, K., Proc. Soc. Exptl. Biol. Med. **85**, 670 (1954)
[838] TAKETATSU, T., J. Chem. Soc. Japan, Pure Chem. Sect. **76**, 756 (1955)
[839] TAKETATSU, T., Bull. Chem. Soc. Japan, **32**, 291 (1959)
[840] TALBOYS, P. W., Nature **166**, 1077 (1950)
[841] TALLAN, H. H., S. MOORE und W. H. STEIN, J. Biol. Chem. **211**, 927 (1954)
[842] TALLAN, H. H., W. H. STEIN und S. MOORE, J. Biol. Chem. **206**, 825 (1954)
[843] TALLAN, H. H. und W. H. STEIN, J. Am. Chem. Soc. **73**, 2976 (1951); J. Biol. Chem. **200**, 507 (2953)
[844] TALLEY, E. A. und T. J. FITZPATRICK, Anal. Chem. **29**, 988 (1957)
[845] TALLEY, E. A. und W. L. PORTER, J. Chromatog. **3**, 334 (1960)
[846] TANAKA, K., J. Biochem. **45**, 109 (1958)
[847] TANAKA, K., Bull. Chem. Soc. Japan **31**, 393 (1958)
[848] TAUSSIG, A. und E. H. CREASER, Arch. Biochem. Biophys. **83**, 436 (1959)
[849] TAYLOR, T. I. und H. C. UREY, J. Chem. Phys. **6**, 429 (1938)
[850] TAYLOR jr., S. P., Proc. Soc. Esptl. Biol. Med. **85**, 226 (1954)
[851] TEICHER, H. und L. GORDON, Anal. Chem **23**, 930 (1951)
[852] THOMAS, G. E., C. T. O'KONSKI und C. D. HURD, Anal. Chem. **22**, 1221 (1950)
[853] THOMPSON, A. R., Biochem. J. **60**, 507 (1955); **61** 253 (1955)
[854] THOMPSON, J. F. und C. J. MORRIS, Arch. Biochem. Biophys. **82** 380 (1959)
[855] THOMPSON, S. G., B. G. HARVEY, G. R. CHOPPIN und G. T. SEABORG, J. Am. Chem. Soc. **76**, 6229 (1954)

[856] Thompson, S. G., L. O. Morgan, R. A. James und I. Perlman, Paper 19, 1, „The Transuranium Elements", Natl. Nuclear Energy Ser., Vol. 14 B, McGraw-Hill Book Co, Inc., New York 1949
[857] Tiselius, A., Arkiv Kemi, Mineral. Geol. 14 B, No. 22, (1940), 14 B, No. 32 (1941), 15 B, No. 6 (1941); Science **94**, 145 (1941); Adv. Coll. Sci. **1**, 81 (1941); Kolloid-Z. **105**, 101 (1943); Arkiv Kemi, Mineral. Geol. 16 A, No. 18 (1943)
[858] Tiselius, A. und A. Hagdahl, Acta Chem. Scand. **4**, 394 (1950)
[859] Tiselius, A., B. Drake und L. Hagdahl, Experientia **3**, 21 (1947)
[860] Titov, E. M., Zavods. Lab. **13**, 1359 (1947)
[861] Tobia, S. K. und N. E. Milad, J. Agric. Food Chem. **6**, 358 (1958)
[862] Tompkins, E. R., J. X. Khym und W. E. Cohn, J. Am. Chem. Soc. **69**, 2769 (1947)
[863] Tompkins, E. R., J. Am. Chem. Soc. **70**, 3520 (1948)
[864] Tonosaki, K. und M. Otomo, J. Chem. Soc. Japan, Pure Chem. Sect. **80**, 1290 (1959)
[865] Tonosaki, K. und M. Otomo, J. Chem. Soc. Japan, Pure Chem. Sect. **80**, 41 (1959)
[866] Trappe, W., Biochem. Z. **305**, 150 (1940); **306**, 316 (1940); **307**, 97 (1941)
[867] Tremillon, B., Ann. Chimie (Paris), **4**, 1055 (1959)
[868] Trenner, N. R., C. W. Warren und S. L. Jones, Anal. Chem. **25**, 1685 (1953)
[869] Tsintsevich, E. P. und G. E. Nazarova, Zavods. Lab. **23**, 1068 (1957)
[870] Tsuda, K. und T. Matsumoto, J. Pharm. Soc. Japan **67**, 236 (1947); Chem. Abstr. **45**, 9468 (1951)
[871] Tswett, M., Ber. dtsch. bot. Ges. **24**, 316, 384 (1906)
[872] Tubbs, P. K. und G. D. Greville, Biochim. Biophys. Acta **34**, 291 (1959)
[873] Tung, L. H. und W. C. Taylor, J. Polymer Sci. XXI Nr. 97, 144 (1956)
[874] Tunitzki, N. N., W. W. Nekrassow und J. P. Tschernewa, J. anorg. Chem. (russisch) **3**, 66 (1958)
[875] Turba, F., Ber. **74**, 1829 (1941)
[876] Turba, F. und M. Richler, Ber. **75**, 340 (1942)
[877] Turba, F. und N. Heimburger, Biochem. Z. **330**, 359 (1958)
[878] Turba, F., M. Richter und F. Kuchar, Naturwiss. **31**, 508 (1943)
[879] Turner, N. C., Nat. Petroleum News **35**, R. 234 (1943)
[880] Umland, F., Z. Elektrochem. **60**, 711 (1956)
[881] Usatenko, Y. I. und L. J. Gureeva, Zavods. Lab. **22**, 781 (1956); Anal. Abstr. **4**, 416 (1957)
[882] Usatenko, Y. I. und F. M. Tulyupa, Zavods. Lab. **25**, 400 (1959)
[883] Valentin, H. und R. Franck, Pharm. Ztg. **81**, 943 (1936)
[884] Vasilev, A., V. F. Toropova und A. A. Busygina, Uch. Zap. Kasanks. Un-ta **113**, 91 (1953); Anal. Abstr. **2**, 2044 (1955)
[885] Venturello, G., C. Gualandi und J. Mazzei, Ann. Chimica **49**, 149 (1959)
[886] Verdier, C. H. de und C. J. Sjöberg, Acta Chem. Scand. **8**, 1161 (1954)
[887] Verzele, M., Nature **183**, 604 (1959)
[888] Vestergaard, P., J. Chromatog. **3**, 560 (1960)
[889] Vestermark, T., Symp. of Papers on the Isotope Day (15. 5. 1948), IVA, FKO **7**, 31 (1948)
[890] Vickery, R. C., J. Chem. Soc. 1954, 1181
[891] Volkin, E. und W. E. Cohn, J. Biol. Chem. **205**, 757 (1953)
[892] Volkin, E., J. X. Khym und W. E. Cohn, J. Amer. Chem. Soc. **73**, 1533 (1951)
[893] Wacker, R. E. und W. H. Baldwin, US Atomic Energy Comm. Report ORNL 639; Nucl. Sci. Abstr. **4**, 469 (1950)
[894] Wald, M. und T. Schönfeld, Mh. Chem. **89**, 526 (1958)
[895] Wald, M. und T. Schönfeld, Mh. Chem. **89**, 189 (1958)
[896] Waldschmitz-Leitz, E. und F. Turba, J. prakt. Chem. **156**, 55 (1940); **158**, 72 (1941)
[897] Wall, J. S., Anal. Chem. **25**, 950 (1953)
[898] Wall, R. A., J. K. N. Jones und A. O. P. Het, Abstr. of Papers 136th Meeting ACS, Sept. 1959. 14E

[899] Walter, R. I., J. Inorg. Nuclear Chem. **6**, 58 (1958)
[900] Washio, S., Biochemistry (Japan) **31**, 789 (1959)
[901] Wayman, D. H., Anal. Chem. **28**, 865 (1956)
[902] Wechler, W. I., I. E. McCarty und B. E. Fischer, Anal. Chem. **31**, 159 (1959)
[903] Weil, H. und T. I. Williams, Naturwiss. **40**, 1 (1953)
[904] Weissmann, B., K. Meyer, P. Sampson und A. Linber, J. Biol. Chem. **208**, 417 (1954)
[905] Wellesen, C. U., Anal. Chim. Acta **22**, 189 (1960)
[906] West, D. B., R. F. Evans und K. Becker, Am. Soc. Brewing Chemists Proc. 1950, 107
[907] Wheaton, R. M. und W. C. Bauman, Ind. Eng. Chem. **45**, 228 (1953)
[908] Wheaton, R. M. und W. C. Bauman, Ann. N. Y. Acad. Sci, **57**, 159 (1953)
[909] Wheelwhright, E. J. und F. H. Spedding, J. Am. Chem. Soc. **75**, 2529 (1953)
[910] White, F. W. und W. L. Fierce, J. Am. Chem. Soc. **75**, 245 (1953)
[911] White, F. W., J. Am. Chem. Soc. **75**, 503 (1953)
[912] Whitehorn, J. C., J. Biol. Chem. **56**, 751 (1923)
[913] Wickbold, R., Z. anal. Chem. **132**. 401 (1951)
[914] Wickbold, R., Z. anal. Chem. **132**, 321 (1951)
[915] Wieland, Th., Z. phys. Chem. **273**, 24 (1942); Naturwiss. **30**, 374 (1942)
[916] Wieland, Th., Ber. **77**, 539 (1944)
[917] Williams, J. F. A., J. Sci. Instrum. **30**, 339 (1953)
[918] Wilson, J. N., J. Am. Chem. Soc. **62**, 1583 (1940)
[919] Wingo, W. J., Anal. Chem. **30**, 1710 (1958)
[920] Wish, L., E. C. Freiling und L. R. Bunney, J. Am. Chem. Soc. **76**, 3444 (1954)
[921] Wish, L., Anal. Chem. **32**, 920 (1960)
[922] Wish, L. und M. Rowell, US Atomic Energy Comm. Report USNRDL-TR-117, 34, 1956
[923] Wish, L. Anal. Chem. **31**, 326 (1959)
[924] Wolf, L. und J. Massonne, Chem. Technik **10**, 290 (1958)
[925] Wolffgang, H. und R. Seile, Chem. Technik **11**, 381 (1959)
[926] Wünsch, R., Chem. Listy **51**, 376 (1957); Anal. Abstr. **4**, 3538 (1957)
[927] Yackel, E. C. und W. O. Kenyon, J. Am. Chem. Soc. **64**, 121 (1942)
[928] Yaguchi, M., W. G. Jennings und N. P. Tarassuk, J. Dairy Sci. **42**, 1395 (1959)
[929] Yajima, S., Bull. Chem. Soc. Japan **31**, 699 (1958)
[930] Yamada, K., J. Biochem. **46**, 361 (1959)
[931] Yamagata, N., J. Chem. Soc. Japan **78**, 513 (1957); Anal. Abstr. **5**, 716 (1958)
[932] Yoshimura, J., Y. Takashima und H. Waki, J. Chem. Soc. Japan, Pure Chem. Sect. **79**, 1169 (1958)
[933] Yoshimura, J. und H. Waki, Japan Analyst **6**, 362 (1957)
[934] Yoshino, Y. und M. Kojima, Japan Analyst **4**, 311 (1955); Anal. Abstr. **3**, 660 (1956)
[935] Yoshino, Y., Bull. Chem. Soc. Japan **24**, 39 (1951)
[936] Yoshino, Y. und M. Kojima, Bull. Chem. Soc. Japan **23**, 46 (1950)
[937] Zahn, R. K. und I. Stahl, Hoppe-Seylers Z. physiol. Chem. **293**, 1 (1953)
[938] Zahn, R. K. und I. Stahl, Hoppe-Seylers Z. physiol. Chem. **302**, 204 (1955)
[939] Zaukelies, D. und A. A. Frost, Anal. Chem. **21**, 743 (1949)
[940] Zechmeister, L. und L. Cholnoky, Die chromatographische Adsorptionsmethode, Berlin 1938
[941] Zechmeister, L., Progress in Chromatography 1938—1947, John Wiley and Sons, New York 1950
[942] Zill, L. P., J. X. Khym und G. Cheniae, J. Am. Chem. Soc. **75**, 1339 (1953)
[943] Zill, L. P. und N. E. Tolbert, J. Am. Chem. Soc. **76**, 2929 (1954)
[944] Zinzewitsch, J. P., Nachr. Moskauer Univ. Ser. Math., Mechan., Astronom., Physik, Chem. **12**, 150 (1957)
[945] Zipkin, I., W. D. Armstrong und L. Singer, Anal. Chem. **29**, 310 (1957)
[946] Zvereva, M. N. und V. N. Shibarov, Vestn. Leningr. Univ. 1959, No. 4, Ser. Fiz. i Khim (1) 145; Anal. Abstr. **6**, 4263 (1959).

AUTORENREGISTER

SACHREGISTER